全国地层多重划分对比研究

（34）

安徽省岩石地层

主　　编：李玉发　姜立富

编　　者：姜立富　李玉发　孙乘云

陆伍云　齐敦伦　李朝臣

杨成雄　汤加富　徐家聪

夏　军　胡海风

技术指导：周云生　姚仲伯

中国地质大学出版社

内 容 简 介

本书以现代地层学的地层多重划分概念为理论基础，充分利用全省1∶20万、1∶5万区域地质调查资料及大专院校与科研单位有关的研究成果，全面系统地论述了安徽省岩石地层单位特征及时空变化；对创名人、沿革进行了严格考证；对某些生物地层、年代地层也做了简要介绍。全书除绪论与结语外，按华北、华南两个地层大区分篇叙述。华北地层大区以晚太古代、元古宙、寒武纪—奥陶纪、石炭纪—三叠纪、侏罗纪—早第三纪五个自然断代，华南地层大区以晚太古代、元古宙、寒武纪—志留纪、泥盆纪—三叠纪、侏罗纪—早第三纪五个自然断代，分章论述。

本书适合区域地质调查、地质科学研究、矿产普查、地质专业教学及其他有关经济建设部门使用。

图书在版编目(CIP)数据

安徽省岩石地层/李玉发，姜立富主编．—武汉：中国地质大学出版社，1997.7(2015.1 重印
(全国地层多重划分对比研究：34)
ISBN 978-7-5625-1266-0

Ⅰ．安…
Ⅱ．①李…②姜…
Ⅲ．地层学—安徽省
Ⅳ．P535.254

中国版本图书馆 CIP 数据核字(2008)第 164016 号

安徽省岩石地层 李玉发，姜立富 主 编

责任编辑：刘粤湘 社外编辑：丁梅华 责任校对：徐润英

出版发行：中国地质大学出版社(武汉市洪山区鲁磨路 388 号) 邮编：430074
电话：(027)67883511 传真：67883580 **E-mail**：cbb @ cug. edu. cn
经 销：全国新华书店 **http**://www. cugp. cn

开本：787 毫米×1092 毫米 1/16 字数：450 千字 印张：17.625
版次：1997 年 7 月第 1 版 印次：2015 年 1 月第 3 次印刷
印刷：武汉教文印刷厂 印数：1101—1600 册

ISBN 978-7-5625-1266-0 定价：53.00 元

序

100 多年来，地层学始终是地质学的重要基础学科的支柱，甚至还可以说是基础中的基础，它为近代地质学的建立和发展发挥了十分重要的作用。随着板块构造学说的提出和发展，地球科学正经历着一场深刻的变革，古老的地层学和其他分支学科一样还面临着满足社会不断进步与发展的物质需要和解决人类的重大环境问题等双重任务的挑战。为了迎接这一挑战，依靠现代科技进步及各学科之间相互渗透，地层学的研究范围将不断扩大，研究途径更为宽广，研究方法日趋多样化，并萌发出许多新的思路和学术思想，产生出许多分支学科，如生态地层学、磁性地层学、地震地层学、化学地层学、定量地层学、事件地层学、气候地层学、构造地层学和月球地层学等等，它们的综合又导致了“综合地层学”和“全球地层学”概念的提出。所有这一切，标志着地层学研究向高度综合化方向发展。

我国的地层学和与其密切相关的古生物学早在本世纪前期的创立阶段，就涌现出一批杰出的地层古生物学家和先驱，他们的研究成果奠定了我国地层学的基础。但是大规模的进展，还是从 1949 年以后，尤其是随着全国中小比例尺区域地质调查的有计划开展，以及若干重大科学计划的执行而发展起来的。正像我国著名的地质学家尹赞勋先生在第一届全国地层会议上所讲：“区域地质调查成果的最大受益者就是地层古生物学。”1959 年召开的中国第一届全国地层会议，总结了建国十年来所获的新资料，制定了中国第一份地层规范（草案），标志着我国地层学和地层工作进入了一个新的阶段。过了 20 年，地层学在国内的发展经历了几乎十年停滞以后，于 1979 年召开了中国第二届全国地层会议，会议在某种程度上吸收学习了国际地层学研究的新成果，还讨论制定了《中国地层指南及中国地层指南说明书》，为推动地层学在中国的发展，缩小同国际地层学研究水平的差距奠定了良好基础。这次会议以后所进行的一系列工作，包括应用地层单位的多重性概念所进行的地层划分对比研究、区域地层格架及地层模型的研究，现代地层学与沉积学相结合所进行的盆地分析以及1：5万区域地质填图方法的改进与完善等，都成为我国地层学进一步发展的强大推动力。为此，地质矿产部组织了一项“全国地层多重划分对比研究（清理）”的系统工程，在 30 个省、直辖市、自治区（含台湾省，不含上海市）范围内，自下而上由省（市、区）、大区和全国设立三个层次的课题，在现代地层学和沉积学理论指导下，对以往所建立的地层单位进行研究（清理），追溯地层单位创名的沿革，重新厘定单位含义、层型类型与特征、区域延伸与对比，消除同物异名，查清同名异物，在大范围内建立若干断代岩石地层单位的时空格架、编制符合现代地层学含义的新一代区域地层序列表，并与地层多重划分对比研究工作同步开展了省（市、区）和全国两级地层数据库的研建，对巩固地层多重划分对比研究（清理）成果，为地层学的科学化、系统化和现代化发展打下了良好基础。这项研究工作在部、省（市、区）各级领导的支持关怀下，全体研究人员经过5年的艰苦努力已圆满地完成了任务，高兴地看到许多成果已陆续要出版了。这项工作涉及的范围之广、参加的单位及人员之多、文件的时间跨度之长，以及现代科学理论与计算机技术的应用等各方面，都可以说是在我国地层学工作不断发展中具有里程碑意义的。这项研究中不同层次成果的出版问世，不仅对区域地质调查、地质图件的编测、区域矿产普查与勘查、地质科研和教学等方面都具有现实的指导作用和实用价值，而且对我国地层学的发展和科学化、系统化将起到积极的促进作用。

首次组织实施这样一项规模空前的全国性的研究工作，尽管全体参与人员付出了极大的辛勤劳动，全国项目办和各大区办进行了大量卓有成效和细致的组织协调工作，取得了巨大的成绩，但由于种种原因，难免会有疏漏甚至失误之处。即使这样，该系列研究是认识地层学真理长河中的一个相对真理的阶段，其成果仍不失其宝贵的科学意义和巨大的实用价值。我相信经过广大地质工作者的使用与检验，在修订再版时，其内容将会更加完美。在此祝贺这一系列地层研究成果的公开出版，它必将发挥出巨大社会经济效益，为地质科学的发展做出新的贡献。

程裕淇

前　言

地层学在地质科学中是一门奠基性的基础学科，是基础地质的基础。自从19世纪初由W. 史密斯奠定的基本原理和方法以来的一个半世纪中，地层学是地质科学中最活跃的一个分支学科，对现代地质学的建立和发展产生了深刻的影响，作出了不可磨灭的贡献，特别是在20世纪60年代由于板块构造学说兴起引发的一场"地学革命"，其表现更为显著。随着板块构造学的确立，沉积学和古生态学的发展，地球历史和生物演化中的灾变论思想的复兴和地质事件概念的建立，使地层学的分支学科，如时间地层学、生态地层学、地震地层学、同位素地层学、气候地层学、磁性地层学、定量地层学和构造地层学等像雨后春笋般地蓬勃发展，这种情况必然对地层学、生物地层和沉积地层等的传统理论认识和方法提出了严峻的挑战。经过20年的论战，充分体现当代国际地质科学先进思想的《国际地层指南》(英文版）于1976年见诸于世，之后在不到20年的时间里又于1979、1987、1993年连续三次进行了修改补充，陆续补充了《磁性地层极性单位》、《不整合界限地层单位》，以及把岩浆岩与变质岩等作为广义地层学范畴纳入地层指南而又补充编写了《火成岩和变质岩岩体的地层划分与命名》等内容。

国际地层学上述重大变革，对我国地学界产生了强烈冲击，十年动乱形成的政治禁锢被打开，迎来了科学的春天，先进的科学思潮像潮水般涌来，于是在1980年第二届全国地层工作会议上通过并公开出版了《中国地层指南及中国地层指南说明书》，阐述了地层多重划分概念。于1983年按地层多重划分概念和岩石地层单位填图在安徽区调队进行了首次试点。1985年《贵州省区域地质志》中地层部分吸取了地层多重划分概念进行撰写。1986年地质矿产部设立了"七五"重点科技攻关项目——"1：5万区调中填图方法研究项目"，把以岩石地层单位填图，多重地层划分对比，识别基本地层层序等现代地层学和现代沉积学相结合的内容列为沉积岩区区调填图方法研究课题，从此拉开了新一轮1：5万区调填图的序幕，由试点的贵州、安徽和陕西三省逐步推向全国。

1：5万区调填图方法研究试点中遇到的最大问题是如何按照现代地层学的理论和方法来对待与处理按传统理论和方法所建立的地层单位？如果维持长期沿用的按传统理论建立的地层单位，虽然很省事，但是又如何体现现代地层学和现代沉积学相结合的理论与方法呢？这样就谈不上紧跟世界潮流，迎接这一场由板块构造学说兴起所带来的"地学革命"。如果要坚持这一技术领域的革命性变革，就要下决心花费很大力气克服人力、财力和技术性等方面的重重困难，对长期沿用的不规范化的地层单位进行彻底的清理。经过反复研究比较，我们认识到科学技术的变革也和社会经济改革的潮流一样是不可逆转的，只有坚持改革才能前进，不进则退，否则就将被历史所淘汰，别无选择。在这一关键时刻，地质矿产部和原地矿部直管局领导作出了正确决策，从1991年开始，从地勘经费中设立一项重大基础地质研究项目——全国地层多重划分对比研究项目，简称全国地层清理项目，开始了一场地层学改革的系统工程，在全国范围内由下而上地按照现代地层学的理论和方法对原有的地层单位重新明确其定义、划分对比标准、延伸范围及各类地层单位的相互关系，与此同时研建全国地层数据库，巩固地层清理成果，推动我国地层学研究和地层单位管理的规范化和现代化，指导当前和今后一个时期1∶5万、1∶25万等区调填图等，提高我国地层学研究水平。1991年地质矿产部原直管局将地层清理作为部指令性任务以地直发(1991)005号文和1992年以地直发(1992)014号文下发了《地矿部全国地层多重划分对比（清理）研究项目第一次工作会议纪要》，明确了各省（市、自治区）地质矿产局（厅）清理研究任务，并于1993年2月补办了专项地勘科技项目合同（编号直科专92-1)，并明确这一任务分别设立部、大区和省（市、自治区）三级领导小组，实行三级管理。

部级成立全国项目领导小组

组长	李廷栋	地质矿产部副总工程师
副组长	叶天竺	地质矿产部原直管局副局长
	赵　逊	中国地质科学院副院长

成立全国地层清理项目办公室，受领导小组委托对全国地层清理工作进行技术业务指导和协调以及经常性业务组织管理工作，并设立在中国地质科学院区域地质调查处（简称区调处）。

项目办公室主任	陈克强	区调处处长，教授级高级工程师
副主任	高振家	区调处总工，教授级高级工程师
	简人初	区调处高级工程师
专家	张守信	中国科学院地质研究所研究员
	魏家庸	贵州省地质矿产局区调院教授级高级工程师
成员	姜　义	区调处工程师
	李　忠	会计师
	周统顺	中国地质科学院地质研究所研究员

大区一级成立大区领导小组，由大区内各省（市、自治区）局级领导成员和地科院沈阳、天津、西安、宜昌、成都、南京六个地质矿产研究所各推荐一名专家组成。领导小组对本大区地层清理工作进行组织、指导、协调、仲裁并承担研究的职责。下设大区办公室，负责大区地层清理的技术业务指导和经常性业务技术管理工作。在全国项目办直接领导下，成立全国地层数据库研建小组，由福建区调队和部区调处承担，负责全国和省（市、自治区）二级地层数据库软件开发研制。

各省（市、自治区）成立省级领导小组，以省（市、自治区）局总工或副总工为组长，有区调主管及有关处室负责人组成，在专业区调队（所、院）等单位成立地层清理小组，具体负责地层清理工作，同时成立省级地层数据库录入小组，按照全国地层数据库研建小组研制的软件及时将本省清理的成果进行数据录入，并检验软件运行情况，及时反馈意见，不断改进和优化软件。在全国地层清理的三个级次的项目中，省级项目是基础，因此要求各省（市、自治区）地层清理工作必须实行室内清理与野外核查相结合，清理工作与区调填图相结合，清理与研究相结合，地层清理与地层数据库建立相结合，“生产”单位与科研教学单位相结合，并强调地层清理人员要用现代地层学和现代沉积学的理论武装起来，彻底打破传统观点，统一标准内容，严格要求，高标准地完成这一历史使命。实践的结果，凡是按上述五个相结合去做的效果都比较好，不仅出了好成果，而且通过地层清理培养锻炼了一支科学技术队伍，从总体上把我国区调水平提高到一个新台阶。

三年多以来，参加全国地层清理工作的人员总数达400多人，总计查阅文献约24 000份，野外核查剖面约16 472.6 km，新测剖面70余条约300 km，清理原有地层单位有12 880个，通过清查保留的地层单位约4721个（还有省与省之间重复的），占总数36.6%，建议停止使用或废弃的单位有8159个（为同物异名或非岩石地层单位等），占总数63.4%，清查中通过实测剖面新建地层单位134个。与此同时研制了地层单位的查询、检索、命名和研究对比功能的数据库，通过各省（市、自治区）数据录入小组将12 880个地层单位（每个单位5张数据卡片）和10 000多条各类层型剖面全部录入，首次建立起全国30个（不含上海市）省（市、自治区）基础地层数据库，为全国地层数据库全面建成奠定了坚实的基础。从1994年7月—11月，分七个片对30个省（市、自治区）地层清理成果报告及数据库的数据录入进行了评审验收，到1994年底可以说基本上完成了省一级地层清理任务。1995—1996年将全面完成大区和总项目的清理研究任务。由此可见，这次全国地层清理工作无论是参加人数之多，涉及面之广，新方法新技术的应用以及理论指导的高度和研究的深度都可以堪称中国地层学研究的第三个里程碑。这一系统工程所完成的成果，不仅是这次直接参加清理的400多人的成果，而且亦应该归功于全国地层工作者、区域地质调查者、地层学科研与教学人员以及为地层工作做过贡献的普查勘探人员。全国地层清理成果的公开出版，必将对提高我国地层学研究水平，统一岩石地层划分和命名指导区调填图，加强地层单位的管理以及地质勘察和科研教学等方面发挥重要的作用。

鉴于本次地层清理工作和地层数据库的研建是过去从未进行过的一项研究性很强的系统工程，涉及的范围很广，时间跨度长达100多年，参加该项工作的人员多达300～400人，由于时间短，经费有限，人员水平不一，文献资料掌握程度等种种主客观原因，尽管所有人员都尽了最大努力，但是在本书中少数地层单位的名称、出处、命名人和命名时间等不可避免地存在一些问题。本书中地层单位名称出现的“岩群”、“岩组”等名词，是根据1990年公开出版的程裕淇主编的《中国地质图（1：500万）及说明书》所阐述的定义。为了考虑不同观点的读者使用，本书对有“岩群”、“岩组”的地层单位，均暂以（岩）群、（岩）组处理。如鞍山（岩）群、迁西（岩）群。总之，本书中存在的错漏及不足之处，衷心地欢迎广大读者提出宝贵意见，以便今后不断改正和补充。

在30个省（市、自治区）地层清理系统成果即将公开出版之际，我代表全国地层清理项目办公室向参加30个省（市、自治区）地层清理、数据库研建和数据录入的同志所付出的辛勤劳动表示衷心的感谢和亲切的慰问。在全国地层清理项目立项过程中，原直管局王新华、黄崇轲副局长给予了大力支持，原直管局局长兼财务司司长现地矿部副部长陈洲其在项目论证会上作了立项论证报告，在人、财、物方面给予过很大支持；全国地层委员会副主任程裕淇院士一直对地层清理工作给予极大的关心和支持，并在立项论证会上作了重要讲话；中国地质大学教授、全国地层委员会地层分类命名小组组长王鸿祯院士是本项目的顾问，在地层清理的指导思想、方法步骤及许多重大技术问题上给予了具体的指导和帮助；中国地质大学教授杨遵仪院士对这项工作热情关心并给以指导；中国地质科学院院长、部总工程师陈毓川研究员参加了第三次全国地层清理工作会议并作了重要指示与鼓励性讲话；部科技司姜作勤高工，计算中心邬宽廉、陈传霖，信息院赵精满，地科院刘心铸等专家对地层数据库设计进行评审，为研建地层数据库提出许多有意义的建议。中国科学院地质研究所，南京古生物研究所，中国地质科学院地质研究所，天津、沈阳、南京、宜昌、成都和西安地质矿产研究所，南京大学，西北大学，中国地质大学，长春地质学院，西安地质学院等单位的知名专家、教授和学者，各省（市、自治区）地矿局领导、总工程师、区调主管、质量检查员和区调队、地研所、综合大队等单位的区域地质学家共600余人次参加了各省（市、自治区）地层清理研究成果和六个大区区域地层成果报告的评审和鉴定验收，给予了友善的帮助；各省（市、自治区）地矿局（厅）、区调队（所、院）等各级领导给予地层清理工作在人、财、物方面的大力支持。可以肯定，没有以上各有关单位和部门的领导和众多的专家教授对地层清理工作多方面的关心和支持，这项工作是难以完成的。在30个省（市、自治区）地层清理成果评审过程中一直到成果出版之前，中国地质大学出版社，特别是以褚松和副社长和刘粤湘编辑为组长的全国地层多重划分对比研究报告编辑出版组为本套书编辑出版付出了极大的辛苦劳动，使这一套系统成果能够如此快地、规范化地出版了！在全国项目办设在区调处的几年中，除了参加项目办的成员外，区调处的陈兆棉、其和日格、田玉莹、魏书章、刘凤仁多次承担地层清理会议的会务工作，赵洪伟和于庆文同志除了承担会议事务还为会议打印文稿，于庆文同志还协助绘制地层区划图及文稿复印等工作。

在此，向上面提到的单位和所有同志一并表示我们最诚挚的谢意，并希望继续得到他们的关心和支持。

全国地层清理项目办公室（陈克强执笔）

目　录

第一章
绪　论

安徽省沉积地层发育，矿产丰富，其研究历史悠久。半个多世纪以来，由于广大地质工作者的共同努力，特别是通过全省1：20万区域地质调查，积累了丰富的地质资料，总结出版了《安徽地层志》(1985，1987，1988a，1988b，1988c，1988d，1989a，1989b，1989c，1989d)、《安徽省区域地质志》(1987)等专著、论文、报告及图册。从80年代起，我省最先试验填制了1：5万巢湖市幅岩石地层单位地质图(1983)，进行了1：5万安徽省庐江盛桥地区岩石地层单位填图方法研究(1992a)，编著了《安徽省岩石地层单位研究》(1990，未刊)。本书是在上述研究的基础上，结合近年来1：5万区调及有关科研成果，根据"全国地层多重划分对比研究"项目[地直科专(92)01号部重点项目]总体设计精神进行编著的。

一、工作目的、内容、方法和步骤

1. 目的

(1) 根据地层多重划分观点和新资料、新认识，重新明确现有地层单位的划分对比标准、定义、延伸范围及各类地层单位的相互关系，提高科学性，消除混乱，以便在地层单位的划分、命名、理解和应用上求得一致。

(2) 通过地层数据库的建立，促进地层学研究和地层划分与管理的规范化、现代化。

(3) 指导安徽省1：5万区调填图，提高其区域地层研究水平。

2. 内容

(1)清理早第三纪及其以前各时代地层单位名称，包括名称、原始定义、沿革、现在定义、层型、地质特征及区域变化。指出同物异名、异物同名，并对省内不采用的地层单位名称提出建议。

(2) 实地核查省内层型及重要的次层型剖面。

(3) 查明部分岩石地层单位的穿时特征。

(4) 用层序地层学的观点，以层型和参考剖面为骨架，编制地层横剖面、横断面图，查明各岩石(构造)地层单位的时、空存在状况(形态、相互关系)，排列顺序。选择研究程度较高的扬子地层区的震旦纪、寒武纪、二叠纪地层，研究其区域地层格架。

(5) 对青白口纪—三叠纪富产化石的地层，研究其生物地层特征。

(6) 填制地层成果卡，建立全省地层数据库。

3. 方法和步骤

本项目是根据《全国地层多重划分对比（清理）研究项目总体设计》的要求和统一部署进行工作。大体可分四个阶段。

1992 年 7—10 月：搜集资料，编写设计及工作细则，初步建立全省岩石地层单位划分序列总表。

1992 年 11 月—1993 年 10 月：野外调研。主要是核查本省层型和重要的次层型剖面，清理岩石地层单位。

1993 年 11 月—1994 年 3 月：资料整理、填制卡片及录入。

1994 年 4 月—1995 年底：编写报告，评审及修改定稿。

完成主要工作量见表 1-1。

表 1-1 主要工作量一览表

工作项目	单位	数 量	工作项目	单位	数量
搜集资料	份	1 023	废 弃 卡	份	135
剖面资料	条	1 541	工 作 卡	份	337
核查剖面	条	30 条 34km	横剖面图	张	40
实测剖面	条	43 条 21.5km	地层格架图	张	40
采集化石	块	111	柱状对比图	张	20
岩石标本	块	402	区 划 图	张	12
岩石光谱	块	321	计算机录入	份	337
照 片	卷	11	录入剖面数	条	633
成 果 卡	份	207			

二、地层清理工作遵循的原则及有关规定

(1) 遵循《国际地层指南》、《中国地层指南及中国地层指南说明书》、《沉积岩区 1：5 万区域地质填图方法指南》有关原则，运用现代地层学、现代沉积学、古生物学、年代地层学等新理论、新方法、新技术进行清理工作。

(2) 清理的重点是岩石地层单位中的组级单位，因为组在岩石地层单位中具有岩性、岩相和变质程度的一致性和可填图性，在纵、横两个方面上具有延展性，在野外易于辨认、掌握和操作，是研究岩石地层单位的基础。

(3) 对高于组级别的群和低于组级别的段，它们都具有明显不同的岩性特征且分布广泛，是区域地层的重要组成部分。在造山带或中—深变质岩区，地层多由变形变质侵入体和表壳岩构成，地层无序，本书称其为构造地层单位岩组、岩群和杂岩。对上述地层单位也参照对组的要求进行清理。

(4) 由于地层具有四维时空分布的特征，它除有空间的属性外，还具有时间的属性，所以要对其进行多重划分对比研究，其中重要的是对岩石地层、生物地层、年代地层的相互关系予以说明。

(5)岩石(构造)地层描述上，采用全国项目办推荐、统一、行之有效的格式，即〔创名及原始定义〕、〔沿革〕、〔现在定义〕、〔层型〕、〔地质特征及区域变化〕格式，逐项叙述，以达包括岩石(构造)地层单位主要基础内容之目的。上述各项中难以包括的内容在〔问题讨论〕、〔其他〕项中予以说明。

(6) 书中描述的内容要真实、准确、可靠。在文字表述上，力求论点明确、论据充分、重点突出、层次分明，文字简明扼要，逻辑严密，言之有据，术语要统一、规范。文、图、表、参考文献、采用的岩石地层单位名称等和不采用的地层单位名称等有关内容要互相吻合、一致。

三、组织及分工

安徽省地层多重划分对比研究工作是在安徽省地质矿产局（以下简称安徽地矿局）项目

领导小组领导下，按照全国地层清理项目办公室、华北及东南两大区项目办公室统一部署进行，由安徽省区域地质调查所（以下简称安徽区调所）[①] 承担。

项目领导小组由安徽地矿局有关人员组成，其成员如下：

组　长：周云生（副局长、局总工程师）

副组长：黄步旺（安徽区调所所长），刘学圭（局副总工程师），王贤方（局科技勘查处高级工程师）

成　员：唐永成（局高咨小组副组长、教授级高级工程师），刘湘培（局高咨小组教授级高级工程师），蒋维镛（局科技勘查处总工程师），姚仲伯（区调所总工程师），毕治国（区调所技术顾问、前期任副组长兼项目办主任、教授级高级工程师），诸骥（321 地质队技术顾问，高级工程师），谢齐文（324 地质队总工程师），马荣生（332 地质队总工程师），唐开健（325 地质队总工程师），宋勤（311 地质队总工程师），张绵瑱（313 地质队副总工程师）

项目办主任：姚仲伯（兼）

报告执笔分工如下：绪论，姜立富、李玉发；青白口纪、震旦纪、结语，李玉发、姜立富；晚太古代、元古宙，汤加富、李玉发；寒武纪，姜立富；奥陶纪、志留纪，孙乘云；泥盆纪、石炭纪，齐敦伦；二叠纪，李朝臣；三叠纪，徐家聪；侏罗纪、白垩纪，陆伍云；早第三纪，杨成雄；震旦纪、寒武纪、二叠纪区域地层格架，夏军、李玉发；生物地层特征，姜立富汇总；全书由姜立富、李玉发统稿，姜立富修改补充、定稿。

胡海风负责地层数据库，王徽负责录入，孙乘云负责地层成果卡汇总。

本书成稿后，由安徽地矿局和东南大区项目办组织评审，并聘请周云生、俞剑华、朱兆玲、张遴信、孙卫国、陶奎元、张守信、高振家、简人初、都洵、姜义、万义文、孙京等专家评审，被评为优秀级。据评审意见，作者对全书进行了修改。修改稿经周云生、姚仲伯复审。

在编著过程中，得到有关单位的支持。我所高天山、侯明金、陈秀其、宫维莉、王文联、戚关林、杨贵良、金淑云等协助做了部分工作，均此致谢！由于作者水平所限，谬误之处在所难免，敬请批评指正。

四、地层综合区划

安徽省地跨华北和华南两个地层大区（图 1-1、表 1-2）。自晚太古代以来，各时代岩石地层均有发育，层序清楚，大多数地层剖面完整，化石丰富，是开展地层学、沉积岩石学和古生物学研究的重要地区之一。许多岩石地层单位在国内或大区域内均具有一定代表性。两个地层大区大致以金寨-肥西-郯庐断裂带为界。华北地层大区仅有晋冀鲁豫一个地层区，以省界河南一侧蒋集—省内霍邱龙潭寺一线为界，分徐淮和华北南缘两个地层分区。华南地层大区包括南秦岭-大别山及扬子两个地层区，前者仅有桐柏-大别山地层分区；后者以七都一泾县（江南深断裂）为界，分为下扬子及江南两个地层分区。

---

① 安徽省区域地质调查所曾多次更名：1959 年 5 月—1961 年 6 月，称安徽省地质局区域地质测量队（简称安徽区测队）；1961 年 7 月—1968 年，称安徽省地质局 317 地质队；1968 年年底撤销后，分属安徽省冶金地质局 332 地质队及 311 地质队，为该两队的区测分队；1973 年 5 月—1983 年 6 月重建后，称安徽省地质局区域地质调查队，1983 年 7 月—1992 年 4 月，称安徽省地质矿产局区域地质调查队（简称安徽区调队）；1992 年 5 月起称安徽省区域地质调查所（简称安徽区调所）。

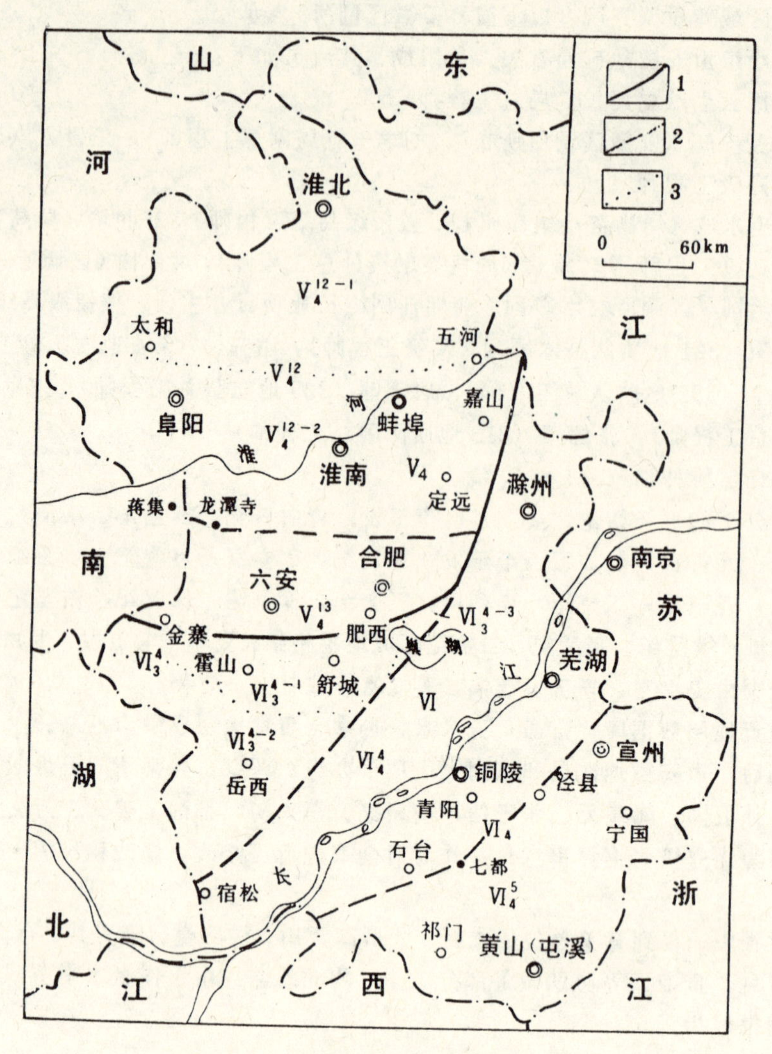

图 1-1 安徽省地层区划图

V_4. 华北地层大区晋冀鲁豫地层区；V_4^{12}. 徐淮地层分区；V_4^{12-1}. 淮北地层小区；V_4^{12-2}. 淮南地层小区；V_4^{13}. 华北南缘地层分区；VI. 华南地层大区；VI_3^4. 南秦岭-大别山地层区桐柏-大别山地层分区；VI_3^{4-1}. 北淮阳地层小区；VI_3^{4-2}. 岳西地层小区；VI_3^{4-3}. 肥东地层小区；VI_4. 扬子地层区；VI_4^4. 下扬子地层分区；VI_4^5. 江南地层分区

1. 地层大区界线；2. 地层分区界线；3. 地层小区界线

华北、华南两个地层大区，分别自青白口纪和震旦纪开始转入稳定或次稳定型沉积。大别山地区则长期断续保持着不稳定型沉积。三叠纪末，特别是侏罗纪以来，安徽省全面转入陆相红色碎屑岩沉积，中基性火山活动频繁，各地层区间差异缩小，其界线不甚明显。

表 1-2　安徽省岩石地层单位序列表

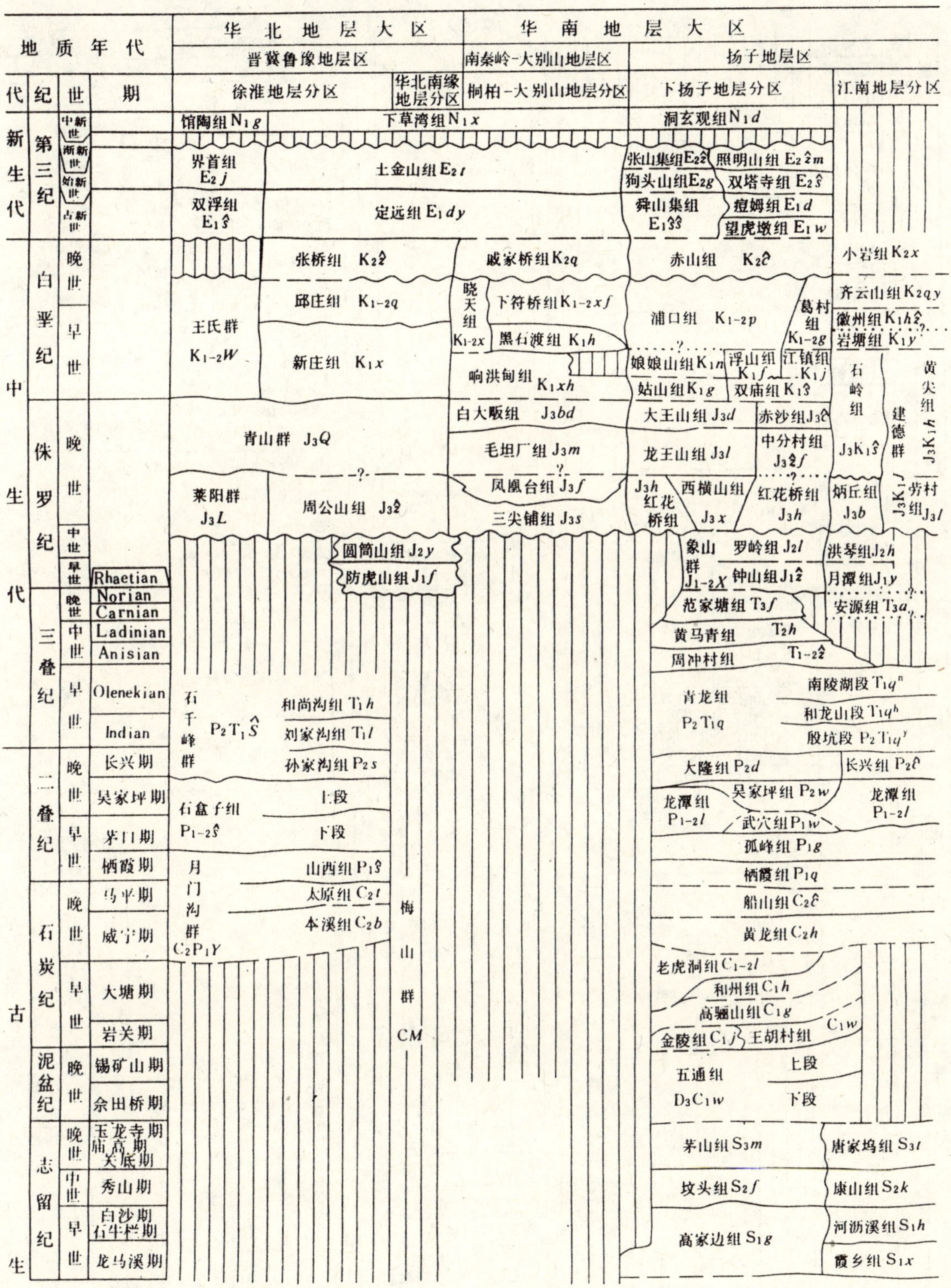

地质年代				华北地层大区		华南地层大区		
				晋冀鲁豫地层区		南秦岭-大别山地层区	扬子地层区	
代	纪	世	期	徐淮地层分区	华北南缘地层分区	桐柏-大别山地层分区	下扬子地层分区	江南地层分区
新生代	第三纪	中新世		馆陶组 N_1g	下草湾组 N_1x		洞玄观组 N_1d	
		渐新世						
		始新世		界首组 E_2j；土金山组 E_2t			张山集组 $E_2\hat{z}$；照明山组 $E_2\hat{z}m$；狗头山组 E_2g；双塔寺组 $E_2\hat{s}$	
		古新世		双浮组 $E_1\hat{s}$；定远组 E_1dy			舜山集组 $E_1\hat{s}\hat{s}$；痘姆组 E_1d；望虎墩组 E_1w	
中生代	白垩纪	晚世		张桥组 $K_2\hat{z}$		戚家桥组 K_2q	赤山组 $K_2\hat{c}$	小岩组 K_2x
		早世		王氏群 $K_{1-2}W$；邱庄组 $K_{1-2}q$；新庄组 K_1x		晓天组 $K_{1-2}x$：下符桥组 $K_{1-2}xf$，黑石渡组 K_1h；响洪甸组 K_1xh	浦口组 $K_{1-2}p$；葛村组 $K_{1-2}g$；娘娘山组 K_1n；浮山组 K_1f；江镇组 K_1j；姑山组 K_1g；双庙组 $K_1\hat{s}$	齐云山组 K_2qy；徽州组 $K_1h\hat{z}$；岩塘组 K_1y；黄尖组 J_3K_1h
	侏罗纪	晚世		青山群 J_3Q；莱阳群 J_3L；周公山组 $J_3\hat{z}$		白大畈组 J_3bd；毛坦厂组 J_3m；凤凰台组 J_3f；三尖铺组 J_3s	大王山组 J_3d；赤沙组 $J_3\hat{c}$；龙王山组 J_3l；中分村组 $J_3\hat{z}f$；J_3h 红花桥组；西横山组 J_3x；红花桥组 J_3h	石岭组 $J_3K_1\hat{s}$；建德群 J_3K_1J；炳丘组 J_3b；劳村组 J_3l
		中世		圆筒山组 J_2y			象山群 $J_{1-2}X$：罗岭组 J_2l	洪琴组 J_2h
		早世		防虎山组 J_1f			钟山组 $J_1\hat{z}$	月潭组 J_1y
	三叠纪	晚世	Rhaetian				范家塘组 T_3f	安源组 T_3a
			Norian					
			Carnian					
		中世	Ladinian				黄马青组 T_2h	
			Anisian				周冲村组 $T_{1-2}\hat{z}$	
		早世	Olenekian	石千峰群 $P_2T_1\hat{S}$；和尚沟组 T_1h			青龙组 P_2T_1q：南陵湖段 T_1q^n；和龙山段 T_1q^h	
			Indian	刘家沟组 T_1l			殷坑段 $P_2T_1q^y$	
古生代	二叠纪	晚世	长兴期	孙家沟组 P_2s			大隆组 P_2d；长兴组 $P_2\hat{c}$	
			吴家坪期	石盒子组 $P_{1-2}\hat{s}$ 上段			龙潭组 $P_{1-2}l$；吴家坪组 P_2w；龙潭组 $P_{1-2}l$	
		早世	茅口期	下段			武穴组 P_1w；孤峰组 P_1g	
			栖霞期	山西组 $P_1\hat{s}$			栖霞组 P_1q	
	石炭纪	晚世	马平期	月门沟群 C_2P_1Y；太原组 C_2t	梅山群 CM		船山组 $C_2\hat{c}$	
			威宁期	本溪组 C_2b			黄龙组 C_2h	
		早世	大塘期				老虎洞组 $C_{1-2}l$；和州组 C_1h；高骊山组 C_1g	
			岩关期				金陵组 C_1j；王胡村组 C_1w	
	泥盆纪	晚世	锡矿山期				五通组 D_3C_1w 上段	
			佘田桥期				下段	
	志留纪	晚世	玉龙寺期 庙高期 关底期				茅山组 S_3m	唐家坞组 S_3t
		中世	秀山期				坟头组 S_2f	康山组 S_2k
		早世	白沙期 石牛栏期				高家边组 S_1g	河沥溪组 S_1h
			龙马溪期					霞乡组 S_1x

续表 1-2

代	纪	世	期	华北区（淮北、淮南）	大别山区	下扬子区	江南区
晚元古代（续上）	奥陶纪	晚世	五峰期			五峰组 O_3w	长坞组 $O_3\hat{c}$
			石口期			汤头组 O_3t	黄泥岗组 O_3h
		中世	溁江期			宝塔组 O_2b	砚瓦山组 O_2y
			胡乐期	马家沟组 $O_{1-2}m$：老虎山段 O_2m		庙坡组 O_2m	胡乐组 $O_{1-2}h$
		早世	宁国期	马家沟组 $O_{1-2}m$：青龙山段 O_1m^q、萧县段 O_1m^x；贾汪组 O_1j		牯牛潭组 O_1g；大湾组 O_1d；东至组 $O_1d\hat{z}$；里山阡组 $O_1l\hat{s}$	宁国组 O_1n
			新厂期	土坝组 韩家段 $\in_3O_1s^h$；三山子组		红花园组 O_1h；分乡组 O_1f；上欧冲组 $O_1\hat{s}$；仑山组 O_1l；大坞阡组 O_1dw	印渚埠组 O_1y
	寒武纪	晚世	凤山期	炒米店组 $\in_3\hat{c}$；土坝组 段 $\in_3O_1s^t$、$\in_3O_1s$；三山子组		琅玡山组 $\in_3l$；观音台组 $\in_2O_1g$；青坑组 $\in_3q$	西阳山组 $\in_3O_1x$
			长山期				
			崮山期	崮山组 $\in_3g$；三山子组 $\in_3g$			华严寺组 $\in_3h$
		中世	张夏期	张夏组 $\in_2\hat{z}$		团山组 $\in_{2-3}t$	
			徐庄期	馒头组 $\in_{1-2}m$：四段		杨柳岗组 $\in_{2-3}y$；炮台山组 $\in_{1-2}p$	杨柳岗组 $\in_2y$
			毛庄期	馒头组：三段			
		早世	龙王庙期	馒头组：二段、一段		大陈岭组 $\in_1d$	大陈岭组 $\in_1d$
			沧浪铺期	昌平组 $\in_1\hat{c}$；猴家山组 $\in_1hj$	潘家岭(岩)组 ZDp	黄柏岭组 $\in_1h$；幕府山组 $\in_1m$；黄柏岭组 $\in_1h$	荷塘组 $\in_1ht$
			筇竹寺期	雨台山组 $\in_1y$；凤台组 $\in_1f$	八道尖(岩)组 ZDb	$\in_1ht$ 荷塘组	
			梅树村期	?	诸佛庵(岩)组 ZD$\hat{z}$f		
	震旦纪	晚世		宿县群 ZS：金山寨组 Z_2j；望山组 Z_2w；史家组 $Z_2\hat{s}$	佛子岭(岩)群 ZDF：黄龙岗(岩)组 ZDh	皮园村组 $Z_2\in_1p$；灯影组 $Z_2\in_1d$；黄墟组 Z_2h	皮园村组 $Z_2\in_1p$；蓝田组 Z_2l
		早世		宿县群 ZS：魏集组 Z_1w；张渠组 $Z_1\hat{z}q$；九顶山组 Z_1jd；倪园组 Z_1n；赵圩组 $Z_1\hat{z}w$；贾园组 Z_1jy；淮南群 Z_1H：四顶山组 Z_1sd（三段、二段、一段）；九里桥组 Z_1j；四十里长山组 $Z_1s\hat{s}$	祥云寨(岩)组 ZDxy；仙人冲(岩)组 ZDx；郑堂子(岩)组 ZD$\hat{z}$	苏家湾组 Z_1s；周岗组 $Z_1\hat{z}$	南沱组 Z_1n；休宁组 Z_1x
	青白口纪			八公山群 QnZ_1B：刘老碑组 Qnl；伍山组 Qnw；曹店组 Qnc		张八岭(岩)群 $Pt_{2-3}\hat{Z}$	历口群 QnL：小安里组 Qnxa；铺岭组 Qnp；邓家组 Qnd；葛公镇组 Qng；镇头组 Qnz；井潭组 Qnj；西村(岩)组 Qnx
中元古代	蓟县-长城纪					张八岭(岩)群 $Pt_{2-3}\hat{Z}$：西冷(岩)组 $Pt_{2-3}x$；北将军(岩)组 Pt_2bj	溪口群 Pt_2X：牛屋组 Pt_2n；木坑(岩)组 Pt_2m；板桥(岩)组 Pt_2b；樟前(岩)组 $Pt_2\hat{z}$
早元古代				凤阳群 Pt_1FY：宋集组 Pt_1sj；青石山组 Pt_1q；白云山组 Pt_1b	宿松(岩)群 Pt_1S：大新屋(岩)组 Pt_1d；柳坪(岩)组 Pt_1l；蒲河杂岩 Pt_1P	肥东(岩)群 Pt_1F	
晚太古代				五河杂岩 Ar_2W；霍丘杂岩 Ar_2H	大别山杂岩 Ar_2D	阚集杂岩 Ar_2K	

注:(岩)群、(岩)组、杂岩为构造地层单位

第一篇　华北地层大区

安徽省位于华北地层大区的东南缘，大致以金寨—肥西一线及郯庐断裂带为界与华南地层大区毗邻。省内仅有晋冀鲁豫一个二级地层区，除中奥陶世晚期至早石炭世缺失沉积外，其他各时代地层均较发育。

第二章
晚太古代

安徽省晚太古代地层仅分布于华北地层大区晋冀鲁豫地层区的徐淮地层分区，只出露五河杂岩及霍丘杂岩。根据航磁资料推测，宿州以北有可能存在泰山(岩)群，因未见露头，故不另立分区(晚太古代地层露头分布见图 2-1)。

五河杂岩　Ar_2W　(05-34-0020)①

【创名及原始定义】　原名五河群，安徽区调队（1978）创名于五河县西堌堆。意指“分布于五河—嘉山一带以片麻岩、斜长角闪岩、大理岩、浅粒岩为主的中深变质岩系。依岩性特征分为下亚群西堌堆组、庄子里组、峰山里组和上亚群小张庄组及殷家涧组”。

【沿革】　该群自创名始，沿用至今。笔者经核查发现，原五河群是由变形变质侵入体及变质表壳岩系组成，故改称为五河杂岩。

【现在定义】　指变质表壳岩及变形变质侵入体组成的杂岩。变质表壳岩：大理岩、蛇纹石化大理岩、变流纹岩、白云石英片岩及斜长角闪岩等。岩石中条带状构造明显，表壳岩块均被强烈拉长变薄。变形变质侵入体：主要为黑云斜长片麻岩、黑云二长片麻岩、浅粒岩、变粒岩等。下未见底，上与凤阳群呈不整合、平行不整合接触。

【层型】　正层型为五河县西堌堆—嘉山县小张庄剖面（34-0020-4-1；33°05′，

① 为安徽省地层数据库中岩石地层单位代码。

117°50′)，安徽区调队（1978）测制。

【地质特征及区域变化】　该杂岩零星分布于郯庐断裂带以西、凤阳—五河一带，与霍丘杂岩以淮南复向斜为界，其岩石组合，区域变质作用及含矿性均有较大差别。五河杂岩中所测同位素年龄较多，其中锆石 U－Pb 的年龄值为 2 650 Ma（五河县牟家），黑云母 K－Ar 年龄值为 1 952 Ma（固镇县抹搁李）。一般来说K－Ar 年龄值均偏低，因此，五河杂岩的年龄值应早于 2 500 Ma。时代为晚太古代。

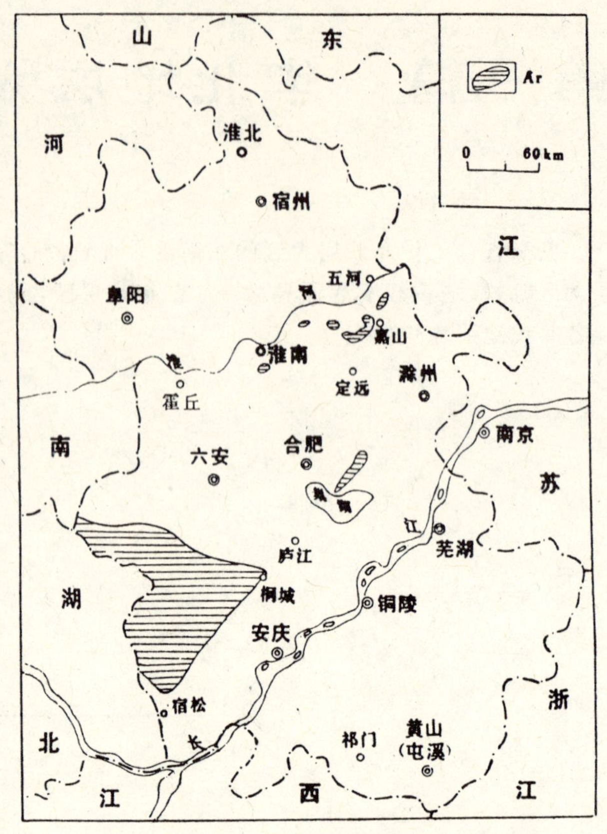

图 2－1　安徽省晚太古代地层露头分布图

霍丘杂岩　Ar_2H　（05－34－0025）

【创名及原始定义】　原名霍丘群，安徽 337 地质队（1974）[①] 创名于霍邱地区。原指隐伏于霍邱县重新集、吴集、周集一带富含石英磁铁矿的中深变质岩系，自下而上称花园组、吴集组、周集组。主要有片麻岩类、石英片岩类、大理岩类等，总厚度大于 718 m。其岩性均由钻探揭露。

【沿革】　该群自创名始，沿用至今。经笔者核查发现，该群是由变形变质侵入体及表壳岩系组成，故改称霍丘杂岩。

【现在定义】　指隐伏于霍邱县重新集、吴集、周集一带地下的富含石英磁铁矿的古老变形变质侵入体及表壳岩组成的中深变质岩系，以片麻岩类为主，含石英片岩与大理岩类，富集大型石英磁铁矿。未见顶、底。

【层型】　正层型为霍邱县周集第 17 勘探线剖面（34－0025－4－1；32°30′50″，115°59′20″），安徽 337 地质队（1974）测制。

【地质特征及区域变化】　该杂岩变形变质侵入体的主要岩性为片麻岩-变粒岩组合，如铁铝榴石黑云斜长片麻岩、角闪黑云斜长片麻岩和二云二长片麻岩、黑云变粒岩。岩石中片麻状构造极发育，有的已形成眼球状。侵入体内含有大量表壳岩系捕虏体，有的呈片状分布，主要由片岩类和大理岩类组成。片岩类：角闪片岩、黑云片岩、榴石黑云片岩、蓝晶黑云片岩；大理岩类：透闪金云白云石大理岩、白云质大理岩、巨晶大理岩等。在与侵入体接触带处，往往形成多层条带状角闪石英磁铁矿、石英磁铁矿。

霍丘杂岩其原岩既有火山熔岩及凝灰岩与沉积岩中的泥岩、砂岩、灰岩、硅质岩等表壳岩，又有古老的侵入体。在表壳岩中沉积作用的韵律性较明显，每一韵律层的底界突变，而其内部各单位之间相互递变。据钻孔资料揭示，该杂岩主要分布于霍邱—寿县地区。合肥盆地的基底也可能主要由霍丘杂岩组成。

---

① 安徽省地质局 337 地质队，1974，安徽省霍邱张庄铁矿床地质勘探报告。

第三章
元古宙

安徽省元古宙地层仅分布于华北地层大区晋冀鲁豫地层区的徐淮地层分区，大致分布在六安—合肥一线以北，嘉山—合肥一线以西地区（元古宙地层露头分布见图3-1)。据岩性差异和层序的发育程度，大致以太和—五河一线（蚌埠隆起）为界，分为淮北和淮南两个地层小区。区内元古宇仅出露早元古代与晚元古代地层。皖北地区早元古代，在陆壳基础上接受了一套厚度较小，岩性较单一的浅海相砂泥质和碳酸盐沉积（凤阳群），反映了该地区地壳活动已不太强烈。到中元古代上升为古陆，缺失中元古代沉积。晚元古代该区逐渐准平原化，导致黄淮海的入侵，形成滨岸砾屑滩相类磨拉石建造，海滩—陆架单陆屑建造—潮坪单陆屑石英砂岩（八公山群）和局限台地相藻礁碳酸盐岩组合沉积（淮南群、宿县群、金山寨组）为特征，构成第一个盖层，其底界为凤阳（淠河）运动造成的区域性不整合界面。

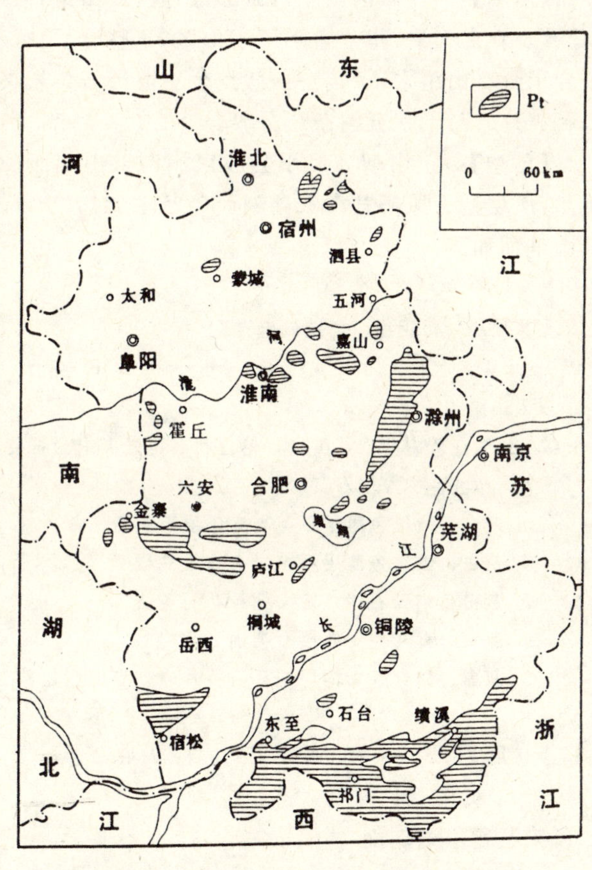

图3-1　安徽省元古宙地层露头分布图

第一节　岩石地层单位

凤阳群　Pt_1FY　（05-34-0021)

【创名及原始定义】　徐嘉炜等(1965)创名于凤阳山区。指分布于蚌埠、凤阳一带的片麻岩及其以上的片岩系。

【沿革】 李四光(1939)将片岩系归下震旦统，分为白云山石英岩和青石山层，其后各家均将其统归为前震旦系。安徽区调队(1978)将下部片麻岩系称五河群，上部片岩系称凤阳群，并将凤阳群自下而上划分为白云山组、青石山组、宋集组，沿用至今。

【现在定义】 指分布于凤阳山区，平行不整合、不整合于五河杂岩之上，不整合于曹店组紫红色铁质砾岩之下的一套以石英片岩、石英岩、大理岩、千枚岩为主的变质岩系。凤阳群自下而上包括白云山组、青石山组、宋集组。

【其他】 凤阳群是一套绿片岩相区域变质沉积岩系，原始沉积物自下而上为石英质砂、粉砂泥质及富镁碳酸盐交替沉积，还有粉砂泥质、泥质及少量泥灰质，普遍含铁质条带，是一套滨海相陆源碎屑和浅海相富镁碳酸盐及泥质沉积，韵律性较明显。所得白云母 K－Ar 法年龄值为 1 878 Ma，大致反映了 1 900 Ma 左右的一次变质事件。凤阳群覆于中深变质的太古宙片麻岩（年龄大于 2 500 Ma）之上，被青白口纪石英砂岩或局部发育的砂砾岩系（磨拉石建造）不整合覆盖。故其时限约在 2 500～ 1 900 Ma 之间，属早元古代。

白云山组 Pt_1b (05－34－0022)

【创名及原始定义】 原称白云山石英岩，李四光（1939）创名于凤阳县东南白云山。指分布于凤阳一带的“灰白色石英岩为主”，上部夹砾岩，厚约 300 公尺的地层。

【沿革】 安徽区调队(1978)改称白云山组，沿用至今。

【现在定义】 指分布于凤阳山区，不整合、平行不整合于五河杂岩之上，不整合于曹店组、整合于青石山组之下的乳白、微红色中薄层石英岩夹绢云石英片岩。底部为含粗砂(或细砾)绢云石英片岩与下伏五河杂岩分界。

【层型】 正层型为凤阳县殷家涧白云山剖面(32°40′38″，117°41′24″)，安徽区调队(1978)重测；次层型为凤阳县雷家湖剖面(32°41′，117°28′)，安徽区调队(1978)测制。凤阳县殷家涧白云山剖面如下：

上覆地层：**曹店组** 含铁砂砾岩

～～～～～～～ 不 整 合 ～～～～～～～

白云山组	总厚度 489.09 m
11. 微红色中薄层石英岩，糖粒状石英岩夹绢云石英片岩	43.40 m
10. 微红色中厚层石英岩	40.17 m
9. 灰白、微红色薄层石英岩夹中层石英岩	65.46 m
8. 灰白、微红色薄层石英岩夹石英片岩	84.56 m
7. 灰白色绢云石英片岩夹糖粒状石英岩	99.52 m
6. 蓝灰、青灰色中薄层石英绢云片岩	37.08 m
5. 灰白、微红色中薄层绢云石英片岩，底部含粗砂岩	118.90 m

～～～～～～～ 不 整 合 ～～～～～～～

下伏地层：**五河杂岩** 绿帘黑云片岩、片麻岩

凤阳县雷家湖剖面

上覆地层：**青石山组**

———————— 整 合 ————————

白云山组　　总厚度 455.6 m

6. 白色、灰黄色中薄层细粒石英岩　66.0 m

5. 棕红、粉黄色条带状铁质石英岩　33.6 m

4. 白、灰白、粉红色中薄层细粒石英岩，夹薄层白云石英片岩　189.1 m

3. 灰白、浅灰色白云石英片岩夹变质石英砾岩　166.9 m

——————— 平行不整合 ———————

下伏地层：**五河杂岩**　灰绿色绿帘角闪片岩及绿帘角闪岩

【地质特征及区域变化】　该组石英岩中有残留碎屑结构，原岩应属石英砂岩。常具灰、白相间的条带构造，局部可见含磁铁石英条带。在区域上，该组平行不整合、不整合于五河杂岩之上，整合于青石山组之下，区内岩性及厚度均较稳定，组成陡峭山脊，是较好的标志层，厚度为259～489 m。石英岩可做特种玻璃和耐火材料，局部可作天然油石原料。在老青山、雷家湖一带，绢云石英片岩中白云母K－Ar年龄值为1 650 Ma、1 878 Ma，因K－Ar法年龄值偏低，故该组地质年龄应早于变质年龄1 900 Ma，其时代以归早元古代为宜。

青石山组　Pt_1q　(05－34－0023)

【创名及原始定义】　原名青石山层，李四光（1939）创名于凤阳县青石山。原指“上部层状灰白色大理岩夹千枚岩，中部黄灰色灰质千枚岩夹蓝色矽质大理岩，下部结晶粗粒大理岩，色灰而质不纯，其厚约250公尺”。

【沿革】　安徽区调队（1978）改称青石山组，沿用至今。

【现在定义】　指分布于凤阳山区，分别整合于白云山组石英岩之上、宋集组千枚岩之下的大理岩组合，主要为条带状白云石大理岩夹条带状石英岩、铁质石英岩。大理岩类产微古植物。

【层型】　创名时未指定正层型剖面，本书指定凤阳县雷家湖剖面为选层型(34－0023－4－2;32°41′,117°28′),安徽区调队(1978)测制。

【地质特征及区域变化】　在凤阳县雷家湖一带，为白云石大理岩夹薄层细粒石英岩及铁质石英岩，底部大理岩微含磷，厚269 m。凤阳县赵家河一带，大理岩内微细层理发育，并具硅质团块或条带，厚度增大至459 m。在宋集的大理岩中产微古植物 *Protosphaeridium*，*Polyporata* cf. *obsoleta*，*Taeniatum* cf. *crassum*。时代为早元古代。

宋集组　Pt_1sj　(05－34－0024)

【创名及原始定义】　安徽区调队（1978）创名于凤阳县宋集。原指相当于李四光（1939）青石山层中上部的“千枚岩及含砂千枚岩，夹石英岩、含铁石英岩与大理岩”。

【沿革】　该组自创名始，沿用至今。

【现在定义】　指主要岩性为微绿、灰白、红紫等杂色千枚岩及含砂千枚岩，夹石英岩、铁质条带石英岩及少量大理岩凸镜体的地层，其顶界普遍为紫红色铁质千枚岩或铁质泥质粉砂岩，局部有凸镜状铁质砂砾岩，有时可富集成似层状镜铁矿体。与下伏青石山组为整合接触，与上覆曹店组为不整合接触。

【层型】　正层型为凤阳县宋集剖面（34－0024－4－1；32°41′32″，117°33′），安徽区调队(1978)测制。

【地质特征及区域变化】　全区岩性基本稳定，往西至凤阳县雷家湖一带大理岩比例增多，夹有透闪岩，局部形成劣质石棉。变质较深的凤阳县大郚山一带，还出现绢云片岩及黑云片岩。凤阳山水库大坝附近见有薄层碳质千枚岩夹层。总厚度 112～223 m。时代为早元古代。

八公山群　QnZ_1B　(05-34-1001)

【创名及原始定义】　原名八公山统，徐嘉炜（1958）创名于淮南寿县八公山地区。原指分布于八公山一带的沉积碎屑岩组合，自下而上划分为下部石英岩、中部刘老碑页岩，上部石英岩。

【沿革】　淮南—凤阳山区及霍邱地区介于变质岩与产化石古生代地层之间的一套地层，李四光（1939）称其中的页岩为杏山页岩，其下的石英砂岩为伍山石英砂岩。谢家荣（1947）称其间的黄绿色页岩为刘老碑系。徐嘉炜（1958）将刘老碑页岩及其上下石英岩合并，称八公山统，杨清和等（1980）改称为八公山群。安徽区调队（1978）曾将原隶属于伍山组底部的一套铁质砂砾岩分出，另建曹店组。《安徽地层志》（1985）、《安徽省区域地质志》（1987）所称八公山群的含义仅包括刘老碑组、伍山组与曹店组。本书恢复徐嘉炜（1958）的原意，将上部石英岩（即四十里长山组）仍归八公山群，代表一套碎屑岩组合。时代为青白口纪至早震旦世，为跨时的地层单位。

【现在定义】　指分布于淮南寿县八公山—凤阳山区一带，不整合于凤阳群之上，整合于九里桥组之下的一套粗碎屑岩夹薄层泥灰岩组合。主要岩性，底部为紫色铁质砂砾岩，下部为灰、灰白色含海绿石石英砂岩，中部为鸭蛋青灰色薄层泥灰岩与黄绿色页岩夹薄层砂岩，上部为石英砂岩。自下而上划分为曹店组、伍山组、刘老碑组、四十里长山组。

曹店组　Qn*c*　(05-34-1002)

【创名及原始定义】　安徽区调队(1978)创名于凤阳县曹店。原指凤阳群大理岩—千枚岩之上，伍山组石英砂岩之下的铁质砂砾岩。

【沿革】　该组自创名始，沿用至今。

【现在定义】　指不整合于凤阳群之上，整合—平行不整合于伍山组之下的含铁质砂砾岩。主体岩性为灰白、灰紫色巨厚层石英砾岩及铁质粉砂岩，往上为同色薄层铁质含砾砂岩及铁质粉砂岩，以含铁质为标志。

【层型】　正层型为凤阳县东北曹店的大郚山剖面（34-1002-4-1；32°40′，117°30′），安徽区调队(1978)测制。

【地质特征及区域变化】　该组含铁质，局部富集形成凸镜状或似层状赤铁矿。矿石具鲕状、肾状、砾状、条带状构造，局部见菱铁矿及黄铁矿星点。上述特征显示海水较浅，海岸较陡的氧化环境，为滨岸砾屑滩相沉积。全区岩性稳定，总体为下粗上细。厚度在凤阳山区最大为 18 m，霍邱周集厚 21 m。该组地质时限介于 1 000～850 Ma 之间。时代为青白口纪。

伍山组　Qn*w*　(05-34-1003)

【创名及原始定义】　原名伍山石英砂岩，李四光（1939）创名于凤阳县大伍山（曾误称大郚山）。原指分布于凤阳县大伍山一带的石英砂岩。

【沿革】　杨志坚(1960b)将伍山石英砂岩改称为伍山组，沿用至今(朱兆玲等，1964；安徽区调队，1978、1979a、1985)。

【现在定义】　指整合—平行不整合于曹店组之上，整合于刘老碑组之下的一套灰白色含砾石英砂岩、石英砂岩、石英砾岩。底以石英砾岩出现、顶以石英砂岩消失为标志。

【层型】 创名时未明确正层型剖面，本书指定凤阳县宋集剖面为选层型（34－1003－4－1；32°41′32″，117°33′），安徽区调队（1978）测制。

【地质特征及区域变化】 该组主要岩性为灰白色石英砂岩，底为石英砾岩，上部含海绿石，具交错层理及波痕，显示海滩相沉积特点。总厚 64 m。全区岩性单一且稳定，厚度变化经由海盆中心向南北两侧减薄。该组直接覆于曹店组之上时，表现为整合—平行不整合接触；在缺失曹店组的地区，如凤阳、淮南等地，多为不整合直接超覆于凤阳群或更古老的片麻岩之上。地质年限介于 1 000～850 Ma 之间，时代为青白口纪。

刘老碑组 Qn*l* （05－34－1004）

【创名及原始定义】 原名刘老碑系，谢家荣（1947）创名于寿县城北刘老碑村。原指"灰绿色页岩夹薄层石灰岩……，就露出之部约计，当有三、四百公尺"。

【沿革】 李四光（1939）称杏山页岩，创名后未被采用。徐嘉炜（1958）称刘老碑页岩，朱兆玲等（1964）称刘老碑组，沿用至今。

【现在定义】 指分别整合于下伏伍山组与上覆四十里长山组之间的地层。岩性可分上、下两段，下段主要为浅灰绿、灰紫色薄层泥灰岩、白云质灰岩夹钙质页岩；上段主要为黄绿色页岩、粉砂岩，夹泥灰岩、粉砂质灰岩，产微古植物、疑源类化石。

【层型】 正层型为寿县刘老碑村附近的店疙瘩剖面（32°37′，116°46′），安徽区调队（1979b）重测。

上覆地层：**四十里长山组** 灰黄色中—厚层钙质石英粉砂岩，具微细层理

——————— 整 合 ———————

刘老碑组	总厚度 530.69 m
上段	厚度 250.84 m
14. 灰黄色薄层粉砂质灰岩、泥灰岩，夹黄绿色页岩	26.35 m
13. 灰、灰黄色中—中厚层钙质石英粉砂岩，夹薄层粉砂质灰岩。产微古植物 *Laminarites antiquissimus*，*Leiopsophosphaera* sp.，*Taeniatum simplex*	27.96 m
12. 灰黄、黄绿色中薄层钙质粉砂岩，粉砂质灰岩夹少量钙质页岩	29.37 m
11. 黄绿、暗绿色页岩夹少量薄层泥灰岩。页岩内产疑源类 *Shouhsienia* sp.	18.33 m
10. 黄绿色页岩夹薄层灰岩，局部夹钙质粉砂岩	38.17 m
9. 黄绿色页岩，局部夹少量泥灰岩。页岩内产大型藻类 Vendotaenides	49.80 m
8. 黄绿色页岩夹薄层含粉砂质泥质灰岩及含铁质钙质石英粉砂岩凸镜体	22.16 m
7. 黄绿色页岩，产疑源类 *Chuaria* sp.	2.95 m
6. 黄绿色页岩夹少量薄层泥灰岩。页岩内产疑源类 *Chuaria* sp. 及微古植物 *Trematosphaeridium holtedahlii*，*Polyporata obsoleta*	35.75 m
下段	厚度 279.85 m
5. 浅灰绿色薄层白云质灰岩，夹钙质页岩	263.61 m
4. 紫红色中厚层含白云质灰岩	1.57 m
3. 灰紫色薄层泥灰岩	14.67 m

——————— 整 合 ———————

下伏地层：**伍山组** 灰白色中薄、中厚层石英砂岩，含海绿石

【地质特征及区域变化】 该组下段为灰紫色、浅灰绿色薄层泥灰岩与同色钙质页岩、白云质灰岩、石英粉砂岩组成韵律；上段为黄绿色页岩与同色薄层细粒石英砂岩、含海绿石石英砂岩及钙质石英粉砂岩和泥质灰岩组成韵律。总体组成两个大的旋回。以水平层理为主，反映为弱还原—氧化环境潮下静水低能带，属泥钙质型陆架相沉积。富产疑源类、带状褐藻类及微古植物。所产微古植物以大量的 *Laminarites antiquissimus*，丰富的*Orygmatosphaeridium*，*Trachysphaeridium*，*Leiopsophosphaera* 和少量的 *Liulaobeinella*，*Leiominuscula*，*Asperatopsophosphaera*，*Monotrematosphaeridium* 等为特征；疑源类为 *Chuaria*，*Shouhsienia*，*Ovidiscina*，*Pumilibaxa*，*Nephroformia* 等；带状褐藻类 Vendotaenides 及叠层石 *Linella* 等。全区岩性稳定，厚度变化幅度不大，一般在 685～837 m 之间，局部达 1 072 m，总体为东厚西薄，上下界以不见石英砂岩为标志，均呈整合接触。该组上部黄绿色页岩的 Rb-Sr 法等时线年龄值为 840±72 Ma。地质时限为 850～800 Ma 之间，属青白口纪。

四十里长山组 Z_1ss (05-34-1005)

【创名及原始定义】 杨志坚(1960b)创名于霍邱县四十里长山一带。意指分布于霍邱、淮南一带，刘老碑组黄绿色页岩之上的一套浅灰色含钙石英砂岩及长石石英砂岩组合。

【沿革】 杨清和等(1980)、汪贵翔等(1984)曾称寿县组，本书称四十里长山组。

【现在定义】 指分布于霍邱四十里长山及淮南寿县—凤阳山区一带，分别整合于刘老碑组页岩之上、九里桥组砂灰岩之下的一套浅灰色含钙质石英砂岩，顶、底均以含钙质石英砂岩出现和消失为与下伏、上覆地层分界标志。

【层型】 因创名时未明确正层型剖面，本书指定霍邱县四十里长山的马鞍山剖面为选层型（34-1005-4-1；32°17′，115°57′），安徽区调队(1979b)测制。

【地质特征及区域变化】 该组上、下均以不含泥灰岩为标志，厚 45 m。岩性以石英质碎屑岩为主，石英碎屑占 96%，泥质占 4%。由石英砂岩、钙质细粒石英砂岩、石英粉砂岩、钙质石英粉砂岩和粉砂质泥岩组成韵律层，总体向上变细，为退积型沙滩、沙坝—滨海潮间带沉积。钙质石英砂岩中含海绿石，其海绿石 K-Ar 年龄值为 738.6 Ma。该组岩性基本稳定，向西延伸，钙质含量增高。厚度在凤阳县雷家湖一带，达 93 m，向东西两侧减薄为 35～45 m；往北延伸至泗县屏山为 223 m，至江苏邳县岠山，厚达 420 m。时代为早震旦世。

淮南群 Z_1H (05-34-1039)

【创名及原始定义】 杨清和等(1980)创名于淮南—凤阳山区。原指“由砂砾岩、页岩及砂灰岩所组成，厚约 1 300 m。在淮南—凤阳山区出露，呈近东西向展布。与下伏凤阳群不整合接触，与上覆徐淮群四顶山组一段为过渡关系”。

【沿革】 杨清和等(1980)所创淮南群，包括了徐嘉炜(1958)八公山统及四顶山统的一部分，包含的岩性较广。《安徽地层志·前寒武系分册》(1985)、《安徽省区域地质志》(1987)称八公山群、徐淮群，八公山群仅指砂砾岩与页岩部分，徐淮群指徐嘉炜(1958)命名的八公山统的上部石英岩至四顶山统的全部。本书将徐嘉炜(1958)八公山统的一套以碎屑岩为主的地层称八公山群，其上的一套以碳酸盐岩为主的地层称为淮南群。

【现在定义】 指分布于霍邱、淮南—凤阳山区一带以碳酸盐岩为主的地层。底以出现砂灰岩与四十里长山组含钙质石英砂岩分界，整合接触；顶以出现砾岩与凤台组或猴家山组分界，呈平行不整合接触。该群包括九里桥组和四顶山组。

九里桥组　Z_1j　(05-34-1006)

【创名及原始定义】 朱兆玲等(1964)创名于寿县城北九里桥。原指四顶山组白云岩之下，四十里长山组钙质石英砂岩之上的一套砂质灰岩、泥灰岩地层。

【沿革】 该组自创名始，沿用至今。

【现在定义】 指出露于霍邱、淮南—凤阳山区，四十里长山组钙质石英砂岩之上、四顶山组白云岩之下的一套含粉砂质灰岩、泥灰岩、粉砂质白云质灰岩地层，产蠕形动物、大型疑源类、带状褐藻类、微古植物及叠层石等生物化石。下界以不含石英砂岩，上界以不含白云质为其标志，与下伏、上覆地层均呈整合接触。

【层型】 正层型为寿县九里桥附近的店疙瘩剖面（32°37′，116°46′），安徽区调队(1979b）年重测。

上覆地层：**四顶山组一段**　深灰色厚层白云质灰岩夹厚层钙质粉砂岩及少量页岩。产叠层石 *Linella* f.，*Inzeria* f.

——————　整　合　——————

九里桥组　总厚度 26.08 m

20. 青灰、深灰色厚层含粉砂质灰岩，上部夹粉红色泥灰岩。产蠕形动物化石 Sabellidítidae，叠层石 *Minjaria uralica* 及疑源类 *Chuaria* sp.　22.71 m
19. 粉红、紫红色厚层含海绿石含粉砂质含泥质灰岩　0.40 m
18. 灰色中—厚层含海绿石粉砂质白云质灰岩，夹产叠层石灰岩凸镜体。海绿石分布不均，局部组成条带　2.97 m

——————　整　合　——————

下伏地层：**四十里长山组**　灰黄色中厚层条纹状长石石英粉砂岩

【地质特征及区域变化】 该组岩性稳定，仅局限于淮南山区展布。所产蠕形动物为 *Anhuiella*，*Huaiyuanella*，*Sinosaellidites*，*Pararenicola*，*Protoarenicola*，*Ruedemannella*，*Paleolina*，*Paleorhynchus*，*Sabellidites*；大型疑源类 *Chuaria*，*Pumilibaxa*，*Sinenia*；叠层石 *Minjaria*，*Inzeria*，*Jurusania*，*Conophyton*，*Tungussia*，*Acaciella*，*Poludia*，*Gymnosolen*，*Baicalia*；带状褐藻类 *Vendotaenia*，*Tawuia* 及微古植物 *Micrhystridium*，*Bavlinella faveolatus* 等。该组富产蠕形动物，其大量出现时间的下限约在 750 Ma 左右。时代为早震旦世。

四顶山组　Z_1sd　(05-34-1007)

【创名及原始定义】 原名“四顶山统”，徐嘉炜(1958)创名于寿县北四顶山。意指“八公山统上部石英岩之上的全部白云岩”。

【沿革】 杨志坚(1960b)改称四顶山组。朱兆玲等(1964)将四顶山组限定在九里桥组与早寒武世猴家山组之间的一套白云岩地层。安徽区调队(1978、1979b、1985)又将四顶山组含义进一步缩小，只相当于朱兆玲等(1964)四顶山组下部层位，其上与淮北地层对比，划分为倪园组与九顶山组。杨清和等(1980)将四顶山组分为一、二、三段，分别相当于安徽区调队(1978、1979b、1985)的四顶山组、倪园组和九顶山组。本书采用朱兆玲等(1964)四顶山组的含义，并将其分为一、二、三段。

【现在定义】 指整合于下伏九里桥组与平行不整合于上覆猴家山组之间的薄—厚层白云

岩。底、顶界分别以白云岩出现和消失为界。

【层型】 正层型为寿县刘老碑村附近的店疙瘩剖面（32°37′，116°46′），安徽区调队（1979b）重测。

上覆地层：**猴家山组** 粉红色中—厚层砾岩，砾石成分主要为燧石、白云岩、紫红色泥灰岩等，大小不一，磨圆度差，主要为白云质胶结。产腕足类 *Obolella* sp. 等

——————— 平行不整合 ———————

四顶山组 总厚度 255.16 m

三段 厚度 116.71 m

33. 浅灰色中—厚层燧石条带硅质白云岩，风化后燧石条带凸出，外貌似宝塔状 2.92 m
32. 灰、灰黑色中—厚层含灰质白云岩，局部发育不规则条带及燧石结核。产微古植物 *Trematosphaeridium* cf. *holtedahlii*，*Polyporata obsoleta* 18.24 m
31. 浅灰色厚—巨厚层白云岩，含燧石结核。产叠层石 *Gymnosolen* f.，*Eleonora* cf. *laponica*，*Mirabila brachys*，*Parmites* f.，*Baicalia* f.，*Tungussia* cf. *inna* 69.61 m
30. 底部为厚 1 m 之灰色中厚层竹叶状白云岩，上部为浅灰色厚层白云岩。产叠层石 *Tungussia* f.，*Baicalia dubyi* 25.94 m

———————— 整 合 ————————

二段 厚度 38.47 m

29. 粉红色中层白云岩，具微细条纹及少量燧石结核 5.24 m
28. 浅灰、微红色中—厚层白云岩，具方解石及硅质网状细脉 10.67 m
27. 浅灰、灰色中—厚层条纹状含燧石结核含硅质白云岩。产微古植物 *Laminarites antiquissimus*，*Leiopsophosphaera* sp.，*Asperatopsophosphaera* cf. *bavlensis*，*Taeniatum simplex* 8.13 m
26. 灰色中—中厚层条带、条纹状含燧石结核白云岩 14.43 m

———————— 整 合 ————————

一段 厚度 99.98 m

25. 灰、灰白色厚—巨厚层具少量燧石结核含灰质白云岩。产叠层石 *Mirabila brachys*，*Jurusania* f.，*Inzeria shouxianensis*，*Baicalia* f.，*B. styposa*，*Linella* f.，*Anabaria* f. 46.56 m
24. 灰白色厚层白云岩。产叠层石 *Gymnosolen* f.，*Baicalia* cf. *capricornia* 13.79 m
23. 浅灰、粉红色中层白云岩 4.77 m
22. 粉红色厚层白云岩。产叠层石 *Linella* cf. *simica*，*Tungussia* f.，*Baicalia* cf. *lacera*，*Anabaria* f. 24.78 m
21. 深灰色厚层白云质灰岩夹厚层钙质粉砂岩及少量页岩。产叠层石 *Linella* f.，*Inzeria* f. 10.08 m

———————— 整 合 ————————

下伏地层：**九里桥组** 青灰、深灰色厚层含粉砂质灰岩，上部夹粉红色泥灰岩。产蠕形动物化石 Sabelliditidae，叠层石 *Minjaria uralica* 及疑源类 *Chuaria* sp.

【地质特征及区域变化】 该组大体可分为三段。一段为灰、粉红色厚层白云岩；二段为灰色中—中厚层含燧石结核白云岩，具微细层理；三段为浅灰、灰色厚层白云岩。三段岩石中均富产叠层石，总厚 255 m。具鸟眼、干裂、雨痕、冲刷充填构造，显示潮间带沉积为主的局限台地相。该组仅局限于淮南地区，岩性稳定，厚度为 102～346 m。产叠层石 *Aldania*，*Anabaria*，*Archaeozoon*，*Baicalia capricornia*，*B. lacera*，*B. dubyi*，*B. glabera*，*B. styposa*，*Boxonia*，

B. songjiensis, *Colonnella*, *Conophyton lijiadunensis*, *Eleonora* cf. *laponica*, *Georginia*, *Gymnosolen* cf. *ramsayi*, *Inzeria shouxianensis*, *Jacutophyton*, *Jurusania fengyangensis*, *Kussiella*, *Linella* cf. *simica*, *Multiblastia fengyangensis*, *M. minutus*, *Paraconophyton*, *Poludia*, *Pseudokussiella*, *Songjiella leijiahuensis*, *Tifounkeia*, *Tungussia*, *Turuchania*；微古植物 *Leiominuscula*, *Lophominuscula*, *Trachysphae-ridium*, *Leiopsophosphaera densa*, *Glottimorpha*, *Laminarites antiquissimus*, *Taeniatum*, *Lignum*, *L. punctulosum* 等。与下伏地层九里桥组为整合接触，上被凤台组或雨台山组或猴家山组平行不整合一不整合覆盖。时代为早震旦世。

宿县群　*ZS*　(05－34－1008)

【创名及原始定义】　安徽区调队（1977b）创名于宿县地区。指分别平行不整合于魏集组之上、金山寨组之下的碳酸盐岩夹碎屑岩地层，产微古植物、叠层石。自下而上包括史家组和望山组。将淮南地层小区八公山群（当时仅包括伍山组、刘老碑组）之上，自四十里长山组至望山组归并为徐淮群与宿县群。

【沿革】　自安徽区调队（1977b）创名徐淮群（四十里长山组至魏集组）、宿县群（史家组、望山组）后，杨清和等（1980）修改原徐淮群和宿县群的含义。修改后的宿县群包括金山寨组和沟后组。原宿县群的史家组和望山组归入徐淮群。《安徽地层志·前寒武系分册》（1985）及《安徽省区域地质志》（1987）仍采用安徽区调队（1977b）的划分方案。本书将徐淮群与宿县群合并统称宿县群。

【现在定义】　指分布于宿县、灵璧一带整合于八公山群四十里长山组石英砂岩之上，平行不整合于金山寨组砾岩、石英砂岩之下的一套含硅钙镁碳酸盐岩地层，夹少量砂、泥质沉积，富产叠层石、藻类及蠕形动物。自下而上划分为贾园组、赵圩组、倪园组、九顶山组、张渠组、魏集组、史家组、望山组。

贾园组　Z_1jy　(05－34－1009)

【创名及原始定义】　江苏和安徽区调队(1977b)[①] 创名于江苏省邳县占城乡贾园村。原始定义：指上部灰、青灰色中厚至厚层砂质泥灰岩，微斜层理发育，夹钙质石英细砂岩、叠层石灰岩；下部灰、青灰色薄层至页状砂质泥灰岩，微斜层理发育，夹黄绿色页岩、泥质粉砂岩及含海绿石石英砂岩。与下伏岠山组、上覆赵圩组均呈整合接触。

【沿革】　该组自创名始，即由安徽区调队(1977b)引入我省，省内相当于岠山组的地层称四十里长山组。其后，该队(1985)曾将贾园组改称为九里桥组。本书经核查认为，贾园组与九里桥组之间岩性有差异，故仍采用贾园组。

【现在定义】　以灰、青灰色页状—薄层、中厚层粉砂质泥晶灰岩为主，夹少量泥质粉砂岩、泥岩、薄层钙质石英粉细砂岩、灰绿色页岩及叠层石灰岩凸镜体。单层向上变厚，波状微斜层理发育。底与城山组（安徽称四十里长山组）石英砂岩分界，顶与赵圩组泥晶灰岩分界，均为整合接触。

【层型】　正层型在江苏省邳县占城。省内次层型为濉溪县蛮顶山剖面（34－1009－4－1；33°52′，117°4′），安徽区调队(1977b)测制。

【地质特征及区域变化】　省内该组下部为灰黄、灰绿色粉砂质灰岩及钙质石英细砂岩，

---

① 参考文献见：安徽省地质局区域地质图调查队，1977b，下同。

上部为灰、青灰色薄—中厚层粉砂质灰岩夹含凸镜状叠层石灰岩。岩石中普遍含砂质，并具鸟眼构造，层面可见雨痕、波痕和冲刷充填现象，显示潮间带沉积特点，为水动力条件较弱的台地相沉积。该组富产叠层石 *Baicalia*，*Gymnosolen*，*Jurusania*，*Conophyton* 等；微古植物 *Lophominuscula*，*Margominuscula*，*Leiopsophosphaera solida*，*Trachysphaeridium*，*Asperatopsophosphaera*，*Bavlinella faveolatus*，*Taeniatum* 等。该组向东至黑峰岭一带为含钙质含电气石石英粉砂岩及石英粉砂质白云质灰岩。总体岩性较稳定，与下伏四十里长山组以砂岩消失，与上覆赵圩组以厚层灰岩及含叠层石白云岩出现为标志，均为整合接触。向北向西往往被早寒武世猴家山组不整合覆盖。时代为早震旦世。

赵圩组 $Z_1\hat{z}w$ (05－34－1010)

【创名及原始定义】 江苏和安徽区调队(1977b)创名于江苏省铜山县伊庄乡赵圩村。上部青灰、紫灰、灰黄色泥质条带薄至中厚层灰岩、泥质灰岩夹叠层石灰岩；下部灰、青灰色厚层夹薄层灰岩、叠层石灰岩。与下伏贾园组、上覆倪园组均为整合接触。

【沿革】 该组自创名始，即由安徽区调队引入我省。其后，该队(1985)将赵圩组与淮南地区的四顶山组对比，改称四顶山组。本书认为两组岩性差异较大，四顶山组以厚层白云岩为主，并含燧石结核，而赵圩组以厚层灰岩为主，故本书仍采用赵圩组。

【现在定义】 上部为灰、青灰夹黄、灰紫色条带薄—中厚层泥质泥晶灰岩；下部为灰、青灰色厚层夹薄层泥晶灰岩，夹叠层石泥晶灰岩凸镜体，局部具畸形方解石细脉，层面风化显黄褐色。底以厚层泥晶灰岩与贾园组粉砂泥晶灰岩分界，顶以中厚层泥晶灰岩与倪园组泥晶白云岩分界，均为整合接触。

【层型】 正层型在江苏省铜山县伊庄乡赵圩村。省内次层型为宿县解集青铜山剖面(34－1010－4－1；33°56′，117°24′)，安徽区调队(1977b)测制。

【地质特征及区域变化】 省内该组以厚层灰岩为主，夹白云岩凸镜体，具微层理、波痕、干裂、冲刷充填构造，显示潮间带沉积环境。富产叠层石 *Baicalia*，*Tungussia*，*Conophyton lijiadunensis*，*Gymnosolen*，*Jurusania* cf. *alicica* 及微古植物 *Lophominuscula*，*Trachysphaeridium*，*Leiopsophosphaera densa*，*Glottimorpha*，*Laminarites antiquissimus*，*Taeniatum* 等。该组在宿县解集一带厚 343 m，与下伏地层贾园组及上覆地层倪园组均呈整合接触。岩性基本稳定，其厚度往北延伸至江苏邳县、铜山县一带减薄到 193 m，往西至蛮顶山一带厚仅 23 m，其上被猴家山组不整合超覆。时代为早震旦世。

倪园组 Z_1n (05－34－1011)

【创名及原始定义】 江苏和安徽区调队(1977b)创名于江苏省铜山县种羊场倪园。上部灰色薄至中厚层泥质白云岩，夹黄色页状白云质泥灰岩，紫灰、土黄色泥质白云岩及燧石层；中部灰色中厚层白云岩，偶夹燧石条带；下部灰色薄层灰岩与白云质灰岩互层；底为中厚层白云岩。下与赵圩组、上与九顶山组均呈整合接触。

【沿革】 该组自创名始，即由安徽区调队引入我省，沿用至今。

【现在定义】 下部为灰色薄层泥晶灰岩(白云岩)，夹泥晶白云质灰岩、砾屑灰岩，微层理发育，具灰色畸形方解石细脉；上部为灰色薄至中厚层含燧石条带泥晶白云岩，夹黄灰、紫红色页状白云质泥晶灰岩、白云岩。底以白云岩与赵圩组灰色中厚层泥灰岩分界，顶与九顶山组砾屑灰岩分界，均为整合接触。

【层型】 正层型在江苏省铜山县倪园。省内次层型为宿县解集青铜山剖面（34-1011-4-1；33°56′，117°24′），安徽区调队（1977b）测制。

【地质特征及区域变化】 省内该组主要出露于淮北宿县、灵璧一带。下部为灰色薄一中厚层泥质条带灰岩、含燧石结核灰岩、藻灰结核灰岩夹灰质白云岩、砾屑灰岩；上部为浅灰色薄一厚层泥质白云岩及粉砂质白云岩，含燧石条带及结核。上、下均发育微细层理。见有干裂、雨痕及冲刷充填构造，反映其为氧化环境的潮间逐渐咸化的泻湖沉积。全区岩性稳定，区域上可见礁体。产叠层石 *Baicalia*，*Tungussia*，*Anabaria*，*Archaeozoon*，*Pseudokussiella*；微古植物 *Asperatopsophosphaera umishanensis*，*Dictyosphaera*，*Laminarites antiquissimus*，*Leiopsophosphaera*，*Lophominuscula minuta*，*L. prima*，*Margominuscula*，*Paleamorpha figurata*，*Polyporata*，*Taeniatum crassum*，*Trachysphaeridium planum*，*T. simplex*，*Trematosphaeridium* 等。宿县解集一带厚 373 m。灵璧县狼窝山厚度最大，达 552 m，向北向西减薄，以至缺失或遭剥蚀。底以泥质条带灰岩夹竹叶状同生砾屑灰岩出现与下伏赵圩组、顶以上覆九顶山组灰岩夹竹叶状同生砾屑灰岩出现为界，均为整合接触。时代为早震旦世。

九顶山组 Z_1jd （05-34-1012）

【创名及原始定义】 原称陇山组，安徽和江苏区调队（1977b）创名于灵璧县九顶乡陇山，后因重名而改称九顶山组。原始定义：上段上部为灰色厚层微晶灰质白云岩，顶为富叠层石灰岩，下部为中厚层燧石条带假鲕灰质白云岩；下段上部为灰白色块状白云岩，中厚层白云岩与灰岩互层，下部为灰色深灰色块状灰岩，底部夹同生角砾状灰岩。下与倪园组，上与张渠组均为整合接触。

【沿革】 该组自创名始，沿用至今。

【现在定义】 该组主要为灰岩和白云岩。其下部为灰色微（细）晶白云岩、叠层石礁灰岩；上部为浅灰、灰色中厚—厚层含燧石条带细晶白云岩、灰岩。底以砾屑灰岩为标志与倪园组泥晶白云岩分界，顶以叠层石灰岩为标志与张渠组砾屑灰岩、泥晶灰岩分界，均为整合接触。

【层型】 正层型为灵璧县九顶乡陇山剖面（33°54′，117°37′），安徽区测队（1977b）测制。

上覆地层：**张渠组** 灰色中厚层泥晶灰岩，底部有 10 cm 厚的灰色竹叶状砾屑灰岩

——————— 整 合 ———————

九顶山组 总厚度 370.46 m

10. 浅灰色厚层细晶灰岩，局部含泥晶白云岩凸镜体，层理不清，风化面呈似鲕状。富产叠层石 *Conophyton lijiadunensis*，*Linella* f.，*Inzeria intia*	22.57 m
9. 浅灰色厚层微细晶白云岩，层理不清	5.02 m
8. 浅灰色中厚层微细晶灰岩	9.09 m
7. 灰色中厚层含燧石条带细晶白云岩，中夹一层厚 20 cm 次生石英岩化石英粉砂岩	20.59 m
6. 灰色中厚层中晶灰岩，下部含燧石条带，上部含少量燧石结核，层理不清	26.82 m
5. 浅灰色中厚层含燧石条带似鲕状灰质白云岩，底部有厚 50 cm 的灰白色细粒石英砂岩	17.87 m
4. 灰色中厚层微晶白云岩与泥晶灰岩互层，风化后二者呈宽条带状构造	10.11 m
3. 灰白色块状细晶白云岩夹浅肉红色泥质灰岩，富产叠层石	56.36 m

2. 灰色块状微晶灰岩，产叠层石 *Gymnosolen* f.，*Inzeria* f.，*Baicalia* f. 64.95 m

1. 深灰色块状微晶灰岩，具羊背石地貌，底部夹竹叶状砾屑灰岩。产叠层石 *Baicalia* f. 137.08 m

——————— 整　合 ———————

下伏地层：**倪园组**　浅灰色厚层泥晶白云岩

【地质特征及区域变化】　该组主体岩性为深灰—浅灰色厚层块状灰岩夹白云岩，总厚370 m。以潮间带沉积为主，向上为变浅序列的局限台地相沉积。岩性在淮北地区稳定，延伸至淮南地区白云质增高。其顶界往往被早寒武世猴家山组超覆。产叠层石 *Anabaria*，*Baicalia formosa*，*Boxonia*，*Colonnella*，*Conophyton*，*Inzeria*，*Jiagouella*，*Jurusania* cf. *nisvensis*，*Kussiella* cf. *enigmalica*，*Linella*，*Gymnosolen*，*Eleonora* cf. *laponica*，*Mirabila brachys*，*Parmites*，*Tungussia* cf. *amina*；微古植物 *Asperatopsophosphaera bavlensis*，*A. umishanensis*，*Dictyosphaera*，*Laminarites antiquissimus*，*Leiofusa*，*Leiopsophosphaera*，*L. solida*，*Lignum*，*Lophominuscula*，*Margominuscula*，*Micrhystridium*，*Polyporata*，*Siphonophycus*，*Taeniatum crassum*，*Trachysphaeridium simplex*，*T. dengyingensis*，*Triangumorpha punctulata*。时代为早震旦世。

张渠组　$Z_1\hat{z}q$　(05-34-1013)

【创名及原始定义】　安徽和江苏区调队(1977b)创名于灵璧县九顶乡张渠村。原指九顶山组之上，魏集组之下的灰、浅灰色薄至厚层细晶白云岩、微晶灰岩夹紫红色钙质页岩，底有10 cm竹叶状砾屑灰岩，厚378 m。与下伏九顶山组和上覆魏集组均呈整合接触。

【沿革】　该组自创名始，沿用至今。

【现在定义】　指九顶山组之上、魏集组之下的灰、浅灰色薄—厚层细晶白云岩、细(微)晶含白云质灰岩、微(泥)晶灰岩，中下部夹紫红色钙质页岩，上部产叠层石。底以砾屑灰岩与九顶山组厚层灰岩分界，顶以厚层白云岩与魏集组薄层灰岩分界，均呈整合接触。

【层型】　正层型剖面位于灵璧县九顶乡张渠村附近的陇山（33°54′，117°37′），安徽区调队（1977b）测制。

上覆地层：**魏集组**　灰色中薄层微晶灰岩，局部夹浅紫红色钙质页岩，底部夹白云岩凸镜体

——————— 整　合 ———————

张渠组　总厚度 377.67 m

19. 灰、浅灰色厚层细晶白云岩，波状层理发育。产叠层石 *Tungussia* f.，*Pseudokussiella* f. 96.12 m

18. 灰色厚层微晶含白云质灰岩，层理发育。产叠层石 *Anabaria* f.，*Baicalia* f. 19.39 m

17. 灰色中厚层微晶灰岩夹紫红色页岩，层理发育 7.30 m

16. 浅灰色中厚层细晶含白云质灰岩，夹 4 m 厚的浅灰色泥质灰岩，龟裂纹发育 27.04 m

15. 浅灰色中厚层细晶含白云质灰岩，夹紫红、灰色钙质页岩 3.10 m

14. 灰色中厚层微晶灰岩，层理发育，往上为浅灰色泥质灰岩，层面上龟裂纹发育 74.86 m

13. 灰色薄层微晶灰岩，上部为 8 m 厚的灰、紫红色钙质页岩 108.94 m

12. 灰色薄层泥晶灰岩与紫红色页片状泥质灰岩互层。风化面呈肋骨状 24.46 m

11. 灰色中厚层泥晶灰岩，底部有 10 cm 厚的竹叶状砾屑灰岩 16.46 m

——————— 整　合 ———————

下伏地层：**九顶山组**　浅灰色厚层灰岩，局部含白云岩凸镜体，层理不清，风化面呈似鲕状。富产叠层石

【地质特征及区域变化】 该组仅出露于淮北地区，淮南地区缺失该组及其以上地层。全区岩性稳定，其厚度往西减薄，在夹沟一带厚仅135 m。产叠层石 *Anabaria*, *Baicalia*, *Pseudokussiella*, *Tungussia*；微古植物 *Leiofusa crassa*, *L. naviculara*, *Leiopsophosphaera*, *Margominuscula rugosa*, *Micrhystridium*, *Nucellosphaeridium*, *Quadratimorpha*, *Trachysphaeridium dengyingensis*, *Triangumorpha punctulata*, *Trematosphaeridium minutum* 等。时代为早震旦世。

魏集组 Z_1w (05-34-1014)

【创名及原始定义】 江苏和安徽区调队（1977b）创名于江苏省铜山县吴邵乡魏集村。指上部上为灰黄色中厚层叠层石灰质白云岩，下为紫灰、紫红色中厚层叠层石灰岩；下部灰、深灰色薄至中厚层白云岩，夹深灰色薄至中厚层灰岩和青灰、灰绿色页岩及叠层石灰岩凸镜体。下与张渠组、上与史家组均为整合接触，或被猴家山组超覆。

【沿革】 该组自创名始，即由安徽区调队引入我省，沿用至今。

【现在定义】 底部为青灰色水云母粘土页岩；下部为灰、深灰色薄一中厚层泥晶、细晶灰岩、白云岩（局部夹砾屑灰岩、白云岩），含叠层石及微古植物化石；上部以灰白、灰黄、紫灰等色中厚层含叠层石泥质泥晶灰岩、白云岩为特征。底与张渠组灰色中厚层细晶白云岩分界，顶与史家组杂色页岩分界，均为整合接触。

【层型】 正层型在江苏省铜山县魏集。省内次层型为灵璧县殷家寨剖面(34-1014-4-1;33°54′,117°31′)，安徽区调队(1977b)测制。

【地质特征及区域变化】 省内该组与上覆史家组、下伏张渠组均呈整合接触，总厚319 m。下部为灰岩、泥灰岩与钙质页岩组成韵律，上部以紫红色为主的叠层石灰岩。该组以紫红色叠层石灰岩为标志，以水平层理为主，还见波状层理、冲刷沟和冲刷充填构造，为潮下低能一潮间带沉积。全区岩性、厚度稳定。富产叠层石 *Archaeozoon*, *Baicalia* cf. *mauritanica*, *Jurusania*, *Linella weijiensis*, *Minjaria*, *Pseudokussiella*, *Tungussia*, *Gymnosolen*；微古植物 *Pseudodiacrodium*；疑源类 *Chuaria*, *Nephroformia*, *Microcircula* 等，时代为早震旦世。

史家组 $Z_2\hat{s}$ (05-34-1015)

【创名及原始定义】 安徽和江苏区调队（1977b）创名于宿县解集乡史家。原始定义：上部灰色中厚层含海绿石石英砂岩、条带状石英粉细砂岩，夹褐铁矿，黄绿、紫红色页岩夹薄层石英粉细砂岩，下含灰岩扁豆体，顶含球状褐铁矿结核；下部浅灰夹紫红色页岩、含叠层石白云质灰岩及钙质页岩，上为黄绿色页岩与薄层含铁质粉砂岩互层。下与魏集组、上与望山组均为整合接触。

【沿革】 该组自创名始，沿用至今。

【现在定义】 黄绿色页岩为主。下部夹黄灰色页状薄层泥灰岩、叠层石灰岩和砾屑灰岩；中部夹灰色中厚层细粒石英砂岩；上部夹紫色含灰岩结核页岩和页岩、黄绿色薄层含海绿石粉(细)砂岩；顶部含赤铁矿结核。产疑源类等。底以杂色页岩与魏集组紫红色叠层石灰岩分界，顶以黄绿色页岩与望山组肋骨状泥质灰岩分界，均为整合接触。

【层型】 因全区无完整剖面，故以宿县解集乡黑峰岭及史家两个剖面组成复合层型，下部采用黑峰岭剖面（33°52′，117°20′）（第4—12层），上部采用史家剖面（33°56′，117°18′）（第2—9层），两剖面以一层灰白色厚层石英砂岩作为拼接标志。剖面均为安徽区调队

(1977b)测制，江苏区调队(1978)补测。

上覆地层：**望山组**　浅灰色薄层夹中厚层泥质灰岩

——————— 整　合 ———————

史家组　　总厚度 402.4 m

上部　　厚度 120.1 m

19. 黄绿色，次为紫红色含铁质结核（一般 1 cm×2 cm）页岩，页理发育　　29.3 m

18. 黄绿色页岩夹黄绿色薄板状蚀变粉砂岩　　4.2 m

17. 黄绿色页岩，底部夹黄色中薄层含铁质结核（一般 1 cm×2 cm，少数 3 cm×5 cm）蚀变泥岩　　10.8 m

16. 黄绿色中厚层海绿石石英砂岩。具波痕，走向 40°　　5.3 m

15. 黄绿色页岩夹紫红色页岩。产疑源类 *Chuaria circularis*　　13.2 m

14. 紫红色含灰岩结核（小者 1 cm×2 cm，大者 11 cm×19 cm，形态有球、偏圆、蘑菇状等）页岩夹少量泥质灰岩。产疑源类 *Chuaria circularis*；微古植物 *Trachysphaeridium* sp.，*Asperatopsophosphaera* sp.，*Trematosphaeridium holtedahlii*，*Micrhystridium* sp.，*Laminarites antiquissimus*，*Taeniatum crassum*，*Polyporata* sp.，*Lignum* sp.　　20.8 m

13. 灰绿、灰白色薄板状条带状石英粉砂岩，底部为厚 10 cm 褐铁矿层　　17.9 m

12. 灰白色中厚层石英砂岩夹黄绿色页岩　　18.6 m

下部（接黑峰岭剖面）　　厚度 282.3 m

11. 黄绿色页岩夹皮壳状褐铁矿结核　　63.1 m

10. 黄绿色页岩夹叠层石灰岩凸镜体，产叠层石 *Katavia* f.，*Gymnosolen* f.；藻类 *Multisiphonia hemicirculis*　　30.7 m

9. 黄绿色页岩与含褐铁矿绿泥石粉砂岩互层，粉砂岩中含皮壳状褐铁矿结核，顶部夹灰岩凸镜体　　13.4 m

8. 黄绿色页岩　　42.2 m

7. 底为黄绿色页岩，往上为含铁泥质粉砂岩，有数条正长斑岩脉穿插　　52.2 m

6. 棕黄色薄层泥岩与黄绿色页岩互层，底部夹竹叶状灰岩　　3.8 m

5. 底部为浅棕黄色泥灰岩夹青灰色白云质灰岩，往上主要为青灰色薄层含白云质灰岩夹薄层泥质条带灰岩与钙质页岩　　45.4 m

4. 浅黄—棕黄色中—厚层条带状白云质灰岩，微细层理发育，底部夹含叠层石灰岩。产叠层石 *Gymnosolen* f.　　17.7 m

3. 浅灰、灰绿、灰白色页岩夹紫色页岩和白色粘土　　13.8 m

——————— 整　合 ———————

下伏地层：**魏集组**　淡紫红色叠层石灰岩

【地层特征及区域变化】　史家组仅在贾汪—徐州—宿州一线以东有沉积，岩性稳定，以宿州黑峰岭、史家一带厚度最大，达 402 m 左右，向北到魏集、贾汪一带因遭受后期剥蚀，仅残留底部岩性，厚度 55～23m，其上被猴家山组超覆。岩性以黄绿色页岩为主，下部夹页状—薄层泥晶灰岩、白云岩、叠层石灰岩和砾屑灰岩，中部夹灰色中厚层细粒石英砂岩，上部夹紫色含灰岩结核页岩、黄绿色薄层含海绿石粉(细)砂岩，顶部含赤铁矿结核（一般 1 cm×2 cm，少数 3 cm×5 cm）。产叠层石 *Katavia dalijiaensis*，*Gymnosolen*；微古植物 *Asperatopsophosphaera*，*Brochopsophosphaera minimus*，*Laminarites antiquissimus*，*Multisiphonia*，*Mi-*

crhystridium, *Taeniatum crassum*, *T. simplex*, *T. verrucatum*, *Trachysphaeridium*, *Trematosphaeridium holtedahlii*, *Suxianella*；疑源类 *Chuaria*, *Shouhsienia*, *Microcirecula*, *Pumilibaxa*, *Tawuia*；环节动物 *Anhuiella*, *Huaiyuanella* 等。上部砂岩中海绿石 K－Ar 测年值为 681、738、780、787 Ma，K－Ar 等时测年值 813±44 Ma，Rb－Sr 测年值 853±14 Ma。该组测年值高低相差较大，本书根据地层的上下关系，暂将其时代置于晚震旦世。

望山组　Z_2w　(05－34－1016)

【创名及原始定义】　安徽和江苏区调队(1977b)创名于宿县解集乡望山。原始定义：上段上部浅灰、灰色中薄—中厚层灰质白云岩、白云质灰岩、白云岩，下部灰色薄至厚层含燧石结核灰岩夹白云岩凸镜体；中段上部浅灰色中厚层白云质灰岩，下部灰色薄至中厚层泥质条带灰岩、白云质灰岩；下段灰色薄层白云质灰岩与钙质页岩互层，呈肋骨状。下与史家组整合接触，上与金山寨组为平行不整合接触。

【沿革】　该组自创名始，沿用至今。

【现在定义】　灰色页状、薄至中厚层泥晶灰岩、泥质泥晶灰岩、泥晶白云岩，夹砾屑灰岩、叠层石灰岩凸镜体，富产微古植物。中上部含燧石、硅质结核，具畸形方解石脉。自下而上泥质减少，钙、镁、硅质增高，单层增厚。底以肋骨状泥质泥晶灰岩与史家组黄绿色页岩整合接触；顶以泥晶白云质灰岩、白云岩与金山寨组燧石杂砾岩平行不整合接触。

【层型】　该组在创名时，由安徽区调队(1977b)测制的宿县解集乡史家剖面(33°56′,117°18′)和由江苏区调队(1978)所测宿县褚兰乡黑土窝剖面(33°58′,117°19′)均为不完整剖面，故本书指定二者为复合层型剖面。

上覆地层：**金山寨组**　灰、灰黑色水云母质粘土页岩，粉砂质页岩夹薄层细粒石英砂岩，底有一层 20 cm 杂砾岩

－－－－－－－ 平行不整合 －－－－－－－

望山组　总厚度 475.9 m

顶部　厚度 24.5 m

16. 浅灰色页状泥质泥晶白云岩，夹薄层泥晶白云岩，上部夹 20 cm 灰色页岩，具波痕和龟裂纹构造　13.0 m

15. 浅灰色薄层泥（粉）晶白云岩，夹中厚层泥晶灰岩（或白云质泥晶灰岩），偶含燧石结核，具鸟眼构造，产微古植物 *Leiominuscula orientalis*, *L. minuta*, *Margominuscula verrucosa*, *M. antiqua*, *Lophominuscula prima*, *Leiopsophosphaera* sp., *Asperatopsophosphaera umishanensis*, *A.* aff. *umishanensis*, *Trachysphaeridium hyalinum*, *Laminarites antiquissimus*, *Quadratimorpha* sp, *Triangumorpha* sp., *Zonosphaeridium* sp., *Taeniatum crassum*, *Archaeofavosina*? sp., *Polyporata obsoleta*, *Lignum* spp.　11.5 m

上部　厚度 130.1 m

14. 浅灰色薄层泥晶灰岩，夹薄层泥质泥晶灰岩、中厚层泥晶叠层石灰岩凸镜体，具鸟眼构造和畸形方解石　9.7 m

13. 灰色厚层含叠层石泥晶灰岩，夹砾屑灰岩凸镜体，局部含燧石结核和具畸形方解石。产叠层石 *Baicalia* f., *Anabaria* f., *A. radialis*; *Linella* cf. *minuta*, *Mijaria* f., *Jurusania* f., ? *Gymnosolen* f.　28.2 m

12. 灰色中厚层含燧石（硅质）结核及条带泥晶灰岩，局部夹叠层石灰岩、薄层白云

质灰岩、砾屑灰岩凸镜体，楔形及槽形层理发育。产叠层石 *Baicalia* f. 92.2 m

中部（中部及其以上为褚兰乡黑土窝剖面） 厚度 124.3 m

11. 灰色中厚层夹厚层泥晶灰岩，夹叠层石灰岩、白云质灰岩、砾屑灰岩凸镜体。偶含燧石结核和条带、褐色硅质团块或条带 35.0 m
10. 深灰色薄层夹中厚层泥晶灰岩 15.7 m
9. 深灰色中厚层泥晶灰岩，上部含少量硅质结核，具微层理 18.8 m
8. 灰色薄层与中厚层泥晶灰岩互层，具微层理 54.8 m

下部（接史家剖面上部） 厚度 197.0 m

7. 灰色薄层泥质灰岩夹黄绿色钙质页岩 21.5 m
6. 黄绿色竹叶状钙质页岩与灰色薄板泥质灰岩互层。产微古植物 *Leiopsophosphaera pelucidus*, *Trachysphaeridium cultum*, *T. simplex*, *Asperatopsophosphaera umishanensis*, *A. magma*, *Lophoshaeridium* sp., *Orygmatosphaeridium* sp., *Brochopsophosphaera minimus*, *B. plicativus*, *B. pseudus*, *Micrhystridium* sp., *Microconcentrica orbculata*, *Taeniatum crassum*, *Laminarites antiquissimus* 35.6 m
5. 浅灰色薄层泥质灰岩，肋骨状构造发育 13.4 m
4. 黄绿色钙质页岩与灰色薄层泥质灰岩互层 28.1 m
3. 灰色钙质页岩夹薄层泥质灰岩 45.5 m
2. 灰色薄层泥质灰岩，局部夹钙质页岩 44.7 m
1. 浅灰色薄层夹中厚层泥质灰岩 8.2 m

——————— 整　合 ———————

下伏地层：**史家组**　黄绿、紫红色含铁质结核页岩

【地质特征及区域变化】　岩性下部为灰、浅灰、黄绿灰色页状—薄层泥质（泥晶）灰岩，钙质页岩具水平、波状层理和不对称波痕，产微古植物；中部灰色薄—中厚层泥晶灰岩夹叠层石礁灰岩、砾屑灰岩凸镜体，微层理发育，具干裂构造；上部灰色中厚—厚层泥晶灰岩，夹薄层泥质泥晶灰岩，叠层石礁灰岩和砾屑灰岩，含燧石、硅质、砂质结核和条带，波状层理发育，具楔形、扰动层理和干裂、鸟眼构造、不对称波痕及畸形方解石细脉，产叠层石；顶部灰色薄层（泥质）泥晶白云岩，夹白云质灰岩，具波痕、干裂、鸟眼构造，产微古植物。下与史家组连续沉积，属开阔台地—局限台地相。根据猴家山组超覆层位分析，望山组大致在东陇海线以南，津浦线以东有沉积，栏杆厚度最大，达 473 m 左右，其上被金山寨组平行不整合覆盖。时代为晚震旦世。

金山寨组　Z_2j　（05－34－1017）

【创名及原始定义】　安徽和江苏区调队（1977b）创名于安徽省宿县栏杆乡金山寨。原始定义：上为砖红色中厚层铁质含砂海绿石叠层石灰岩，青灰色薄层灰岩；下为豆绿、黄绿、紫红色粉砂质页岩，灰白色薄层含砾海绿石石英砂岩，底部为厚度 0.7 m 燧石砾岩。下与望山组平行不整合，上与沟后组在金山寨为断层接触，在沟后为整合接触。仅出露苏皖交界处的褚兰、栏杆一带。

【沿革】　金山寨组原包括在栏杆群内。原栏杆群包括金山寨组与沟后组。笔者经核查认为，沟后组岩性特征与猴家山组类同，故本书将沟后组归入猴家山组。

【现在定义】　黄绿、灰黑、紫红色页岩，粉砂质页岩夹灰色薄层细—中粗粒石英砂岩，中厚层泥晶灰岩，砖红色含砂灰岩，叠层石灰岩凸镜体，底有 0.2～0.7 m 燧石杂砾岩（底砾

岩），产后生动物、疑源类等化石。底与望山组泥质泥晶白云岩分界，顶与猴家山组紫红色含石盐假晶钙质页岩、杂砾岩分界，均为平行不整合接触。

【层型】 正层型为宿县栏杆乡金山寨剖面（33°54′55″，117°16′54″），安徽区调队（1977b）测制；副层型为宿县褚兰乡沟后驴山剖面（33°50′，117°19′），江苏区调队（1978）测制。栏杆乡金山寨剖面于下：

上覆地层：**猴家山组** 紫红、砖红色砂质页岩，粉砂质泥灰岩，含石盐假晶，上部夹灰白色灰质白云岩

══════ 断 层 ══════

金山寨组 总厚度>11.61 m

20. 砖红色中厚层铁质含砂灰岩，下部含海绿石。含叠层石：*Jinshanzhaiella pulchellusa*，*Xiejiella formosa*、*X. nodosa*，*Inzeria* f.，*Anabaria* f.，*Boxoina* f.，*Katavia* cf. *dalijiaensis*，*Acaciella multia*，*Linella* f. >8.80 m
19. 豆绿、黄绿、紫红色含粉砂质页岩，灰白色薄层含海绿石、含砾石英砂岩 2.11 m
18. 灰红、黑色燧石质砾岩，砾石成分以燧石为主，次为火山岩块、粘土岩块等，磨圆度好，胶结物为含磷铁质、砂质 0.70 m

——————— 平行不整合 ———————

下伏地层：**望山组** 肉红色中薄层白云质灰岩，层理发育

褚兰乡沟后驴山剖面

上覆地层：**猴家山组** 紫红色钙质页岩、泥晶（白云）灰岩夹黄色薄层砂质泥灰岩，具石盐假晶印痕，底有1～5 cm杂砾岩

——————— 平行不整合 ———————

金山寨组 总厚度 66.5 m

15. 灰、灰黑、黄绿色页岩、粉砂质页岩，夹灰色薄层中粗粒石英砂岩和褐铁矿凸镜体，底部夹泥晶灰岩凸镜体。产疑源类 *Chuaria circularis*，*Tawuia sinensis*，*T.* cf. *dalensis*，*T. minuta*，*Pumilibaxa amarginata*，*P. huaiheiana*，*Fusiphysa simplex*，*Langania gigantus*；微古植物 *Leiominuscula minuta*，*Leiopsophosphaera apertus*，*L. minor*，*L. giganteus*，*L. rotunde*，*Trachysphaeridium rugosum*，*T. hyalinum*，*T. incrassatum*，*T. cultum*，*T. planum*，*Pseudozonosphaera nucleolata*，*P. rugosa*，*P. sinica*，*P. asperella*，*P. verrucosa*，*Asperatopsophosphaera umishanensis*，*A.* aff. *umishanensis*，*A. bavlensis*，*Brochopsophosphaera* cf. *minimus*，*Symplassosphaeridium incrustatum*，*Synsphaeridium conglutinatum*，*Zonosphaeridium minutum taestriatum*，*Laminarites antiquissimus*，*Paleamorpha figurata*，*P. punctulata*，*Taeniatum crassum*，*T.* aff. *simplex*，*T. simplex*，*Quadratimorpha* sp.，*Polyedryxium* sp.，*Lophosphaeridium* sp.，*Micrhystridium* sp.，*Hubeisphaera* cf. *radiata*，*Uniporata* sp.，*Leiofusa* sp. 43.9 m
14. 灰、灰黄色厚层泥晶灰岩，夹叠层石凸镜体，顶部为中厚层灰岩与黄绿色页岩互层。产叠层石 *Jinshanzhaiella pulchellusa*，*Xiejiella nodosa*，*Boxonia* f.，*B. jinshanzhaiensis*，*Gymnosolen* f.，*Inzeria* f.，*Anabaria* f.，? *Katavia* f.，*Anabaria* f.；藻类 *Multisiphonia hemicirculis* 19.6 m
13. 灰、灰黑色页岩、粉砂质页岩，夹薄层细粒石英砂岩，底部有20 cm杂砾岩，砾石主要有燧石、泥灰岩，磨圆度较好，磷铁砂质胶结。产软体后生动物 *Calyptrina striata*，*Zhulania amfractus*，*Lushanina acicephalus*，*Paleolina evenkiana*；疑源类 *Chuaria*

circularis, *Valvaphysa amarginata*, *V. marginata*, *Shouhsienia annularis*；微古植物 *Trachysphaeridium multicavum*, *T. simplex*, *Cicatricosisphaera prima*, *Monotrematosphaeridium simplex*, *Triletes* sp., *Baculimorpha brevis*, *Leiofusa* sp. 3.0 m

——————— 平行不整合 ———————

下伏地层：望山组　浅灰色页状泥质泥晶白云岩，夹薄层泥晶白云岩

【地质特征及区域变化】　岩性为黄绿、灰黑、紫红色页岩、粉砂质页岩，夹灰色薄层中粗粒石英砂岩、褐铁矿凸镜体和中厚层泥晶灰岩，砖红色含砂灰岩、叠层石礁灰岩，底有0.2～0.7 m燧石杂砾岩。砂岩具冲刷层理、干裂和不对称波痕，属潮坪相沉积。产蠕形动物、疑源类、叠层石、微古植物等化石。金山寨组大致在褚兰、栏杆及其以东有沉积，厚度12～67 m。底部海绿石K－Ar测年值为647 Ma。与下伏望山组为平行不整合接触。本书根据海绿石K-Ar测年值暂将金山塞组的时代归入晚震旦世。但从层序地层、沉积特征、接触关系和地层对比上看，将其置于早寒武世更为合理些，故其时代归属尚存争议，有待于进一步探讨。

第二节　生物地层特征

安徽省徐淮地层分区青白口纪、震旦纪八公山群、淮南群及宿县群产有叠层石、微古植物、带藻类、疑源类及蠕形动物等多门类化石。这些化石大都保存完好，构造清楚，为岩石地层单位的划分、对比及时代归属等方面的研究，提供了重要的依据。

1. 叠层石

该分区的叠层石，最低层位见于刘老碑组，大量出现是从九里桥组开始的（表3－1）。已确定37群78形，其中包括*Conophyton lijiadunensis*, *Jurusania* cf. *cylindrica*, *Katavia dalijiaensis*, *Gymnosolen*, *Linella*, *Inzeria*, *Minjaria*, *Tungussia* 等我国燕辽地区第Ⅴ叠层石组合的代表群、形，以及*Crassphloem*, *Jiagouella*, *Songjiella*, *Jinshanzhaiella*, *Multiblastia*, *Mirabila*, *Xiejiella* 等7个群。

表3－1　皖北地区晚元古代叠层石组合划分简表

组合	分布层位*	主　要　群　形	基本特征
亚组合3	金山寨组 | 望山组	以 *Boxonia*、*Acaciella*、*Xiejiella*、*Jinshanzhaiella* 等群占优势，不含 *Baicalia* 及 *Conophyton*	次圆柱状、具简单平行分叉的叠层石为主体
亚组合2	史家组 | 九顶山组及四顶山组三段	具多种叠层石群、形共生，常见者有：*Katavia*、*Gymnosolen*、*Linella*、*Tungussia*、*Inzeria*、*Baicalia*、*Jurusania* 及 *Conophyton lijiadunensis* 等	各种形态和分叉方式的叠层石共生
亚组合1	倪园组及四顶山组二段 | 刘老碑组	以 *Jurusania*、*Baicalia*、*Inzeria* 等群占优势，也常出现 *Conophyton lijiadunensis*	块基形及缺少壁而具大量篇的叠层石占有一定的位置

（据《安徽地层志·前寒武系分册》，1985）。

*四顶山组三段、四顶山组二段为笔者增加的。

2. 微古植物

该分区微古植物据不完全统计有51属148种（包括未定种）（安徽区调队，1985）。八公山群的微古植物，均采自刘老碑组上段的黄绿色页岩。据阎永奎（1982）以凤阳县雷家湖剖

面为例对微古植物群的研究，其组合具有如下特征（图 3-2）：

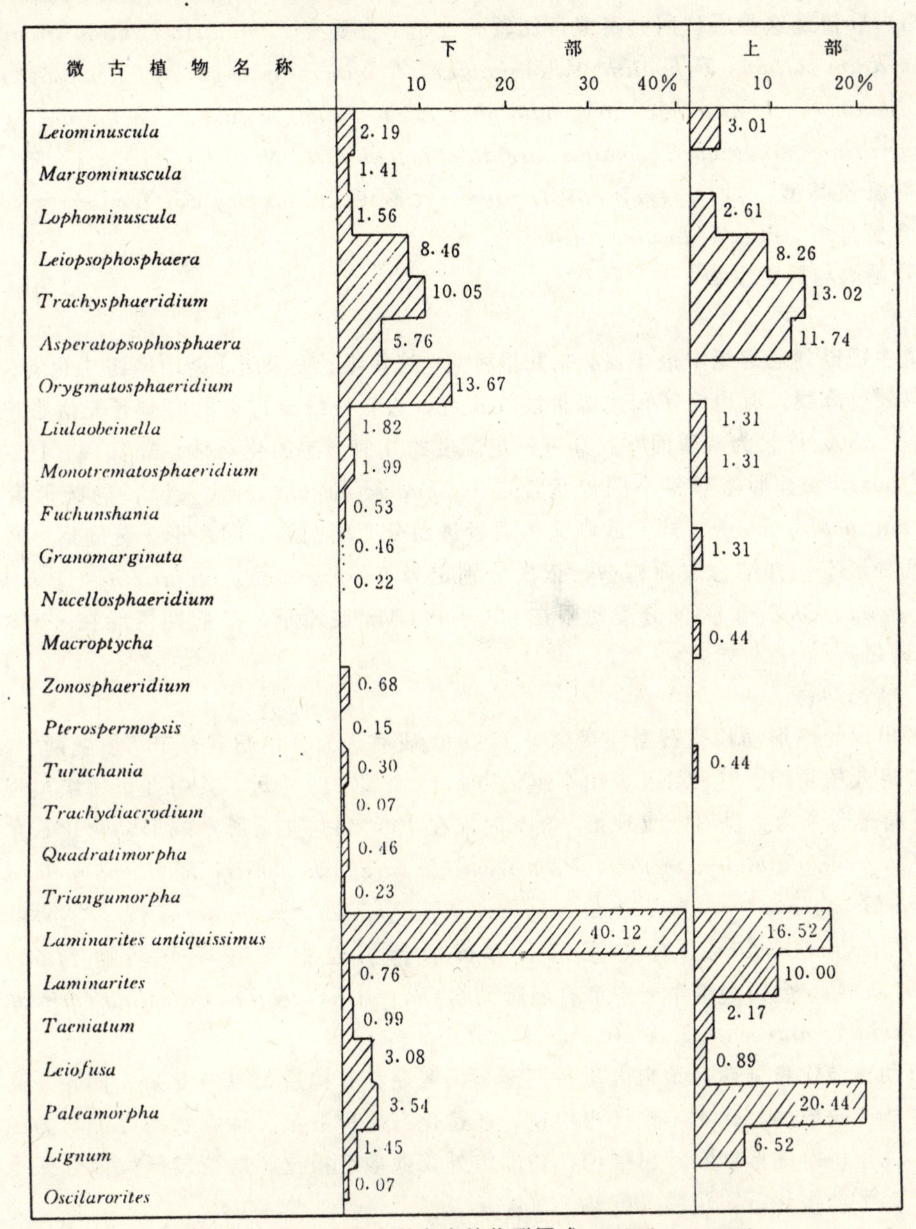

图 3-2 刘老碑组上段微古植物群图式（据阎永奎，1982）

（1）基本组合面貌是以产有大量的 *Laminarites*，丰富的 *Orygmatosphaeridium*，*Trachysphaeridium*，*Asperatopsophosphaera*，*Leiopsophosphaera* 和少量的 *Paleamorpha*，*Leiominuscula*，*Monotrematosphaeridium*，*Liulaobeinella*，*Leiofusa*，*Lophominuscula*，*Lignum* 等为特征。

（2）以形状、大小和厚薄不一的多层状具蜂巢状构造及厚薄不一的单层状，具瘤状、粒状、条纹状构造藻类植物为主，占组合总数的 46%～53%左右。

（3）球形藻类占重要地位，占组合总数的 43%～49%左右，其中，以直径 10～40 μm 者占优势。

（4）丝状藻类的带藻含量很少，棱形藻属和有核球形藻属以及方形、三角形藻属也不多。

从上述可以看出，该组合的基本面貌，与蓟县青白口纪地层所产微古植物组合特征有相似之处，都是以 *Laminarites antiquissimus* 的大量出现和表面粗糙、光滑的球形藻类为主。其中，有相当数量是这些层位所共有或可比较的分子。主要有 *Laminarites antiquissimus*，*Trachysphaeridium cultum*，*T. hyalinum*，*T. simplex*，*T. minor*，*T. rugosum*，*Leiopsophosphaera densa*，*L. minor*，*L. apertus*，*Orygmatosphaeridium rubiginosum*，*Taeniatum simplex*，*Zonosphaeridium minutum*，*Trematosphaeridium holtedahlii*，*Nucellosphaeridium* 等，也出现了较多集面藻类型，如 *Orygmatosphaeridium exile*，*O. liulaobeiense*，*O. minor* 等，其中以 *O. exile* 含量最多，其次为 *Liulaobeinella*。

3. 疑源类与后生生物

（1）*Chuaria* 类

这类生物以刘老碑组中最丰富，在九里桥组、魏集组、史家组、金山寨组中也有发现。这是一种具碳质薄膜，有边缘带和边缘带线纹构造，边缘带线纹构造的内侧有光滑平坦的凸起〔郑文武（1980）称之为“盾面”〕，具有一定圆度的几何形态的化石体。郑文武（1980）将其统归为 Chuaridae。邢裕盛将小圆盘状者定为 *Chuaria circularis*，*C.* sp.，椭圆形者称之为 *Shouhsienia shouhsienensis*。郑文武则又将后者进而分为椭圆形、卵圆形、鞋底形、肾状或长卵状等几种形态，并结合表面构造，依次分别定为 *Ellipsophysa*，*Ovidiscina*，*Pumilibaxa*，*Nephroformia*。*Chuaria* 类的分类时限在 600～900 Ma 或略早，最盛期可能在 850 Ma 前后（即刘老碑组）。

（2）蠕形动物

该区出现的蠕形动物化石据汪贵翔等（1984）研究认为分别归属环节、须腕两个动物门。产出层位有九里桥组、史家组及金山寨组，共有 13 个属、18 个种。其中九里桥组出现的蠕形动物，可能是迄今为止世界上出现最早的，时限在 700 Ma 左右。所产蠕形动物化石主要有环节动物 *Pararenicola huaiyuanensis*，*Protoarenicola baiguashanensis*，*Ruedemannella minuta*，*Paleorhynchus anhuiensis*，*Anhuiella sinensis*，*Huaiyuanella jiuliqiaoensis*；须腕动物 *Sabellidites*，*Paleolina tortuosa*。在史家组下部黄绿色页岩中产有环节动物 *Huaiyuanella* aff. *jiuliqiaoensis*；金山寨组页岩中产有须腕动物 *Calyptrina striata*，*Paleolina evenkiana* 及环节动物 *Chulania antracta*，*Lushania acienphala*。

蠕形动物演化特征明显地自九里桥期至金山寨期具有构造简单→复杂、低等→高等的趋势。该区所产蠕形动物化石不论产出层位，还是化石属种数量、保存状态等，均为国内、外所罕见。九里桥组蠕形动物产出层位，与国内外其他地区相比，层位较低。该分区至少有三个层位产蠕形动物化石，跨越厚度达 2 000 m。

（3）带藻类

该区所产带藻类化石为呈碳质薄膜状态保存的长带状和毛发状，均发现于淮南地区和凤阳山区的刘老碑组中，据郑文武（1984）鉴定有 *Sinenia liulaobeiensis*，*Lorioforma closta*，*Tyrasotaenia filiforma* 等。上述化石与 *Vendotaenia*，*Tyrasotaenia* 在宽度和形态上较为相似。

刘老碑组中大量古片藻和球藻亚群为主体的褐藻类繁盛，叠层石稀少，*Chuaria* 类丰富，Vendotaenides 开始出现，也有一些可能属于具几丁质壳的 *Shouhsienia* 以及个体形态单一的可能为蠕形动物的先躯分子。但是从九里桥组开始，面貌大大改观，不仅叠层石丰富，而且种类繁多的以 Sabelliditidae 为代表的软躯体后生动物大量出现，植物界也发生了新的变化。开始出现 *Micrhystridium* 和 *Bavlinella* 属等新型藻类。所以，九里桥组与刘老碑组相比，在生物发展方面似乎有较重要的变化，这对研究我国上前寒武系的南北方对比和衔接，具有重要意义。

第三节　青白口纪—震旦纪区域地层格架
——“淮南序”（不整合界定地层单位）

徐淮地层分区处于华北地台的南缘，自曹店组至金山寨组，其上、下均存在区域性不整合面。在此不整合面上下，从区域上看为角度不整合，但在小范围内仅出现微角度不整合。这是因为大规模的超覆作用之前，下部层位处于倾斜状态。根据上下两个不整合的围限，建立华北地台南缘的不整合界定地层单位——淮南序（图 3-3）。

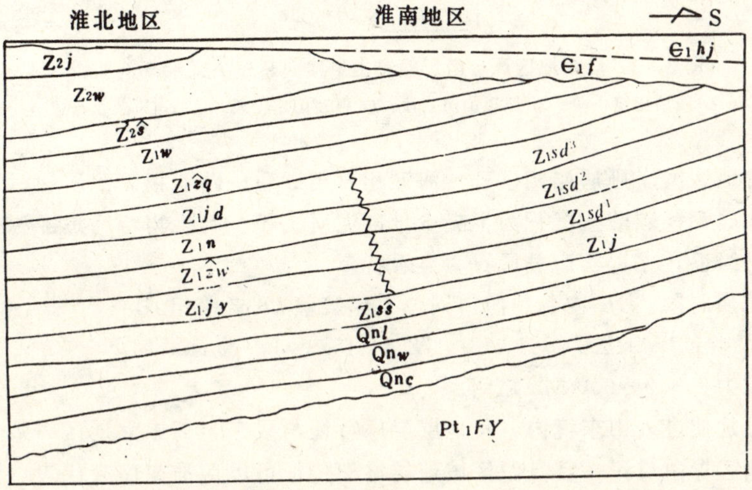

图 3-3　安徽省淮南序（青白口纪—震旦纪）不整合界定地层单位示意图

$\in_1 hj$. 猴家山组；$\in_1 f$. 凤台组；$Z_2 j$. 金山寨组；$Z_2 w$. 望山组；$Z_2 \hat{s}$. 史家组；$Z_1 w$. 魏集组；$Z_1 \hat{z}q$. 张渠组；$Z_1 jd$. 九顶山组；$Z_1 n$. 倪园组；$Z_1 \hat{z}w$. 赵圩组；$Z_1 jy$. 贾园组；$Z_1 sd^3$、$Z_1 sd^2$、$Z_1 sd^1$. 四顶山组三、二、一段；$Z_1 j$. 九里桥组；$Z_1 s\hat{s}$. 四十里长山组；Qnl. 刘老碑组；Qnw. 伍山组；Qnc. 曹店组；$Pt_1 FY$. 凤阳群

下界：由凤阳运动造成的一个不整合面，是指位于凤阳县大邬山、赵家河、宋集、大洪山及长山铁矿等地的青白口纪曹店组、伍山组不整合超覆在凤阳群的不同层位之上，其不整合面角度一般在20°左右。

上界：由霍丘运动造成的一个不整合面，是指淮南、淮北早寒武世猴家山组或凤台组与下伏震旦纪地层之间的不整合面（图 3-4、3-5）。

淮南序包含的岩石地层单位为：八公山群、淮南的淮南群、淮北的宿县群、金山寨组。总

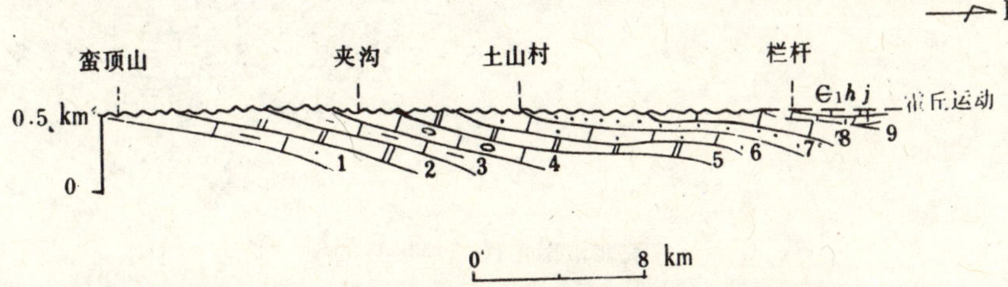

图 3-4　淮北地区猴家山组超覆不整合关系示意图

1. 贾园组；2. 赵圩组；3. 倪园组；4. 九顶山组；5. 张渠组；6. 魏集组；7. 史家组；8. 望山组；9. 金山寨组；$\in_1 hj$. 猴家山组

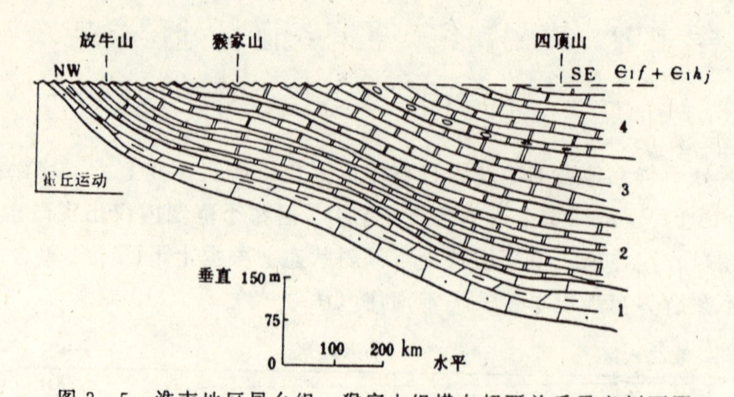

图 3-5　淮南地区凤台组、猴家山组横向超覆关系示意剖面图

1. 九里桥组；2. 四顶山组一段；3. 四顶山组二段；4. 四顶山组三段；$\in_1 f$. 凤台组；$\in_1 hj$. 猴家山组

体岩性特征为台地型滨岸砾屑滩相砂砾—海滩相石英砂质—陆架相砂泥质和钙镁碳酸盐混积—局限台地相含硅钙镁碳酸盐沉积为主夹少量砂泥质沉积。其生物特征是疑源类生物、微古植物、蠕形动物繁盛，尤以富产叠层石为显著特色。

淮南序的地质时限，据序内各组所得同位素年龄值，刘老碑组 Rb－Sr 法年龄值为 840 Ma 和 976 Ma；史家组 K－Ar 法为 681、738、787、845.5 Ma；金山寨组 K－Ar 法为 647 Ma 等。因此，总时限应为 1 000～600 Ma 之间。

该序向北可延伸进入山东境内，其地层层序特征与辽东半岛旅大地区一致。

整个皖北地区青白口纪—震旦纪区域地层格架特征可以用淮南序来代表（图 3-6）。

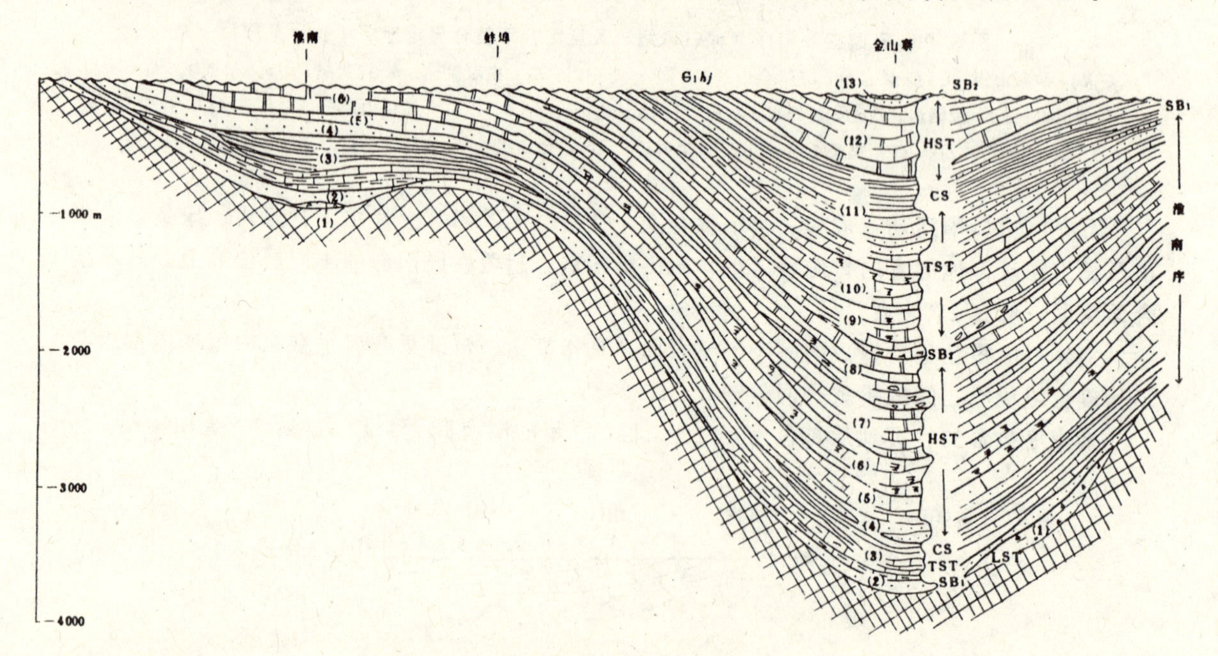

图 3-6　皖北淮南序区域地层格架图

(1) 曹店组；(2) 伍山组；(3) 刘老碑组；(4) 四十里长山组；(5) 贾园组（九里桥组）；(6) 赵圩组（四顶山组一段）；(7) 倪园组（四顶山组二段）；(8) 九顶山组（四顶山组三段）；(9) 张渠组；(10) 魏集组；(11) 史家组；(12) 望山组；(13) 金山寨组；$\in_1 hj$. 猴家山组；SB_1. Ⅰ型不整合；SB_2. Ⅱ型不整合；LST. 低水位体系域；TST. 海侵体系域；CS. 凝缩段；HST. 高水位体系域

第四章

寒武纪—奥陶纪

安徽省寒武纪—奥陶纪地层在徐淮地层分区的淮北、淮南地层小区内均有出露(图4-1)。寒武纪地层出露较齐全，奥陶纪地层仅见中下部，均以碳酸盐岩类岩石为主，仅早寒武世见有少量碎屑岩。除富产三叶虫、头足类外，还见有笔石、牙形刺、腕足类、腹足类、软舌螺、藻类等多门类化石。含磷、铁、铝土、石灰石等多种沉积、层控矿产。岩石地层单位自下而上为：凤台组，雨台山组，猴家山组，昌平组，馒头组，张夏组，崮山组，炒米店组，三山子组（含土坝段、韩家段），贾汪组，马家沟组（含萧县段、青龙山段、老虎山段）。

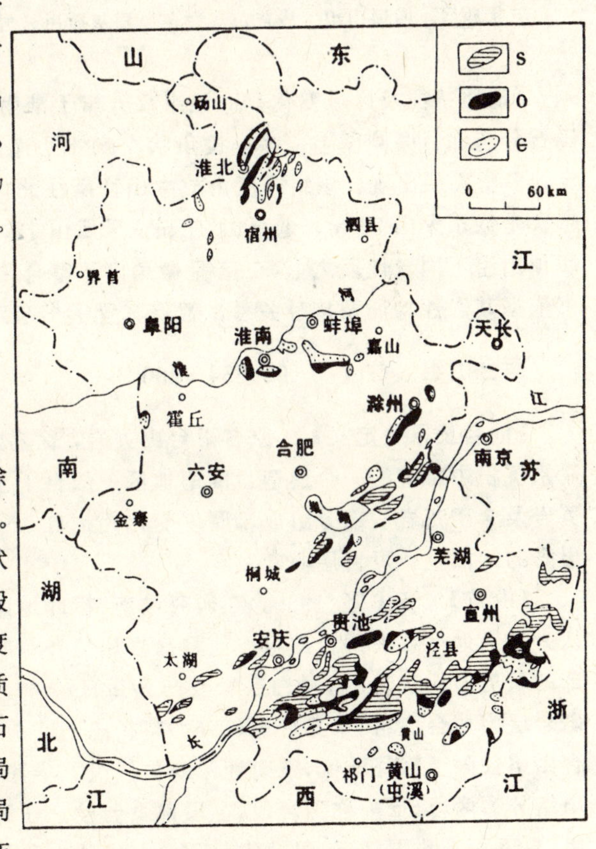

图4-1 安徽省早古生代地层露头分布图

第一节 岩石地层单位

凤台组 $\in_1 f$ (05-34-2001)

【创名及原始定义】 原名凤台砾岩，徐嘉炜(1958)创名于凤台县东南八公山一带。原指“粉红色，局部为灰黄色，砾石呈角状或次角状，排列混乱，分布不均，大小一般自0.5～5 cm，偶也见有50 cm者，分选度差；全体砾石由本区震旦纪四顶山统的矽质石灰岩及少量燧石块组成；胶结物为红色石灰质，胶结甚紧密，击之砾石亦不能脱落。局部砾石减少为含砾石灰岩。一般呈块状，局部夹有薄层状者。本层堆积在震旦纪矽质灰岩的侵蚀面上，厚度变化极大，自0～50 m，最厚处可达80 m。淮南区在西部凤台县一带最厚，向东部去变薄”。

【沿革】 谢家荣(1947)在调查淮南盆地时，称其为下寒武纪最下部的红色底砾岩。徐嘉炜(1956、1958)先后称之为石灰砾岩层和凤台砾岩。杨志坚(1960a)认为霍邱的石灰砾岩为雨台山组底砾岩。叶连俊等(1956)、潘江等(1959)、朱兆玲等(1964)、毕德昌(1964)、杨清和等(1980)均将这套砾岩作为寒武纪底砾岩。安徽区调队(1979b、1988a)、安徽地矿局(1987)称凤台砾岩为凤台组，将其时代置于早寒武世。张文堂、朱兆玲等(1979)、张文堂(1980)、任润生(1982)称凤台组，将其时代置于震旦纪。

【现在定义】 指分别平行不整合于四顶山组之上、雨台山组之下的灰红色中薄—厚层砾岩，白云质砾岩。

【层型】 创名之初未明确正层型剖面，本书指定凤台县放牛山剖面（32°40′29″，116°44′19″）为选层型，安徽区调队(1979b)测制。

上覆地层：**雨台山组** 灰绿色页岩

——————— 平行不整合 ———————

凤台组	总厚度 96.54 m
3. 灰红色中厚夹中薄层砾岩	14.67 m
2. 灰黄、灰红色中厚层砾岩	36.04 m
1. 灰红色厚层白云岩质砾岩	45.83 m

——————— 平行不整合 ———————

下伏地层：**四顶山组** 浅灰、灰白色厚层灰质白云岩，富产叠层石

【地质特征及区域变化】 该组仅分布于淮南地区，主要为灰红色砾岩、白云岩质砾岩。砾石分选性、磨圆度差，多呈棱角状。此外见有含砾纹层状白云岩，具水平纹层，横向不稳定，多呈夹层出现。该组厚度由放牛山往南往北均变薄。在其北面的韭菜山厚仅 10 m；往南依次是猴家大山 54 m，老鹰山 31 m，凤凰山 12 m，再往南迅速尖灭。该组在横向上超覆于四顶山组不同岩性段之上，二者呈微角度不整合接触。时代归属尚有震旦纪和寒武纪之争，本书依据其岩性特征及接触关系，暂将其置于早寒武世。

雨台山组 $\in_1 y$ (05-34-2002)

【创名及原始定义】 原名雨台山页岩，徐嘉炜(1958)创名于霍邱县雨台山。指“华北寒武系沉积中特有的一个建造：淮南地区一般自下至上由磷矿层、含磷页岩及含磷矿层、含磷页岩及含磷灰岩三部分组成，厚度变化大，自 0～20 m 不等。在霍邱、固始地区雨台山页岩出露的剖面上，页岩层非常发育。”

【沿革】 杨志坚(1960a)在研究淮南、霍邱地区寒武系时，将雨台山页岩更名为雨台山组，认为淮南地区缺失雨台山组。他将徐嘉炜(1958)所称霍邱地区的雨台山页岩一分为二，称上部的石英砂质灰岩、硅质白云岩及产 *Hsuaspis* 的砂质灰岩为郭山组，下部的页岩、石英砂岩、砾岩层为雨台山组。朱兆玲等(1964)将杨志坚的雨台山组和郭山组合并统称雨台山组，认为雨台山组仅限于霍邱地区，淮南地区缺失该组。毕德昌(1964)将霍邱地区杨志坚(1960a)的雨台山组分为两段，下段称砾岩段，上段称页岩段。任润生(1982)将杨志坚的雨台山组解体成三个组，自下而上称围杆组、凤台组、雨台山组。周本和等(1984)、周本和(1985)、李玉文等(1986)称雨台山组，其含义同徐嘉炜(1958)雨台山页岩的含义，自下而上分为一、二、三、四段。安徽区调队(1979b、1988a)、安徽地矿局(1987)将徐嘉炜(1958)雨台山页岩上段上部产化石的层位归入

猴家山组，其下不产化石的地层划归凤台组，未采用雨台山组一名。本书采用雨台山组。

【现在定义】 指分别平行不整合于四顶山组(霍邱地区)或凤台组(淮南地区)之上与猴家山组之下，以碎屑岩为主的地层。其下部为褐黄、灰、灰紫色页岩；中部为灰黑色巨厚层砾岩夹灰紫色中厚层白云岩质细砾岩、薄层含灰质、泥质白云岩；上部为黄绿、灰绿色页岩夹黄白色中厚层石英砂岩，含锰、碳、铀、磷碳质页岩。底以页岩出现，顶以页岩消失或含磷砾岩出现为界。

【层型】 正层型为霍邱县马店乡雨台山剖面（32°18′35″，115°55′11″），安徽区调队(1979b)重测；因正层型剖面未见底，故安徽区调队(1979b)在正层型剖面附近补测次层型王八盖东山剖面(32°16′00″,115°55′51″)。雨台山剖面于下：

上覆地层：**猴家山组** 灰黑色含磷砾岩

——————— 平行不整合 ———————

雨台山组	总厚度 114.87 m
6. 紫褐色含锰页岩，黑色含铀、磷碳质页岩	10.76 m
5. 灰绿色页岩，夹灰黑色碳质页岩及同色碳质硅质结核	10.35 m
4. 灰绿色页岩，风化后呈黄绿色碎屑或同色棒条状	26.31 m
3. 暗灰绿色砂质页岩，夹棕黄色薄层石英砂岩	5.72 m
2. 棕黄色、新鲜面黄白色中厚层石英砂岩	21.60 m
1. 黄绿色页岩。(未见底)	40.13 m

王八盖东山剖面*

上覆地层：**猴家山组** 青灰色中厚—厚层灰质白云岩

════════ 断 层 ════════

雨台山组	总厚度 151.41 m
11. 灰、灰紫、黄绿色页岩	16.96 m
10. 灰黑色厚—巨厚层砾岩	23.91 m
9. 灰紫色中薄—中厚层白云岩质细砾岩，夹紫色薄层含泥质白云岩	20.34 m
8. 灰绿色微晶闪长岩	2.77 m
7. 灰紫色中厚层砾岩与灰紫色薄层含灰质白云岩互层	14.79 m
6. 灰绿色石英闪长玢岩	2.77 m
5. 下部为灰紫色中厚层灰岩白云岩质细砾岩，上部为灰紫色薄层含灰质白云岩	15.30 m
4. 灰黑色厚层—巨厚层砾岩，顶部为灰紫色中厚层砾岩与灰紫色薄层泥灰岩互层	32.20 m
3. 灰、灰紫色页岩	8.15 m
2. 褐黄色页岩	13.29 m
1. 棕褐色煌斑岩	0.93 m

——————— 平行不整合 ———————

下伏地层：**四顶山组** 灰、浅灰色厚层白云岩

【地质特征及区域变化】 该组为碎屑岩，主体岩性仅出露于霍邱雨台山、王八盖东山、王八盖西山、陈山一带。其下部为页岩；中部为巨厚层砾岩夹白云岩质细砾岩，砾石一般磨

* 王八盖东山剖面第11层对应雨台山剖面第1层。

圆度较好，大致顺层分布；上部为页岩夹石英砂岩，顶部页岩含锰、碳、铀、磷。厚度大于151 m。淮南地区仅见15～25 cm的黄绿色页岩。该组在区域上与下伏地层呈微角度不整合接触，与上覆猴家山组为平行不整合接触。该组未采获化石。现依据层位对比和上下关系，暂将其时代置于早寒武世。

猴家山组　$\in_1 hj$　(05-34-2003)

【创名及原始定义】　原名猴家山统，徐嘉炜(1956)创名于淮南市猴家大山。指该区寒武系最底部的一套地层，“由钙质页岩夹矽质灰岩，含磷岩系及砾岩层构成，厚度约140～150公尺，在含磷岩系中产有 *Neobolus* sp.，*Hyolithes*（?）sp. 等生物群。”

【沿革】　徐嘉炜(1956)创名猴家山统时将其三分，未给专名。嗣后(1958)，他将砾岩层称为凤台砾岩，中部含磷岩系(由磷矿层、含磷页岩及含磷矿层、含磷页岩及含磷灰岩三部分组成)称雨台山页岩，上部的钙质页岩夹矽质灰岩称白鹤山层。杨志坚(1960a)将猴家山组限于淮南地区。朱兆玲(1962)在凤阳蚂蚁山馒头组底部的一层灰色块状灰岩中发现 *Megapalaeolenus fengyangensis*，并将该层灰岩置于猴家山组顶部。张文堂等(1979)、任润生(1982)、安徽区调队(1978、1979b、1988a)、安徽地矿局(1987)将淮南、霍邱地区从含磷砾岩(通常具底砾岩性质，砾石磨圆度极好)起至馒头组含海绿石灰岩之下的地层称猴家山组。毕德昌(1965)、安徽区调队(1977b、1988a)、安徽地矿局(1987)、徐学思(1982)将淮北地区震旦系之上、馒头组含海绿石灰岩之下的地层称猴家山组，扩大了猴家山组的分布范围。本书采用的猴家山组在区域上指昌平组之下，凤台组、雨台山组及震旦纪有关不同层位之上的地层。

【现在定义】　指雨台山组之上、昌平组之下以灰质白云岩与白云质泥灰岩互层为主的地层。岩性下部为磷矿层、含磷砾岩、砂灰岩，产腕足类、软舌螺、三叶虫；上部为粉砂质页岩、含硅质灰质白云岩。底与雨台山组为平行不整合接触，以磷矿层（区域上为砾岩、含磷砾岩）出现为界；顶与昌平组为整合接触，以白云岩消失为界。

【层型】　正层型为淮南市山王乡猴家大山剖面（32°39′43″，116°46′08″），安徽区调队（1979b）重测。

上覆地层：昌平组　灰色中厚夹中薄层灰岩、同色中厚层中鲕状灰岩，产三叶虫 *Redlichia* sp.

——————　整　合　——————

猴家山组　　总厚度 100.87 m

7. 浅灰黄色中厚层含硅质灰质白云岩，显蜂窝状“假山地貌”，具硅质团块　6.92 m
6. 黄绿色粉砂质页岩及同色薄层泥灰岩　18.42 m
5. 浅灰、灰黄色中薄层灰质白云岩与粉红、砖红色薄层白云质泥灰岩互层，二者比例为1∶4，构成阶梯状地貌　72.82 m
4. 灰黄、稍带红色厚层砂灰岩，底部为厚5 cm的灰色薄皮状磷矿层。产腕足类 *Obolella* sp.，软舌螺 *Hyolithes* sp.　2.71 m

－－－－－－　平行不整合　－－－－－－

下伏地层：雨台山组　浅灰绿色页岩

【地质特征及区域变化】　该组在淮北、淮南、霍邱地区均有分布。中部、上部以灰质白云岩与白云质泥灰岩互层及粉砂质页岩、泥灰岩、含硅质灰质白云岩为主。岩性比较稳定，普遍具有蜂窝状硅质团块和石盐假晶，具鸟眼构造、帐篷构造、古风化壳、水平纹层、微波状层理等特征。淮南地区见有垮塌砾石和滑塌构造。淮北地区厚19～41 m；淮南地区厚79～136 m；霍邱地区仅出露于雨台山一带，厚度大于35 m。淮南地区凤阳猴尖洼，该组上部产三叶虫 *Redlichia*，软舌螺 *Hyolithes*，定远小金山该组中部产腕足类 *Lingula*。该组下部岩性变化较大。在淮北地区宿县沟后、金山寨一带，泥质含量高，主要为紫红、黄绿、灰黄色页岩，富含石盐假晶，产微古植物 *Laminarites*，*Trachysphaeridium*，*Asperatopsophosphaera*，*Lophominuscula*，*Pseudozonosphaera*，*Leiominuscula*，*Taeniatum*，*Paleamorpha*，*Leiofusa*，*Lignum*，*Polyedryxium* 等，厚20～142 m。在淮南、霍邱地区，含磷砾岩、磷块岩、砂灰岩普遍发育，为磷矿层的部位，产腕足类、软舌螺。凤阳考城百瓜山和霍邱雨台山富产三叶虫 *Hsuaspis*。上部在淮南地区厚0.43～20 m，霍邱地区厚3～6 m。该组底砾岩普遍发育，在淮北地区超覆在倪园组、张渠组、金山寨组的不同层位之上；在淮南、霍邱地区，超覆在四顶山组、雨台山组之上，其接触关系，在区域上呈微角度不整合接触。时代为早寒武世中早期。

【问题讨论】 淮北地区猴家山组下部与中、上部，以前分属于两个地层单位。下部原属震旦纪沟后组，中、上部属寒武纪猴家山组（安徽区调队，1977b、1985；安徽区域地层表编写组，1978；安徽地矿局，1987；江苏区调队，1978；江苏地矿局，1984）。二者的界线，是以沟后组层型剖面猴家山组底部厚10～20 cm 含稀少细角砾的白云质泥灰岩之底为界，认为二者之间有较长期的沉积间断。实际上，这些稀少的细角砾，野外不易观察到，不具底砾岩性质。相反，“界面”上下岩性、岩相一致，均含石盐假晶，微古植物组合面貌相似，二者为连续沉积。故本书未采用沟后组一名，而将其归入猴家山组下部。

昌平组 $\in_{1}\hat{c}$ （05-34-2004）

【创名及原始定义】 原名昌平灰岩，张文佑(1935)创名于北京昌平龙山。原始定义：“余等于昌平县城北二、三里许之龙山，在暗灰色厚层灰岩中，发现三叶虫化石，此种三叶虫形体甚小……皆为下寒武纪上部之标准化石，故知此暗灰色厚层灰岩属下寒武纪上部，故名之曰昌平灰岩，……可相当于蓟县之景儿峪灰岩之顶部。”

【沿革】 张文堂等(1979)、卢衍豪等(1982)将昌平组一名引入淮北地区。他们认为，淮北地区震旦系之上、馒头组之下，仅存三叶虫 *Megapalaeolenus* 的一段地层，缺失淮南地区猴家山组下部产三叶虫 *Hsuaspis* 的一段地层，故两地区应分别采用不同的地层名称，以示区别。毕德昌(1965)曾将淮北地区这套地层称为猴家山组，并被广大地质工作者所沿用。笔者认为，猴家山组(下)、昌平组(上)在淮北、淮南两地区均存在(在整个华北地台都普遍存在)，且岩性较稳定。故该两组名称在本书中均被采用。

【现在定义】 为一套灰色、灰黑色厚层—块状豹皮状粉晶—微晶白云质灰岩、厚层细粉晶—微晶灰岩及灰质白云岩，产三叶虫、腕足类、棘皮类、软舌螺等动物化石。与下伏景儿峪组杂色薄层含泥灰岩和上覆馒头组紫红色页岩均为平行不整合接触。

【层型】 正层型位于北京市郊昌平县龙山。省内次层型为宿县夹沟剖面（33°52′07″，117°4′16″），安徽区调队(1977b)测制，南京大学(1994)修测。

上覆地层：馒头组一段 紫红色页岩夹粉砂质页岩，上部和下部夹有薄层—凸镜状生物屑微晶灰岩，产三叶虫 *Redlichia*（*Pteroredlichia*）cf. *murakamii*，*R.*（*Redlichia*）cf. *nobilis*，*R.*（*P.*）*chinensis*

——————整　合——————

昌平组　　　　　　　　　　　　　　　　　　　　　　　　　　　　　　总厚度 21.71 m

19. 灰色中层海绿石微晶生物屑灰岩，生物屑主要为软体动物和少量棘皮、软舌螺，层面见小冲沟、冲槽，产三叶虫 *Redlichia* sp.；腕足类 *Obolus* sp.，*Prototreta* sp.，*Lingulella*? sp.，*Dicellomus*? sp.；藻类 *Girvanella* sp.　　5.98 m

18. 上部灰色中层白云质微晶细砂屑灰岩，具上叠沙纹层理，层面可见弯曲似舌状流水波痕；中部灰色薄层泥质微晶灰岩、泥质条带砂屑灰岩，具交错层理及大量垂直虫管；下部为灰色厚层白云质藻微晶灰岩，可见不规则的藻凝块。产三叶虫 *Megapalaeolenus fengyangensis*，*Redlichia* sp.　　15.73 m

——————整　合——————

下伏地层：**猴家山组**　土黄色薄层—页片状泥质白云质微晶灰岩夹紫红色薄层长石石英细砂岩、叠层石白云质微晶灰岩

【地质特征及区域变化】　省内该组除在霍邱地区缺失沉积外，在淮北、淮南地区均有出露，岩性稳定，主要为白云质含藻微晶灰岩、泥质微晶灰岩、泥质条带砂屑灰岩、白云质细砂屑微晶灰岩、海绿石微晶生物屑灰岩。见有不规则的藻凝块、垂直虫管、交错层理、上叠沙纹层理、弯曲似舌状流水波痕、小冲沟、冲槽等特征，反映了潮坪相的沉积环境。该组富产三叶虫 *Megapalaeolenus fengyangensis*，*Redlichia* 及腕足类、软体动物、棘皮动物、软舌螺、藻类等多门类化石。厚度较稳定，淮北为 6～56 m，淮南为 6～9 m，略显北厚南薄之趋势。在省内与下伏猴家山组以含硅质灰质白云岩消失、灰岩出现为界，与上覆馒头组以灰岩消失、肝紫色页岩出现为界，均为整合接触。时代为早寒武世沧浪铺期晚时至龙王庙期早时。

馒头组　$\in_{1-2}m$　(05-34-2005)

【创名及原始定义】　原名馒头层（又称馒头页岩），即“Manto Formation (Shale)”，B Willis和E Blackwelder(1907)创名于山东省长清县张夏镇馒头山。原始定义：馒头层主要是一套红和棕色页岩，夹有灰色或浅灰色石灰岩，石灰岩经常含泥质成分。这套地层见于张夏村陡壁下四周的坡上，总厚 135～225 m，位于张夏村之正南叫做馒头山的一个孤山处，有一个下与花岗岩不整合接触，上面整合盖着石灰岩的馒头层的完整而出露好的剖面。这就是馒头层的典型剖面。单位就根据这个孤山而命名。

【沿革】　省内馒头组原称馒头统，由徐嘉炜(1956)引入我省。朱兆玲等(1964)称馒头组，安徽区调队(1977b,1978,1979a,1979b)沿用馒头组名，安徽地矿局(1987)、安徽区调队(1988a)将馒头组分为上、下段，本书采用馒头组名，将其含义扩大，包括以前沿用的馒头组、毛庄组、徐庄组三部分，并将其分为四个岩性段。

【现在定义】　指晋冀鲁豫地层区寒武系下部以紫(砖)红色页岩为主，夹云泥岩、泥云岩、白云岩、灰岩和砂岩岩石地层单位。底以灰岩或白云岩组合结束，杂色页岩或泥云岩出现划界，与朱砂洞组(昌平组)整合接触；顶以页岩或砂岩结束，大套灰岩出现划界，与张夏组整合接触。

【层型】　正层型在山东省长清县。省内次层型为宿县夹沟剖面（33°52′07″，117°4′16″），安徽区调队(1977b)测制，南京大学(1994)修测。

上覆地层：**张夏组**　灰色中薄层亮晶核形石灰岩，局部白云石化，产三叶虫 *Poriagraulos*

ovatus，*Solenoparia* sp.，*Proasaphiscus* sp.，Anomocarellidae；藻类 *Girvanella* sp.

———— 整 合 ————

馒头组 总厚度 428.06 m

四段 厚度 116.29 m

39. 灰黄色薄层海绿石泥质长石石英细粒杂砂岩（含重矿物锆石、磷灰石、电气石）夹灰色中层亮晶鲕粒灰岩，具斜层理、水平虫管，产三叶虫 *Proasaphiscus* sp.，*Paracoosia* sp.，*Hsuchuangia* sp. 13.92 m

38. 灰绿、灰黄色中薄层海绿石泥质长石石英细粒杂砂岩，夹少量泥质长石石英粗粉砂岩，具大量遗迹化石、波痕，产三叶虫 *Solenoparia* sp.，*Metagraulos* sp.；遗迹化石 *Monomorphichnus*，*Phycodes* 等 14.85 m

37. 上部灰白色薄层海绿石亮晶砂质生物屑灰岩夹土黄色薄层海绿石钙质长石石英细砂岩，顶部夹浅灰色中厚层凸镜状藻微晶灰岩，隐见藻纹层、斑块，生物屑为三叶虫、软体动物；下部灰色中层亮晶砂质生物屑灰岩夹长石石英中粒砂岩，具板状斜层理。产三叶虫 *Solenoparia* sp.；软舌螺 *Hyolithes* sp. 14.67 m

36. 紫红色薄层铁质泥质细粒砂岩，含少量海绿石，水平纹层发育，含大量水平虫管，产三叶虫 *Metagraulos* sp.，*Lorenzella*? sp. 16.93 m

35. 顶部灰色厚层亮晶核形石灰岩，核形石核心多为软舌螺碎屑；上部灰色中层豹皮状白云质亮晶球粒灰岩，水平虫管发育；中部灰色薄层亮晶藻团块鲕粒灰岩夹泥质白云质条带、亮晶生物屑灰岩；下部紫红色薄层粉砂岩夹薄层生物屑微晶灰岩。产三叶虫 *Inouyops* sp.，*Hsuchuangia* cf. *hsuchuangensis*，*Peronopsis* sp.，*Chengshanaspis* sp.；软舌螺 *Platycircotheca ornatus*?，*Circotheca* sp.；藻类 *Girvanella* sp. 37.75 m

34. 紫红色薄层—页片状铁质泥质长石石英粉砂岩夹细砂岩，水平纹层发育，顶部为灰色中层亮晶鲕粒灰岩。产三叶虫 *Shangtungaspis* sp.，*Plesiagraulos* sp.，cf. *Probowmania*；软舌螺 *Hyolithes* sp. 18.17 m

———— 整 合 ————

三段 厚度 228.49 m

33. 上部灰色厚层亮晶鲕粒灰岩，含少量海绿石；中部浅灰色厚层—块状豹皮状白云质藻微晶灰岩，鸟眼构造发育，局部见叠层构造；下部灰色厚层海绿石亮晶生物屑灰岩，靠底部夹薄层竹叶状砾屑灰岩，底部为灰黄色钙质页岩夹微晶灰岩凸镜体。产三叶虫 *Plesiagraulos* sp.，*Probowmania* sp.；腹足类 *Helcionella* cf. *shantungensis*；软舌螺 *Polytheca inundeta* 18.93 m

32. 灰、紫红色中层亮晶鲕粒灰岩夹紫红色中薄层海绿石钙质细-中粒砂岩、粉砂质页岩及薄层叠层石微晶灰岩，砂岩中具波痕、冲洗交错层理，产三叶虫 *Kootenia* sp.；腹足类 *Pelagiella chronus*；藻类 *Girvanella* sp. 27.13 m

31. 紫红色薄层—页片状微晶灰岩夹短柱状叠层石微晶灰岩，具鸟眼构造，底部为灰黄色中薄层砂屑灰岩。产三叶虫 *Kootenia* sp. 28.12 m

30. 上部为灰黄色中薄层瘤状白云质微晶灰岩，具干裂纹构造；下部为灰色中—中薄层短柱状叠层石微晶灰岩，柱体间充填核形石、鲕粒等。产三叶虫 *Poliella*? sp. 12.38 m

29. 灰色厚层叠层石微晶灰岩，底部为核形石灰岩，顶部为灰色中层白云质鲕粒灰岩。产三叶虫 *Probowmaniella* sp.，*Poulsenia* sp.，*Eoptychoparia* sp.；藻类 *Girvanella* sp.；叠层石 *Jiagouella* sp. 16.20 m

28. 上部紫红色页岩；下部土黄色薄层瘤状泥质白云质微晶藻球粒灰岩夹紫红色页岩 14.67 m

27. 灰色中薄层白云质亮晶鲕粒灰岩夹灰色薄层瘤状微晶灰岩，顶部有一层灰白色中厚层微晶核形石生物屑灰岩，生物屑主要为双壳类、三叶虫。产三叶虫、腕足类化石，但保存不好 13.97 m

26. 上部灰黄色薄层瘤状微晶灰岩；下部为紫红色中厚层海绿石亮晶生物屑砾屑灰岩，砾屑竹叶状，具氧化边，生物屑主要为棘皮及少量三叶虫。产三叶虫 Neoredlichiinae；藻类 *Girvanella* sp. 19.15 m

25. 灰黄色薄层瘤状亮晶藻球粒灰岩夹紫红色页岩，产三叶虫 Neoredlichiinae；腕足类 *Obolus*? sp. 30.64 m

24. 灰色厚层—块状亮晶鲕粒团块灰岩，含燧石结核，夹灰色砾屑灰岩、中薄层叠层石微晶灰岩 2.99 m

23. 紫红色页岩夹土黄色中层瘤状亮晶砂屑灰岩、叠层石灰岩、砾屑灰岩，产三叶虫 *Redlichia* sp. 24.44 m

22. 灰色中薄层瘤状微晶灰岩，上部以紫红色页岩为主。产三叶虫 *Redlichia*(*R.*) cf. *nobilis* 19.87 m

———— 整 合 ————

二段 厚度 53.56 m

21. 上部灰色中层豹皮状白云质亮晶球粒灰岩，其顶部小冲沟、冲槽发育；下部主要为灰色厚层—块状豹皮状白云质球粒微晶灰岩，近底部为核形石微晶灰岩；底部为灰黄色中薄层亮晶砂屑灰岩。产三叶虫 *Redlichia*(*R.*)cf. *nobilis* 53.56 m

———— 整 合 ————

一段 厚度 29.72 m

20. 紫红色页岩夹粉砂质页岩，上部和下部夹有薄层—凸镜状生物屑微晶灰岩，产三叶虫 *Redlichia*(*Pteroredlichia*)cf. *murakamii*, *R.* (*P.*)*chinensis*, *R.* (*R.*)cf. *nobilis* 29.72 m

———— 整 合 ————

下伏地层：昌平组 灰色中层海绿石微晶生物屑灰岩，生物屑主要为软体动物、少量棘皮、软舌螺，层面见小冲沟、冲槽，产三叶虫 *Redlichia* sp.；腕足类 *Obolus* sp., *Prototreta* sp., *Lingulella* ? sp., *Dicellomus*? sp.；藻类 *Girvanella* sp.

【地质特征及区域变化】 省内该组岩性与山东正层型剖面地区相比，碎屑岩减少，碳酸盐岩增加，为台内浅滩相沉积。全区岩性稳定，总厚度东、南厚，向西和北变薄。可分为四段：

一段为肝紫色页岩夹灰岩凸镜体，除霍邱地区缺失外，在两淮地区均有沉积，淮北地区厚 30～36 m，淮南地区厚 25～48 m。二段为亮晶砂屑灰岩、豹皮状白云质球粒灰岩，淮北地区厚 18～97 m，淮南地区厚 49～82 m。在霍邱地区，二段岩性仅见于王八盖西山，白云质增高，为灰岩、白云质灰岩、含灰质白云岩和含泥质灰质白云岩，厚度大于 93 m。一、二段所产古生物门类比较单调，主要为三叶虫 *Redlichia* (*Pteroredlichia*) *murakamii*, *R.* (*P.*) *chinensis*。

三段为砾屑灰岩、鲕粒灰岩、叠层石灰岩、亮晶生物屑灰岩夹紫红色页岩、粉砂质页岩、粉砂岩互层。页岩具水平层理和纹层。砾屑灰岩见有水下高能滩相沉积和风暴密度流、风暴浪环境下沉积的两种类型。前者具波状层理，多与发育大型斜层理的砂屑灰岩、鲕粒灰岩组成序列。后者多为杂乱堆积砾屑形成的砾屑灰岩及竹叶状微晶灰岩所组成，并与具丘状层理的砂屑灰岩组成序列。在含砾粉砂质泥岩中滑塌构造发育。淮南地区见有暴露水面的龟裂纹构造。三段化石丰富，除产有丰富的 *Tingyuania*，*Shantungaspis*，*Hsuchuangia* 等三叶虫的带化石外，还见有大量的腕足类、腹足类、软舌螺、叠层石、藻类等多门类化石。沉积物中见有大量的生物遗迹，层面上见有生物爬迹、觅食迹和水平潜穴等现象。淮北地区厚 122～316 m，淮南地区厚 50～402 m，霍邱地区厚度大于 114 m。

四段为海绿石泥质长石石英细砂岩、粉砂岩夹亮晶鲕粒灰岩、亮晶砂质生物屑灰岩。长石石英砂岩具水平、波状、单斜层理。四段三叶虫化石丰富，主要有 *Pagetia*，*Poriagraulos*，*Metagraulos*，*Sunaspis* 等。此外有腕足类、腹足类、软舌螺等。淮北地区厚 12～116 m，淮南地区厚 21～64 m。霍邱地区缺失四段地层。

馒头组在淮北、淮南地区与下伏昌平组、上覆张夏组及段之间均为整合接触。在霍邱地区馒头组与下伏地层为断层接触，与上覆地层关系不明，二、三段均未见顶。

该组时代为早—中寒武世。

张夏组　$\in_2\hat{z}$　(05 - 34 - 2006)

【创名及原始定义】　原名张夏层 (Changhia Formation) 或张夏石灰岩 (Changhia Limestone) 或张夏鲕状岩 (Changhia Oolite)，B Willis 和 E Blackwelder(1907) 创名于山东省长清县张夏镇附近。原始定义：九龙群的第一个层是盖在馒头页岩软地层之上 150 m 厚的块状石灰岩，形成几百英尺高的陡壁，创名为张夏石灰岩或鲕状岩，有时也叫张夏层。最底部是 18 m 厚的薄层橄榄灰色石灰岩，然后是形成陡壁的块状黑色鲕状岩层，平均厚 70 m。陡壁上的小坡里发育着 30 m 厚的结晶灰岩。上部为暗色向浅灰色递变的灰岩。近顶部有浅灰色砾石灰岩。

【沿革】　省内张夏组，张文佑(1937)称其为庙山灰岩，谢家荣(1947)称为鲕状灰岩，徐嘉炜(1956)称张夏统。其后张夏组具鲕状灰岩为特征的含义没有变动，沿用至今。本书采用张夏组。

【现在定义】　指晋冀鲁豫地层区馒头组之上、崮山组之下，以厚层鲕粒灰岩和藻灰岩为主夹钙质页岩岩石地层单位。底以页岩或砂岩结束、大套鲕粒灰岩出现划界，与馒头组整合接触；顶以厚层藻屑鲕粒灰岩结束、薄层砾屑灰岩夹页岩出现划界，与崮山组整合接触。

【层型】　正层型在山东省长清县。省内次层型为宿县夹沟剖面 (33°52′07″，117°4′16″)，安徽区调队(1977b)测制，南京大学(1994)修测。

上覆地层：崮山组　灰白色中层亮晶白云质鲕粒灰岩，鲕粒多已强烈云化，亮晶方解石胶结物具栉壳结构，产三叶虫 *Blackwelderia* sp.，Dameselidae

——————— 整　合 ———————

张夏组　　　　　　　　　　　　　　　　　　　　　　　　　　　　总厚度 286.96 m

47. 上部灰色中层残余鲕粒细晶白云岩，具晶间溶孔；中部灰白色厚层—块状叠层石细晶白云岩，叠层石柱状，柱体之间白云岩中有大量细小虫管，具晶间溶孔；下部灰白色中—厚层残余鲕粒细晶白云岩夹中薄层灰质细晶白云岩，水平虫管发育，具冲洗交错层理。产三叶虫 Anomocarellidae；叠层石 *Yonguella* sp.　　44.42 m

46. 灰色中层残余鲕粒灰质细晶白云岩夹灰色中层白云质亮晶鲕粒灰岩、凸镜状叠层石微晶灰岩，其顶部为薄—中薄层细晶白云岩，水平虫管密集。产三叶虫 *Dameslla* sp.，*Taitzuia* sp.，*Lisaniella* sp.，*Trachoparia* sp.，*Menocephalites* sp.，*Crepicephalina* sp.，*Honania* sp.，*H. suni*，*Peishania*? sp.，*Levisia*? sp.，*Lisania*? sp.；

腕足类 *Palaeobolus* sp.，*Obolus* sp.，*Lingulella wangi*；软舌螺 *Linevitus cybele*，*L. dorsosulcatus*，*Scenella* sp. 85.81 m

45. 灰色中—中薄层残余鲕粒灰质细晶白云岩、白云质亮晶鲕粒灰岩夹核形石鲕粒灰岩、薄层—凸镜状微晶灰岩，其中隐见叠层构造，产三叶虫 *Crepicephalina* sp.，*C.* cf. *mukdensis*，*Dorypyge* sp.，*Anomocarella* sp.，*A. alcinoe*，*Solenoparia* sp.，*Peishania*? sp. 45.12 m

44. 灰色中层残余鲕粒灰质细晶白云岩夹薄层残余鲕粒灰质细晶白云岩，产三叶虫 *Anomocarella* sp.，*Lisaniella* sp. 10.88 m

43. 灰色厚层—块状白云质藻灰岩，白云石化不均一，风化面呈豹皮状，粗糙不平，产三叶虫 *Anomocarella* sp.，*Proasaphiscus* sp.，*Levisia*? sp.，*Lisania*? sp.，*Lisaniella*? sp.；藻类 *Epiphyton* sp. 14.35 m

42. 灰白色中厚层白云质亮晶核形石灰岩，顶部为灰色薄层白云质亮晶球粒灰岩夹细晶白云岩条带，水平纹层发育，含大量水平虫管。产三叶虫 *Anomocarella* sp.，*Proasaphiscus* sp.，*Lioparia* sp.，*Solenoparia* sp.，*Peronopsis* sp. 20.26 m

41. 灰—灰白色中层亮晶核形石灰岩，顶部核形石大，局部白云石化，产三叶虫 *Bailiella* sp.，*Proasaphiscus* sp.，*Solenoparia* sp.，*Conokephalina* sp.，Ptychopariidae；腕足类 *Lingulella* sp.；腹足类 *Helcionella* cf. *shantungense*；藻类 *Girvanella* sp. 34.31 m

40. 灰色中薄层亮晶核形石灰岩，局部白云石化，产三叶虫 *Poriagraulos ovatus*，*Solenoparia* sp.，*Proasaphiscus* sp.，Anomocarellidae；藻类 *Girvanella* sp. 13.72 m

——————— 整　合 ———————

下伏地层：**馒头组四段**　灰黄色薄层海绿石泥质长石石英细粒杂砂岩（含重矿物锆石、磷灰石、电气石）夹灰色中层亮晶鲕粒灰岩，具斜层理、水平虫管，产三叶虫 *Proasaphiscus* sp.，*Paracoosia* sp.，*Hsuchuangia* sp.

【地质特征及区域变化】　省内该组与山东层型地区相比，岩性比较稳定，碳酸盐岩增加，不夹页岩，主要为鲕粒灰岩、亮晶生物屑灰岩、亮晶核形石灰岩、白云质亮晶球粒灰岩、白云质礁灰岩、残余鲕粒灰岩、残余鲕粒细晶白云岩。中上部水平纹层发育，含大量水平虫管，上部具冲刷交错层理，近顶部叠层石细晶白云岩发育。富产三叶虫 *Poriagraulos ovatus*，*Bailiella*，*Lioparia*，*Crepicephalina*，*Taitzuia*，*Damesella* 等，并产腕足类、腹足类、软舌螺、藻类等多门类化石。厚 146～358 m。其中淮北地区厚 269～297 m，淮南地区厚 146～358 m，霍邱雨台山一带仅有零星露头。在次层型剖面上，该组底界与馒头组四段以灰岩出现或长石石英砂岩消失为界，顶界与崮山组以鲕粒白云岩的消失为界，均为整合接触。区域上，在淮北、淮南地区，与下伏、上覆地层也均为整合接触。在霍邱地区，该组下未见底，与上覆地层为整合接触。时代为中寒武世。

崮山组　$\in_3 g$　(05-34-2007)

【创名及原始定义】　原名崮山页岩（Kushan Shale），或崮山层（Kushan Formation）。B Willis和 E Blackwelder（1907）创名于山东省长清县崮山镇崮山村东北侧附近。原始定义：九龙群的第二个层是崮山页岩，因崮山村附近出露得完好而得名。它整合盖在石灰岩之上。这个台阶通常约 50 英尺厚，但其厚度和岩性有轻微的变化。普遍以呈浅绿色的钙质页岩为主，夹有棕、紫、黄色的页岩小层和灰岩凸镜体。至今我们未发现化石。页岩中石灰岩薄层通常呈砾状，很少是鲕状岩。

【沿革】 省内崮山组，谢家荣(1947)曾称之为页状及结核状石灰岩，徐嘉炜(1956)称为崮山统。其后各家均采用以产三叶虫 *Blackwelderia*(下)、*Drepanura*(上)的薄层灰岩为特征的含义。本书崮山组包括原崮山组、长山组和凤山组的下部。

【现在定义】 指晋冀鲁豫地层区整合在张夏组和炒米店组之间，以黄绿(夹紫红)色页岩、灰色薄层疙瘩状—链条状(瘤状)灰岩、竹叶状灰岩互层为主，夹蓝灰色薄板状灰岩和砂屑灰岩为特征的岩石地层单位。以厚层灰岩结束，薄层砾屑灰岩夹页岩出现为其底界；以页岩结束为其顶界。

【层型】 正层型位于山东省长清县。省内次层型为宿县夹沟剖面(33°52′07″，117°4′16″)，安徽区调队(1977b)测制，南京大学(1994)修测。

上覆地层：炒米店组　上部灰色中层豹皮状泥质白云质含生物屑微晶灰岩，生物屑主要为三叶虫、海百合茎，具水平虫管；下部灰色中薄层亮晶含海绿石鲕粒灰岩与豹皮状白云质微晶灰岩互层，其顶部层面上见雹痕构造；底部为中厚层大涡卷状叠层微晶灰岩，含少量黄铁矿。产三叶虫 *Saukia* sp.，*Tsinania* sp.，*Quadraticephalus* sp.，*Dictyella* sp.，*Dictyites* sp.，*Koldinioidia* sp.；头足类 *Paraplectronoceras pandum*，*P. longicollum*，*Plectronoceras* cf. *huaibeiense*，*Lunanoceras longatum*，*L. densum*，*Acaroceras primordium*，*Wanwanoceras exiguum*

——————— 整　合 ———————

崮山组　　总厚度 84.41 m

55. 灰色薄层—页片状泥质微晶灰岩夹细晶灰岩扁豆体，扁豆体内富含三叶虫碎片，产三叶虫 *Ptychaspis* sp.，*Tsinania* sp.，*Haniwa* sp.，*Pseudagnostus* sp.，*Koldinioidia* sp.；腕足类 *Lingulella sanfangensis*　　8.34 m

54. 灰色中层豹皮状白云质生物屑微晶灰岩夹薄层微晶生物屑灰岩，含少量海绿石，生物屑主要为三叶虫，少量海百合茎，产三叶虫 *Saukia* sp.，*Tsinania* sp.，*Prosaukia* sp.，*Sinosaukia* sp.，*Wuhuia* sp.，*Mansuyia* sp.，*Homagnostus* sp.，*Pseudagnostus* sp.；腕足类 *Lingulella*? sp.；牙形刺 *Oneotodus* sp.，*Proconodontus* sp.　　10.11 m

53. 灰色中薄层豹皮状白云质微晶灰岩夹灰白色中薄层亮晶细砂屑藻鲕灰岩。含石英小晶体，产三叶虫 *Kaolishania* sp.，*Prochuangia* sp.，*Changshanocephalus* sp.，*Tingocephalus*? sp.，*Pagodia*? sp.，*Maladioidella*? sp.，*Pseudagnostus* sp.；腕足类 *Lingulella* sp.，*L. hsiensis*　　12.01 m

52. 上部灰色中层豹皮状泥质白云质含生物屑微晶灰岩，生物屑主要为三叶虫、棘皮动物；下部灰白色中薄层残余鲕粒灰质细晶白云岩夹灰色中薄层微晶生物屑灰岩，底部夹灰色中薄层—凸镜状亮晶竹叶状砾屑灰岩，生物屑主要为三叶虫、棘皮屑，产三叶虫 *Changshania* sp.，*Pagodia* sp.，*Dikelocephalites* sp.，*Chuangia* sp.，*Komaspis* (*Parakomaspis*) sp.，*Pseudosolenopleura* sp.，*Pseudagnostus* sp.，*Homagnostus* sp.，*Shirakiella*? sp.；腕足类 *Apheorthis* sp.，*Eoorthis doris*，*E. edwardsi*，*Lingulella* sp.；软舌螺 *Nephrotheca cyrene*　　9.59 m

51. 灰色中薄层微晶鲕粒灰岩夹薄层—凸镜状亮晶竹叶状砾屑灰岩。产三叶虫 *Blackwelderia* sp.　　8.78 m

50. 灰色中薄层微晶灰岩夹薄层—凸镜状海绿石亮晶竹叶状砾屑灰岩，中薄层亮晶鲕粒灰岩，产三叶虫 *Liostracina krausei*　　9.70 m

49. 灰色中层亮晶白云质鲕粒灰岩，局部见浑圆状砾屑，含少量生物屑，主要为三叶虫。产三叶虫 *Drepanura* sp.，*Blackwelderia* cf. *sinensis*，*B.* sp.，*Stephanocare* sp.，*Chiawangella* sp.，Leiostegiidae 14.45 m

48. 灰白色中层亮晶白云质鲕粒灰岩，鲕粒多已强烈白云岩化，亮晶方解石胶结物具栉壳结构，产三叶虫 *Blackwelderia* sp.，Damesellidae 11.43 m

——————— 整 合 ———————

下伏地层：**张夏组** 上部灰色中层残余鲕粒细晶白云岩，具晶间溶孔；中部灰白色厚层—块状叠层石细晶白云岩，叠层石柱状，柱体之间白云岩中有大量细小虫管，具晶间溶孔；下部灰白色中—厚层残余鲕粒细晶白云岩夹中薄层灰质细晶白云岩，水平虫管发育，具冲洗交错层理，产三叶虫 Anomocarellidae；叠层石 *Yongüella* sp.

【地质特征及区域变化】 省内该组岩性由山东正层型剖面延至我省，钙质成分明显增加，未见页岩，以薄层灰岩为特征的岩性较稳定，主要为灰色中薄层亮晶白云质鲕粒灰岩、亮晶竹叶状砾屑灰岩、微晶鲕粒灰岩、微晶生物屑灰岩、豹皮状白云质生物屑微晶灰岩、泥质微晶灰岩。竹叶状砾屑灰岩呈凸镜状分布。灰岩中含少量海绿石。具微波状层理及冲刷现象，为开阔台地相，水动力变化频繁环境下的沉积物。厚 4～110 m。由北向南白云质增加，厚度减小。该组富产三叶虫 *Blackwelderia*，*Drepanura*，*Chuangia*，*Changshania*，*Kaolishania*，*Ptychaspis*，*Tsinania* 等，并产腕足类、软舌螺、棘皮类、海百合茎、牙形刺、叠层石等化石。在次层型剖面上，该组底以含鲕粒白云岩消失，顶以大涡卷状叠层石灰岩出现为界，与下伏张夏组、上覆炒米店组均为整合接触。在区域上层位稳定，上下接触关系与层型剖面一致。时代为晚寒武世崮山期至凤山期。

炒米店组 $\in_3 \hat{c}$ **(05－34－2008)**

【创名及原始定义】 原名炒米店石灰岩(Chaumidien Limestone)或炒米店层(Chaumidien Formation)。B Willis 和 E Blackwelder(1923、1907)创名于山东省长清县崮山镇炒米店村东山脊上，即范庄东侧高山北坡。原始定义：九龙群的第三个层是炒米店石灰岩，由硬质石灰岩组成，形成炒米店东南和西南的小山。呈蓝色，新鲜面为暗灰色和细晶。崮山页岩和炒米店灰岩间的过渡带为 12 m 的板状灰岩，具砾状特征。之上才是炒米店灰岩的灰色层，单层厚度时常不大于 5 或 6 英尺。其顶界以沉积特征变化为标志，即上覆济南层底部变为浅黄色，已显著白云岩化。

【沿革】 孙云铸(1924)将 B Willis 和 E Blackwelder(1907)的炒米店灰岩二分，其下称炒米店层，其上称直角石层。炒米店层相当于长山沟建造或称长山层，直角石层相当于凤山建造或称凤山层(孙云铸，1923、1924)。卢衍豪、董南庭(1953)在范庄详细测制剖面，引用孙云铸(1923、1924)所建河北开平盆地长山层、凤山层的地层名称，并将其改称为统。第一届全国地层会议之后改称为组(卢衍豪，1962)，在华北地台通用至今。安徽区调队(1977b、1988a)、安徽地矿局(1987)根据岩性特征将凤山组分为上、下段。陈均远等(1982)将凤山组下段称夹沟段，上段称宿县段。下段(夹沟段)以灰岩为特征，上段(宿县段)以白云岩为特征。根据 1992 年华北大区地层清理现场会议精神，相当于凤山组下段称炒米店组，其上归入三山子组①。

【现在定义】 指晋冀鲁豫地层区以灰色中厚层微晶灰岩、含生物碎屑藻球粒灰岩、鲕粒

① 华北大区研究领导小组研究组办公室，1992，全国地层多重划分对比研究·华北大区情况通报，第 3 期。

灰岩、中薄层竹叶状灰岩为主，夹云斑叠层石藻礁灰岩等以灰岩为特征岩石地层单位。底以页岩结束划界，与崮山组整合接触；顶以灰岩结束、白云岩(或页岩)出现划界，与三山子组(或冶里组)整合接触。

【层型】 正层型在山东省长清县。省内次层型为宿县夹沟剖面（33°52′07″，117°4′16″），安徽区调队（1977b）测制，南京大学（1994）修测。

上覆地层：三山子组土坝段 灰黄色薄层—中层细晶白云岩，泥质细晶白云岩，中、下部以薄层、页片状，夹中层为主，上部以中层为主，夹薄层—页片状层。产三叶虫 *Coreanocephalus* sp.，*Thailandium*(?)sp.，Saukiidae；腕足类 *Westonia* sp.，*Lingulella* sp.

——————— 整 合 ———————

炒米店组 总厚度 111.77 m

60. 深灰色中—中薄层瘤状泥质白云质微晶灰岩，上部夹灰黄色薄层灰质细晶白云岩凸镜体，含较多黄铁矿，呈结核状、细脉状产出，具大量垂直虫管。产三叶虫 *Anderssonella granulosa*，*Changia* sp.，*Haniwa mucronata*，*Pagodia* sp.，*Mictosaukia* sp.；腕足类 *Billingsella* sp.，*Lingulella sanfangensis* 15.07 m

59. 灰色中层豹皮状至瘤状泥质白云质微晶灰岩夹灰色薄层微晶生物屑灰岩，具水平纹层、鸟眼构造和黄铁矿结核，含较多垂直虫管，而水平虫管较少。产三叶虫 *Haniwa mucronata*，*Anderssonella granulosa*，*Saukia* sp.，*Tellerina* sp.，*Changia* sp.；头足类 *Eoclarkoceras parvum*，*Paraplectronoceras abruptum*，*P. suxianense*，*Yanheceras anhuiense*，*Eburoceras grossotubulum*，*E. jiagouense*，*E. hookiforme*，*E. aduncum*，*E. qianshanense*，*E. suxianense*，*Dongshanoceras magnitubulatum*，*Pseudendoceras megasiphonatum*，*Huaiheceras hanjaense*，*H. qianshanense*，*Rectseptoceras eccentricum*，*Oonendoceras sinicum*，*Aetheloxoceras suxianense*，*Ectenolites petilus*，*Anhuiceras longicervicum*，*Chabactoceras sinicum*，*Acaroceras endogastrum*，*A. densum*，*A. suxianense*，*A. jiagouense*；牙形刺 *Proconodontus* sp. 44.81 m

58. 灰色中层豹皮状泥质白云质含生物屑微晶灰岩夹中薄层生物屑微晶灰岩，含浸染状、结核状黄铁矿，生物屑主要为三叶虫、海百合茎，少量胶磷矿质生物（无铰腕足类、牙形刺）。产头足类 *Paraplectronoceras inflatum*，*P. vescum*，*P. pyriforme*，*P. curvatum*，*P. suxianense*，*P. parvum*，*Eburoceras pissinum*，*Jiagouceras cordatum*，*Sinoeremoceras pisinum*，*S. anhuiense*，*Wanwanoceras multiseptum*，*Tanycameroceras anhuiense*，*T. amplum*，*Ectenolites anhuiense*，*Eoectenolites suxianensis*，*Clarkoceras qianshanense*，*Eoclarkoceras anhuiense*，*Anhuiceras elongatum*，*A. concaviseptum*，*Dongshanoceras magnitubulatum*，*Pseudendoceras megasiphonatum*，*Chabactoceras annulatum*，*Walcottoceras* sp.，*Acaroceras minutum*，*A. rectoconum*，*A. endogastrum*，*Sinolebetoceras compressum*，*Yanheceras longiconicum*；三叶虫 *Saukia* sp.，*Changia* sp.，*Quadraticephalus* sp.，*Haniwa* sp.；牙形刺 *Proconodontus rotumdatus*，*P. muelleri*，*P. notchpeakensis*.，*Acodus*(?)*cambricus*，*Proacodus obliquus*，*Oneotodus nakamurai* 18.42 m

57. 灰色中—中薄层豹皮状泥质白云质微晶灰岩夹灰色中薄层生物屑微晶灰岩，含沥青质团块和薄膜，黄铁矿结核，水平虫管发育，生物屑主要为腕足类、三叶虫。产三叶虫 *Saukia* sp.，*Haniwa* sp.，*Pagodia*? sp.，*Koldinioidia* sp.，*Quadraticephalus* sp.，Tsinaniidae；腕足类 *Obolus*? sp.，*Lingulella* cf. *yingtzuensis*，

Billingsella sp.；牙形刺 *Proconodontus notchpeakensis*，*Proacodus* sp.，*Oneotodus nakamurai*；头足类 *Tanycameroceras jiagouense* 19.49 m

56. 上部灰色中层豹皮状泥质白云质含生物屑微晶灰岩，生物屑主要为三叶虫、海百合茎，具水平虫管；下部灰色中薄层亮晶含海绿石鲕粒灰岩与豹皮状白云质微晶灰岩互层，其顶部层面上见雹痕构造；底部为中厚层大涡卷状叠层微晶灰岩，含少量黄铁矿。产三叶虫 *Saukia* sp.，*Tsinania* sp.，*Quadraticephalus* sp.，*Dictyella* sp.，*Dictyites* sp.，*Koldinioidia* sp.；头足类 *Paraplectronoceras pandum*，*P. longicollum*，*Plectronoceras* cf. *huaibeiense*，*Lunanoceras longatum*，*L. densum*，*Acaroceras primordium*，*Wanwanoceras exiguum* 13.98 m

——————整　合——————

下伏地层：崮山组　灰色薄层至页片状泥质微晶灰岩夹细晶灰岩扁豆体，扁豆体内富含三叶虫碎片。产三叶虫 *Ptychaspis* sp.，*Tsinania* sp.，*Haniwa* sp.，*Mansuyia* sp.，*Pseudagnostus* sp.，*Koldinioidia* sp.；腕足类 *Lingulella sanfangensis*

【地质特征及区域变化】　该组仅出露于淮北地层小区，岩性稳定，主要为大涡卷状叠层石微晶灰岩、含生物屑微晶灰岩、亮晶含海绿石鲕粒灰岩、豹皮状泥质白云质微晶灰岩、瘤状泥质白云质微晶灰岩，普遍含黄铁矿结核。下部见雹痕、水平虫管；上部垂直虫管发育，具水平纹层和鸟眼构造。为开阔台地相的广海沉积，上、下水体变浅，出现潮间带的沉积。厚61～130 m。富产三叶虫 *Quadraticephalus*，*Dictyella*；头足类 *Acaroceras*，*Eburoceras* 等组合分子及腕足类、笔石、软舌螺、海百合茎、牙形刺、藻类等化石。其底界以大涡卷状叠层石灰岩出现，顶界以灰岩消失或白云岩出现为界，与下伏崮山组、上覆三山子组均为整合接触。时代为晚寒武世凤山期中晚时。

三山子组　$\in_3O_1s$　(05－34－2012)

【创名及原始定义】　原名三山子石灰岩，谢家荣（1932）创名于江苏省铜山县贾汪大泉村三山子山。原指“本层以出露于大泉村东南三山子者为最广，故名之曰三山子石灰岩。全层厚达三百至五百公尺，系一种灰或灰白色之结晶质石灰岩，就其外表观察，颇似一砂岩层，但观其内部结构，则灰岩之性质毕露矣。因矽化甚深，故硬度甚高，呈整齐之薄层，富于裂隙，侵蚀面现暗灰色，不规则之浅纹，盖系流水冲刷所致者也。本层界于中上奥陶纪之纯石灰岩及寒武纪鲕状及竹叶状石灰岩之间，因未获得化石，故其时代未能确定。当第一次调查时，曾以之隶属于下奥陶纪，李仲揆先生则以之属寒武纪，兹在未得更充分之证据以前，仍暂时谓之下奥陶纪。”

【沿革】　三山子组在霍邱、淮南、淮北地区普遍发育。在淮南地区，张文佑(1937)称之为李家庄灰岩。谢家荣(1947)将李家庄灰岩二分，其下称页状及结核状石灰岩，其上称结晶质石灰岩。徐嘉炜(1956,1958)称霍邱、淮南地区的结晶质石灰岩为土坝统，朱兆玲等(1964)称之为三山子组，安徽区调队(1978,1979a,1979b,1988a)、安徽地矿局(1987)称之为土坝组。结晶质石灰岩之下的页状及结核状石灰岩，自徐嘉炜(1956,1958)始至今，均称崮山组(统)。在淮北地区，毕德昌(1965)、安徽 325 地质队(1974)称三山子组，姚伦淇、王新平(1978)称“三山子灰岩”。安徽区调队(1977b,1988a)、安徽地矿局(1987)根据硅质结核或条带发育程度及生物群面貌的区别，将淮北地区的三山子组二分，其下称凤山组上段，其上称韩家组；陈均远等(1982)称凤山组上段为宿县段。本书采用三山子组，将霍邱、淮南、淮北地区的三山子组白云岩二分，其下称土坝段，其上称韩家段。

【现在定义】 指贾汪组底平行不整合面之下一套白云岩。下段黄灰、灰黄夹紫灰色中薄层粉细晶白云岩夹竹叶状砾屑细晶白云岩及土黄绿色薄层泥质粉晶白云岩；上段浅灰色中厚层含燧石结核细晶白云岩。底与炒米店组（或张夏组—亮甲山组）灰岩整合接触，顶与贾汪组底砾岩或土黄色页状泥质粉晶白云岩平行不整合接触。

【层型】 正层型位于江苏省铜山县。省内次层型为淮南市大百家山—土坝孜剖面（34-2010-4-1；32°37′11″，116°49′55″），安徽区调队（1979）重测；宿县夹沟韩家剖面（34-2011-4-1；33°52′07″，117°04′16″），安徽区调队（1977b）测制，南京大学（1994）修测。

【地质特征及区域变化】 省内该组在淮北、淮南、霍邱地区均有分布，岩性较稳定，与江苏正层型剖面相比，砾屑减少。在淮北地区，土坝段（下段）为灰黄色中厚层白云岩，含灰质、泥质白云岩夹少量竹叶状砾屑白云岩。其下部富产三叶虫 *Coreanocephalus*，*Anderssonella*，*Mictosaukia*；笔石 *Dendrograptus*；腕足类 *Lingulella*，*Obolus* 等门类化石；上部富产腕足类 *Lingulella* 及牙形刺 *Oneotodus nakamurai* 等。韩家段（上段）为灰黄色中薄层硅质条带白云岩夹少量竹叶状砾屑白云岩，产头足类 *Cyrtovaginoceras*，*Oderoceras*，*Kaipingoceras* 等。淮北地区该组厚 14～66 m。在淮南地区，土坝段为浅灰黄、浅黄、土黄色薄—厚层含硅质灰质白云岩、白云岩、鲕状白云岩。其下部富产三叶虫 *Blackwelderia*，*Drepanura* 及腕足类、软舌螺等；上部仅产少量腹足类 *Scaevogyra*，*Helcionella*。韩家段内黄白、浅肉红色厚—巨厚层白云岩，硅质结核、团块、条带白云岩，其硅质风化后常具蜂窝状特征（为野外重要的鉴别标志），化石稀少，仅产少量的腹足类 *Scaevogyra*。淮南地区该组厚 43～214 m。就总体而言，淮南地区较淮北地区硅质、白云质成分增高，厚度增大，化石个体数量及门类减少。霍邱地区出露不全，分布零星，厚度大于 151 m。该组底界由南向北，层位逐渐抬高。由淮南地区到淮北地区从崮山期 *Blackwelderia* 带、*Drepanura* 带起，向上经长山期的 *Chuangia* 带、*Changshania* 带、*Kaolishania* 带，凤山期的 *Ptychaspis-Tsinania* 带、*Quadraticephalus-Dictyella* 带，头足类 *Acaroceras-Eburoceras* 带，直至淮北地区凤山期晚时三叶虫 *Mictosaukia-Coreanocephalus* 带底部。为一穿时的地层单位。在淮北、淮南地区该组与下伏地层崮山组或炒米店组为整合接触，与上覆地层贾汪组为平行不整合接触；在霍邱地区，与下伏崮山组为整合接触，上未见顶。其时代为晚寒武世崮山期至早奥陶世宁国期早时。

土坝段 $\in_3 O_1 s^1$ （05-34-2010）

【创名及原始定义】 原名土坝统，徐嘉炜（1956）创名于淮南市土坝孜。原指“几全以白云岩组成，浅灰色及浅紫色，厚层，层理不显，中粒结晶，晶粒发亮，较坚硬，风化表面似砂岩，且上面多白云岩粉的堆积，上部夹有蜂窝状白色燧石结核三层左右，其具细小水晶晶洞，燧石半透明，有同心状构造，有的沿岩石节理充填的系次生形成；底部层理变薄，与崮山统交界处有海绿石及不显的鲕状，其与崮山统是连续过渡的，与上面奥陶纪底部泥岩成假整合接触，在八公山区土坝村南面见到明显的高低不平的侵蚀面，面上具有风化残留的褐色铁质。化石一般贫乏。在凤阳、定远一带，本统岩性稍有变化，其中有三叶虫 *Mansuyia orientalis*。厚度 126～140 公尺”。

【沿革】 同三山子组沿革。

【现在定义】 指分别整合于崮山组之上、韩家段之下的白云岩、硅质灰质白云岩，产三叶虫、腕足类、腹足类等化石。底界以白云岩出现，顶界以不含硅质结核（团块）白云岩的消失为界。

【层型】 正层型为淮南市大百家山土坝孜剖面（32°37′11″，116°49′55″），安徽区调队（1979b）重测。

上覆地层：贾汪组 土黄色中薄—中厚层含砂白云质泥灰岩夹浅灰色中薄层含泥质白云质条带灰岩。前者易遭风化，结构疏松，局部呈页片状；后者沿走向可变为凸镜体。单层厚一般为 20～30 cm

——————— 平行不整合 ———————

三山子组 总厚度 214.06 m

韩家段 厚度 156.13 m

17. 黄白、浅肉红色厚—巨厚层细晶、微晶白云岩，风化面呈褐黄色，断口略呈假鲕状结构，溶沟发育，单层厚 80～120 cm，局部含少量黄白色硅质细条带及同色硅质结核，岩性异常坚硬 134.66 m

16. 黄白、微带黄红色厚层硅质结核、硅质团块白云岩，岩性坚硬致密，硅质团块风化面显蜂窝状构造，单层厚 80～100 cm。产腹足类 *Scaevogyra* sp. 21.47 m

———— 整 合 ————

土坝段 厚度 57.93 m

15. 浅黄棕色厚层微—细晶白云岩，岩性坚硬，显微层理，风化面呈褐黄色，刀砍状构造发育，岩石单层厚 60～100 cm 不等。产腹足类 *Scaevogyra*? sp.，*Helcionella* sp. 15.68 m

14. 土黄、粉红色薄层含白云质泥质灰岩夹 25 cm 厚的黄红色中厚层含硅质灰质白云岩，前者易风化。富产三叶虫 *Drepanura* sp.，*D.* cf. *premesnili*，*Teinistion* sp.，*Dorypygella*? sp.，*Homagnostus* sp.，Damesellidae；腕足类 *Obolus* sp.，*Lingula* sp.，*Lingulella*，sp.；软舌螺 *Hyolithes* sp. 2.72 m

13. 浅灰黄、微带黄红色中厚层含硅质灰质白云岩 4.49 m

12. 浅灰黄、土黄色薄层页状含泥质白云岩，中间夹一层厚约 40 cm 的黄、黄带红色中厚层含硅质灰质白云岩，产三叶虫，保存差 11.98 m

11. 浅灰色厚层硅质灰质白云岩 23.06 m

———— 整 合 ————

下伏地层：崮山组 灰色厚层中鲕状含白云质灰岩，产三叶虫 *Cyclolorenzella* sp.，*Stephanocare*? sp.，*Gubecia*? sp.

【地质特征及区域变化】 参见三山子组的〔地质特征及区域变化〕栏。

韩家段 $\in_3O_1s^h$ (05-34-2011)

【创名及原始定义】 原名韩家组，安徽区调队（1977b）创名于宿县夹沟镇韩家村。指岩性主要为白云岩的地层。其下部为灰黄、肉红色中薄层白云岩夹少许页状泥质白云岩，产腕足类 *Lingulella* sp. 和牙形刺 *Oneotodus nakamurai*；上部为灰黄色中薄—中厚层含硅质条带白云岩，产头足类 *Cyrtovaginoceras* sp.，“*Oderoceras*” sp.，*Kaipingoceras* 和腕足类 *Lingulella* sp.。该组厚 20.48 m。时代为早奥陶世新厂期至早宁国期。

【沿革】 该组自创名始，沿用至今。本书称韩家段。

【现在定义】 指整合于土坝段之上、平行不整合于贾汪组之下的灰黄色中薄—中厚层含硅质条带白云岩，产头足类、腕足类。其底、顶界分别以含硅质条带白云岩出现和消失为界。

【层型】 正层型为宿县夹沟韩家剖面（33°52′07″，117°04′16″），安徽区调队（1977b）测制，南京大学（1994）修测。

上覆地层：贾汪组 灰、灰黄色、紫红色钙质页岩、粉砂质页岩，薄层泥质白云质微晶灰岩，泥质微晶白云岩互层，见有石盐假晶，底部为土黄色含砾钙质粉砂岩，砾石成分为燧石、细晶白云岩，棱角状，分选性差

——————— 平行不整合 ———————

三山子组 总厚度 61.60 m

韩家段 厚度 8.23 m

48. 灰白色中厚层细晶白云岩，含白色燧石结核和条带，产头足类 *Kaipingoceras* sp.，*Cyrtovaginoceras* sp.，*Oderoceras* sp.；腕足类 *Lingulella* sp. 8.23 m

——————— 整 合 ———————

土坝段 厚度 53.37 m

47. 灰黄色薄—中厚层细晶白云岩，下部以中—中厚层为主，中部以薄层为主，上部主要为中薄层、具竹叶状砾屑，水平纹层发育。下部富产腕足类 *Lingulella* sp.，牙形刺 *Oneotodus nakamurai* 19.89 m

46. 灰黄色薄层—中层细晶白云岩、泥质细晶白云岩，中、下部以薄层、页片状白云岩为主夹中层白云岩，上部以中层白云岩为主夹薄层页片状白云岩。产三叶虫 *Coreanocephalus anhuiensis*，*Anderssonella jiagouensis*，*Haniwa sosanensis*，*Mictosaukia callisto*，*Changia chinensis*，*Thailandium* sp.，*Pseudagnostus* sp.；笔石 *Dendrograptus* sp.，*D. erectus minor*；腕足类 *Lingulella* sp.，*Obolus luanhsiensis*，*O.* ? sp. 33.48 m

——————— 整 合 ———————

下伏地层：炒米店组 深灰色中薄层—中层瘤状泥质白云质微晶灰岩，上部夹灰黄色薄层灰质细晶白云岩凸镜体。含较多黄铁矿，呈结核状、细脉状产出，具大量垂直虫管。产三叶虫 *Anderssonella granulosa*，*Changia* sp.，*Haniwa mucronata*，*Pagodia* sp.，*Mictosaukia* sp.；腕足类 *Billingsella* sp.，*Lingulella sanfangensis*

【地质特征及区域变化】 参见三山子组的〔地质特征及区域变化〕栏。

【问题讨论】 寒武系与奥陶系界线位于三山子组白云岩内。据宿县夹沟韩家剖面，二者界线位于第46层与第47层之间（参见本书韩家段层型剖面）。第46层所产 *Coreanocephalus anhuiensis*，*Mictosaukia callisto*，*Anderssonella jiagouensis* 等晚寒武世凤山期末的三叶虫，在早奥陶世新厂期早时沉积的第47层中完全消失，被奥陶纪牙形刺 *Oneotodus nakamurai*，头足类、腕足类等所取代。在两层之间碳氧同位素组成也发生突变。据方一亭等（1993）研究，第46层与第47层分界处白云岩的碳同位素组成发生明显变化，从下部层位向上部层位“$\delta^{13}C$ 值发生陡降，在约3 m范围内，$\delta^{13}C$ 变化幅度大于1‰”。氧同位素同样显示明显变化，$\delta^{18}O$ 从下部向上部陡升，“变化幅度大于1‰，并显示与碳同位素组成变化相协调的特点”。碳氧同位素组成的变化与重大生物群更叠事件相吻合。这一界线与国际上可能将寒武-奥陶系界线划在 Tremadocian 底界的意见相一致。由上述可见，将寒武-奥陶系界线划在第46层与第47层之间三山子组白云岩内较为合理。

贾汪组 O_1j （05-34-3001）

【创名及原始定义】 原名贾汪页岩，李四光(1930)创名于江苏省铜山县大泉乡贾汪村，

谢家荣(1932)介绍。原指“黄色薄层页岩及页状薄层灰岩一层，厚约十公尺，李氏名之曰贾汪页岩层。本层成层虽薄，而分布却广，且常占固定之层位，即位于三山子石灰岩及马家沟青灰色石灰岩之间也，而亦极易观察。”

【沿革】 该组由毕德昌(1965)引入我省，沿用至今。

【现在定义】 土黄、局部紫红灰色页状泥质粉晶白云岩或白云质泥灰岩夹白云质页岩及角砾岩。底以灰黄色薄层细砾岩与三山子组上段(韩家段)浅灰色中厚层含燧石结核细晶白云岩平行不整合接触，界线清晰；顶与马家沟组底部土黄色薄—中厚层角砾状泥质白云岩、白云质泥质灰岩或灰色厚层角砾状灰岩整合接触。

【层型】 正层型在江苏省铜山县。省内次层型为宿县夹沟韩家剖面（34-3001-4-3；33°52′，117°4′），安徽区调队(1977b)测制。

【地质特征及区域变化】 省内该组仅出露于淮北、淮南地区，岩性为土黄、紫红、浅灰色页岩、钙质页岩、页片状泥质白云岩和泥质白云质灰岩及角砾岩。淮北厚4～19 m，淮南厚4～34 m，自北向南白云质增高。岩石具波状层理，有时见石膏假晶，为海岸氧化—弱氧化环境、局限台地相砂泥坪沉积。与下伏三山子组为平行不整合接触，与上覆马家沟组为整合接触。该组时代为早奥陶世早中期。

马家沟组 $O_{1-2}m$ (05-34-3002)

【创名及原始定义】 原名马家沟石灰岩，A W Grabau(1922)创名于河北省唐山市开平镇马家沟村。原始定义:马家沟村附近之石灰岩,名为马家沟石灰岩(Machiakou Limestone),因产 *Actinoceras*(珠角石)甚富，曾名之为珠角石石灰岩。

【沿革】 毕德昌(1965)将马家沟组一名引入我省。安徽325地质队(1974)将该组四分,自下而上称萧县组、青龙山组、下马家沟组、上马家沟组。安徽区调队(1977b)将马家沟组分为三组四段,自下而上称萧县组(分下段、上段)、马家沟组(分下段、上段)和老虎山组。安徽区调队(1977b)的萧县组下段相当于325地质队(1974)的萧县组,上段相当于青龙山组;马家沟组下段相当于下马家沟组,上段相当于上马家沟组的中下部。嗣后,安徽地矿局(1987)、安徽区调队(1989a)沿用安徽区调队(1977b)的划分方案。本书采用马家沟组,分三段,自下而上为萧县段、青龙山段,老虎山段。其中萧县段相当于安徽区调队(1977b)的萧县组，青龙山段相当于马家沟组，老虎山段相当于老虎山组。

【现在定义】 指亮甲山组或三山子组之上，本溪组之下的灰色厚层—巨厚层灰岩夹白云岩、角砾状灰岩、角砾状白云岩的岩石组合。与上覆及下伏地层均为平行不整合接触。

【层型】 正层型在河北省唐山地区。省内次层型为萧县团山、老虎山剖面(34-3003-4-1；34°10′41″；116°54′39″)，安徽区调队（1977b）重测。

萧县段 O_1m^x (05-34-3003)

【创名及原始定义】 原名萧县组，安徽325地质队(1974)创名于萧县团山至老虎山。原指“团山灰岩段和王场角砾状灰岩段组成的岩性。下部为一套蓝灰色中厚层灰岩且有不十分明显的微细层理，中夹数层灰质白云岩和角砾状泥质灰岩，含硅质结核的灰岩；上部以角砾状泥质灰岩，角砾状灰质白云岩为主要特征，夹有中厚层灰岩。”

【沿革】 安徽区调队(1977b)在进行1:20万区调时,将325地质队(1974)萧县组含义扩大,包括其上的青龙山组。原萧县组为扩大的萧县组的下段,青龙山组为其上段。陈均远等

(1980)称扩大的萧县组为北庵庄组。安徽地矿局(1987)、安徽区调队(1989a)将扩大的萧县组仍称萧县组，并分上、下段。本书称扩大的萧县组为萧县段。

【现在定义】 指贾汪组之上，马家沟组青龙山段之下的碳酸盐岩地层。下部为蓝灰色中厚层灰岩夹白云质灰岩和角砾状灰岩、泥质灰岩、含硅质结核灰岩；上部为灰色白云质灰岩、灰质白云岩和泥质灰岩。底与贾汪组以页片状泥质灰岩消失、角砾状灰岩出现为界，顶与青龙山段以白云质灰岩消失、含硅质结核的巨厚层灰岩出现为界，均为整合接触。

【层型】 正层型为萧县团山、老虎山剖面（34°10′41″，116°54′39″），安徽区调队(1977b）重测。

上覆地层：**本溪组　紫色铁铝质页岩**

——————— 平行不整合 ———————

马家沟组　　总厚度 418.29 m

老虎山段　　厚度 34.44 m

39. 灰、浅灰色中厚层灰质白云岩夹灰色薄层灰岩。产牙形刺 *Scandodus* sp.，*S. rectus*，*Semiacontiodus subviriosus*，*Drepanodus* sp.，*Cyrtoniodus flexuosus*；海绵骨针 *Protospongia* sp. 34.44 m

——————— 整　合 ———————

青龙山段　　厚度 207.13 m

38. 深灰色厚层豹皮状白云质灰岩与灰色薄层灰岩互层，具少量白云质结核及不规则白云质条带。产三叶虫 *Parabasilicus* sp.，*Basilicus* sp.，*Pseudoasaphus carinatus*；腕足类 *Glyptomena* sp.，*Oikina*；腹足类 *Maclurites* sp. 20.51 m
37. 灰色厚层灰岩。产牙形刺 *Scandodus rectus*，*Oistodus* sp.，*Drepanodus homocurvatus* 2.93 m
36. 灰、深灰色巨厚层灰岩、白云质灰岩，上部具豹皮状特征。产牙形刺 *Scandodus* sp.，*Acanthodus* sp. 12.31 m
35. 灰、深灰色块状灰岩。产牙形刺 *Scandodus* sp. 4.69 m
34. 灰色中厚层灰岩与薄层白云质灰岩互层 5.03 m
33. 灰、深灰色厚层灰岩。产头足类 *Discoactinoceras* sp.，*Armenoceras magnitubulatum* 3.70 m
32. 灰色中厚层灰岩与灰色薄层灰岩互层 7.39 m
31. 深灰色厚层豹皮状含白云质灰岩，中部夹浅灰色薄层白云岩。产牙形刺 *Rhipidognathus* sp.，*Semiacontiodus subviriosus*，*Oistodus angulatus*，*Cordylodus plattinensis*，*Scolopodus* sp.，*Cyrtoniodus flexuosus*；腹足类 *Maclurites* sp. 21.76 m
30. 灰色厚层灰岩，上部夹深灰色厚层豹皮状灰岩。产三叶虫碎片及腹足类 8.84 m
29. 蓝灰色厚层豹皮状白云质灰岩。产头足类、腕足类及腹足类化石 11.72 m
28. 灰色厚层含白云质灰岩夹厚层白云质灰岩 6.72 m
27. 灰、浅灰色中厚层灰岩与同色中厚层白云质灰岩互层。产头足类 *Armenoceras* sp.，*Pararmenoceras* sp.，*P.* cf. *kobayashi*，*Actinoceras* sp.，*Discoactinoceras* sp.，*Tofangoceras* sp. 6.72 m
26. 灰色中厚层灰岩夹灰色含砾灰岩。产腹足类 *Pararaphistoma* sp.；牙形刺 *Lonchodus* sp.，*Polycaulodus* sp.，*Scandodus* sp.，*Bryantodina* sp.，*Semiacontiodus* sp.，*Drepanodus* sp. 7.72 m
25. 蓝灰色中厚层豹皮状白云质灰岩。产三叶虫 *Basiliella* cf. *wusungensis*，*B.* sp.，Pliomerid，*Pseudoasaphus asper*；腕足类 *Leptellina* sp.，*Glyptomena*；牙形刺

Drepanodus sp.，*Scandodus* sp. 8.42 m

24. 灰、蓝灰色中厚—厚层灰岩，上部夹灰色中厚层豹皮状白云质灰岩，局部含硅质结核。产头足类 *Armenoceras* sp.，*Ormoceras* sp.，*Selkirkoceras*? sp.，*Stereoplasmoceras* sp.，*S. pseudoseptatum*；层孔虫 *Rosenella* sp.；牙形刺 *Semiacontiodus* sp. 42.54 m
23. 灰、深灰色厚层豹皮状白云质灰岩，见少量硅质白云质结核。产头足类 *Stereoplasmoceras liaotungense*，*Armenoceras* sp.，*A.* aff. *magnitubulatum*，*Kotoceras* sp.；牙形刺 *Scandodus* sp.，*Drepanodus* sp. 2.82 m
22. 灰色厚—巨厚层灰岩，风化面具不规则的硅质条带。产头足类 *Armenoceras annectans*，*A.* cf. *richthofeni*，*A.* cf. *manchuriense*，*A. submarginale*，*Pararmenoceras fuchouense*，*Kotoceras*? sp.；层孔虫 *Rosenella*? sp.，*Cliefdenella* sp.；腹足类 *Lophospira* sp. 4.22 m
21. 蓝灰色厚层豹皮状含白云质灰岩，具硅质结核。产头足类 *Nybyoceras cryptum*，*Cyrtonybyoceras* sp.，*Armenoceras tani*，*A. suzuki*，*A. richthofeni*，*A. coulingi*，*A. resseri*，*A.* cf. *teicherti*；层孔虫 *Labechia variabilis*，*Sinodictyon* sp.，*Aulacera* sp.；腹足类 *Raphistoma* sp.，*Ecculiomphalus* sp.，*Maclurites* sp.；牙形刺 *Acanthodus* sp.，*Drepanodus* sp. 16.37 m
20. 蓝灰色厚层豹皮状含白云质灰岩。产三叶虫 *Basiliella* cf. *wusungensis*，*Pseudoasaphus striolatus*；头足类 *Armenoceras* sp.；层孔虫 *Cliefdenella shansiensis*，*Labechia* cf. *changchiuensis*，*Labechiella*? sp.；腕足类 *Glyptomena* sp. 4.75 m
19. 蓝灰色巨厚层灰岩，含少量硅质结核。产头足类 *Armenoceras resseri*，*Ormoceras konoi*；层孔虫 *Cliefdenella* sp.，*C.*? sp.，*Rosenella*? sp. 7.92 m

———————— 整　合 ————————

萧县段 **厚度** 176.72 m

18. 灰色薄—厚层泥质灰岩、灰质白云岩、灰岩互层，顶部为一层黄、米黄色白云质灰岩。产头足类 *Polydesmia poshanensis*，*P. canaliculata*，*Armenoceras* sp.，*A. manchuriense*；牙形刺 *Cordylodus plattinensis*，*Bryantodina* sp. 27.80 m
17. 灰色中厚层豹皮状白云质灰岩夹灰质白云岩 9.02 m
16. 灰、灰白色中薄层灰质白云岩和泥质灰岩互层，底部有数层角砾状灰质白云岩(有小断层)。产牙形刺 *Drepanodus* sp.，*Cyrtoniodus* sp. 20.74 m
15. 灰、深灰色中厚层灰岩及豹皮状灰岩。产腹足类碎片 7.06 m
14. 灰、深灰色中厚层灰岩夹角砾状泥质灰岩 3.49 m
13. 灰、深灰色中厚层含硅质结核灰岩，微层理十分发育。产牙形刺 *Oneotodus* 9.40 m
12. 灰、蓝灰色中厚层灰岩。产头足类 *Wutinoceras*? sp. 12.01 m
11. 灰色中厚层灰岩、白云质灰岩互层。产头足类 *Pararmenoceras* sp.；腹足类 *Lophospira* sp.，*Hormotoma* sp. 15.34 m
10. 灰色中厚层灰岩，具微细层理。产腹足类化石 3.60 m
9. 黄、棕色泥质灰岩及角砾状灰岩 7.11 m
8. 蓝灰色豹皮状白云质灰岩。产头足类 *Kogenoceras* sp.，*Pararmenoceras* sp. 6.87 m
7. 蓝灰色中厚层灰岩，具微细层理。产头足类和棘皮类碎片 6.60 m
6. 黄、黄棕色薄层泥质灰岩及角砾状灰岩 6.87 m
5. 蓝灰色中厚层灰岩，含硅质结核，具微细层理。产腕足类 *Hesperonomia*? sp.，*Mesonomia* sp. 8.02 m
4. 蓝灰色豹皮状白云质灰岩。产腹足类及海百合茎化石碎片 8.95 m
3. 蓝灰色中厚层灰岩夹白云质灰岩，具不明显层理。产腹足类 19.93 m

2. 黄、棕红色角砾状灰岩，有的地段角砾岩中见到石英碎屑，碎屑大小在0.5 cm左右，多呈次圆状　　3.91 m

———————— 整　合 ————————

下伏地层：贾汪组　黄、棕红色页片状泥质灰岩

【地质特征及区域变化】　该段岩性在淮北、淮南地区略有变化。淮北地区，下部为膏溶角砾岩、含石膏假晶白云岩，化石稀少；上部为夹燧石结核、条带白云岩及豹皮状白云质灰岩。厚157～250 m。淮南地区，下部为灰、蓝灰色中厚层灰岩、白云质灰岩、角砾状灰岩，上部为灰色薄—厚层灰质白云岩、白云质灰岩、泥质灰岩。在定远将军山一带白云质增高。厚213～225 m。该段为碳酸盐缓坡的潮坪相沉积，下部化石较少，上部化石丰富，产头足类 *Kogenoceras*，*Kotoceras jiagouense*，*Mesowutinoceras*，*Polydesmia poshanensis*，*P. canaliculata*；三叶虫 *Eoisotelus brevicus*，*E. parabinedosus*；牙形刺 *Tangshanodus tangshanensis* 等。该段灰岩多做水泥、化工、熔剂的原料，多为邯邢式铁矿的围岩。时代为早奥陶世中期。

青龙山段　O_1m^q　(05-34-3004)

【创名及原始定义】　原名青龙山组，安徽325地质队(1974)创名于濉溪县青龙山。原指“下部为中厚层灰岩、白云岩和薄层泥质灰岩互层，底部有数层角砾状灰质白云岩；中部为灰黑色斑纹状白云质灰岩；上部为灰岩、泥质灰岩与灰质白云岩互层”。

【沿革】　青龙山组原为萧县组与下马家沟组之间的一个地层单位。安徽区调队(1977b，1989a)将其作为扩大含义的萧县组上段。本书采用的青龙山段，其层位相当于陈均远等(1980)、安徽地矿局(1987)、安徽区调队(1989a)的马家沟组(狭义)。

【现在定义】　指马家沟组萧县段与老虎山段之间的一个地层单位。下部为灰、深灰色中厚—厚层豹皮状含白云质灰岩夹蓝灰色厚层灰岩；上部为灰、灰黄色中厚层灰岩、白云质灰岩，豹皮状白云质灰岩、灰岩。富产珠角石类化石。底与萧县段以巨厚层灰岩出现，顶与老虎山段以灰岩消失、白云岩出现为界。与下伏、上覆地层均为整合接触。

【层型】　正层型为萧县团山、老虎山剖面(34°10′41″，116°54′39″)，安徽区调队(1977b)重测(参见本书萧县段所附正层型剖面的描述)。

【地质特征及区域变化】　该段在区域上可分上、下两部分。在淮北地层小区，下部以中薄—中层微晶白云岩与微晶灰岩或薄层—页片状微晶灰岩互层为主，夹膏溶角砾岩；上部以灰、深灰色中厚层豹皮状白云质微晶灰岩为主，下夹燧石结核和条带，上夹微晶白云岩。厚201～481 m。淮南地层小区，下部为灰、深灰色中厚—巨厚层豹皮状含白云质灰岩夹蓝灰色厚层灰岩，底部为巨厚层灰岩，局部含硅质结核；上部为灰、灰黄色中厚层灰岩，豹皮状白云质灰岩，厚50～207 m。总体为淮北地层小区厚，淮南地层小区薄。化石以头足类珠角石为主，其中以 *Armenoceras* 最为丰富，约占总含量的40%，主要分子有 *Stereoplasmoceras liaotungense*，*S. pseudoseptatum*，*Tofangoceras paucianulatum*，*Discoactinoceras*。此外有笔石 *Didymograptus* cf. *pandus* 及牙形刺、三叶虫、腕足类、腹足类、层孔虫等化石。时代为早奥陶世中晚期。

老虎山段　O_2m^l　(05-34-3005)

【创名及原始定义】　原名老虎山组，安徽区调队(1977b)创名于萧县老虎山西南坡。原

指“灰、浅灰色中厚层灰质白云岩夹灰色薄层灰岩，单层厚分别为25～50 cm、5～10 cm，灰岩层面较平整，性质坚脆，灰质白云岩色浅，具刀砍状构造。厚34.44 m。产牙形刺及海绵骨针。该组与下伏马家沟组整合接触，与上覆本溪组平行不整合接触。”

【沿革】 该地层陈均远等(1980)称阁庄组，安徽地矿局(1987)、安徽区调队(1989a)称老虎山组。本书称老虎山段。

【现在定义】 指马家沟组青龙山段与本溪组之间的灰、浅灰色中厚层灰质白云岩夹灰色薄层灰岩。灰质白云岩具刀砍状构造，灰岩层面较平整，性质坚脆。产牙形刺及海绵骨针等化石。分别以灰质白云岩出现和消失为界，底与青龙山段为整合接触、顶与本溪组为平行不整合接触。

【层型】 正层型为萧县团山、老虎山剖面（34°10′41″，116°54′39″），安徽区调队(1977b)重测(参见本书萧县段正层型剖面的描述)。

【地质特征及区域变化】 该段岩性以风化面具刀砍状构造白云岩为特征，在区域上比较稳定，化石稀少。淮北地层小区以细、微晶白云岩为主，局部夹白云质微晶灰岩凸镜体，具水平纹层，含少量石膏假晶，产三叶虫 *Lonchobasilicus caudatus*；牙形刺 *Scandodus rectus*，*Drepanodus* sp.，*Cyrtoniodus flexuosus* 及腕足类、海绵骨针等，厚34～49 m。淮南地层小区主要为灰质白云岩夹灰岩，具鸟眼构造，产与淮北地层小区相似属种的牙形刺及海绵骨针，厚16～99 m。白云岩可作熔剂、建材原料。时代为中奥陶世早期。

第二节 生物地层特征

安徽省徐淮地层分区寒武纪、奥陶纪化石丰富，分带明显(表4-1)。寒武纪可建22个带，其中除1个头足类带(21)外，余者皆为三叶虫带(安徽区调队，1988a)。奥陶纪仅存早、中奥陶世沉积，可建5个化石带(组合)，其中1个为三叶虫与头足类组合(23)，2个为头足类带(组合)(24、26)，1个笔石带(25)和1个三叶虫与牙形刺组合(27)(安徽区调队，1989a)。现将各化石带(组合)由下而上分述如下：

①*Hsuaspis* 带 *Hsuaspis* 见于淮南凤阳县考城百瓜山、霍邱县四十里长山的猴家山组。其组合分子有三叶虫 *H. convexus*，*H. guoshanensis*，*H.* cf. *zhoujiaquensis*，*H.* (*Madianaspis*) *houchiuensis*，*H.* (*Yinshanaspis*) *anhuiensis*。*Hsuaspis* 在我国西南地区常与 *Metaredlichioides*，*Paokannia*，*Chengkouia* 三叶虫共生或略有上下层位关系，大致与滇东 *Drepanuroides* 带及 *Palaeolenus* 带最底部层位（张文堂等，1979）和浙西荷塘组的 *Hunanocephalus* 带相当。该带除三叶虫外，还见有腕足类和软舌螺等。时代为早寒武世沧浪铺期中晚时。

②*Megapalaeolenus* 带 分布于淮北、淮南两地区的昌平组，其组合分子有三叶虫 *M. fengyangensis*，*M.* cf. *fengyangensis*，并见有少量的 *Redlichia* (*Pteroredlichia*) *chinensis*，*R.* (*Redlichia*) *endoi*，*R.* (*R.*) cf. *nobilis* 等。*Megapalaeolenus* 在贵州余庆与 *Arthricocephalus* 共生。其时代为沧浪铺期晚时。

③*Redlichia* (*Pteroredlichia*) *murakamii* 带 主要出现于馒头组一、二段，其组合分子为三叶虫 *R.* (*P.*) *murakamii*，*R.* (*P.*) *chinensis*，*R.* (*P.*) cf. *murakamii*，*R.* (*Redlichia*) *kaiyangensis*，*R.* (*R.*) *hupehensis*，*R.* (*R.*) *mansuyi*，*R.* (*R.*) *major*，*R.* (*R.*) *nobilis*，*R.* (*R.*) cf. *nobilis*，*R.* (*R.*) *noetlingi* 等。该带除 *Redlichia* 外，未见其他属种三叶虫，但见有腕足类、腹足类及软舌螺等其他门类的化石。时代为早寒武世龙王庙期早时。

表 4-1 安徽省徐淮地层分区寒武纪、奥陶纪地层多重划分对比表

年代地层单位			生物地层单位	岩石地层单位（淮北）	岩石地层单位（淮南）	岩石地层单位（霍丘）
奥陶系	中统	胡乐阶	㉗*Lonchobasilicus caudatus* – *Scandodus rectus* 组合	马家沟组	老虎山段	
	下统	宁国阶	㉖*Tofangoceras paucianulatum* – *Discoactinoceras* 组合	马家沟组	青龙山段	
			㉕*Didymograptus pandus* 带	马家沟组	青龙山段	
			㉔*Stereoplasmoceras pseudoseptatum* 带	马家沟组	萧县段	
			㉓*Eoisotelus* – *Polydesmia* 组合	马家沟组	萧县段	
				马家沟组	贾汪组	
		新厂阶		三山子组	韩家段	韩家段
寒武系	上统	凤山阶	㉒*Mictosaukia* – *Coreanocephalus* 带	三山子组	韩家段	韩家段
			㉑*Acaroceras* – *Eburoceras* 带	三山子组	韩家段	韩家段
			⑳*Quadraticephalus* – *Dictyella* 带	炒米店组	韩家段	韩家段
			⑲*Ptychaspis* – *Tsinania* 带	炒米店组	土坝段	土坝段
		长山阶	⑱*Kaolishania* 带	崮山组	土坝段	土坝段
			⑰*Changshania* 带	崮山组	土坝段	土坝段
			⑯*Chuangia* 带	崮山组	土坝段	土坝段
		崮山阶	⑮*Drepanura* 带	崮山组	崮山组	崮山组
			⑭*Blackwelderia* 带	崮山组	崮山组	崮山组
	中统	张夏阶	⑬*Damesella* 带	张夏组	张夏组	张夏组
			⑫*Taitzuia* 带	张夏组	张夏组	张夏组
			⑪*Crepicephalina* 带	张夏组	张夏组	张夏组
			⑩*Lioparia* 带	张夏组	张夏组	张夏组
		徐庄阶	⑨*Bailiella* 带	张夏组	张夏组	张夏组
			⑧*Poriagraulos ovatus* 带	馒头组	四段	
			⑦*Sunaspis* 带	馒头组	四段	
			⑥*Hsuchuangia* 带	馒头组	三段	三段
		毛庄阶	⑤*Shantungaspis* 带	馒头组	三段	三段
	下统	龙王庙阶	④*Tingyuania* 带	馒头组	三段	三段
			③*Redlichia*（*Pteroredlichia*）*murakamii* 带	馒头组	二段、一段	二段
		沧浪铺阶	②*Megapalaeolenus* 带	昌平组	昌平组	
			①*Hsuaspis* 带	猴家山组	猴家山组	猴家山组
		筇竹寺阶		猴家山组	凤台组	雨台山组
		梅树村阶			凤台组	

④*Tingyuania* 带　*Tingyuania* 为皖北地区馒头组三段分布广泛、层位稳定、个体丰富的三叶虫。该带的组合分子有 *Tingyuania* cf. *typica*，*Kootenia asiatica*，*K.* cf. *asiatica*，*Bonnia asiatica*，*B. suxianensis*，*Ptychoparia*，*Probowmania ligea*，*Probowmaniella constricta*，*P. prisca*，*Dananzhuangia angustata*，*Psilostracus obsoletus*，*Chengshanaspis*，*Poliella* 及 *Redlichia* 等。区内 *Tingyuania* 只限于 *Redlichia* 与 Dinesidae，Dorypygidae，Ptychopariidae，Zacanthoididae 和 Dolichometopidae 共生的一段地层。该带除三叶虫外，还见有腕足类、腹足类及藻类等。时代为龙王庙期晚时。

⑤*Shantungaspis* 带　出现于馒头组三、四段，其组合分子为三叶虫 *S. aclis*，*S. orientalis*，*Proshantungaspis*，*Ptychoparia tuberculata*，*Probowmaniella*，*Psilostracus* 和 *Kootenia* 等。一般说来，*Shantungaspis* 均在 *Redlichia* 之上，不与其共生。在省内徐淮地层分区所测十个剖面中仅有淮南地区定远县小金山剖面一个例外。在该剖面上，*Shantungaspis* 产于 1.08 m 厚的黄绿色、灰绿色钙质页岩内，与 *R.* (*R.*)*endoi*，*R.* (*R.*)*mansuyi* 共生。在该页岩之上 39.75 m 的紫红色页岩夹薄层灰岩中和其下 80.57 m 的紫色页岩，灰绿、黄绿色页岩夹灰岩凸镜体或薄层灰岩中均产 *R.* (*Pteroredlichia*)*murakamii*。在皖中区（下扬子地层分区）无为县龙骨山的炮台山组，也发现 *Shantungaspis*(?)与 *Redlichia* 共生。如果以 *Redlichia* 为标准，*Shantungaspis* 就有在其下、共生和其上三种情况，而绝大多数是在其上。卢衍豪等（1981、1982）先后将 *Shantungaspis* 置于毛庄阶和龙王庙阶（卢衍豪等，1982，未采用毛庄阶阶名），并将二阶置于下寒武统上部。张文堂等（1980）、项礼文等（1981）、安徽地矿局（1987）、安徽区调队（1988a）将 *Shantungaspis* 置于毛庄阶内，毛庄阶被置于中寒武统下部。本书将 *Shantungaspis* 带置于毛庄阶内，仍将毛庄阶置于中寒武统下部。*Shantungaspis* 很可能为一穿时的三叶虫，从早寒武世末期开始出现，到中寒武世早期达到鼎盛，并很快消亡。

⑥*Hsuchuangia* 带　*Hsuchuangia*（原称 *Kochaspis*）带出现于馒头组三、四段。其组合分子为三叶虫 *Hsuchuangia hsuchuangensis*，*H.* cf. *hsuchuangensis*，*Pagetia*，*Ptychoparia*，*Probowmania*，*Probowmaniella*，*Eosoptychoparia*，*Meitania*，*Proasaphiscus*，*Honanaspis*，*Zhongtiaoshanaspis*，*Sunaspis*，*Kootenia*，*Solenoparia*，*Poriagraulos*，*Metagraulos*，*Megagraulos*，*Inouyops*，*Inouyia*，*Peronopsis*，*Tengfengia* 等。*Hsuchuangia*，*Pagetia*，*Inouyia*，*Zhongtiaoshanaspis*，*Sunaspis*，*Poriagraulos*，*Metagraulos*，*Megagraulos* 等只限于中寒武世。在该带中，除 *Hsuchuangia* 外，其余的只有少量的、个别的分子混入，也有 *Hsuchuangia* 的个别分子延入 *Poriagraulos ovatus* 带。该带除三叶虫外还产有腕足类、腹足类、软舌螺和藻类等化石，时代为中寒武世徐庄期早时。

⑦*Sunaspis* 带　出现于馒头组四段。该带的组合分子为三叶虫 *Sunaspis laevis*，*Pagetia*，*Dorypyge*，*Kootenia*，*Elrathia*，*Tengfengia*，*Solenoparia*，*Eilura*，*Levisia adrastia*，*Poriagraulos*，*Metagraulos*，*Inouyops*，*Porilorenzella*，*Yabeia*，*Pseudolorenzella*，*Honania*，*Proasaphiscus suni*，*Hsiaoshia* cf. *quadrata*，*Zhongtiaoshanaspis*，*Honanaspis*，*Manchuriella*，*Eymekops*，*Saimachia*，*Anomocarella*，*Pianaspis* 等。其中 *Sunaspis*，*Pagetia*，*Wuania*，*Inouyia*，*Zhongtiaoshanaspis*，横向上稳定，特征明显，易于辨认，是 *Sunaspis* 带重要的组合分子，均位于徐庄阶的中下部。*Sunaspis* 少数分子可下延至 *Hsuchuangia* 带。该带除三叶虫外，还见有腕足类、腹足类、软舌螺及藻类等门类化石。时代为徐庄期中早时。

⑧*Poriagraulos ovatus* 带　分布于张夏组下部，其组合分子为三叶虫 *P. ovatus*，*P. abrota*，*Metagraulos nitida*，*Lorenzella*，*Inouyia*，*Wuania*，*Honania lata*，*Proasaphiscus*，*Manchuriella*，

Anomocarella，*Peishania*，*Paracoosia*，*Kootenia*，*Fuchouia*，*Ptychoparia*，*Emmrichella*，*Conokephalina* 等。这些分子在徐淮地层分区内均分布于徐庄阶内，多出现于 *Poriagraulos ovatus* 带中。该带除三叶虫外，还产有腕足类、腹足类、软舌螺和藻类等门类化石，时代为徐庄期中晚时。

⑨*Bailiella* 带　出现于张夏组近下部，其组合分子为三叶虫 *Bailiella*，*Solenoparia*，*Paramenocephalites acis*，*P. admeta*，*Menocephalites*，*Lisania*，*Proasaphiscus*，*Honanaspis*，*Fuchouia*，*Manchuriella*，*Anomocarella*，*Conokephalina* cf. *vesta*，*C.* cf. *maia* 等。*Bailiella* 为区内徐庄阶顶部层位稳定、特征明显的带化石。该带除三叶虫外，还见有腕足类及腹足类等。时代为徐庄期晚时。

⑩*Lioparia* 带　*Lioparia*（原称 *Liaoyangaspis*）带出现于张夏组中下部。其组合分子为三叶虫 *Lioparia*，*Lisania*，*Aojia*，*Inouyella*，*Taitzuia*，*Solenoparia*，*Fuchouia*，*Proasaphiscus paotaiensis*，*P.* cf. *yabei*，*Manchuriella*，*Eymekops*，*Anomocarella*，*Peishania convexa*，*Eodrepanura* 等。该带除三叶虫外，还见有腕足类、腹足类、软舌螺和海百合茎等。时代为中寒武世张夏期早时。

⑪*Crepicephalina* 带　出现于张夏组中部，其组合分子为三叶虫 *Crepicephalina* cf. *mukdensis*，*Kootenia*，*Dorypyge richthofeni*，*Fuchouia oratolimba*，*Koptura*，*Solenoparia*，*Eilura*，*Paramenocephalites*，*Inouyella*，*Menocephalites*，*Wuania*，*Lisania*，*Lisaniella*，*Aojia*，*Proasaphiscus affluensis*，*Manchuriella*，*Anomocarella alcinoe*，*Metanomocarella*，*Honania suni*，*Peishania* 等。*Crepicephalina* 一属层位比较稳定，主要出现在张夏阶的中部，个别分子向上下略有延伸。该带除三叶虫外，尚有腕足类和软舌螺等。时代为张夏期中时。

⑫*Taitzuia* 带　出现于张夏组中上部，其组合分子为三叶虫 *Taitzuia acidalia*，*Poshania*，*Menocephalites*，*Eilura* cf. *typa*，*Solenoparia*，*Trachoparia*，*Liaotungia*，*Dorypyge richthofeni chihliensis*，*Fuchouia*，*Crepicephalina*，*Lisania*，*Lisaniella*，*Aojia*，*Anomocarella*，*Metanomocarella*，*Honania suni*。*Taitzuia* 层位稳定，主要出现于张夏阶的中上部，其个别分子向上下略有延伸。该带除三叶虫之外，尚有腕足类、腹足类及软舌螺等门类化石。时代为张夏期中晚时。

⑬*Damesella* 带　出现于张夏组上部，其组合分子为 *Damesella*，*Fuchouia oratolimba*，*Monkaspis*，*Solenopleura*，*Solenoparia*，*Trachoparia*，*Parataitzuia*，*Poshania*，*Menocephalites*，*Lisania alala*，*Lisaniella*，*Aojia*，*Manchuriella*，*Anomocarella*，*Metanomocarella*，*Honania*，*Peishania* 等。*Damesella* 在省内徐淮地层分区和下扬子地层分区均有分布，主要集中于中寒武统张夏阶上部，其个别分子可上延至上寒武统下部崮山阶，与 *Blackwelderia* 共生。该带除三叶虫之外，尚有腕足类和软舌螺等门类化石。时代为张夏期晚时。

⑭*Blackwelderia* 带　主要出现于崮山组下部，在淮南地区见于三山子组土坝段下部，其组合分子为三叶虫 *Blackwelderia liaoningensis*，*B. paronai*，*B. triangularis*，*B. mui*，*B.* cf. *monkei*，*B.* cf. *mui*，*B.* cf. *sinensis*，*Damesella*，*Stephanocare richthofeni*，*Damesops*，*Paradamesops*，*Drepanura*，*Parablackwelderia*，*Eodrepanura*，*Teinistion*，*Chiawangella* cf. *pustulosa*，*Dorypygella* cf. *typicalis*，*Monkaspis*，*Liaoningaspis*，*Cyclolorenzella parabola*，*Shengia*，*Neoanomocarella* cf. *asiatica*，*Liostracina krausei* 等。在萧县凤凰山，定远县小金山、将军山，*Blakwelderia* 与 *Damesella* 共生。*Blakwelderia* 在宿县夹沟于 *Drepanura* 之上、下均有产出，也与 *Drepanura* 共生。在淮南洞山与 *Drepanura* 共生。在宿县曹村黄山、淮北市相

山、淮南土坝孜，均位于 *Drepanura* 之下，二者不共生。*Blakwelderia* 还见于霍邱豫皖交界的裂头山和省内下扬子地层分区。该带除三叶虫外，还见有软舌螺等化石。时代为晚寒武世崮山期早时。

⑮*Drepanura* 带　出现于崮山组中下部，淮南地区见于三山子组土坝段下部。在霍邱地区未发现。其组合分子为三叶虫 *Drepanura transversa*，*D. premesnili*，*D.* cf. *premesnili*，*D.* cf. *ketteleri*，*Blackwelderia*，*Stephanocare*，*Paradamesops*，*Eodrepanura*，*Teinistion*，*Chiawangella*，*Chuangioides*，*Monkaspis*，*Cyclolorenzella parabola*，*Diceratocephalus armatus*，*Shengia*，*Liostracina krausei*，*Pseudostracina* 等。*Drepanura* 与 *Blackwelderia* 有之下、共生、之上三种情况，在 *Blackwelderia* 之上者居多，层位相对稳定。该带除三叶虫外，还产有腕足类和软舌螺等。时代为崮山期晚时。

⑯*Chuangia* 带　出现于崮山组中部，其组合分子为 *Chuangia tawenkouensis*，*C. conica*，*C. subquadrangulata*，*C.* cf. *frequens*，*Chuangiella* cf. *sichuanica*，*Liaoningaspis*，*Shengia*，*Tingocephalus*，*Changshania conica*，*Parachangshania* 和 *Pagodia* 等。该带除三叶虫外，还产有腕足类、软舌螺等。时代为晚寒武世长山期早时。

⑰*Changshania* 带　出现于崮山组中上部，其三叶虫的组合分子为 *Changshania conica* 和 *Pseudosolenopleura* 等。在萧县捻山、庄里等地还产有笔石 *Dendrograptus*，*Callograptus*，*Dictyonema* 等，为华北地层大区上寒武统最低的笔石层，称为 *Dendrograptus-Callograptus-Dictyonema* 组合（林尧坤，1980）。此外，还产有腕足类。时代为长山期中时。

⑱*Kaolishania* 带　出现于崮山组上部，其组合分子为 *Kaolishania*，*Pagodia* 等。其中 *Kaolishania*，*Pagodia* 还见于皖中下扬子地层分区的晚寒武世。该带还见有腕足类。时代为长山期晚时。

⑲*Ptychaspis-Tsinania* 带　出现于崮山组顶部，其组合分子为三叶虫 *Ptychaspis*，*Changia*，*Quadraticephalus*，*Wuhuia*，*Saukia* cf. *rudis*，*Prosaukia* cf. *campe*，*Sinosaukia*，*Tsinania canens*，*T.* cf. *longa*，*Dictyites*，*Haniwa quadrata*，*Pagodia buda*，*Mansuyia manchurica*，*M. chinensis* 等。该带除三叶虫外，尚产腕足类及牙形刺等。时代为晚寒武世凤山期早时。

⑳*Quadraticephalus-Dictyella* 带　出现于炒米店组，其组合分子为三叶虫 *Quadraticephalus* cf. *calchas*，*Changia*，*Koldinioidia*，*Parakoldinioidia*，*Acrocephalina*，*Saukia*，*Calvinella*，*Prosaukia*，*Haniwa quadrata*，*Tsinania*，*Dictyites* cf. *dictys*，*Dictyella* cf. *ozawa*，*Pagodia* cf. *bia*，*Shirakiella* 等。*Acrocephalina* 还见于下扬子地层分区的上寒武统。该带除三叶虫外，还见有大量的头足类和 *Dictyonema wutingshanense anhuiense* 笔石层。时代为凤山期中早时。

㉑*Acaroceras-Eburoceras* 带　为炒米店组上部的头足类带，其组合分子为头足类 Plectronoceratidae，Protactinoceratidae，Yanheceratidae，Ellesmeroceratidae，Acaroceratidae，Huaiheceratidae，Protocycloceratidae 的一些种属。它们中的少数属种虽在凤山阶下部 *Ptychaspis-Tsinania* 带已开始出现，但个体数量少，只散布于占优势的三叶虫居群中。到了凤山期中时，头足类分布广泛，种类繁多，进入了大发展时期。它们中绝大部分属种都集聚在 *Mictosaukia-Coreanocephalus* 带和 *Quadraticephalus-Dictyella* 带之间，其中以 *Acaroceras* 和 *Eburoceras* 最具代表性。这二个属不仅特征明显、层位稳定，而且数量最多，故陈均远等（1982）将其称为 *Acaroceras-Eburoceras* 带。该带除丰富的头足类外，还见有牙形刺，并包含大量的三叶虫和 *Callograptus suxianensis* 笔石层。时代为凤山期中晚时。

㉒*Mictosaukia-Coreanocephalus* 带　出现于三山子组土坝段，其组合分子为三叶虫 *Mic-*

tosaukia callisto, *Saukia*, *Calvinella walcotti*, *C. diversa*, *Prosaukia*, *Coreanocephalus anhuiensis*, *Anderssonella jiagouensis*, *A. fengtienensis*, *A. granulosa*, *Changia chinensis*, *Thailiandium* 等。其中 *Saukia*，*Prosaukia*，*Calvinella*，*Anderssonella* 还见于皖中下扬子地层分区上寒武统上部。该带除三叶虫外，还见有 *Dendrograptus erectus minor* 笔石层和腕足类等。时代为凤山期晚时。

㉓*Eoisotelus*-*Polydesmia* 组合　该组合三叶虫 *Eoisotelus* 和头足类 *Polydesmia* 出现于马家沟组萧县段，包括下组合 *Eoisotelus*-*Kogenoceras*-*Mesowutinoceras*，上组合 *Polydesmia*-*Eoisotelus parabinodosus*-*Cyptendoceras*。淮南一带生物组合面貌有所变化，可建 *Eoisotelus*（三叶虫）-*Armenoceras centrale*（头足类）-*Finkelnburgia*（腕足类）组合。*Eoisotelus*-*Polydesmia* 组合时代为早奥陶世宁国期中早时。

㉔*Stereoplasmoceras pseudoseptatum* 带　出现于淮北地区马家沟组青龙山段下部，其组合分子有头足类 *Stereoplasmoceras pseudoseptatum*, *S. liaotungense*, *Armenoceras*, *Ormoceras*, *Selkirkoceras*；层孔虫 *Rosenella*, *Cliefdenella*；腹足类 *Lephospira*；牙形刺 *Acanthodus*, *Drepanodus* 等。时代为宁国期中时。

㉕*Didymograptus pandus* 带　该笔石带出现于青龙山段中部，与头足类 *Tofangoceras* 带下部层位相当。与该带伴生的有腕足类 *Glyptomena*, *Macrocoelia*, *Leptellina* 及三叶虫 Asaphidae 等，时代为宁国期晚时。

㉖*Tofangoceras paucianulatum*-*Discoactinoceras* 组合　出现于萧县老虎山剖面和尤庄剖面青龙山段上部。其组合分子除上述头足类外，还有 *Tofangoceras irregulare*，*Dideroceras*，*Selkirkoceras* 等。时代为宁国期中晚时。

㉗*Lonchobasilicus caudatus*（三叶虫）-*Scandodus rectus*（牙形刺）组合　出现于萧县白土寨、老虎山和淮北市发电厂老虎山段。该组合还含有腕足类 *Warburgia* 等。时代为中奥陶世胡乐期早时。

第五章
石炭纪—三叠纪

安徽省石炭纪—三叠纪地层在徐淮、华北南缘地层分区有零星出露（图 5 - 1）。徐淮地区石炭纪、二叠纪主要为夹碳酸盐岩的含煤碎屑岩沉积。二叠纪地层为两淮地区重要的含煤地层。三叠纪为红色碎屑岩沉积。产植物、孢粉、䗴、珊瑚、腕足类等多门类化石。华北南缘地层分区仅存石炭纪的碎屑岩沉积。徐淮地区岩石地层单位自下而上由北而南为：月门沟群（本溪组、太原组、山西组），石盒子组，石千峰群（孙家沟组、刘家沟组、和尚沟组），华北南缘地层分区为梅山群。

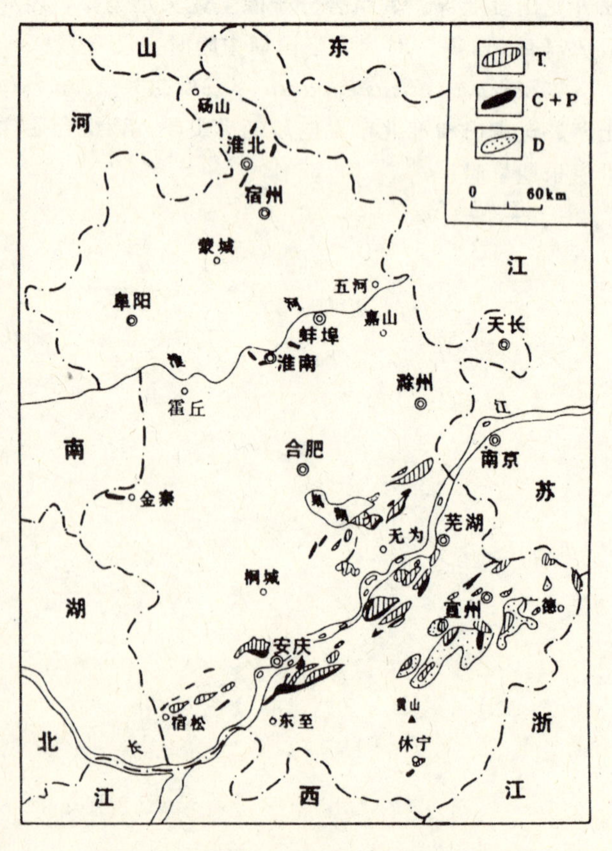

图 5 - 1　安徽省晚古生代地层露头分布图

月门沟群　C_2P_1Y　（05 - 34 - 6000）

【创名及原始定义】　原名月门沟煤系，E Norin (1922) 创名于山西省太原市西山西铭的月门沟。原始定义：指太原西山、东山平行不整合覆于奥陶系风化面以上、伏于骆驼脖子砂岩之下的一套含煤地层。在骆驼脖子沟，以斜道灰岩顶面为界，将月门沟煤系分为上、下两部分。下部：太原系；上部：山西系。

【沿革】　安徽 325 地质队 (1965) 将月门沟群引入我省，包括本溪组、太原组、山西组，沿用至今。本书采用月门沟群。

【现在定义】　指华北平行不整合于奥陶系之上，上古生界下部的海陆交互相—陆相的含煤岩系。一般由下部——太原组（包括底部湖田段）和上部——山西组组成。其底界即以奥陶系古风化面为界，顶界以上覆石盒子组最下部的灰绿色砂岩底界为界。安徽省自下而上包括本溪组、太原组、山西组。

【层型】　正层型在山西太原。省内次层型为萧县五里庙剖面（34－6001－4－1；34°10′，116°56′），安徽区调队（1977b）测制；萧县白土寨山剖面（34－6002－4－1；34°5′，117°1′），安徽区调队（1989）[①]测制；砀山县梁寨H013孔柱状剖面（34－7001－4－1；34°19′，116°32′），安徽区调队（1989）[①]据安徽325地质队资料编。

本溪组　C_2b　（05－34－6001）

【创名及原始定义】　原名本溪系，赵亚曾（1926）创名于辽宁省本溪市新洞沟与蚂蚁村沟之间的牛毛岭。原始定义："奥陶纪石灰岩之上，其厚约90余公尺，全部均为页岩、砂岩及石灰岩薄层所作成，不含煤层……，兹以 *Spirifer mosquensis* 层特别发达于本溪湖之故特名之曰本溪系"。

【沿革】　本溪组由安徽325地质队（1965）[②]引入我省，沿用至今。本书采用本溪组，分上下部，未采用湖田段和新洞沟段。

【现在定义】　指月门沟群下部平行不整合于奥陶纪马家沟组灰岩之上，整合伏于太原组地层之下的一套碎屑岩层。上部以紫色、黄绿色砂岩、页岩为主夹煤层，称新洞沟段；下部是以紫色为主含铁铝岩系的泥岩、页岩称湖田段。

【层型】　正层型在辽宁省本溪市。省内次层型为萧县五里庙剖面（34－6001－4－1；34°10′，116°56′），安徽区调队（1977b）测制。

【地质特征及区域变化】　省内萧县五里庙一带，该组下部为紫红色含砾铁铝质粘土岩、粉砂质泥岩，上部为灰黄、暗紫、灰等杂色砂质铁质泥岩，铁、锰质砂岩，粘土岩夹青灰、灰黄色厚层灰岩、泥灰岩，厚21 m。具水平、波状层理，生物遗迹发育，广海型生物繁盛，为滨岸沼泽至浅水陆架相沉积。该组各地岩性相近，厚20～25 m，最厚40 m，濉溪县童亭一带厚仅3～4 m。由北而南逐渐变薄，钙质递减，砂质增高，局部见薄煤层。淮北地区产晚石炭世威宁早中期的䗴 *Eostaffella subsolana-Profusulinella* 组合带或 *Fusulina－Fusulinella* 组合带化石，淮南地区产晚石炭世马平期中晚时 *Pseudoschwagerina* 带的化石。铁铝层由北而南层位逐渐抬高，具有明显的穿时性。该组以底部铁铝岩之底为界与下伏马家沟组老虎山段为平行不整合接触，与上覆太原组为整合至平行不整合接触。时代为晚石炭世。

太原组　C_2t　（05－34－6002）

【创名及原始定义】　原称太原系，翁文灏、A W Grabau（1922）创名于山西省太原市西山（手稿，论文于1925年发表）。E Norin 1922年介绍。原始定义："华北晚古生代含煤地层的下部"。翁文灏等把华北晚古生代含煤地层分成两部分。下部称太原系，上部称山西系。在太原西山，太原系是指奥陶系风化面以上的一段海陆交互相含煤地层。

【沿革】　太原组由谢家荣（1947）以太原系名引入我省。中国地质学编辑委员会、中国科学院地质研究所（1956），李星学（1963）称太原群。北京煤炭科学研究院（1959）称太原统。合肥工业大学地质系（1961）、安徽省区域地层表编写组（1978）等称太原组。本书采用太原组。

---

① 安徽区调队，1989，安徽省石炭纪岩相古地理及含矿性研究（未刊稿）。
② 安徽省地质局325地质队，1965，萧县岱桥、汤庙煤矿地质评价报告。

【现在定义】 指华北平行不整合于奥陶系之上的月门沟煤系(群)下部地层。由海陆交互相的页岩夹砂岩、煤、石灰岩构成的旋回层(多个)组成。其底界,一般(本溪组大多缺失)划在湖田段铁铝岩底面(也即与下伏的奥陶系灰岩间的平行不整合界面),其上以最上部一层灰岩的顶面与同属月门沟煤系(群)的山西组为界。

【层型】 正层型在山西省太原市。省内次层型为萧县白土寨山剖面(34-6002-4-2;34°5′,117°1′),安徽区调队(1989)[①]测制。

【地质特征及区域变化】 省内该组下部为灰、灰黑色岩屑砂岩、石英砂岩与粉砂岩、粉砂质泥岩、泥岩不等厚互层,局部夹煤层,底部砂岩含砾;上部为生屑泥晶灰岩与砂、泥质碎屑岩和不稳定煤层,局部夹放射虫硅质岩与燧石条带,富产化石。下部砂岩具脉状层理、波状及凸镜状层理,泥岩具水平层理,为潮坪、泻湖至滨岸沼泽相沉积。上部灰岩中广海型生物发育,具水平虫迹、均分潜迹,指状叠层石,核形石,为开阔台地相沉积。碎屑岩具脉状、波状、凸镜状层理、水平纹理,为潮坪—滨岸沼泽相沉积,硅质岩为台凹相沉积。省内该组岩性稳定,厚度变化不大(120～160 m),组内灰岩层数一般为8～12层,少者为6～7层,多者达15层,灰岩的总厚度约占该组总厚度的一半左右。含煤层一般为4～8层,最多可达12层。淮南地层小区比淮北地层小区煤层数略少些,煤层一般较薄,仅局部单层煤厚可达1.8 m,大致有北厚南薄之趋势。与下伏本溪组为整合至平行不整合接触,当本溪组缺失时,与马家沟组呈平行不整合接触,与上覆山西组为整合接触。时代为晚石炭世。

山西组 $P_1\hat{s}$ (05-34-7001)

【创名及原始定义】 "山西"一名用于地层,始于1907年,B Willis 和 E Blackwelder 在他们的专著《Research in China》中称:"从 Richthofen 和其他观察者的考察中,可知石炭纪和二叠—石炭纪陆相沉积在山西省广泛出露。因此,我们提出山西系的名称。在太原府附近向南到汾河向西弯曲处,我们时常发现它们。在太原府和文水县之间露头是几乎连续的。那儿有两套主要地层:(1)杂色软页岩,Richthofen 称为大阳系,它包含煤层,并直接覆盖在震旦纪灰岩之上;(2)一大套浅红色砂岩夹少量砂质页岩。"

【沿革】 山西系由谢家荣(1947)引入我省,第一届全国地层会议(1959)后改称为组,沿用至今。

【现在定义】 指华北平行不整合于奥陶系之上的月门沟煤系(群)上部地层。由陆相砂岩、页岩、煤构成的旋回层(多个)组成,夹层数不等的含舌形贝及双壳类化石的非正常海相层。其下界为同属月门沟煤系的太原组最上一层石灰岩的顶面,其上界为石盒子组最底部灰绿色长石石英砂岩的底面。

【层型】 正层型在山西省太原市。省内次层型为砀山县梁寨H013孔柱状剖面(34-7001-4-1;34°19′,116°32′),安徽区调队(1989)[①] 据安徽325地质队资料编。

【地质特征及区域变化】 省内该组下部为灰、灰黑色泥岩、砂岩、粉砂岩、砂质泥岩互层夹煤层;上部为灰、灰黑色粉砂岩、砂岩组成韵律。厚42～109 m。含菱铁矿层(或鲕粒)、黄铁矿星点,局部含砾、含钙质。具交错层理、波状层理、水平层理及凸镜状层理。产植物化石 *Emplectopteridium alatum*, *Emplectopteris triangularis*, *Taeniopteris multinervis*, *Aletho-pteris ascendens*, *A. norinii*, *Callipteridium* sp., *Pecopteris wongii*, *Sphenophyllum* sp.。该组分布于两淮地

① 安徽区调队,1989,安徽省石炭纪岩相古地理及含矿性研究(未刊稿)。

区，岩性基本稳定，自北向南有厚度变薄而煤层厚度增大的趋势。淮北一般厚80～100 m，淮南一般60～70 m，煤厚淮北平均2.53 m，淮南平均3.54 m。与下伏太原组和上覆石盒子组均为整合接触。时代为早二叠世。

石盒子组　$P_{1-2}\hat{s}$　(05-34-7002)

【创名及原始定义】　原名石盒子系，E Norin(1922)创名于山西太原东山陈家峪石盒子沟。原始定义：指月门沟煤系之上，石千峰系之下的一套黄绿色、紫红色砂页岩系，并分为下石盒子系和上石盒子系。"下石盒子系几乎全由灰、绿、黄等色的泥质沉积物和淡色的砂岩所组成；上石盒子系则以巧克力色的沉积物为主要成分。"石盒子系以骆驼脖子杂砂岩底为下界，以大羽羊齿带为上界。

【沿革】　谢家荣(1947)将石盒子系引入淮南地区。合肥工业大学地质系(1961)将其分为上石盒子组、下石盒子组，沿用至今。本书将石盒子组分为上、下段，上段相当于上石盒子组，下段相当于下石盒子组。

【现在定义】　指华北地层大区上古生界上部，由灰绿、灰白色砂岩、黄绿、杏黄、巧克力、灰紫、暗紫红色粉砂质泥岩、页岩等组成，夹黑色页岩、煤层线的近海平原河湖相沉积岩系。下伏地层为灰、灰黑色为特征的含煤岩系月门沟群，以出现绿色砂、页岩为本组底界；上覆地层为以红色为特征的石千峰群，以出现鲜艳红色泥岩划界。

【层型】　正层型在山西省太原市。省内次层型为砀山县梁寨H 013孔柱状剖面(34-7001-4-1；34°19′，116°32′)，安徽区调队(1989)[①]据安徽325地质队资料编。

【地质特征及区域变化】　省内该组下段为深灰色泥岩、粉砂岩、长石石英砂岩组成韵律，含煤3～18层，厚139～325 m；上段之底以一层长石石英砂岩（相当淮北的K_2砂岩）为分层标志，以泥岩为主与细砂岩、中一粗粒长石石英砂岩呈韵律互层，夹薄层硅质岩，含煤2～10层，厚376～506 m。自下而上岩石粒度由细变粗，韵律特征明显。具波状层理、水平层理、凸镜状层理、交错层理。下段产植物化石 *Cathaysiopteris whitei*，*Taeniopteris multinervis*，*Giganto-noclea lagrelii*；孢粉主要有 *Verrucosisporites microverrucosus*，*Torispora securis*，*Laevigatosporites vulgaris*、*Punctatisporites* sp.，*Calamospora* sp.，*Florinites* sp.；腕足类 *Lingula*。上段产植物化石 *Gigantopteris nicotianaefolia*，*G. dictyophylloides*，*Lobatannularia ensifolia*，*L. multifolia*，*Pecopteris orientalis*，*Sphenophyllum sinocoreanum*，*Annularia mucronata* 等。与下伏山西组、上覆孙家沟组均为整合接触。时代为早二叠世晚期至晚二叠世早期。

石千峰群　$P_2T_1\hat{S}$　(05-34-7011)

【创名及原始定义】　原称石千峰系，E Norin (1922) 创名于山西省太原市西山石千峰山一带。原始定义："石盒子系以上为巧克力、暗红色砂岩、泥灰岩层。包括 (1) 银杏植物带，(2) 石膏泥灰岩带，(3) 砂岩带三部分。"1924年，Norin 将银杏带下移归入上石盒子系。

【沿革】　该群为合肥工业大学地质系 (1961) 引入皖北，称石千峰组，沿用至今。本书称石千峰群。

【现在定义】　指华北地层大区石盒子组之上，以鲜艳红色为特征，由红色泥岩和红色长石砂岩组成的一套内陆干旱盆地河湖相沉积岩系。自下而上包括孙家沟组、刘家沟组、和尚

① 安徽区调队，1989，安徽省石炭纪岩相古地理及含矿性研究（未刊稿）。

沟组。下伏地层为石盒子组，上覆地层为二马营组。

孙家沟组　P_2s　(05-34-7003)

【创名及原始定义】　刘鸿允等（1959）创名于山西宁武县化北屯乡孙家沟。原始定义："孙家沟组为一套紫红、黄白色粗粒长石石英砂岩与紫红色的砂质泥岩及粉砂岩互层。粉砂岩或泥岩中具层状分布的钙质结核及瘤状泥灰岩的凸镜体或条带。它和下伏地层以一层稳定的灰绿色或灰紫色含砾粗粒长石石英砂岩分界"，为石千峰群第一个组。

【沿革】　孙家沟组由本书引入省内，在此之前称石千峰组（安徽区调队，1979b，1989d；安徽地矿局，1987）。

【现在定义】　为石千峰群下部地层，主要由红色、砖红色泥岩、粉砂质泥岩，夹长石砂岩组成。红泥岩中常含钙质结核，有时夹泥灰岩凸镜体。底界划在首次出现的红色泥岩（或其下红色砂岩）的底面，分界线上下常可见黑色、白色燧石层；顶界划在上覆地层刘家沟组砂岩之底面。与下伏、上覆地层均为整合接触。

【层型】　正层型在山西省宁武县。省内次层型为界首县李楼东 B5 孔柱状剖面（34-7003-4-1；33°22′，115°27′），安徽区调队（1979b）据安徽省燃化局石油处地质队资料编。

【地层特征及区域变化】　省内该组分布于两淮地区，岩性基本稳定，以灰、紫红、灰绿色泥岩、砂岩为主，组成韵律。底部有一层厚 8～10 m 的灰、灰白色中—粗粒、局部巨粒砂岩或长石石英砂岩、砂砾岩，局部夹薄层石膏。砂岩中含云母碎片，局部有泥质凸镜体，具花斑状构造。泥岩中含菱铁矿结核，粉砂岩中具钙质结核。具水平层理。该组以浅湖相沉积为主，可能有河流相沉积混杂。产孢粉化石，以裸子植物孢粉占优势，蕨类植物孢粉次之。厚度变化较大，界首 117 m，凤台 147 m，淮南市 194 m，萧县 886 m，北、东厚，南、西薄。与下伏石盒子组，上覆刘家沟组均为整合接触。时代为晚二叠世晚期。

刘家沟组　T_1l　(05-34-8001)

【创名及原始定义】　刘鸿允等(1959)创名于山西宁武县化北屯乡刘家沟。原始定义："刘家沟组以一套较为单一的灰白色和浅紫红色的细粒砂岩为主，夹有薄层泥岩及层间砾岩。砂岩具有非常发育的交错层，砂岩层面上有暗紫色砂质团块，并有微层理"。是石千峰群的第二个组。

【沿革】　该组由安徽区调队(1979a、1979b)引入皖北，沿用至今。

【现在定义】　为石千峰群中部地层，由数十个由交错层极发育的红色、浅灰红色长石砂岩(数米)—红色粉砂质泥岩(数十厘米)构成的基本层组成。下伏地层为红色泥岩为主的孙家沟组，上覆地层为红色泥岩为主的和尚沟组。与上、下地层均呈整合接触。

【层型】　正层型在山西宁武县。省内次层型为界首县李楼东 B5 孔柱状剖面(34-8001-4-2；33°22′，115°27′)，安徽区调队(1979b)据安徽省燃化局石油处地质队资料编。

【地质特征及区域变化】　省内该组以紫红色、鲜红色间夹灰紫色细粒长石石英砂岩、粉砂岩互层为主，夹泥岩。底部砾岩作为该组的起始标志，顶部以含锰结核或云母片细砂岩消失为标志。厚 192～240 m。李楼东 B5 孔采获孢粉较多，以裸子植物花粉占优势，约占 65.37%，蕨类孢子仅占 31.37%。中生代早期孢粉组合的特征分子 *Protocarpinites*，*Coniferales*，*Bennettitaceacuminella* 等占较大优势，古生代—中生代的分子 *Stratopinus*，

Strahiploxypinus 等较多，该组合显示出浓厚的早三叠世早期色彩，与山西层型剖面的孢粉组合可以对比。该组岩性简单而稳定，淮北地区，泥质成分偏高，由李楼向梁屯，泥质明显减少。由李楼向东南至淮南附近，岩石粒度增粗，泥质减少，说明当时沉积中心在李楼一带。与下伏孙家沟组、上覆和尚沟组均呈整合接触。时代为早三叠世早期。

和尚沟组　T_1h　(05-34-8002)

【创名及原始定义】　刘鸿允等(1959)创名于山西宁武县东寨乡和尚沟。原始定义："和尚沟组为一套鲜红色砂质泥岩、泥质粉砂岩夹钙质泥质细砂岩系。该组与上覆二马营'统'以其底部一层灰黄色、红绿色中细粒石英砂岩底面为界"。是石千峰群的第三个组。

【沿革】　该组由安徽区调队(1979a、1979b)引入皖北，沿用至今。

【现在定义】　为石千峰群上部地层，主要由红色、砖红色泥岩、粉砂质泥岩夹少量长石砂岩组成。下伏地层为刘家沟组，以长石砂岩为主地层结束、大量红色泥岩出现分界；上覆地层为二马营组，以大量红色泥岩结束、厚层灰绿色长石砂岩出现分界。与上、下地层均为整合接触。

【层型】　正层型在山西省宁武县。省内次层型为界首县李楼东B5孔柱状剖面(34-8002-4-1；33°22′，115°27′)，安徽区调队(1979b)据安徽省燃化局石油处地质队资料编。

【地质特征及区域变化】　省内该组露头极少。淮北地层小区以棕红、浅棕色细砂岩、粉砂质泥岩为主，基本不含砾石。淮南地层小区以紫红色中—细粒石英砂岩、砂质泥岩为主，泥质成分增高，含砾较多，具交错层理、斜层理。该组底与刘家沟组以含铁锰结核消失，紫红色细砂岩出现为界，整合接触；顶被第三纪的砂质角砾岩所覆盖，呈不整合接触。时代为早三叠世晚期。

梅山群　*CM*　(05-34-6011)

【创名及原始定义】　安徽地质局1:100万地质图编图组(1970)创名于金寨(梅山)。指一套砂质页岩、含煤质粉砂岩及其上的结晶灰岩，产植物化石、腕足类及海百合茎碎片。

【沿革】　安徽区调队(1974b)认为梅山群与佛子岭群的岩性及变质程度均有明显差异，并在沙河店西北的砂质页岩和含碳粉砂岩中采获植物化石 *Neuropteris* sp.，*Mesocalamites* sp.，故将二群分开，仍称梅山群和佛子岭群。《安徽省区域地质志》(1987)因未能确定二群界线的位置，故在地质图上笼统处理为梅山群。有关梅山群的含义，目前仍有争议。有人认为，梅山群是"位于佛子岭群成层变质岩系底部遭受中深层次动力变质作用的大型拆离体"(马文璞等，1997)，有人认为是不包括石炭系的变质构造地层或变质岩系(刘文灿等，1997；王果胜等，1997)。本书沿用梅山群名，采用安徽地质局1:100万地质图编图组(1970)梅山群的含义。

【现在定义】　指金寨、全军、沙河店一带的砂质页岩、含煤质粉砂岩，产植物、腕足类、海百合茎化石的地层。未见顶、底。

【层型】　因露头零星、构造复杂，未测制剖面。

【地质特征及区域变化】　该群仅分布于金寨地区，为一套轻微变质的含煤岩系，构造复杂、露头零星，研究程度较差。该群仅相当于河南杨山煤系的一小部分。时代为石炭纪。

第六章
侏罗纪—早第三纪

安徽省境内华北地层大区仅有晋冀鲁豫一个二级地层区，侏罗纪—早第三纪主要为陆相红色碎屑岩夹火山岩沉积（图6-1，表1-2）。侏罗纪地层分布零星。早、中侏罗世以河湖相沉积为主，局部夹沼泽相含煤沉积，晚侏罗世以火山岩沉积为主。白垩纪地层分布广泛。白垩纪至早第三纪仍以河湖相沉积为主，白垩纪局部有咸水湖相沉积。上述地层产双壳类、介形类、叶肢介、腹足类、植物、孢子花粉等，白垩纪还产有鱼类、脊椎动物，早第三纪尚产哺乳类。

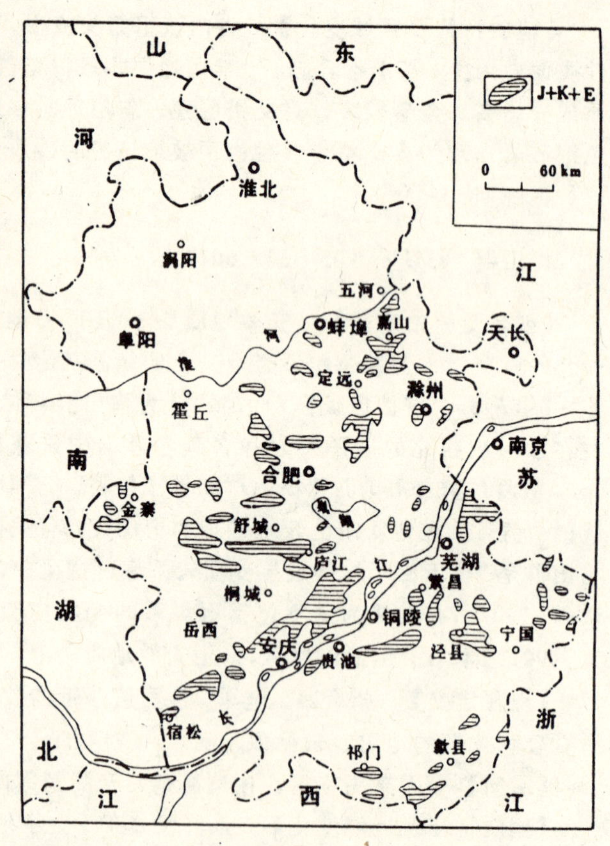

图6-1　安徽省侏罗纪、白垩纪、早第三纪地层露头分布图

防虎山组　J_1f　(05-34-9005)

【创名及原始定义】　原名防虎山群，杨志坚（1959）创名于肥西县防虎山。原指肥西防虎山变质岩与“合肥群”红色砂、砾岩间的侏罗纪含煤、砂页岩地层。

【沿革】　安徽区调队（1974b）称防虎山组，沿用至今。

【现在定义】　指肥西防虎山地区，不整合覆于前侏罗纪不同时代地层之上的含煤、砂页岩地层，上未见顶（区域上与上覆圆筒山组紫红色、杂色砂泥岩整合接触）。

【层型】　正层型为肥西县防虎山何老庄剖面（31°41′，116°54′），安徽区调队（1974b）重测。

防虎山组　　　　总厚度>401.78 m

10. 灰白、灰黄色中厚层中粗粒砂岩。(未见顶)　　>143.68 m

9. 灰白色薄层泥质粉砂岩夹三层微薄层碳质页岩。产植物 *Podozamites lanceolatus*, *P.* sp., *Pityophyllum* sp., *P. nordenskioeldi*, *Cladophlebis* sp., *Neocalamites* cf. *hoerensis*, *N. carrerei*, *N.* sp., *Cycadocarpidium erdmanni*；双壳类 *Sibiriconcha* cf. *anodontoides*, *Ferganoconcha* sp.　　1.54 m

8. 灰白色中厚层中细粒石英长石砂岩　　17.65 m

7. 灰白色厚层中粗粒长石石英砂岩夹薄层砂砾岩　　15.88 m

6. 灰白色中厚层细粒长石砂岩　　71.39 m

5. 黄白、灰白色中厚层中粗粒长石石英砂岩夹薄层含粒粗砂岩　　14.83 m

4. 灰白、灰黄色中厚层中粗粒长石砂岩夹薄层砂砾岩　　9.25 m

3. 土黄、灰黄、灰白、灰绿色中厚层中粗粒石英长石砂岩夹薄层砾岩和泥质砂岩，在泥质粉砂岩中产植物化石碎片　　28.88 m

2. 土黄、灰黄色中厚层中粗粒长石砂岩　　3.61 m

1. 土黄色巨厚层砾岩。(未见底)　　>95.00 m

【地质特征及区域变化】　该组仅出露于肥西防虎山地区。其底部砾岩与变质岩系（大别山杂岩）不整合，上与圆筒山组紫红色、杂色砂泥岩整合接触，厚度大于 400 m。该组产植物化石 *Podozamites lanceolatus*, *Cladophlebis*, *Pityophyllum*, *Neocalamites*, *Cycadocarpidium*, *Amdrupia* 及双壳类 *Sibiriconcha*, *Ferganoconcha* 等。时代属早侏罗世。

圆筒山组　J_2y　(05-34-9006)

【创名及原始定义】　安徽 328 地质队(1961)创名于肥西县圆筒山。指周公山群下部红色细碎屑岩地层。时代为中侏罗世。

【沿革】　安徽 328 地质队（1962）将周公山群下部称圆筒山组，上部称周公山组。安徽地矿局（1987)、安徽区调队（1988b）将圆筒山组和周公山组合并称周公山组。本书采用安徽 328 地质队（1961）含义，下称圆筒山组、上称周公山组。

【现在定义】　指淮河南岸及合肥盆地，整合于防虎山组之上、不整合于周公山组之下的紫红色、杂色细碎屑岩地层。

【层型】　正层型为肥西县圆筒山—周公山剖面（31°41′，116°54′），安徽区调队（1974b）重测。

上覆地层：**周公山组**　紫红色厚层含砾中细粒含铁质长石石英砂岩夹紫红色微—薄层细粒长石石英砂岩、含铁质石英粉砂岩

〰〰〰 不　整　合 〰〰〰

圆筒山组　　　　总厚度 1 338.20 m

28. 紫红色中层细粒长石石英砂岩与微—薄层石英粉砂岩互层，底有 1 m 厚的黄绿色细砂岩　　29.69 m

27. 紫红色薄层含钙质石英粉砂岩夹青灰、灰白色凸镜状细砂岩　　40.44 m

26. 紫红色中薄层细粒含钙质长石石英砂岩夹黄绿色薄层细砂岩，具微层理　　51.35 m

25. 黄绿色中薄层细粒长石石英砂岩与紫红色薄层细粒含钙质长石石英砂岩、石英粉砂岩互层　　63.58 m

24. 黄绿色中层含铁、钙质长石石英粉砂岩夹紫红色薄层石英粉砂岩，产植物碎片 79.76 m
23. 黄绿色薄层石英粉砂岩与紫红色微层石英粉砂岩互层 25.52 m
22. 黄绿、青灰色微—薄层细粒含钙质长石石英砂岩与紫红色微层细粒含钙质长石石英砂岩 47.50 m
21. 黄绿色斑点状砂岩、含铁质粉砂质泥岩夹紫红色薄层粉砂岩 43.90 m
20. 紫红色带青灰色斑点的薄层含铁、钙质石英粉砂岩，局部含钙质结核，夹黄绿色细粒长石石英砂岩 47.85 m
19. 黄绿、土黄色薄层细粒长石石英砂岩、石英粉砂岩与紫红色微—薄层含钙质石英粉砂岩不等厚互层 146.69 m
18. 紫红色微—薄层钙质石英粉砂岩 123.47 m
17. 灰黄色薄—中层细粒含钙质长石石英砂岩夹土黄色中粗粒长石石英砂岩和紫红色薄层石英粉砂岩 5.33 m
16. 紫红色微—薄层细粒铁质长石石英砂岩夹石英粉砂岩 130.32 m
15. 掩盖（据风化岩石推测为紫红色石英粉砂岩） 68.73 m
14. 紫红色微层石英粉砂岩夹土黄色含砾粗粒长石石英砂岩，底为土黄色含砾粗砂岩 11.81 m
13. 紫红色微层石英粉砂岩夹紫红色薄层细粒钙质长石石英砂岩，底部有1 m厚土黄色含砾粗砂岩 9.20 m
12. 紫红色薄层石英粉砂岩夹黄绿色微—薄层粉砂质灰岩，底有1.8 m厚土黄色含砾粗砂岩 33.40 m
11. 紫红色薄层粉砂岩夹灰绿色粉砂质灰岩，底部有1 m厚灰黄色含砾细砂岩 23.71 m
10. 紫红色薄层泥质石英粉砂岩夹灰黄色薄层细粒铁、泥质长石石英砂岩，底有0.3 m厚土黄色中粗粒长石砂岩 9.45 m
9. 紫红色薄层石英粉砂岩，底部有0.5 m厚浅灰黄色中粗粒长石砂岩 5.60 m
8. 紫红色微—薄层泥质石英粉砂岩夹土黄色微层泥质石英粉砂岩 3.11 m
7. 紫红色石英粉砂岩 60.97 m
6. 紫红色微—薄层石英粉砂岩夹中粒长石石英砂岩 8.55 m
5. 鲜紫红色中薄层铁、泥质结核状钙质石英粉砂岩 1.64 m
4. 浅紫红色厚层细粒长石石英砂岩 4.52 m
3. 紫红色微层含铁质粉砂质泥岩 4.14 m
2. 紫红色薄层石英粉砂岩 2.97 m
1. 掩盖（据钻孔揭露为紫红色石英砂岩，含砾中粗粒长石石英砂岩夹细粒长石石英砂岩） 255.00 m

——————— 整 合 ———————

下伏地层：**防虎山组** 灰白色中细粒砂岩夹细砂岩

【地质特征及区域变化】 仅出露于肥西圆筒山地区，下与防虎山组连续沉积，上被周公山组不整合覆盖，厚度大于 1 300 m。时代为中侏罗世。

周公山组 $J_3\hat{z}$ （05－34－9007）

【创名及原始定义】 原名周公山群，安徽 328 地质队(1961)创名于肥西县周公山。指肥西圆筒山、周公山地区红色细、粗碎屑岩地层。时代定为中、晚侏罗世。

【沿革】 同圆筒山组沿革。

【现在定义】 指淮河南岸及合肥盆地，不整合于圆筒山组之上的红色粗碎屑岩地层。上未见顶（区域上被青山群平行不整合覆盖）。

【层型】 正层型为肥西县圆筒山—周公山剖面（31°41′，116°54′），安徽区调队（1974b）重测。

周公山组 总厚度＞707.43 m

50. 紫红色厚层含小砾中细粒含钙质长石石英砂岩夹含砾粗砂岩。(至向斜核部，未见顶) ＞48.74 m
49. 浅紫红色厚层含砾粗粒长石砂岩 10.75 m
48. 紫红色薄层含钙质石英粉砂岩夹紫红色凸镜状细粒长石石英砂岩 47.27 m
47. 浅紫红色中厚层含砾中粒长石石英砂岩 5.85 m
46. 紫红色薄层细粒长石石英砂岩夹含砾粗粒长石砂岩 69.26 m
45. 浅紫红色中厚层含砾中—粗粒长石砂岩 8.42 m
44. 紫红色薄层细粒含钙质长石石英砂岩 7.62 m
43. 浅紫红色厚层砂砾岩，含砾粗粒长石砂岩 36.01 m
42. 紫红色厚层含铁质钙质石英粉砂岩，底部有0.5 m厚的砂砾岩 25.00 m
41. 鲜紫红色厚层含铁质石英粉砂岩，局部含有小砾石 7.33 m
40. 浅紫红色厚层砂砾岩、含砾粗粒长石砂岩夹浅紫红色厚层石英粉砂岩 21.31 m
39. 鲜红色薄层含铁质钙质石英粉砂岩 9.55 m
38. 浅紫红色厚层砂砾岩、含砾中—粗粒长石石英砂岩 23.13 m
37. 鲜紫红色厚层含铁质钙质石英粉砂岩夹含砾粗粒长石砂岩 44.30 m
36. 紫红色砂砾岩、含砾粗粒含铁质长石石英砂岩，夹紫红色厚层粉砂岩 29.72 m
35. 紫红色厚层含铁质石英粉砂岩夹泥质长棒状结核 79.30 m
34. 掩盖（沿走向见零星露头为紫红色细砂岩、粉砂岩） 44.44 m
33. 紫红色厚层含铁质石英粉砂岩夹细粒长石石英砂岩 32.47 m
32. 灰紫色块状砂砾岩、含砾中—粗粒长石砂岩、含火山岩砾岩 14.04 m
31. 紫红色厚层含铁质钙质石英砂岩夹含小砾的石英粉砂岩 76.04 m
30. 紫红色巨厚层砂砾岩夹中—粗粒长石砂岩 31.31 m
29. 紫红色厚层含砾中细粒含铁质长石石英砂岩夹紫红色微—薄层细粒长石石英砂岩、含铁质石英粉砂岩 35.57 m

~~~~~~~~ 不 整 合 ~~~~~~~~

下伏地层：圆筒山组 紫红色中层细粒长石石英砂岩与微—薄层石英粉砂岩互层，底有1 m厚的黄绿色细砂岩

【地质特征区域变化】 肥西、六安地区的周公山组未见顶，为棕红色砂岩夹砾岩，厚度大于707 m。肥东龙山周公山组为暗紫红色砂砾岩，未见底，上被毛坦厂组安山质凝灰角砾岩覆盖。合肥西郊梁岗产植物化石 *Cupressinocladus*。肥东响导铺含花粉 Cupressaceae 30%，孢子 *Schizaeoisporites* 30%等，反映晚侏罗世面貌。周公山组为滨湖相沉积。六安张店一带见与大别山前河流相三尖铺组砖红色砂岩横向过渡。三尖铺组普遍超覆于前侏罗纪地层之上，其底部不整合面代表燕山运动首幕在该区的反映。故周公山组应为燕山运动首幕后的沉积，时代为晚侏罗世。

莱阳群 J_3L （05－34－9001）

【创名及原始定义】 原名莱阳层，谭锡畴（1923）创名于山东省莱阳城一带。原始定义：
~~~~~~~~

将莱阳层置于“蒙阴系”内，将“蒙阴系”排序为“丁”，“莱阳层”排为“丁一”。谭锡畴描述“蒙阴系”曰：“由化石考察，本系似与山东东部莱阳层及青山层相当。唯三系地层须分别叙述，不能混为一谈，故以（丁）冠以蒙阴系之上，而以丁一、丁二指示莱阳、青山两层，所以表明莱阳、青山两层为蒙阴系之分层也。”又描述“莱阳层”：“本层在山东东部莱阳、即墨、胶县、诸城、莒县等处特别发育，与泰山系及五台系均成不整合之接触。莱阳本层可分出三部，下部以浅棕色黄色页状砂岩为主，夹绿紫红色泥质页岩及黄灰色粗砂岩，有时呈砾状；中部含灰绿色薄层页岩及黑灰色灰质硬页岩，夹黄色灰色砂岩；上部为黄灰绿及浅红色砂岩，夹绿灰红色泥质岩及黑色页岩。”

【沿革】 安徽区调队（1977b）称淮北东部井下“青山组”之下沉积岩的下部为中、下侏罗统“义井群”，上部称上侏罗统“泗县组”。《安徽地层志》（1988b，1988c）并“义井群”、“泗县组”为新庄组或称毛坦厂组下部。本书改称莱阳群。

【现在定义】 指不整合于元古宇、古生界或平行不整合于侏罗系之上，整合于青山群之下的一套黄绿灰色页岩为主夹紫色砂页岩、泥晶灰岩的河湖相沉积，各地岩性变化较大，分组情况也不一致，以莱阳、海阳、诸城比较发育。根据岩性、旋回特征，自下而上分为瓦屋夼组、林寺山组、止风庄组、水南组、龙旺庄组、杨家庄组、曲格庄组、杜村组、法家茔组。

【层型】 正层型在山东省莱阳市泊子。省内次层型为灵璧县小袁家 72－82 孔柱状剖面（34－9001－4－1；33°26′，117°30′），安徽区调队（1977b）据安徽煤田三队资料编。

【地质特征及区域变化】 省内莱阳群仅见于淮北东部井下火山岩之下，以底部砾岩（局部为红色石灰质砾岩）与前中生代地层不整合接触。其层位与滁州红花桥组、肥西周公山组、霍山三尖铺组相当。因岩性单一，厚度较小，不能与山东莱阳群逐组对比，故统称莱阳群。产双壳类 *Nakamuranaia chingshanensis*；植物 *Pagiophyllum*，*Otozamites*，*Brachyphyllum*，*Frenelopsis* 等晚中生代常见分子，时代为晚侏罗世。

青山群 J_3Q （05－34－9002）

【创名及原始定义】 原名青山层，谭锡畴（1923）创名于山东省莱阳市沐浴店青山后。原始定义：在莱阳青山由作者发现爬行类骨骸，故本层以青山名。在莱阳本层位于莱阳层之上，含棕色凝灰砾岩、绿色紫色浅红色凝灰岩，与岩流及红色粘土岩相间而生，其下部有绿灰紫棕色泥质灰岩及浅黄红色砂岩。

【沿革】 安徽区调队（1977b）引入我省，称徐淮地区中生代火山岩为青山组。称合肥盆地中生代火山岩为“毛坦厂组”（安徽区调队，1974b）。该队（1988b）将徐淮及合肥盆地中生代火山岩统称为“毛坦厂组”上段。本书统称上述火山岩为青山群。

【现在定义】 指位于莱阳群之上、王氏群之下的一套火山岩系，间夹正常沉积岩层。沂沭断裂带以西为中—基性火山岩，断裂带内南部为中—基性、北部中—基性夹酸性火山岩，断裂带以东则为中—基性与酸性火山岩相间。自下而上包括后夼组、八亩地组、石前庄组、方戈庄组，有时夹大盛群马朗沟组或田家楼组。

【层型】 正层型在山东省莱阳市。省内次层型为灵璧县小袁家 72－82 孔柱状剖面（34－9002－4－1；33°26′，117°30′），安徽区调队（1977b）据安徽煤田三队资料编。

【地质特征及区域变化】 省内该群分布于徐淮地区及合肥盆地，大部见于井下，主要为安山质岩，固镇龙滩夹玄武岩，肥东方杨家为玄武岩，肥东龙山为安山质凝灰熔岩、安山质熔岩凝灰岩组成两个不完整的喷发旋回，凤阳塔山地区见流纹质岩，厚 175～376 m。其层位约与霍山毛坦厂组相当。因出露不佳，与山东省不能逐组对比。萧县时村镇李圩子安山岩年龄值（全岩K-Ar）为126.1 Ma。由于K-Ar年龄值偏低，根据上下层位关系，该群时代可能为晚侏罗世。

王氏群　$K_{1-2}W$　（05-34-9003）

【创名及原始定义】　原名王氏系，谭锡畴（1923）创名于山东省莱阳市城西南“王氏村”。原始定义：王氏系或红色粘土层，化石发现于莱阳王氏村一带，故系以村名。在莱阳溪谷本系含红色粘土，夹红色白灰色棕色砾岩。诸城、胶县、高密本系可分为三部：下部含红色粘土夹红色灰色砾岩，中部为红色粘土夹绿色灰色粘土及砾岩，上部含粗砾岩夹棕红色硬砂岩。

【沿革】　安徽区调队（1977b）引入我省，称王氏组。本书称王氏群。

【现在定义】　指位于青山群或大盛群之上、五图群之下的一套红色碎屑岩系，区域上分布较稳定，可分为五个岩性组合，组成两个沉积旋回，自下而上分林家庄组、辛格庄组、红土崖组、金岗口组、胶州组。

【层型】正层型在山东省莱阳市。省内次层型为泗县赵庄72-80孔柱状剖面（34-9003-4-1；33°27′，117°55′），安徽区调队（1977b）据安徽煤田三队资料编。

【地质特征及区域变化】　省内该群分布于淮北东部，为河湖相棕红色砂、砾、泥岩，下与青山群火山岩连续沉积，上未见顶，厚度大于385 m。省内该群与山东省不能逐组对比，大致相当于淮河南岸火山岩之上的新庄组、邱庄组。时代为早白垩世—晚白垩世。

新庄组　K_1x　（05-34-9017）

【创名及原始定义】　安徽区调队（1979a）在进行1：20万蚌埠幅区调中创名于五河县新庄。原指五河县朱顶乡新庄、邱庄地区不整合于变质岩与张桥组砾岩间的暗红、杂色砂泥岩之下部的杂色层（上部暗红色层称邱庄组）。

【沿革】　《安徽省区域地质志》（1987）将合肥盆地“朱巷组”、“响导铺组”分别称新庄组、邱庄组。“朱巷组”与火山岩间的灰绿、杂色砂、泥岩称黑石渡组。本书将淮南、合肥盆地的“朱巷组”、“黑石渡组”合并称新庄组。

【现在定义】　指淮南、合肥盆地下部为灰黄色砾岩、砂砾岩为主，夹粉砂岩、粉砂质泥岩；上部为杂色砂岩、粉砂岩、钙质泥岩、泥岩、页岩等。产植物、介形类化石。正层型处底与五河杂岩不整合接触，上未见顶。区域上与下伏青山群和上覆邱庄组均为整合接触。

【层型】　正层型为五河县新庄剖面（33°06′，117°27′），安徽区调队（1979a）测制。

新庄组　　总厚度>1 127.93 m

47. 黄绿色页岩。（未见顶）	>27.47 m
46. 黄绿色页岩，夹灰红色薄层钙质粉砂岩	26.57 m
45. 掩盖	67.95 m
44. 青灰、黄绿色薄层泥岩，风化后呈片状	42.56 m
43. 掩盖	34.39 m
42. 下部为薄—中厚层灰黄色长石石英砂岩，上部为灰白色含粉砂质泥岩	14.73 m
41. 灰白、灰黄色薄层泥质粉砂岩，灰白色薄层泥岩，夹褐黄色薄—中厚层细粒长石石英砂岩	39.58 m

40. 灰黄色薄层粉砂岩与灰白色薄层粉砂质泥岩互层，夹泥灰岩凸镜体。产植物 *Elatocladus* sp.，*Brachyphyllum* sp. 56.14 m

39. 灰黄色薄层粉砂岩与灰白色薄层含粉砂质泥岩互层 20.64 m

38. 灰白色薄层钙质泥岩，夹少量灰黄色薄层泥灰岩凸镜体 39.32 m

37. 灰白色薄层钙质泥岩，夹少量灰黄色薄层细粒长石石英砂岩。产介形类 *Cypridea* sp.，*Darwinula* sp. 19.66 m

36. 灰白色薄层泥灰岩夹中薄层细粒长石石英砂岩 14.00 m

35. 褐黄、灰黄色薄层中细粒长石石英砂岩与灰白色薄层粉砂质泥岩互层，夹浅灰色泥灰岩凸镜体 19.19 m

34. 褐黄色薄层中细粒岩屑砂岩与灰白色粉砂质泥岩及泥岩互层 35.96 m

33. 下部为灰黄色薄—中厚层细粒长石砂岩，上部为灰黄色中薄层粉砂岩与灰白色薄层粉砂质泥岩与泥岩互层 43.52 m

32. 掩盖 30.42 m

31. 下部为灰黄色中粒长石砂岩厚约 1 m，上部为薄层黄绿色粉砂岩 5.07 m

30. 灰黄绿色薄层粉砂质泥岩，夹灰黄色薄层岩屑长石砂岩。产植物 *Manica* sp.，*Suturovagina* ? sp.，*Elatocladus* sp.，*Carpolithus* sp. 36.69 m

29. 灰黄色薄层中粒岩屑长石砂岩，粉砂岩夹中厚层中粒岩屑长石砂岩，后者层面具波痕，波痕面含小砾石 23.12 m

28. 灰黄色薄层中细粒长石砂岩与青灰色薄层粉砂质泥岩互层 13.41 m

27. 下部为灰紫色细砾岩，厚约 40 cm；上部为灰黄色中细粒岩屑长石砂岩与黄绿色薄层粉砂质泥岩互层。产植物 *Elatocladus* sp.，*Brachyphyllum* sp. 9.57 m

26. 灰黄色中薄层中粒岩屑长石砂岩与黄绿色薄层泥质粉砂岩互层，夹数层灰黄色砾岩 10.22 m

25. 灰黄色中薄层含泥质粉砂岩与中细粒长石砂岩互层，夹薄层砾岩，含细砾岩屑砂岩 17.16 m

24. 灰黄色薄层粉砂质泥岩与含粗砂岩中粒岩屑砂岩互层，夹含砾粗粒岩屑砂岩。产植物 *Elatocladus* sp. 15.01 m

23. 灰黄、黄绿色薄层含钙质泥岩、粉砂岩、灰白色粉砂质泥岩、灰绿色页岩韵律互层，夹同色中厚层中粒岩屑长石砂岩。产植物 *Elatocladus* sp.，*Cupressinocladus*? sp. 15.54 m

22. 褐黄色中厚层细砂粉砂岩与灰黄色泥质粉砂岩互层。产植物 *Elatocladus* sp.，*Brachyphyllum*? sp.，*Manica* cf. *foveolata* 10.94 m

21. 灰色中厚层粗砂岩夹灰白色泥质粉砂岩。粗砂岩局部含砾。产植物 *Elatides*? sp.，*Frenelopsis* sp. 28.06 m

20. 灰紫色厚层含砾粗粒岩屑砂岩与棕红色中厚层粗粒长石岩屑砂岩互层 16.82 m

19. 灰黄色中厚层砂质砾岩，砾石成分主要为安山岩、大理岩、变质岩，脉石英等，砾径一般在 1～2 cm，多呈次棱角状 20.86 m

18. 掩盖 19.21 m

17. 灰黄色厚层砾岩，夹灰白色薄层粉砂岩凸镜体 30.29 m

16. 灰黄色厚层砾岩、砂砾岩与灰白色粉砂岩，灰白色微带绿色粉砂岩互层 10.46 m

15. 黄褐色中厚层中粒岩屑长石砂岩，灰紫色岩屑长石砂岩，灰白色薄层粉砂质泥岩 7.88 m

14. 掩盖 50.00 m

13. 灰黄、褐黄色中厚层中细粒长石砂岩，夹浅灰色薄层含石英小砾粉砂质泥岩 21.14 m

12. 灰黄色厚层砂砾岩，夹长石石英砂岩 21.14 m

11. 灰黄色中厚层含岩屑长石石英砂岩，夹灰白色粉砂质泥岩　12.36 m

10. 棕褐色厚层砂砾岩，夹灰黄色中厚层中细粒岩屑长石砂岩　27.57 m

9. 灰黄色厚层砾岩、砂砾岩互层，以砾岩为主　39.22 m

8. 灰黄色厚层细砾岩　17.32 m

7. 灰紫色厚层砂质砾岩，砾石成分主要为安山岩、变质岩、石英等，砾径一般在3.5 cm以下，多呈次圆状　23.53 m

6. 灰黄、黄褐色厚层砂质砾岩，夹砂砾岩　7.02 m

5. 掩盖　16.58 m

4. 灰黄、黄褐色厚层砂质砾岩，夹砂砾岩　15.77 m

3. 灰黄色厚层砂砾岩与砾岩互层　11.95 m

2. 灰、灰黄色厚层砂砾岩　15.70 m

1. 紫红色厚层含砂砾岩。砾石成分主要为安山岩、变质岩及石英岩、脉石英等，砾径一般在 3 cm 以下，多呈次棱角状　25.31 m

～～～～～～～～～ 不 整 合 ～～～～～～～～～

下伏地层：**五河杂岩**　黄褐色大理岩

【地质特征及区域变化】　该组为弱还原环境滨湖相沉积，五河新庄为灰黄色砂、砾岩，下部夹紫色砂岩，底部为紫红色砾岩，厚 1 128 m。凤阳县小白地井下为紫红、棕黄色凝灰质砂岩、泥岩，下与青山群整合，厚度大于 150 m。肥东龙山以杂色砂、砾岩覆于青山群之上，厚度大于 25 m。长丰双墩集为棕红色砂、泥岩，未见顶、底，产叶肢介 *Yanjiestheria*，*Eosestheria*，厚度大于 25 m。长丰、肥东平原井下为灰、棕色砂、泥岩，整合于邱庄组之下，未见底，厚度大于 642 m。新庄组产植物 *Manica parceramosa*-*Suturovagina*-*Frenelopsis* 组合、叶肢介 *Yanjiestheria* 及介形类等。时代为早白垩世。

邱庄组　$K_{1-2}q$　(05－34－9018)

【创名及原始定义】　安徽区调队（1979a）创名于五河县邱庄。原指整合于新庄组之上，不整合于张桥组之下的棕红色砂、砾岩。

【沿革】　安徽区调队（1988c）称合肥盆地的“响导铺组”为邱庄组。本书采用邱庄组。

【现在定义】　指淮南、合肥盆地暗紫、褐棕色细粒长石石英砂岩、泥质砂岩、粉砂质泥岩夹灰、灰绿色中—粗粒砂岩、细粒长石砂岩、泥岩，灰紫、棕、粉紫色砂砾岩、砾岩。正层型处与下伏新庄组、上覆张桥组均为断层接触（区域上与下伏新庄组为整合接触，与上覆张桥组为平行不整合接触或不整合接触）。

【层型】　正层型为五河县邱庄剖面（33°03′，117°58′），安徽区调队（1979a）测制。

上覆地层：**张桥组**　暗砖红色巨厚层中粗粒岩屑长石砂岩夹砾岩、砂砾岩凸镜体

═════════ 断 层 ═════════

邱庄组　总厚度＞2 191.65 m

65. 掩盖　71.53 m

64. 浅灰棕色中厚层细粒长石砂岩夹暗棕色薄层细砂粉砂岩　5.34 m

63. 暗棕色薄层粉砂质泥岩夹粉紫色中厚层细粒长石石英砂岩　22.67 m

62. 粉紫色中厚层细粒岩屑长石砂岩与暗棕色薄层粉砂质铁质泥岩互层　34.89 m

61. 灰紫色中厚层中细粒岩屑长石砂岩与薄层粉砂质泥岩互层　50.50 m

60. 浅灰紫色薄层岩屑长石砂岩 34.24 m

59. 暗紫色薄层粉砂质泥岩、粉砂岩，夹浅棕色中厚层岩屑长石砂岩 35.99 m

58. 暗紫色薄层粉砂质泥岩与浅灰黄色中粒岩屑长石砂岩互层 49.04 m

57. 粉紫、灰黄色中厚层细粒岩屑长石砂岩 25.87 m

56. 暗紫色薄层粉砂质泥岩与灰黄色中厚层中细粒岩屑长石砂岩互层 25.22 m

55. 杂色巨厚层细粒岩屑长石砂岩 21.65 m

54. 浅灰、灰黄色中厚层中粒岩屑长石砂岩 25.81 m

53. 棕色厚层含砾粗粒岩屑长石石英砂岩夹同色砂砾岩凸镜体 27.18 m

52. 浅灰、粉红色厚—巨厚层细粒岩屑长石砂岩夹粉砂质泥灰岩凸镜体 30.50 m

51. 底为粉红色厚层砾岩，上部为浅黄色细粒长石砂岩、含铜岩屑长石砂岩。产植物化石碎片 26.31 m

50. 粉紫色巨厚层钙质细粒岩屑长石砂岩夹角砾岩，角砾岩呈窝状分布于砂岩之中 7.26 m

49. 粉红色厚层中粒含砾岩屑长石砂岩夹薄层砾岩 26.41 m

48. 灰、灰紫色厚层砾岩、砂砾岩，砾石成分主要为石英、岩浆岩、变质岩、安山岩等。分选性、磨圆度均差 9.23 m

47. 掩盖 30.75 m

46. 灰紫色厚层砾岩、砂砾岩。砾石成分以脉石英为主，次为安山岩、变质岩、岩浆岩等。砾径一般为 2 cm 左右，最大可达 25 cm，呈次棱角状 9.96 m

45. 粉紫色巨厚层细粒岩屑长石砂岩与薄层粉砂质泥岩互层 16.84 m

44. 灰黄色巨厚层岩屑砂岩夹杂色薄层粉砂质泥岩。产植物 *Manica* sp.，*Otozamites* sp.，*Brachyphyllum* sp. 19.28 m

43. 浅灰黄色厚层含砾粗粒岩屑砂岩 17.94 m

42. 杂色中厚层中细粒岩屑长石砂岩，黄绿色薄层泥质粉砂岩，夹砾岩凸镜体 11.14 m

41. 灰黄、黄绿色薄层粉砂岩、粉砂质泥岩与中细粒长石砂岩互层 19.15 m

40. 浅灰色巨厚层中粒岩屑长石砂岩 23.41 m

39. 紫棕色粉砂岩与黄绿色薄层粉砂质泥岩互层夹浅棕色长石石英砂岩 26.50 m

38. 灰棕色薄层粉砂岩、暗色薄层泥质粉砂岩夹灰色厚层泥钙质粉砂岩 47.38 m

37. 灰红色薄层粉砂岩与浅黄色巨厚层中粒岩屑长石砂岩互层 25.61 m

36. 杂色巨厚层含砾粗粒岩屑砂岩夹含砾粗砂岩 27.88 m

35. 杂色厚层细粒岩屑长石砂岩与浅棕色薄层粉砂岩、暗棕色泥质粉砂岩互层 28.80 m

34. 棕色薄层粉砂质泥灰岩与粉砂质含钙质泥岩互层 23.19 m

33. 棕色薄层泥质粉砂岩夹少量粉砂质泥质灰岩 44.95 m

32. 暗棕色薄层粉砂质钙质泥岩与灰棕色中厚层细粒岩屑长石砂岩、薄层粉砂岩韵律互层 53.38 m

31. 灰棕色中厚层中粒岩屑砂岩、中薄层粉砂质灰岩夹暗棕色薄层粉砂质泥岩 25.33 m

30. 灰棕色中薄层细粒长石砂岩，暗棕色薄层泥质粉砂岩夹灰棕色钙质粉砂岩 12.15 m

29. 灰棕色厚层中粒岩屑砂岩与暗棕色薄层粉砂质泥岩互层 20.82 m

28. 浅灰色中厚层中细粒岩屑长石砂岩与暗棕色粉砂质泥岩互层 20.75 m

27. 灰棕色薄层岩屑长石砂岩、中厚层细粒岩屑长石砂岩与暗棕色薄层粉砂质泥岩互层 32.66 m

26. 灰棕色钙质岩屑长石砂岩、薄层粉砂岩、暗棕色薄层粉砂质泥岩韵律互层 15.10 m

25. 灰紫色薄层粉砂质泥岩、暗棕红色薄层粉砂质泥岩、灰棕色细粒岩屑长石砂岩韵律互层 35.22 m

24. 浅灰棕色薄层钙质粉砂岩夹细粒岩屑砂岩含粉砂质泥岩 29.48 m

23. 浅灰棕色薄层细粒岩屑长石砂岩 28.22 m

22. 浅灰棕色薄层含粉砂质泥岩夹粉砂质灰岩凸镜体 70.52 m

21. 掩盖 143.99 m

20. 浅紫红、浅灰色薄层泥质粉砂岩、粉砂质泥岩夹紫红色中细粒长石砂岩 44.30 m

19. 掩盖 222.76 m

18. 浅灰棕色薄层岩屑长石砂岩夹暗棕色粉砂质泥岩凸镜体 22.67 m

17. 浅灰棕色薄层粉砂岩、泥质粉砂岩夹灰色厚层中细粒岩屑长石砂岩 52.13 m

16. 灰棕色薄层粉砂质泥岩夹中厚层细砂粉砂岩 29.97 m

15. 浅灰色中薄层细粒钙质长石砂岩 20.63 m

14. 浅灰色中厚层钙质粉砂岩 31.46 m

13. 浅灰、灰白色中厚层钙质细粒岩屑长石砂岩与紫红色中厚层砂岩互层夹暗紫、褐黄色粉砂质泥岩 31.16 m

12. 青灰、灰紫红色薄层粉砂质泥岩夹棕黄色细粒长石砂岩 20.71 m

11. 暗砖红色中厚层细粒岩屑长石砂岩夹浅紫色薄层粉砂质泥岩 60.48 m

10. 灰微带紫色薄层粉砂岩夹暗砖红色厚层细粒岩屑长石砂岩 12.70 m

9. 暗砖红色厚层含细砂粉砂岩夹褐黄、灰紫色薄层含砂粉砂岩 11.46 m

8. 灰紫色薄层含粉砂钙质泥岩与暗砖红色薄层粉砂岩互层夹杂色中厚层中细粒岩屑长石石英砂岩，具斜层理 12.47 m

7. 杂色薄层含砂粉砂岩夹紫色中厚层细粒岩屑长石石英砂岩。产植物 *Manica* sp.，*M.* cf. *tholistoma*，*Suturovagina* sp.，*Elatocladus* sp. 28.21 m

6. 紫红色厚层细砂粉砂岩与灰色厚层细粒长石石英砂岩互层 29.62 m

5. 紫红色厚层细砂粉砂岩夹少量灰白、暗紫色粉砂岩 50.48 m

4. 黄绿、灰白色薄层含泥质粉砂岩、粉砂质泥岩与暗棕色细砂粉砂岩互层。产植物 *Manica* cf. *tholistoma* 38.85 m

3. 掩盖 57.67 m

2. 褐红色厚层粉砂岩与薄层粉砂质铁质泥岩互层夹灰白色薄层粉砂岩 11.73 m

1. 灰棕色薄层细砂粉砂岩夹含粉砂质泥岩，具微细斜层理 11.13 m

═════ 断　层 ═════

下伏地层：新庄组　黄绿色薄层粉砂质泥岩夹褐黄色泥灰岩

【地质特征及区域变化】　嘉山古沛盆地该组下段为棕红、紫红、灰绿色岩屑细砂岩、粉砂岩夹钙质泥岩、泥灰岩，厚 1 620 m；上段下部为棕红色厚层砾岩，砂砾岩夹岩屑细砂岩，上部为棕红、灰绿色岩屑细砂岩、粉砂质泥岩，上被张桥组不整合覆盖，总厚 570～814 m。肥东响导铺井下为灰棕色砂泥岩，下与新庄组整合接触，上与张桥组平行不整合或不整合接触，厚 918 m。该组产植物 *Manica* cf. *tholistoma*，*Suturovagina*，*Elatocladus*，*Brachyphyllum*，*Elatides*，*Frenelopsis*，*Pagiophyllum*，*Otozamites* 等；介形类 *Cypridea*（*Pseudocypridina*）*aversa*；孢粉 *Schizaeoisporites* 50%及少量被子植物花粉。时代为早白垩世晚期—晚白垩世早期。

张桥组　$K_2\hat{z}$　(05－34－9019)

【创名及原始定义】　地质部第一普查勘探大队安徽地质分队（1964）[1] 创名于定远县张桥。原指合肥盆地“响导铺组”之上，定远组之下的砖红、棕红色砂砾岩。

---

① 地质部第一普查勘探大队安徽地质分队，1964，1∶20万合肥凹陷石油地质普查阶段报告。

【沿革】 安徽石油处（1975）[①] 将合肥盆地北缘定远炉桥—桑涧子一带的红色砂、砾岩称“桑涧子组”，时代为古新世。安徽区调队（1978）将“桑涧子组”统称张桥组。本书沿用张桥组，并将岩性与张桥组相似的“桑涧子组”也称张桥组。

【现在定义】 指淮南、合肥盆地砖红、棕褐、浅棕红色砾岩、中粗粒砂岩、细砂岩、粉砂岩。未见顶底，区域上与下伏邱庄组棕红色砂、泥岩为平行不整合至不整合接触，与上覆定远组棕褐色砂、泥岩为整合接触。

【层型】 正层型为定远县张桥103孔柱状剖面（32°19′，117°37′），安徽区调队（1978）据安徽石油处（1975）资料编。

张桥组	总厚度＞986.32 m
93. 浅棕褐色钙、泥质粉砂岩。（未见顶）	＞10.00 m
92. 棕红色细砂岩夹褐红色泥岩，顶部夹中粒砂岩	6.50 m
91. 棕红色石英粗粉砂岩夹细砂岩	3.20 m
90. 棕红色泥质粉砂岩夹红褐色泥岩	2.80 m
89. 棕红色细砂岩夹红褐色泥岩	23.00 m
88. 棕红色细砂岩，顶为泥质粉砂岩	7.00 m
87. 红棕色粉砂质泥岩	3.00 m
86. 棕红色石英细砂岩	21.00 m
85. 红褐色薄层粉砂质泥岩与细砂岩互层	3.50 m
84. 棕红色石英细砂岩	9.50 m
83. 棕红色细砂岩	21.00 m
82. 棕褐色粉砂质泥岩夹细砂岩	3.00 m
81. 棕红色细砂岩	16.00 m
80. 棕红色粉砂岩与棕褐色粉砂质泥岩互层	6.00 m
79. 棕红色含细砾细砂岩，底部夹中—细粒砂岩	5.00 m
78. 上部紫褐色粉砂岩，下部褐红色细—中粒砂岩，顶为红褐色粉砂质泥岩	3.95 m
77. 紫褐色长石石英细砂岩	11.75 m
76. 紫褐色泥质粉砂岩与红褐色粉砂岩互层	6.35 m
75. 红褐色粉砂岩	17.35 m
74. 紫褐色泥质粉砂岩与粉砂岩互层	5.40 m
73. 红褐色粉砂岩	27.70 m
72. 灰褐色粉、细砂岩，顶部为粉砂岩	22.75 m
71. 红褐色粉砂岩、粉细砂岩，底部夹泥质粉砂岩	8.50 m
70. 红褐色长石中粒砂岩	2.50 m
69. 红褐色粉—细砂岩夹泥质粉砂岩	6.35 m
68. 红褐色粉砂岩	14.95 m
67. 上部灰褐色细—中粒砂岩夹泥质粉砂岩，下部紫褐色泥质粉砂岩、粉细砂岩，底部为含砾砂岩	18.05 m
66. 红褐色粉细砂岩	28.10 m
65. 褐色粉砂岩	18.90 m
64. 灰褐色细—粉砂岩	6.85 m

① 安徽省燃化局石油勘探处，1975，合肥盆地石油地质阶段工作总结。

63. 灰白带红、褐色中—细粒砂岩 18.70 m
62. 褐色长石石英砂岩、泥质粉砂岩夹中粒砂岩 19.10 m
61. 红褐色中—细粒砂岩与褐色粉砂岩互层 24.80 m
60. 褐色细砂岩夹泥质粉砂岩 27.60 m
59. 褐红色砂岩夹粉砂岩 39.60 m
58. 上部为棕红色长石石英细—中粒砂岩；下部为粉砂岩 14.25 m
57. 上部浅棕褐色细—粉砂岩，下部浅褐色石英长石砂岩夹泥质粉砂岩 8.80 m
56. 浅灰褐色粗砂岩 1.90 m
55. 棕褐色粉砂岩夹薄层砂岩 11.99 m
54. 灰褐色石英长石粉砂岩 7.81 m
53. 棕褐色砂岩夹粉砂岩 10.35 m
52. 棕褐色粉砂岩夹泥质粉砂岩 30.75 m
51. 棕褐色泥质粉砂岩，局部为粉砂质泥岩 2.03 m
50. 棕褐色粉砂岩、泥质粉砂岩，夹灰绿色薄层砂岩、粉砂岩 20.72 m
49. 棕红色细砂岩 2.70 m
48. 上部为褐色粉砂岩，下部为棕红色中—细粒砂岩 12.60 m
47. 棕褐色泥岩 2.60 m
46. 上部黑褐色细—中粒砂岩，下部褐色粉砂岩 11.65 m
45. 棕褐色粗砂岩、细砂岩与细—中粒砂岩、泥质粉砂岩互层 12.20 m
44. 棕褐色泥质细砂岩与褐色粉细砂岩互层 13.00 m
43. 暗褐色中粒砂岩与细砂岩互层 4.50 m
42. 暗褐色中—细粒砂岩夹薄层粗砂岩、砾岩 2.30 m
41. 上部为棕褐色中—细粒砂岩；中部为粉砂岩；下部以粗砂岩、细砂岩为主，夹细砂岩 4.50 m
40. 棕褐色含钙石英细砂岩夹紫褐色泥岩，底部为细砾岩 7.20 m
39. 暗褐色粉砂质泥岩夹泥质粉砂岩 3.50 m
38. 棕褐色粉砂岩夹泥质粉砂岩 2.40 m
37. 暗褐色石英粉砂岩 10.90 m
36. 深褐色中—粗粒砂岩夹薄层细砾岩和细砂岩 1.70 m
35. 暗褐色粉—细砂岩夹薄层中—细粒砂岩 3.10 m
34. 棕褐色含砾砂岩夹中—细粒砂岩 3.10 m
33. 棕褐色粉砂岩粉—细砂岩 3.10 m
32. 深棕褐色含小砾中—粗粒砂岩，下部夹细砂岩 2.50 m
31. 褐色粉砂岩夹细—中粒砂岩、泥质粉砂岩 14.00 m
30. 深褐色细砂岩夹薄层泥岩、细—中粒砂岩 9.00 m
29. 暗褐色粉砂质泥岩、粉砂岩夹细砂岩 8.00 m
28. 深棕褐色泥质石英粉砂岩与粉砂岩不等厚互层 25.10 m
27. 深棕褐色含钙长石中—细粒砂岩 5.00 m
26. 棕褐色粉砂岩 4.50 m
25. 暗褐色粉—细砂岩 4.50 m
24. 深棕褐色粉砂岩夹薄层灰白色细—中粒砂岩 20.00 m
23. 暗褐色含泥钙质长石石英细砂岩夹粗砂岩、泥岩 14.00 m
22. 深棕褐色长石石英粉—细砂岩夹中—细粒砂岩、泥岩 30.50 m
21. 暗褐色含泥质长石石英不等粒砂岩，底部为细砾岩 11.50 m

20. 暗褐色粉砂岩	17.50 m
19. 浅棕红色长石石英粗粉砂岩	3.00 m
18. 暗褐、紫褐色细砂岩夹薄层泥岩	15.30 m
17. 浅棕红色含泥质长石石英粗粉砂岩	6.20 m
16. 上部为棕褐色细—中粒砂岩，下部以粗砂—细砾岩为主夹薄层细砂岩	7.20 m
15. 深棕褐色粉—细砂岩夹泥质粉砂岩	3.20 m
14. 浅棕红色含泥质长石石英细砂岩夹粉细砂岩	13.20 m
13. 棕褐、紫褐色细砂岩与泥岩不等厚互层	17.90 m
12. 浅棕红色长石石英粗粉砂岩夹细—中粒砂岩	16.70 m
11. 浅棕褐色细砂岩夹中粒砂岩、粉砂岩、泥岩	6.40 m
10. 暗褐色厚层泥岩夹薄层粉砂岩	4.20 m
9. 深棕褐色含泥质长石石英不等粒砂岩夹薄层泥岩	8.50 m
8. 棕褐色中—细粒砂岩夹薄层暗褐色细砂岩	3.90 m
7. 暗褐色粉—细砂岩与长石石英细砂岩互层	1.80 m
6. 暗褐色粗粉砂岩，局部为细粉砂岩	3.40 m
5. 深棕褐色粗粉砂岩与紫褐色泥岩不等厚互层	7.60 m
4. 棕褐色块状长石细砂岩	7.40 m
3. 深棕褐、深褐色粉细砂岩、细砂质泥岩夹灰白色薄层中砂岩	2.80 m
2. 棕褐色细砂岩	2.90 m
1. 棕褐色长石石英粗粉砂岩夹薄层泥岩和少量细砂岩。（未见底）	＞10.72 m

【地质特征及区域变化】 该组下部为紫红色砂砾岩、砾岩，上部为砖红色砂岩、粉砂岩，具水平层理、大型槽状交错层理、微波状层理，属氧化环境冲积扇（下部）—滨湖（上部）相沉积。一般盆缘以砖红色砾岩超覆于晚白垩世之前的不同时代地层之上，盆地中心以砖红、紫红色砂岩、粉砂岩与下伏邱庄组呈整合—平行不整合接触，与上覆定远组为整合接触。厚度变化大，合肥盆地大于986 m。合深6井含孢粉 *Classopollis* 27.6%，*Schizaeoisporites* 26.7%；肥东撮镇01井产介形类 *Talicypridea*，*Cypridea*，*Cyclocypris*，*Cypris*；凤阳白山凌产恐龙类鸟臀目 Ornithischia 化石。张桥组岩性、层位、生物组合特征均可与宣州广德地区晚白垩世晚期赤山组对比，时代为晚白垩世晚期。

定远组 E_1dy （05－34－9044）

【创名及原始定义】 原名定远群，华东石油勘探局108队（1961）[①] 创名于定远一带。原指合肥、定远盆地一套棕红、砖红、棕褐色砾岩、砂岩、泥岩沉积，时代为早第三纪。

【沿革】 安徽312地质队（1974）改定远群为定远组，沿用至今。本书采用定远组。

【现在定义】 指淮南、合肥盆地，棕褐色含石膏、岩盐之砂、泥岩地层。与下伏张桥组砖红色砂岩、上覆土金山组玄武岩（区域上）均为整合接触。

【层型】 正层型为定远县南阳集合深4孔柱状剖面（32°30′，117°30′），安徽区调队（1978）据安徽石油处（1975）资料编。

定远组　　总厚度＞1 363.70 m

① 华东石油勘探综合研究大队108队，1961，合肥盆地地质综合研究报告。

19. 红棕、棕灰、青灰、深灰、黑色粉砂质泥岩夹泥岩。(未见顶) >119.70 m

18. 灰褐、青灰、深灰、灰黑色粉砂质含膏泥岩、膏质泥岩、钙芒硝石膏泥岩 74.00 m

17. 深灰、灰黑、无色岩盐层夹含钙芒硝、石膏泥岩 38.00 m

16. 杂色泥岩、膏质泥岩、含芒硝石膏泥岩、粉砂质泥岩(粉砂质由下向上减少) 74.00 m

15. 棕褐、浅棕褐色粉砂质泥岩、泥质粉砂岩不等厚互层夹泥岩、膏泥岩 485.00 m

14. 棕褐色粉砂质泥岩与浅棕褐色泥质粉砂岩互层夹灰绿色粉砂质泥岩，含星点状石膏和钙芒硝单晶 239.00 m

13. 棕褐色粉砂质泥岩与棕灰、浅棕色泥质细砂岩互层夹灰绿色粉砂质泥岩，微含石膏。产较单调的蕨类植物孢子，有凤尾蕨孢 *Pterisisporites* sp. 及个别的水龙骨科 Polypodiaceae，石松孢 *Lycopodiumsporites* sp.，三缝孢类 *Triletes* 等。裸子植物以松科 Pinaceae 为主，特别是松属 *Pinus* 最多，雪松 *Cedrus* 次之，共占 4%～11%；麻黄粉 *Ephedripites* sp. 占 5%～6%；杉科 Taxodiaceae 占 2%～4%，其他还有雏囊粉 *Parcisporites*；罗汉松粉 *Podocarpidites*、无口器粉 *Inaperturopollenites* 等个别出现。被子植物以榆科 Ulmaceae 榆属 *Ulmus*，朴属 *Celtis* 含量最高，达 20%～41%。而三孔榆粉 *Ulmipollenites tricostatus* 含量最高，其次为栎属 *Quercus* spp. 占 10%～13%；豆科 Leguminosae 占 2%～9%以及多种三孔沟粉 *Tricolporollenites*；喜热的植物花粉，如棕榈科 Palmae、山核桃属 *Carya* spp.，枫杨属 *Pterocarya* spp.，铁青树粉属 *Anacolosidites* sp.，山龙眼粉属 *Proteacidites*，桑寄生粉属 *Loranthacites*，金缕梅属 *Hamanelis* sp.，木棉科 Bombaceae，珙桐属 *Nyssa* spp.。个别出现双子叶草本植物，如毛蕨科 Ranunculaceae，十字花科 Cruciferae，蒿属 *Artemisia* sp. 等 86.00 m

12. 红灰、浅棕红色泥质中砂岩、细砂岩、粉砂岩与棕褐色粉砂质泥岩 63.00 m

11. 红灰、红棕色含砾砂岩、砂砾岩夹棕红、红褐色砂质泥岩。其中见一塔螺化石 71.00 m

10. 红灰色厚层中细粒砂岩夹红棕色砂质泥岩和粉砂岩 114.00 m

———————— 整　合 ————————

下伏地层：张桥组　灰红色中细粒砂岩夹红灰色粉细砂岩、砂质泥岩，底为灰红、杂色砾岩、砂砾岩

〔注〕定远组孢粉蕨类孢子中希指蕨 *Schizaea* sp. 除在下部找到一粒孢子外，上部均未见。出现最多的是凤尾蕨孢 *Pterisisporites* sp. <1%～4%。石松孢 *Lycopodiumsporites*，阴地蕨属 *Botrychium* sp.，膜叶蕨属 *Hymenophyllum* sp.，水龙骨科 Polypodiaceae 以及光面三缝孢类 *Triletes*、瘤面三缝孢 *Lophotriletes*、具唇三缝孢 *Toroisporites* 只零星出现。裸子植物中杉科 Taxodiaceae 含量显著增多，达到 11%～45%，在整个钻孔中含量达到最高峰。雪松 *Cedrus*、松属 *Pinus* 和麻黄粉 *Ephedripites* sp. 含量比张桥组减少。罗汉松粉 *Podocarpidites* sp.，云杉属 *Picea* sp.，雏囊粉 *Parcisporites* 仍零星出现。被子植物中以榆科 Ulmaceae，特别是榆属 *Ulmus*，朴属 *Celtis* 含量高达 8%～39%，其次是栎属 *Quercus* sp. 占 4%～9%，柳属 *Salix* sp. 占 1%～4%，豆科 Leguminosae 占 1%～3%以及桦属 *Betula* spp.，漆树属 *Bhus* spp. 等。喜湿热的植物花粉杨梅属 *Myrica* spp. 零星出现。桑科 Moraceae，桑寄生科 Loranthaceae，木兰科 Magnoliaceae，枫香属 *Liquidambar* spp. 个别出现。古老被子植物孢形粉 *Sporollis* spp.，三孔沟粉 *Tricolporopollenites* 等个别出现。

【地质特征及区域变化】　定远组为弱氧化—弱还原河湖相沉积。盆缘多红色砂、砾岩，盆中心多灰褐色泥岩夹泥灰岩、岩盐及石膏，厚度大于 1 810 m。在嘉山县土金山附近的单山头与上覆土金山组为整合接触。定远组所产介形类 *Sinocypris funingensis*，*Eucypris* 和轮藻 *Grovesichara changzhouensis*，*Rhabdochara*，*Peckichara* 等是苏北阜宁组、来安舜山集组常见分子。被子植物花粉占 72.3%～86.3%，产类孢子极少，与舜山集组、望虎墩组、痘姆组、苏

北阜宁组相似。上述微古化石反映始新世面貌。因望虎墩组、痘姆组产古新世哺乳类化石，定远组中下部与前二组层位相当，故定远组时代为古新世。

土金山组　E_2t　(05-34-9045)

【创名及原始定义】 安徽区调队（1979a）创名于嘉山县马岗乡土金山。原指嘉山马岗附近的早第三纪玄武岩及其上、下砂砾岩地层。时代为始新世。

【沿革】 《安徽省区域地质志》(1987) 统称定远、合肥盆地始新世地层为土金山组。本书沿用。

【现在定义】 指淮河南岸、合肥-定远盆地的玄武岩、玄武质砾岩及红色砂、砾岩。与下伏定远组为整合接触，与上覆下草湾组（区域上）为不整合接触。

【层型】 正层型为嘉山县马岗乡土金山附近的单山头剖面（32°44′，117°56′），安徽区调队（1979a）测制。

土金山组　　总厚>119.86 m

21. 浅灰、灰黄、棕褐色薄层砂质、粉砂质泥岩与泥岩、钙质泥岩互层，夹泥质粉砂岩、砂质泥灰岩等。产腹足类 *Bithynia* sp.，*Parhydrobia* sp.，*Hydrobia* sp.，*Enteroplax* sp.，*Anious* sp.，*Systrophia* sp.，*Anhuispira* sp.；植物 *Palibinia* sp.，Monocotyledones（单子叶植物纲）；介形类 *Candona* sp.，*Cypris* sp.，*Eucypris* sp.，*Lineocypris* sp.，*Limnocythere* sp.；轮藻 *Obtusochara* cf. *hanheensis*，*Stephanochara breviovalis*，*Gyrogona huajiazhangensis*，*G.* cf. *huajiazhangensis*，*Harrisichara paulinodosa*，*Neochara huananensis*，*N. magna*，*Peckichara* sp.，*P. jucunda*，*P. varians*，*P.* cf. *anhuiensis*，*P.* cf. *varians*，*Stephanochara* sp.，*Neochara* sp.，*Rhabdochara* sp.。（未见顶）　>7.57 m
20. 粉红、灰红、砖红色厚层玄武质、钙质砾岩、砂砾岩与钙质、粉砂质泥岩互层　15.04 m
19. 灰红色厚层玄武质、钙质砾岩，底部为含砾白云质、泥质灰岩凸镜体　8.01 m
18. 灰黑色致密块状安山玄武岩　6.34 m
17. 灰、紫灰色气孔及杏仁状安山玄武岩　10.61 m
16. 掩盖　5.20 m
15. 紫灰、灰黄色气孔状安山玄武岩　8.03 m
14. 砖红色长石石英不等粒砂岩　0.35 m
13. 灰黄、棕灰色气孔状安山玄武岩　5.58 m
12. 灰黄色气孔状橄榄玄武岩　17.39 m
11. 灰、灰紫色安山玄武岩或与杏仁状安山玄武岩互层　32.42 m
10. 砖红色厚层泥质长石石英砂岩。产介形类 *Ilyocypris subhanjiangensis*，*Cypris decaryi*　1.60 m
9. 灰色安山玄武岩　1.72 m

——————— 整　合 ———————

下伏地层：**定远组**　浅砖红色厚层钙质长石砂岩

【地质特征及区域变化】 该组在嘉山马岗单山头、小王家为砖红色砂、砾岩夹玄武岩，厚120～295 m。定远练铺、三和集为紫灰色玄武岩、角闪安山岩、凝灰质角砾岩与褐红色砂、砾岩互层，厚度大于550 m。合肥西郊大、小蜀山为橄榄玄武岩，厚度不明。该组所产哺乳类共4科4种，其中*Sinostylops progressus*，*Hsiuannania maguensis*等曾见于宣城双塔寺组。中、下部孢粉同双塔寺组、苏北戴南组；上部孢粉同苏北三垛组。该组与下伏定远组为整合接触，在区域上与上覆下草湾组为不整合接触。时代为始新世。

双浮组 $E_1\hat{s}$ （05-34-9042）

【创名及原始定义】 安徽省燃化局石油处地质队（1975）① 创名于太和县双浮乡杨西楼钻井下。原指一套棕褐色砂、泥岩沉积，分为四个岩性段，时代为第三纪。

【沿革】 《安徽省区域地质志》（1987）、《安徽地层志·第三系分册》（1988d）沿用双浮组，但将其含义限定于原“双浮组”第一、二岩性段。三、四岩性段归入界首组。本书沿用修订后的双浮组。

【现在定义】 指淮北地区棕褐色砂、泥岩，底部为角砾岩。下与前新生代地层（区域上）不整合接触，上与界首组整合接触。

【层型】 正层型为太和县双浮乡杨西楼钻孔柱状剖面（33°02′，115°32′），安徽区调队（1979b）据安徽石油处地质队（1975）资料编。

上覆地层：界首组 褐色泥岩、含粉砂泥岩与浅棕灰色粉砂岩、细砂岩互层，上部夹一层粗砂岩，中部夹薄层中砂岩。产轮藻*Grovesichara changzhouensis*，*Peckichara subsphaerica*，*Neochara huananensis*，*Hornichara lagenalis*；介形类*Cypris deltoideusa*，*Eucypris longicallida*；腹足类*Amnicola* sp.，*Gyraulus* sp.及孢粉等

——整 合——

双浮组 总厚度＞692.00 m

3. 褐、暗褐色含粉砂质泥岩和浅棕灰色细砂岩。产轮藻*Stephanochara fortis*，*Neochara huananensis*，*Hornichara lagenalis*，*Croftiella stenoformis*；介形类*Sinocypris pulchara*；腹足类*Amnicola* sp.；孢粉组合：裸子植物花粉占37.9%～63.7%，被子植物花粉占28.2%～41.8%，蕨类孢子占8.1%～14.7% 336.50 m

2. 褐色泥岩、粉砂质泥岩、细砂岩夹中砂岩 270.50 m

1. 褐色泥岩、粉砂质泥岩与灰棕色细砂岩互层，底部为砂质泥岩。（未见底） ＞85.00 m

【地质特征及区域变化】 双浮组为棕褐色河湖相砂、泥岩，底部为角砾岩，厚692～1 077 m。所产介形类*Sinocypris pulchara*曾见于苏北阜宁组，轮藻*Stephanochara fortis*见于浙江长河组、渤海沿岸孔店组。该组在淮北地区与下伏前新生代地层为不整合接触。时代为古新世。

界首组 E_2j （05-34-9043）

【创名及原始定义】 安徽省燃化局石油处地质队（1975）①创名于界首市光武乡李楼井下。原指一套棕红色砂、泥岩。

【沿革】 安徽省区域地层表编写组（1978）称光武组。《安徽省区域地质志》（1987）、《安徽地层志·第三系分册》（1988d）修订界首组含义，并“界首组”和原“双浮组”上部（第三、四岩性段）为界首组。本书沿用界首组，采用其修订后的含义。

---

① 安徽省燃化局石油处地质队，1975，周口坳陷东部、阜阳地区1974年石油地质报告。

【现在定义】 指淮北地区棕、棕红色砂、泥岩夹砂砾岩。与下伏双浮组为整合接触，与上覆馆陶组为不整合接触。

【层型】 正层型为界首市光武乡李楼钻孔柱状剖面（33°23′，115°24′），安徽区调队(1979b)据安徽石油处地质队(1975)资料编。

上覆地层：馆陶组 深灰绿、棕红色粉砂质泥岩、泥质粉砂岩，中、下部夹砂砾岩

~~~~~~~~~~ 不 整 合 ~~~~~~~~~~

界首组	总厚度 512.00 m
13. 浅棕红色粉砂岩与棕红色粉砂质泥岩互层，底部为棕黄色细粒长石砂岩	140.50 m
12. 上部为棕红色粉砂质泥岩与泥质粉砂岩互层，中、下部为浅棕黄色细砂岩、粉砂岩与粉砂质泥岩互层，夹薄层泥质粉砂岩。产轮藻 *Tectochara meriani globula*	151.00 m
11. 浅棕红色粉砂质泥岩与泥质粉砂岩互层，夹浅棕黄色细砂岩，底部为一层棕红色中砂岩	56.00 m
10. 棕红色含粉砂质泥岩与浅红棕色泥质粉砂岩互层，上部夹灰白色粉砂岩，下部夹浅红棕色细砂岩	108.00 m
9. 浅红棕色细砂岩与深棕色砂质泥岩互层	56.50 m

———————— 整 合 ————————

下伏地层：双浮组 棕褐色砂质泥岩与浅红棕色细砂岩互层，夹中、薄层棕红色泥质粉砂岩，底部为棕红色泥质细砂岩

【地质特征及区域变化】 界首组为河湖相砂、泥岩，由南而北含钙增高。砀山—河南虞城一带不见砂砾岩夹层，而上部出现钙质泥岩，含膏泥岩，夹泥灰岩和硬石膏，厚 1 100 m。太和县杨西楼井下为砂、泥岩夹含砾中、细砂岩，厚 1 229 m。该组所产轮藻 *Obtusochara jiangjingensis*，*Gyrogona qianjiangica*；介形类 *Cyprinotus nebaudus*，*Eucypris longicallida* 等，见于渤海沿岸沙河街组、湖北潜江荆河组、苏北戴南组和安徽宣州双塔寺组。时代为始新世。
~~~~~~~~~~

第二篇 华南地层大区

安徽省位于华南地层大区的东北部，以金寨—肥西一线及郯庐断裂带为界与华北地层大区分开。省内又可划分为南秦岭-大别山及扬子两个二级地层区，它们以嘉山—宿松（郯庐断裂带）一线为界。地层出露齐全，自晚太古代至早第三纪均有发育。

第七章 晚太古代

安徽省华南地层大区的晚太古代地层，归属于南秦岭-大别山地层区的桐柏-大别山地层分区。以霍山县磨子潭—舒城县晓天镇一线为界，其北为北淮阳地层小区，其南为岳西地层小区。以郯庐断裂带东侧为界的肥东境内，为肥东地层小区（参见图1-1）。岳西地层小区为大别山杂岩、肥东小区为阚集杂岩的分布区。露头分布参见图2-1。

大别山杂岩　Ar_2D　(06-34-0026)

【创名及原始定义】　原名大别山变质杂岩系，张祖还(1957)创名于大别山。原始定义："古老沉积岩经强烈变质而成，岩性变化复杂，包括各种片麻岩和片岩，并且还有大理岩夹层，在本区内各处零星出露，因此，本区应是前震旦纪的沉积区域，性质近乎地槽，沉积物以砂质、泥质及石灰质为主，经历强烈区域变质和岩浆作用，发生广泛的花岗岩化和深部岩浆交代作用，因而形成复杂的变质岩系，原来的形状几乎毫无保留，本层厚度已无法量出，估计在五千公尺以上，时代可能属于元古代"。

【沿革】　1919年，刘季辰、赵汝钧曾将其称为泰山系正片麻岩。杨志坚（1964）称大别山群，其后一直被沿用。1970—1974年间，鄂、皖两省区调队认为，该群是一套经区域混合岩化作用改造的低角闪岩相和部分高绿片岩相的区域变质岩系，并以条带状、片麻状构造为层理，建立地层系统。两省共划分九个地层单位，自下而上为：方家冲组、河铺组、包头河组、英山沟组、水竹河组、文家岭组、刘畈组、桥岭组、程家河组。笔者经野外核查及结合

1∶5万多幅联测资料，现已基本查明大别山群主体为一古老侵入体及部分基性-超基性岩、表壳岩等组成的复杂岩块，并曾遭受强烈变形变质作用。本书将这一变杂岩石组合统称大别山杂岩。

【现在定义】 指分布于大别山区，主体岩性为一古老的变形变质侵入体，主要由片麻岩类、浅粒岩类组成，含有大小不等的包体形式的表壳岩系及基性-超基性岩体。整体岩石遭受深层次强韧性剪切变形，形成糜棱状、片麻状、条带状构造的一套变杂岩石组合。

【层型】 大别山杂岩为无序的构造地层单位，无正层型剖面。本书选择安徽区调队(1974b)测制的下列剖面为参考剖面：岳西县文家岭剖面（34－0026－4－1；30°50′，116°10′），岳西县崔老屋剖面（34－0026－4－2；30°40′，116°15′），岳西县英山沟剖面（34－0026－4－3；31°10′，116°15′），舒城县夹树湾剖面（34－0026－4－4；31°10′，116°30′）。

【地质特征及区域变化】 大别山杂岩主体岩性为变形变质侵入体。出露面积约占大别山区的80％～90％。由两个片麻岩套组成，其中深灰色片麻岩套由片麻状辉闪岩、片麻状英云闪长岩、条带状英云闪长质片麻岩组成；浅灰色片麻岩套由花岗闪长质片麻岩、斜长花岗质片麻岩、二长花岗质片麻岩、片麻状钾长花岗岩、糜棱状浅粒岩等组成。两套片麻岩中均可见明显的侵入关系及大小不等的捕虏体。整体岩石均遭受深层次强韧性剪切变形，形成糜棱状、片麻状、条带状构造的岩石。

杂岩体中的表壳岩，出露面积约占全区的5％～15％。主要岩石有斜长角闪岩、磁铁斜长角闪岩、大理岩、白云石英片岩、石英片岩、石墨片岩、含砾砂岩等。其形态呈大小不等的带状、凸镜体，被包裹于上述片麻岩套中。由于遭受强烈变形变质，尚无法建立地层层序。

杂岩中的基性-超基性岩为辉橄岩、橄辉岩、辉石岩、辉闪岩等，均呈带状分布，在大别山北部呈NWW向延伸，在东部近郯庐断裂带呈NE向延伸。

大别山杂岩中赋存有大小不等的榴辉岩，主要产于大理岩、超基性岩及斜长片麻岩中。榴辉岩中柯石英、金刚石的发现，表明其经受过高压—超高压变质作用。

【其他】 据湖北区调队(1982)资料，于该杂岩中所采锆石U－Pb法年龄值为1 952 Ma～2 424 Ma之间，经韦瑟里尔(G W Wetherill)谐和曲线处理，上交点年龄值为2 900 Ma。另外，原英山沟组磷灰石U－Th－Pb法年龄值为2 110 Ma，原桥岭组锆石U－Pb法年龄值为2 010 Ma，湖北浠水地区其相应层位麻桥组为2 080 Ma。上述2 900 Ma应接近于大别山杂岩的早期生成年龄；2 400 Ma～2 500 Ma是该杂岩的初始变质年龄。经笔者核查，其中变形变质侵入体的时代，至少有一部分要晚于震旦纪。大别山杂岩的生成时代，尚有不同意见，本书暂将其归于晚太古代。

阚集杂岩　Ar₂*K*　(06－34－0017)

【创名及原始定义】 原名阚集群，安徽区调队(1985)创名于肥东县阚集。意指分布于肥东桥头集一带，呈NNE向延伸的一套深变质岩系，主要为片麻岩类、角闪岩类及片岩类。

【沿革】 徐嘉炜等(1965)将肥东地区这套变质岩系称浮槎山组和横山组。安徽区调队(1985)将其合并称阚集群，划分为浮槎山组与大横山组。其中横山组的命名地点在大横山，因与浙西中生代地层名称重复，故改称大横山组。笔者经野外剖面检查及专题研究认为，浮槎山片麻岩与原肥东群桥头集组中的角闪(黑云)斜长片麻岩等均为古老的变形变质侵入体，其内包裹较多的角闪片岩类、含磁铁黑云片岩为主的表壳岩系。本书将这一套地层称阚集杂岩，将含磷岩系称肥东(岩)群。

【现在定义】 指分布于肥东县阚集—桥头集一带，呈NNE向延伸的黑云斜长片麻岩、黑云角闪斜长片麻岩为主的变形变质侵入体及含磁铁黑云片岩、角闪岩、角闪片岩、大理岩等包体的表壳岩。下未见底，上与肥东(岩)群接触关系不明。

【层型】 正层型为肥东县阚集剖面（34-0017-4-1；31°50′，117°40′），安徽区调队(1978)测制。

【地质特征及区域变化】 该杂岩由变形变质侵入体与表壳岩组成。侵入体岩性主要为黑云斜长片麻岩，间夹黑云角闪斜长片麻岩。表壳岩中的岩性较复杂，有含磁铁黑云片岩，呈凸镜状的斜长角闪岩，墨绿、绿褐色角闪片岩，黑云片岩，凸镜状大理岩及少量黑云石英片岩与酸性火山岩等。分布于肥东县阚集—桥头集一带，厚度大于1 278 m～3 424 m。

该杂岩的地质时限尚有争议，但从岩性组合、变形变质特征来看，与大别山杂岩、霍丘杂岩、五河杂岩均有相似之处，故暂将其时代置于晚太古代。这套地层，虽然在总体上与华北地层大区晚太古代地层有一定的类似性，其时代可能大体相当，但二者仍存在不少差异，其区域性的地层对比以及大别山地体的大地构造归属等问题，尚需进一步探讨。

第八章
元古宙

安徽省华南地层大区包括南秦岭-大别山和扬子两个地层区。前者仅有桐柏-大别山地层分区，后者有下扬子和江南两个地层分区。下扬子地层分区和江南地层分区大体以长江为界。从早元古代到晚元古代青白口纪、震旦纪地层均有出露（参见图3-1）。

早元古代，在宿松、肥东一带，接受了含磷复理石沉积，并有火山岩体伴生。经早元古代末期凤阳运动，使其发生了以高绿片岩相为主的区域浅变质作用和伴有岩浆侵入〔蒲河杂岩、宿松(岩)群、肥东(岩)群〕。

中元古代，北淮阳、大别山—肥东地区，缺失沉积，而皖中、皖南地区，却堆积了一套次深海相—浅海槽盆相砂泥质复理石建造〔张八岭(岩)群下部和溪口群〕。中元古代晚期，在张八岭—宿松一线，海底曾发生过一次拉开过程，即原始郯庐断裂的形成时期，导致了张八岭(岩)群上部细碧-石英角斑岩建造的产生。中元古代末的皖南运动第一幕，褶皱回返，同时发生了板岩-千枚岩相区域动力变质作用。

晚元古代青白口纪，皖南地区处于褶皱回返的山前坳陷中，沉积了同造山期的细碧-石英角斑岩建造及磨拉石堆积—中酸性岩浆喷发（历口群），而此时北淮阳地区仍为古陆，继续遭受剥蚀。青白口纪末的皖南运动第二幕，使皖南基底全部固结，同时有休宁和皖-浙-赣深断裂发生，沿深断裂带有基性和中酸性岩浆活动。

震旦纪，皖南运动基本上奠定了安徽华南地层大区的基底构造格架。在其坳陷区被陆表海覆盖，形成了一套稳定型沉积物，其底界由皖南运动二幕（晋宁运动主幕）造成区域性不整合界面。在皖中、皖南地区，于早震旦世早期，滁州一带形成了陆架相细碎屑沉积（周岗组）；围绕江南古岛边缘地带，沉积了海滩相粗碎屑—细碎屑堆积（休宁组）。早震旦世晚期，由于澄江运动的影响，曾一度隆起，气候变冷，形成了冰川相沉积（苏家湾组、南沱组）。到晚震旦世，滁州一带海水变浅，成为泥沙质-碳酸盐岩-硅质岩组合（黄墟组、灯影组、皮园村组）；皖南地区形成了泥质-碳酸盐岩-硅质岩组合（蓝田组、皮园村组）。此时的北淮阳地区，再次下沉，接受了佛子岭(岩)群浅海槽盆相类复理石建造沉积。

第一节 岩石地层单位

蒲河杂岩 Pt_1P (06－34－0016)

【创名及原始定义】 原名蒲河组，安徽311地质队(1982)创名于宿松县蒲河。原指出露于蒲河一带的“含石墨白云石英片岩和含绿泥石英片岩夹含石墨透闪大理岩凸镜体，向上以白云钠长片麻岩及二云斜长片麻岩为主，夹角闪或黑云斜长片麻岩……”。

【沿革】 安徽311地质队(1982)的蒲河组是作为宿松群（自下而上分为大新屋组、柳坪组、虎踏石组、蒲河组）最上的一个组，并被《安徽地层志·前寒武系分册》(1985)、《安徽省区域地质志》(1987)沿用。本书以花岗闪长质片麻岩为主体的变形变质岩称为蒲河杂岩，它包括安徽311地质队(1982)宿松群的蒲河组全部、虎踏石组大部、柳坪组上部。

【现在定义】 指出露于宿松—蒲河一带的以钠长片麻岩及斜长片麻岩为主的变形变质侵入体及其包裹的表壳岩系组成的岩石组合。与下伏、上覆地层均为韧性断层接触。

【层型】 蒲河杂岩为无序的构造地层单位，无正层型剖面。本书选择安徽311地质队(1982)测制的宿松县柳坪剖面(34－0016－4－1；30°20′，115°57′)、宿松县柳坪乡大新屋剖面(34－0016－4－2；30°20′，115°57′)为参考剖面。

【地质特征及区域变化】 蒲河杂岩遭受两次强烈变形变质改造，分布于宿松县西北二郎河一带，呈EW向延伸。其变形变质侵入体的岩性主要为白云钠长片麻岩及二云钠长片麻岩，其次为角闪或黑云斜长片麻岩、糜棱状浅粒岩等。表壳岩是一些强变形构造岩、构造片岩，主要为含石墨白云石英片岩、含绿泥石英片岩、含石墨透闪大理岩凸镜体、含锰含绿帘二云片岩夹变酸性火山岩系。在东部凉亭河以南李家店一带，白云石英片岩明显增多。

宿松(岩)群 Pt_1S (06－34－0009)

【创名及原始定义】 原名宿松含磷片岩系，华东地质局326地质队(1955)①创名。指“分布于宿松县西北二郎河一带，呈北西向延伸的一套含磷片岩系，总厚达4 205 m以上”。

【沿革】 徐嘉炜(1961)将宿松含磷片岩系改称宿松群。安徽311地质队(1982)将这套含磷片岩系自下而上划分为大新屋组、柳坪组、虎踏石组、蒲河组。《安徽地层志·前寒武系分册》(1985)、《安徽省区域地质志》(1987)沿用前述组名。笔者经剖面核查及构造研究，作了恢复原岩的工作，将原宿松群解体，一部分属变形变质侵入体及其包裹的表壳岩系，即蒲河杂岩；另一部分为以含磷为主的变质岩系，本书称宿松(岩)群。

【现在定义】 指分布于宿松县二郎河一带的变基性、中酸性火山岩，含磷岩系、含镁碳酸盐岩，自下而上划分为柳坪(岩)组、大新屋(岩)组。与上覆、下伏地层均为韧性断层接触。

【问题讨论】 宿松(岩)群与鄂东红安群、苏北海州群的主要岩石组成、沉积旋回和含磷部位等均相近。前述1 850 Ma年龄值接近于1 900 Ma左右一次变质事件的时间，大体代表了该(岩)群的年龄上限。但据笔者专题研究认为，宿松(岩)群与大别山杂岩的关系，不是不整合接触，而是侵入关系与构造关系，这为宿松(岩)群时代归属提供了新的思路。

---

① 华东地质局326地质队，1955，安徽宿松磷矿1955年年终报告。

柳坪(岩)组　Pt_1l　(06-34-0010)

【创名及原始定义】　原名柳坪组，安徽311地质队(1982)创名于宿松县柳坪。原指介于虎踏石组与大新屋组间的二云斜长片麻岩及含磷岩系(由磷灰岩、大理岩、石墨片岩、白云石英片岩等组成)。

【沿革】　柳坪组自创名始，沿用至今。笔者经专题研究认为，该组是一套总体有序局部无序的浅变质岩系，故将其改称为(岩)组。

【现在定义】　指分布于宿松县高尖、柳坪、南冲一带，下部为磷灰岩、磷块岩、白云石英片岩夹含锰层，凸镜状白云石大理岩；上部为灰白色石英片岩夹薄层大理岩、白云石英片岩。其与下伏、上覆地层均为韧性断层接触。

【层型】　正层型为宿松县柳坪剖面(34-0010-4-1；30°20′，115°57′)，安徽311地质队(1982)测制；次层型为宿松县北浴乡胡家湾高尖—梓树坞剖面(30°24′，115°54′)，汤加富等(1993)在本项目野外调研过程中测制。现列次层型于下：

上覆地层：**蒲河杂岩**　灰白、灰黄褐色二云二长片麻岩

═══════ 韧性断层 ═══════

柳坪(岩)组　　总厚度 116.59 m

9. 灰白色薄层状石英片岩夹薄层白云质大理岩	16.25 m
8. 褐色、灰黑色锰土层	3.34 m
7. 灰白色白云石英片岩	8.35 m
6. 乳白色薄层状石英岩	1.67 m
5. 灰褐色、黄褐色砂粒状磷灰石岩、磷块岩	32.71 m
4. 乳白色砂粒状白云石大理岩，中薄层夹薄层状含锰层	59.40 m
3. 灰白色薄层状白云石英片岩	14.87 m

═══════ 韧性断层 ═══════

下伏地层：**蒲河杂岩**　灰褐色二云斜长片麻岩

【地质特征及区域变化】　该(岩)组大理岩中有时含石膏及滑石。在南冲庙一带相变为白云石英片岩及含石墨石英片岩，厚205～363 m。

大新屋(岩)组　Pt_1d　(06-34-0011)

【创名及原始定义】　原名大新屋组，安徽311地质队(1982)创名于宿松县大新屋。原指底部为砾岩，往上为石英岩、云母石英片岩、厚层白云质大理岩，不整合于大别山群之上。

【沿革】　该组自创名始，沿用至今。笔者经剖面核查发现，该组为一套总体有序局部无序的变质岩系，故改称为(岩)组，本书所列层序与原层序相反，原来该组所指的底部砾岩为构造角砾岩。

【现在定义】　指出露于宿松县的大新屋、八斗坪、小岗及蕲春孙冲一带，自下而上由厚层白云质大理岩(含滑石云母石英片岩)、石英岩、长石石英岩组成。该组与下伏、上覆地层均为韧性断层接触。

【层型】　正层型为宿松县柳坪乡大新屋剖面(30°20′，115°57′)，安徽311地质队(1982)测制。

上覆地层：**大别山杂岩** 浅肉红色变斑状黑云斜长片麻岩

═══════ 韧性断层 ═══════

大新屋（岩）组	总度厚 608.98 m
15. 浅灰色含砾白云石英片岩(变质砾岩)	10.00 m
14. 灰白色微带褐黄色中细粒石英岩	3.28 m
13. 灰、浅灰色白云石英片岩，含石英团块，粒状磁铁矿具不均匀硅化	5.82 m
12. 棕黑色黑云(蛭石)片岩	0.30 m
11. 浅灰色白云石英片岩夹白云石大理岩凸镜体	210.40 m
10. 乳白色白云石大理岩	13.75 m
9. 浅灰色白云石英片岩	13.96 m
8. 乳白色白云石大理岩	7.62 m
7. 浅灰色白云石英片岩	33.83 m
6. 乳白色白云石大理岩	16.55 m
5. 浅灰色白云石英片岩	42.23 m
4. 乳白色白云石大理岩	31.07 m
3. 浅灰色白云石英片岩	24.77 m
2. 灰、浅灰色细粒石英岩	12.44 m
1. 乳白色含硅质条带白云石大理岩夹白云石英片岩	182.96 m

═══════ 韧性断层 ═══════

下伏地层：**柳坪(岩)组** 白云石英片岩夹大理岩凸镜体

【地质特征及区域变化】 该(岩)组在孙冲一带白云质大理岩顶部夹有含砾砂岩凸镜体。产微古植物 *Trachysphaeridium levis*，*Trematosphaeridium* sp.，*Asperatopsophosphaera* sp.，*Laminarites antiquissimus*，*Prototracheites* cf. *porus*。锆石 U－Th－Pb 法年龄值为 1 850 Ma。

肥东(岩)群 Pt$_1$*F* (06－34－0015)

【创名及原始定义】 原名肥东群，徐嘉炜等(1965)创名于肥东。指分布于肥东桥头集—西山驿一带的变质岩系，自下而上划分为浮槎山组、横山组、双山组。

【沿革】 安徽区调队(1985)、安徽省地矿局(1987)缩小肥东群含义，并将其划分为双山组、桥头集组。笔者经剖面核查及专题研究发现，原肥东群主体是由黑云斜长片麻岩、角闪黑云斜长片麻岩组成，包含斜长角闪岩、黑云片岩、磁铁角闪片岩组成的变形变质侵入体及表壳岩系，本书称为阚集杂岩；仅原双山组残存有断续延伸、厚薄不等的含磷变质岩系，本书称为肥东(岩)群。

【现在定义】 指分布于肥东与巢湖交界处桥头集一带，以含磷、含锰为特征的较单一的碳酸盐岩系。未见顶、底，接触关系不明。

【层型】 正层型为肥东县桥头集镇双山剖面(31°45′，117°33′)，安徽区调队(1978)重测。

肥东(岩)群	总厚度＞247.39 m
15. 白、灰白色厚—巨厚层中细粒灰质白云石大理岩。(顶部被闪长岩侵入)	＞98.76 m
14. 青灰色薄层中细粒含金云母白云质大理岩	25.12 m
13. 白、灰白色中厚层细粒白云石大理岩，有石英闪长玢岩侵入	7.84 m
12. 青灰色薄层细粒大理岩	24.60 m

11. 青灰色混合岩化含透闪石片岩，时夹大理岩凸镜体 7.26 m

10. 浅灰、灰白色薄层中细粒白云质大理岩，下部含橄榄石。单层厚 5～15 cm 46.83 m

9. 灰黑、黑绿色细粒斜长角闪岩 14.67 m

8. 灰白、玫瑰红色厚层细粒白云质大理岩 3.91 m

7. 灰黄、粉黄色薄层细粒磷灰岩 12.71 m

6. 浅灰、灰绿色薄层透闪石大理岩，夹斜长角闪岩及锰土层 5.69 m

……………… 接触关系不明 ………………

下伏地层：阚集杂岩 黑绿色角闪斜长片麻岩

【地质特征及区域变化】 该(岩)群主要分布于肥东与巢湖交界处桥头集一带的龙泉山、横山、双山、白马山、大横山及青阳山一带，以含磷、锰为特征的碳酸盐岩系。下部为青灰、灰白、玫瑰色薄—厚层白云质大理岩及大理岩，夹含橄榄石白云质大理岩及少量灰绿色斜长角闪片岩和斜长角闪岩，底部为灰黄、浅灰色硅质磷灰岩及锰土层，厚 115 m，为含磷的主要层位，磷灰岩一般为 1～2 层，皆与锰土层伴生；上部以灰白、乳白色中厚—巨厚层白云石大理岩为主，夹少量灰色薄层含金云母白云质大理岩，厚度大于 132 m。白云石大理岩含氧化镁(MgO) 达 20%以上，可作冶金熔剂和耐火材料。桥头集双山厚度大于 247 m。在双山北大横山一带，顶部片岩增多，厚 142 m。

佛子岭(岩)群 ZD*F* (06-34-0001)

【创名及原始定义】 原名佛子岭片岩系，张祖还(1957)创名于佛子岭。原指分布于大别山北麓佛子岭一带浅变质岩系，“以石英岩、石英云母片岩、千枚岩、板岩为主和较老的变质岩系呈不整合接触”。

【沿革】 徐嘉炜 (1962) 称佛子岭群，并将其下的一套片岩及片麻岩系称卢镇关群。安徽区调队(1974b)将徐氏两群统称佛子岭群。嗣后，该队(1985)又恢复徐氏所划的两群(卢镇关群：小溪河组、仙人冲组；佛子岭群：祥云寨组、潘家岭组、诸佛庵组)。安徽区调队(1992b)在该区进行了 1∶5 万地质填图后认为，原卢镇关群与佛子岭群是一套局部无序总体有序的成层有序变质岩系，将其统称为佛子岭(岩)群。通过构造地层研究，对原层序进行了修订。原祥云寨组与诸佛庵组之间实为一套以灰绿色中薄—中厚层绿泥白云石英片岩为主的标志层组合，新建了黄龙岗(岩)组；诸佛庵组的上部为一套以灰黄色薄—中薄层石英岩与白云(二云)石英片岩组成的特征岩性组合，其岩性单一且稳定，故将其分出，新建八道尖(岩)组。区内潘家岭(岩)组构成复式叠加向斜的核部，为佛子岭(岩)群最上一个构造地层单位。

【现在定义】 指分布于大别山北麓佛子岭一带的以石英岩、石英片岩为主的一套变质岩系，自下而上包括：郑堂子(岩)组、仙人冲(岩)组、祥云寨(岩)组、黄龙岗(岩)组、诸佛庵(岩)组、八道尖(岩)组、潘家岭(岩)组。与下伏、上覆地层及组间均为韧性断层接触。

【其他】 佛子岭(岩)群为高绿片岩相区域变质岩系，由变基性火山岩、浅粒岩、变凝灰岩及以石英砂—砂泥质—钙泥质为主变质而成的各类云母石英片岩、云母片岩、大理岩等组成，属变质火山-沉积岩系，为浅海槽盆相类复理石建造。该(岩)群主要经受两期变形变质作用。早期发育各类顺层仰卧褶皱(F_1)、层间剪切带、连续劈理带(包括层理置换、糜棱岩化带、石香肠带)，构成典型的褶叠层构造；晚期为紧密斜歪褶皱(F_2 及以折劈理和褶皱线理为标志的变形)。两期褶皱组成非共轴的叠加褶皱，晚期和造山带平行，呈 NWW 向；早期与其垂直，可能呈 NNE 向。各(岩)组间接触界面多为韧性断层，并有不同程度的滑断剪切。因此，

(岩)群内各岩层的原始基本层序和厚度均难以确切查明。

该(岩)群已采获较多的微古植物。郑文武(1964)在霍山县诸佛庵石墨片岩中采获 *Protosphaeridium* sp., *Trematosphaeridium* sp., *Taeniatum* sp., *Polyporata obsoleta* 等。安徽区调队(1974b)在佛子岭附近二云石英片岩中采获 *Laminarites antiquissimus*, *Stenomarginata pussila*,在诸佛庵东梁家滩一带黑云石英片岩中采获 *Protosphaeridium* sp., *Trematosphaeridium* sp., *Polyporata* sp., *P. obsoleta*。上述微古植物分子可从晚前寒武纪延续到晚古生代。

该区6个同位素年龄(K-Ar)数据,除一个样为122 Ma外,其余都介于208 Ma~371 Ma之间。这些年龄应为变质年龄,说明该区华力西—印支期变质改造占主导地位,燕山运动的改造不强烈,故基本上保留了主期变质年龄值。

笔者在野外调研过程中获息:

(1) 在商城杨山,于胡油坊组底部含砾岩层中,见有佛子岭(岩)群砾石。

(2) 据河南区调队(1995)资料,在商城幅1:5万地质填图中,于石门冲白云质大理岩内采获单房有孔虫、海百合茎等化石,确认其为奥陶纪地层。

(3) 信阳南湾水库附近于南湾组已采获较多相当于中晚泥盆世孢粉组合。

(4) 叶伯丹等(1993)于河南原苏家河群浒湾组白云质大理岩中采获腕足类(有铰纲)化石,以及在原苏家河群的定远组变火山岩层中测得K-Ar法年龄值为404±43 Ma。

(5) 西安地质学院(1994)在豫陕交界处的刘岭祥大理岩层下部地层中,采获大量相当于震旦纪的孢粉组合。

根据上述资料分析,本书暂将佛子岭(岩)群时代归于震旦纪—泥盆纪。

郑堂子(岩)组 ZDẑ (06-34-0002)

【创名及原始定义】 安徽区调队(1992b)创名于金寨县郑堂子村。意指分布于金寨县皂河—郑堂子一带,以云母石英片岩、变粒岩夹薄层大理岩为主的一套变质岩,与下伏、上覆地层均为韧性断层接触。

【沿革】 笔者经剖面核查认为,该套地层特征明显,本书予以采用。

【现在定义】 与原始定义相同。

【层型】 正层型为金寨县龚店乡郑堂子剖面(31°40′,116°00′),安徽区调队(1992b)测制。

上覆地层:仙人冲(岩)组 灰黑色厚层条带状糜棱岩化变晶大理岩

═══════ 韧性断层 ═══════

郑堂子(岩)组 总厚度 973.64 m

19. 灰绿色中厚层(风化后呈薄层状)绿泥绢云千糜岩,岩性致密,有闪长玢岩脉一条,岩石风化后呈泥状 119.26 m

18. 青灰色中厚层(夹薄层)绢云方解石千糜岩、绿泥绢云千糜岩,岩石致密,外貌与泥灰岩相似,糜棱面理(条纹状)发育,风化后成薄层页片状,中部夹一层厚约30 cm的白色条带状糜棱岩化大理岩 65.58 m

17. 以灰白色为主,夹灰—黑灰色条带状糜棱岩化大理岩(条带状大理岩质糜棱岩),顺层掩卧褶皱发育 42.93 m

16. 灰黑、黑色中厚层糜棱岩(原岩为黑云变粒岩、黑云斜长片岩) 109.93 m

15. 灰白、灰黑色中薄层条带状糜棱岩化大理岩,夹黑色中薄层糜棱岩(黑云片岩) 2.07 m

14. 黑色厚层含砾糜棱岩(白色或红色,一般为2~3 mm,大者达10 mm),糜棱岩条

带发育　73.12 m

13. 灰白、灰黑色中厚层条带状糜棱岩化大理岩夹糜棱岩　1.59 m

12. 黑色中厚层含砾糜棱岩，具条带状构造　69.50 m

11. 灰白色中薄层糜棱岩化大理岩，发育顺层掩卧褶皱，其倒向指示岩层向北逆冲　3.09 m

10. 黑色厚层含砾糜棱岩，发育条纹状(糜棱条带)构造　39.74 m

9. 黑色厚层含砾糜棱岩，条纹构造发育，夹糜棱岩化大理岩。本层含有大量的白色细砾，砾(长石)一般成碎斑出现，1.5 mm 大小，顺层掩卧褶皱特别发育，见有凸镜状含榴角闪片岩。原岩可能为火山岩或斜长变粒岩　77.60 m

8. 黑色块层状糜棱岩，硅化较为强烈，局部可含砾　21.31 m

7. 灰白色中层糜棱岩化绿泥石大理岩，具黄铁矿化　1.98 m

6. 黑色厚层含砾糜棱岩，发育顺层掩卧褶皱，具碎裂化现象。原岩可能为斜长黑云变粒岩、黑云片岩　273.96 m

5. 斜长花岗斑岩脉　7.7 m

4. 灰、灰黑色薄层条带状糜棱岩化大理岩，岩层成舒缓波状　51.00 m

3. 灰黑色中厚层糜棱岩，后期碎裂岩化　8.44 m

2. 黑、灰黑色厚层糜棱岩，具碎裂化现象　1.61 m

1. 黑、灰黑色硅化构造角砾岩，原岩为糜棱岩。(未见底)　3.98 m

〔注〕底与侏罗纪三尖铺组砾岩呈断层接触。

【地质特征及区域变化】 以糜棱岩化构造岩为主。下部为含砾云母石英片岩，变基性火山岩、变粒岩；上部为糜棱岩化黑云斜长变粒岩、变砾状(碎斑状)黑云石英片岩、石英片岩、白云石英片岩夹薄层白云质大理岩、钙质片岩。视厚度大于 900 m。在郑堂子西灰冲一带出现变浅粒岩、变基性火山岩、石墨片岩、变含砾岩层等。

仙人冲(岩)组　ZD*x*　(06-34-0003)

【创名及原始定义】 原名仙人冲组，徐嘉炜(1961)创名于霍山县仙人冲。意指一套厚层白云质大理岩。

【沿革】 安徽区调队(1974b)将其扩大到包括原仙人冲组与大理岩有关的一套片岩、大理岩组合。该队(1992b)据其变形变质特征，改称为仙人冲(岩)组，沿用至今。

【现在定义】 指分布于由佛子岭(岩)群构成的叠加向斜两翼，由中厚层白云质大理岩与石英片岩、千枚岩组成的变质岩系。该(岩)组与下伏、上覆地层均为韧性断层接触。

【层型】 正层型为霍山县诸佛庵镇仙人冲剖面(31°23′，116°09′)，安徽区调队(1992b)重测。

上覆地层：祥云寨(岩)组　灰黄色薄层(假厚层)质纯石英岩，夹少量白云石英片岩

═══ 韧性断层 ═══

仙人冲(岩)组　总厚度 215.61 m

7. 土黄色薄层页片状白云片岩夹（或互层）白云石英片岩，姜家畈一带见石墨片岩　91.39 m

6. 灰白、灰黑色条带状糜棱岩化大理岩　19.11 m

5. 土黄色中薄—中层白云石英片岩，夹含云石英岩　31.00 m

4. 灰白色块状糜棱岩化大理岩，顺层掩卧褶皱发育　74.11 m

═══ 韧性断层 ═══

下伏地层：**大别山杂岩　钾长片麻岩**

【地质特征及区域变化】　该(岩)组由中厚层白云质大理岩、含石墨云母石英片岩、钙质千枚岩组成。岩层内发育顺层掩卧褶皱与层间剪切构造，与祥云寨(岩)组、郑堂子(岩)组均为韧性断层接触。在区域上，该(岩)组下部片岩和大理岩以及与其伴生的含石墨片岩的发育程度不一。在南部地区，大理岩较发育，直接覆于郑堂子(岩)组之上，多数情况下，大理岩只呈凸镜状沿走向断续出露，但与大理岩相伴生的片岩却较稳定，石墨片岩或含石墨云母片岩仅在西部杨家楼等地较发育。

祥云寨(岩)组　ZD*xy*　(06－34－0004)

【创名及原始定义】　原名祥云寨组，徐嘉炜(1961)创名于霍山县祥云寨。意指分布于霍山祥云寨一带的灰白、灰黄色石英岩层。

【沿革】　安徽区调队(1992b)在进行1∶5万油店等四幅地质调查时，据其变形变质特征，将该组改称为祥云寨(岩)组。本书沿用。

【现在定义】　指分布于霍山县祥云寨一带的灰白色薄板状石英岩，往上为中厚层石英片岩及含绢云石英片岩组合地层。与下伏、上覆地层均为韧性断层接触。

【层型】　正层型为霍山县诸佛庵镇仙人冲剖面(31°23′，116°06′)，安徽区调队(1992b)重测。

上覆地层：**黄龙岗(岩)组**　灰绿色薄层白云石英片岩，夹少量石英岩

═══════ **韧性断层** ═══════

祥云寨(岩)组	总厚度 311.77 m
11. 土黄色中薄层石英岩和土黄色薄层白云石英片岩互层	177.75 m
10. 灰白色薄层(假厚层状)石英岩，岩性致密坚硬，突出地表成陡崖	57.26 m
9. 灰黄色薄层白云石英片岩	55.70 m
8. 灰黄色薄层(假厚层状)纯石英岩，夹少量白云石英片岩	21.06 m

═══════ **韧性断层** ═══════

下伏地层：**仙人冲(岩)组**　土黄色薄层页片状白云片岩夹(或互层)白云石英片岩

【地质特征及区域变化】　该(岩)组下部为薄层(假厚层)石英岩夹少量白云石英片岩，发育紧密褶皱，视厚度大于134 m。上部为薄层含云母石英岩与薄层白云石英片岩互层夹白云片岩，视厚度大于117 m。该(岩)组岩性单一、稳定，组成陡峭山脊，为较好的标志层。在走向上有时以石英片岩为主，局部底部含砾。厚度有自西向东增厚的趋势，总变化在75～477 m之间。石英岩呈均粒变晶结构，含 SiO_2 92%～97%，耐火度1 730℃～1 770℃。一般可作建筑石料，佳者可作型砂、熔剂及硅砖原料。

黄龙岗(岩)组　ZD*h*　(06－34－0005)

【创名与原始定义】　安徽区调队(1992b)创名于霍山县黄龙岗。意指介于祥云寨(岩)组与诸佛庵(岩)组之间的绿泥白云石英片岩夹白云-斜长石英岩标志层组合。与下伏、上覆地层均为韧性断层接触。

【沿革】　该组自创名始，沿用至今。

【现在定义】 同原始定义。

【层型】 正层型为霍山县诸佛庵镇黄龙岗剖面(31°23′,116°09′),安徽区调队(1992b)测制。

上覆地层:诸佛庵(岩)组 灰黑色中薄—中厚层黑云石英片岩,夹少量中薄层石英岩

═══════ 韧性断层 ═══════

黄龙岗(岩)组 总厚度 858.67 m

16. 绿色薄层(页片状)含绿帘白云片岩,夹少量白云石英片岩,普遍具褐色斑点,经历了强烈的构造置换作用而致,片理特别发育 470.79 m

15. 灰黑色薄层白云石英片岩与土黄色中薄层含云石英岩互层 56.38 m

14. 绿色薄层含绿帘白云石英片岩与白云片岩互层,普遍具斑点,片理极其发育 175.38 m

13. 灰绿色薄层白云石英片岩夹白云片岩,夹少量长石石英岩,向上长石石英岩增多 65.12 m

12. 灰绿色薄层白云石英片岩,夹少量石英岩,风化后岩层常见叶片状 91.00 m

═══════ 韧性断层 ═══════

下伏地层:祥云寨(岩)组 土黄色中薄层石英岩和土黄色薄层白云石英片岩互层

【地质特征及区域变化】 该(岩)组岩性稳定,各地变化不大。下部为灰绿色、绿色白云石英片岩,夹灰黄色含云母斜长石英岩;上部为灰绿色斑点状云母片岩、斜长绿泥白云片岩。视厚度 859 m,褶叠层构造发育。与下伏、上覆地层均为韧性断层接触。

诸佛庵(岩)组 ZD$\hat{z}f$ (06-34-0006)

【创名及原始定义】 原名诸佛庵组,安徽区调队(1974b)创名于霍山县诸佛庵。原指一套含钙质黑云石英片岩岩层。

【沿革】 安徽区调队(1992b)在进行1∶5万区调时改称诸佛庵(岩)组,将其上部石英岩划出另建八道尖(岩)组。本书采用安徽区调队(1992b)改称的诸佛庵(岩)组。

【现在定义】 指分布于霍山县诸佛庵一带,以黑色绿帘、黑云石英片岩、斜长黑云石英片岩为主的一套变质片岩系。与下伏、上覆地层均为韧性断层接触。

【层型】 正层型为霍山县诸佛庵剖面(31°23′,116°09′),安徽区调队(1992b)重测。

上覆地层:八道尖(岩)组 灰黄色薄层质纯石英岩,夹薄层石英片岩

═══════ 韧性断层 ═══════

诸佛庵(岩)组 总厚度 2 727.45 m

23. 风化后土黄色,新鲜面灰黑色薄板状黑云石英片岩,以发育大量膝折为特征 130.23 m

22. 灰黑色薄板状夹中厚层黑云石英片岩夹含榴黑云片岩,普遍具皱纹、条带状构造,夹少量石英岩 206.08 m

21. 灰黑色中厚层夹中薄层板状黑云石英片岩,岩层均匀致密,层面整齐 607.07 m

20. 灰黑色薄—中薄层条带状、条纹状黑云石英片岩夹灰黄色中薄层石英岩含云长石石英岩 583.79 m

19. 灰黑、灰绿色中厚层黑云石英片岩,夹薄板状含榴黑云片岩,条带、条纹状构造特别发育,岩层层面整齐 392.20 m

18. 黑色厚层—块状绿帘黑云变粒岩、黑云片岩,有时和黑云石英片岩互层,普遍含石榴石 435.02 m

17. 灰黑色中薄—中厚层黑云石英片岩，夹少量中薄层石英岩，条纹、条带状构造发育 373.06 m

═══ 韧性断层 ═══

下伏地层：**黄龙岗(岩)组** 绿色薄层(页片状)含绿帘白云片岩，夹少量白云石英片岩

【地质特征及区域变化】 该(岩)组以黑色绿帘黑云石英片岩、斜长黑云石英片岩为主，夹绿帘黑云变粒岩、黑云片岩、薄层石英岩。视厚度 2 700 m。产微古植物 *Protosphaeridium* sp.，*Trematosphaeridium* sp.，*Polyporata obsoleta*，*Taeniatum* sp.，*Laminarites antiquissimus*，*Stenomarginata pusilla*。该(岩)组以韵律条带为特征。与下伏黄龙岗(岩)组、上覆八道尖(岩)组均为韧性断层接触。

八道尖(岩)组 ZD*b* (06-34-0007)

【创名及原始定义】 安徽区调队(1992b)创名于霍山县诸佛庵镇八道尖。意指诸佛庵(岩)组之上的一套薄板状黑云石英片岩为特征的标志层组合。

【沿革】 该(岩)组自创名始，沿用至今。

【现在定义】 指分布于霍山县八道尖一带，以薄层石英片岩为主，与中薄层石英岩组成一标志层组合。与下伏、上覆地层均为韧性断层接触。

【层型】 正层型为霍山县诸佛庵镇八道尖剖面(31°23′，116°09′)，安徽区调队(1992b)测制。

上覆地层：**潘家岭(岩)组** 灰黑色中—中厚层二云石英片岩夹斜长黑云石英片岩

═══ 韧性断层 ═══

八道尖(岩)组 总厚度 912.68 m

25. 灰黑色中厚层，风化后呈薄板状的二云(白云)石英片岩，片理面整齐，夹石英岩 352.38 m

24. 灰黄色薄层质纯石英岩，夹薄层石英片岩，局部两者呈互层状 560.30 m

═══ 韧性断层 ═══

下伏地层：**诸佛庵(岩)组** 风化后土黄色，新鲜面灰黑色薄板状黑云石英片岩

【地质特征及区域变化】 该(岩)组岩性单一，与上下(岩)组岩性差异大，特征明显，主要为灰黄色薄—中薄层石英岩、长石石英岩夹白云(二云)石英片岩或与之互层。偏上部出现较多中厚层石英岩，厚约 270～913 m。岩层内发育紧密褶皱和层间剪切滑断，与诸佛庵(岩)组、潘家岭(岩)组均为韧性断层接触。

潘家岭(岩)组 ZD*p* (06-34-0008)

【创名及原始定义】 原名潘家岭组，安徽区调队(1974b)创名于霍山县诸佛庵镇北潘家岭。意指以纹层状云母石英片岩为主的一套片岩系。

【沿革】 安徽区调队(1992b)在进行 1∶5 万油店等四幅区调时发现，该组为佛子岭(岩)群最上部地层，故在层序上予以纠正，并根据变形变质特征改称为潘家岭(岩)组。本书采用潘家岭(岩)组。

【现在定义】 指分布于霍山县潘家岭一带，以白云石英片岩为主的变质岩系。与下伏地层八道尖(岩)组为韧性断层接触，上未见顶。

【层型】 正层型为霍山县诸佛庵镇潘家岭剖面(31°23′，116°09′)，安徽区调队(1974b)测制。

潘家岭（岩）组　　总厚度＞1 423.75 m

31. 灰绿色薄层状黑云斜长变粒岩，片理发育。(未见顶)　　＞18.27 m

30. 青灰、灰黑色厚层白云片岩和白云石英片岩互层，总体以白云石英片岩为主，发育少量石英脉　　319.22 m

29. 青灰、灰黑色薄板状白云石英片岩，片理发育，沿片理面白云母常聚集成层　　54.08 m

28. 灰黑、青灰色中薄层（常呈假厚层状）白云（二云）石英片岩　　202.00 m

27. 灰黑色中厚层白云片岩和白云石英片岩互层，本层白云母片常独立成层，皱纹线理和顺层掩卧褶皱均较发育　　147.70 m

26. 灰黑色中—中厚层二云石英片岩，夹斜长黑云石英片岩　　682.48 m

═══════ 韧性断层 ═══════

下伏地层：八道尖(岩)组　灰黄色薄板状白云石英片岩

【地质特征及区域变化】 该(岩)组处于复式叠加向斜的核部。下部为灰绿、灰黑色薄层含绿帘白云片岩与斜长白云石英片岩互层；上部为灰绿、青灰色厚层斜长白云石英片岩、二长白云石英片岩、斜长变粒岩、白云片岩、绿帘石英岩。岩层内发育早期紧密平卧褶皱和两期叠加褶皱。总厚度大于 1 400 m，未见顶。

张八岭(岩)群　$Pt_{2-3}\hat{Z}$　(06－34－0012)

【创名及原始定义】 原名张八岭系，张鉴模(1958)创名于嘉山县张八岭。意指一套“片岩和千枚岩”，认为其与下伏层呈不整合接触，并指出有“若干中酸性变质火山岩及凝灰岩的夹层”。

【沿革】 徐嘉炜等(1965)称张八岭群。安徽区调队(1977a)将张八岭群分为北将军组和张八岭组，并确定其上部是以酸性为主的变质火山岩系。此后，南京大学地质系(1978)及中国科学院地质研究所、中国科技大学地球化学专业(1977)等单位，对这套变质火山岩系的生成环境、岩石化学特征及同位素地质年龄等方面进行了专题研究，认为是一套细碧-石英角斑岩系。按《中国地层指南及中国地层指南说明书》命名原则，群、组不能同名，故安徽区调队(1985)改张八岭组为西冷组。安徽区调所(1994)通过 1∶5 万地质填图查明，该群经历多期变形变质，地层间接触界面多为韧性断层，岩层内部基本层序及厚度等难以查明，故将其改称为张八岭(岩)群，包括北将军(岩)组和西冷(岩)组。本书采用安徽区调所(1994)改称后的地层名称。

【现在定义】 指分布于滁州张八岭一带的浅变质岩系，其下以千枚岩、大理岩为主，其上为以石英角斑岩为主的一套变质火山岩系，下未见底、上与周岗组为平行不整合接触。自下而上分为北将军(岩)组和西冷(岩)组。

北将军(岩)组　Pt_2bj　(06－34－0013)

【创名及原始定义】 原名北将军组，安徽区调队(1977a)创名于滁州市北将军山。原指“下部以嘉山县老嘉山集钻孔剖面为代表，岩性为白云质大理岩，大理岩化灰岩夹千枚岩；上部以北将军剖面为代表，岩性为绢云石英千枚岩”。

【沿革】 安徽区调所(1994)在1∶5万东王集等两幅区调中发现，该组为总体有序局部无序的变形变质体，故改称为(岩)组。本书采用北将军(岩)组。

【现在定义】 指分布于张八岭一带的大理岩及千枚岩组合，下未见底，与上覆西冷(岩)组呈韧性断层接触。

【层型】 正层型为滁州市北将军山剖面(32°18′，118°05′)，安徽区调队(1977a)测制；次层型为嘉山县老嘉山集钻孔剖面(32°33′，118°16′)，安徽312地质队(1985)测制。滁州市北将军山剖面如下：

上覆地层：西冷(岩)组 石英角斑岩，硅化及糜棱岩化

═══════ 韧性断层 ═══════

北将军(岩)组	总厚度>818.67 m
15. 黄绿色千枚岩，零星出露	47.75 m
14. 黄绿色条纹状绢云石英千枚岩	64.28 m
13. 灰白、灰绿色条纹状绢云石英千枚岩	7.64 m
12. 黄绿、灰绿色条纹状绢云千枚岩	22.86 m
11. 黄绿色绢云石英千枚岩	15.84 m
10. 黄绿、灰绿色绢云石英千枚岩	95.14 m
9. 黄绿、墨绿色绢云片岩及绢云石英片岩	58.74 m
8. 墨绿色条纹状绢云石英片岩	95.62 m
7. 黄绿色绢云石英千枚岩	187.05 m
6. 黄绿色绿泥绢云千枚岩	51.26 m
5. 黄绿色绿泥绢云石英千枚岩	71.50 m
4. 黄绿色绢云石英千枚岩	47.46 m
3. 黄绿、墨绿色绢云石英千枚岩，局部含钙质结核	40.70 m
2. 黄绿、黄褐色含锰千枚岩，夹灰色凸镜状含碎屑灰岩	0.61 m
1. 黄绿色云母石英片岩。(未见底)	>12.22 m

嘉山县老嘉山集钻孔剖面

北将军(岩)组	总厚度>610.51 m
36. 灰黑、灰绿色千枚岩，含石墨及半石墨。(未见顶)	>167.13 m
35. 灰黑色含石墨千枚岩，纹层状绢云石英片岩，顶部有闪长岩侵人	23.79 m
34. 深灰色大理岩化灰岩	7.89 m
33. 深灰色千枚岩	62.22 m
32. 深灰色大理岩化灰岩	4.86 m
31. 深灰色千枚岩	1.87 m
30. 深灰色大理岩化灰岩	14.21 m
29. 深灰色角闪片岩	3.63 m
28. 深灰色大理岩	21.94 m
27. 灰白色白云质大理岩化灰岩	30.00 m
26. 深灰色泥质千枚岩、变粉砂岩	7.38 m
25. 深灰色变粉砂岩夹大理岩	3.21 m
24. 深灰色角闪片岩	1.15 m
23. 深灰色大理岩化灰岩夹角闪片岩	24.34 m

22. 灰白色白云质大理岩，含星点状黄铁矿 12.57 m
21. 灰绿色纹层状变粉砂岩 1.00 m
20. 灰白色条带状白云质大理岩 7.33 m
19. 灰白色白云质大理岩，顶部有闪长岩脉侵入 3.29 m
18. 灰褐、灰绿色千枚岩 0.95 m
17. 灰白色白云质大理岩夹少量滑石片岩 30.29 m
16. 绿泥千枚岩 0.25 m
15. 灰白色白云质大理岩，含星点状黄铁矿 35.21 m
14. 深灰色钙质千枚岩 0.41 m
13. 灰白色白云质大理岩 3.77 m
12. 深绿色钙质千枚岩 3.24 m
11. 白色白云质大理岩 2.51 m
10. 绿泥千枚岩 0.86 m
9. 灰白色白云质大理岩，具条带状构造 4.01 m
8. 深绿色绿泥千枚岩 5.82 m
7. 白色白云质大理岩，含星点状黄铁矿 3.66 m
6. 白色含石膏白云质大理岩 44.66 m
5. 白色白云质大理岩 10.95 m
4. 灰白色钙质千枚岩 3.26 m
3. 灰白色硅化白云质大理岩，有石英闪长玢岩脉侵入 20.07 m
2. 灰白色白云质大理岩，有闪长玢岩侵入 10.73 m
1. 灰白色白云质大理岩 32.05 m

═══════ 韧性断层 ═══════

黑云钾长片麻岩

【地质特征及区域变化】 该(岩)组主要分布于滁州南将军、北将军、张浦郢一带，岩性稳定，厚度大于 1 239 m，其下部为白云质大理岩夹少量千枚岩、变质砂岩，中部为绢云石英片岩、千枚岩、变质砂岩，上部为绢云石英片岩、千枚岩夹石墨片岩。(岩)组内岩层因经受强烈变形，已形成糜棱岩化大理岩和构造片岩，并发育多期面理和紧闭褶皱，其层位和时代需进一步研究确定。本书暂将其置于中元古代。

西冷(岩)组 $Pt_{2-3}x$ (06-34-0014)

【创名及原始定义】 原名西冷组，安徽区调队(1985)创名于滁州市施家集附近的西冷村。意指张八岭群的上部岩层，是一套以酸性为主的火山岩系。

【沿革】 安徽区调所(1994)在 1∶5 万东王集等两幅区调中发现，该地层是变形变质岩石组合，为总体有序而局部无序的一套酸性火山岩系，故将其改称为(岩)组。本书同意这一观点，采用西冷(岩)组。

【现在定义】 指分布于张八岭地区的一套灰白、灰绿色石英角斑岩，石英角斑质凝灰熔岩、凝灰角砾岩、熔凝灰岩、角砾凝灰岩，夹同色细碧岩、细碧质凝灰角砾熔岩及少量变质粉砂岩的酸性火山岩系。下与北将军(岩)组为韧性断层接触，上与周岗组为平行不整合接触。

【层型】 正层型为滁州市施家集西冷村附近的铜庄子(118°′05，32°10′)，安徽区调队(1977a)测制。

上覆地层：**周岗组**　灰绿色粉砂质千枚岩

——————— 平行不整合 ———————

西冷(岩)组	总厚度>878.15 m
上部	厚度>342.21 m
39. 石英角斑岩	18.20 m
38. 紫灰色石英角斑质凝灰角砾岩	3.30 m
37. 石英角斑岩，局部硅化，上部含少量岩屑	19.64 m
36. 灰绿色细碧岩，含气孔与杏仁体，杏仁体多为绿帘石和方解石，顶部气孔被锰质充填，见石英镜铁矿细脉贯入	35.24 m
35. 细碧质凝灰角砾熔岩，夹细碧岩凸镜体，凸镜体长 10 m，宽 3 m，局部孔雀石化	25.24 m
34. 深灰、灰色石英角斑质角砾凝灰岩	21.32 m
33. 灰绿色变细碧岩，气孔构造发育，具绿帘石化	6.51 m
32. 铅灰色石英角斑质角砾凝灰岩	14.07 m
31. 细碧岩	19.25 m
30. 灰绿、铅灰色千枚岩	2.40 m
29. 深绿、肉红色石英角斑质凝灰熔岩，上部含砾及岩屑	61.85 m
28. 灰绿、灰色细碧岩，绿帘石化，多数可见气孔构造，局部充填锰质，顶部为暗灰色细碧质角砾凝灰岩	28.67 m
27. 浅绿、灰绿色石英角斑质凝灰熔岩	62.27 m
26. 暗紫色石英角斑质凝灰角砾岩	>24.25 m

══════ 韧性断层 ══════

下部	厚度>535.94 m
25. 灰绿色变凝灰质粉砂岩，具细条带	>24.12 m
24. 浅灰绿色石英角斑质熔凝灰岩，下部岩屑增多	23.59 m
23. 灰绿色石英角斑质凝灰熔岩	134.55 m
22. 灰白、浅灰绿色石英角斑岩，局部含岩屑与晶屑。局部黄铁矿化	204.58 m
21. 灰绿色英安质凝灰熔岩	1.30 m
20. 浅灰绿色变质粉砂岩，具微细层理	2.67 m
19. 灰白色石英角斑岩	18.58 m
18. 石英角斑质凝灰熔岩，碎裂和糜棱岩化	66.60 m
17. 石英角斑岩，硅化及糜棱岩化	59.95 m

══════ 韧性断层 ══════

下伏地层：**北将军(岩)组**　黄绿色千枚岩

【地质特征及区域变化】　该(岩)组下部以变石英角斑岩、各类变凝灰熔岩、变熔凝灰岩为主，夹少量变细碧岩和千枚岩，上部为杂色千枚岩(变熔凝灰岩)及变细碧岩。在细碧岩和石英角斑岩中常见有气孔和杏仁构造。偶尔出现灰岩、石英岩、含砾砂岩夹层。因经受多期变形变质，形成面理化程度不同的各类片岩(白云石英片岩、绿泥白云石英片岩)和千枚岩，局部具有蓝闪石片岩。与北将军(岩)组为构造(韧性断层)接触，与上部震旦系周岗组为平行不整合接触。

该(岩)组产微古植物 *Trachysphaeridium* sp.，*Leiominuscula* sp.，*Gloeocapsamorpha* sp.，*Polyedrosphaeridium* sp.，*Retinarites*，在含铁石英岩经电镜照相发现有 *Huroniospora* sp.，*Mixococcoides* sp. 及微古植物细胞(据尹磊明等，1977)；江苏区调队也发现有 *Protoleiosph-*

aeridium sorediforme。西冷(岩)组的变质年龄值为1 031～800 Ma，含铁硅质岩的锆石U-Th-Pb法年龄值为1 026 Ma，细碧岩全岩Pb法年龄值为1 031 Ma。其时代为中—晚元古代。

周岗组　$Z_1\hat{z}$　(06-34-1018)

【创名及原始定义】　徐嘉炜等(1965)创名于全椒县周岗村。意指张八岭片岩之上，苏家湾冰碛岩之下的一套浅变质千枚岩系。

【沿革】　该组自创名始，沿用至今。

【现在定义】　指分布于滁州张八岭地区的一套千枚岩系，一般与浅变质粉砂岩、砂岩组成不等厚韵律层。底界以粗砂岩或千枚状含砾砂岩为标志与下伏西冷(岩)组片岩分界，为平行不整合接触；顶以千枚岩不含砾为标志与上覆苏家湾组含砾千枚岩分界，呈整合接触。

【层型】　创名时未指定正层型剖面，现指定滁州市施家集小范林场剖面为选层型(32°17′，118°15′)，安徽区调所(1994)测制。

上覆地层：苏家湾组　灰绿、灰黄色含砾千枚岩

——————— 整　合 ———————

周岗组　　总厚度 1 040.00 m

22. 灰黄色绢云石英片岩(粉砂质泥岩)。顺片理面S_1发育大量的长英质脉，且呈凸镜状，另外还发育一组近EW向的石英脉。可见三期变形　80.00 m
21. 灰绿色粉砂质千枚岩(粉砂质泥岩)，平行于千枚理S_1发育石英脉　40.00 m
20. 灰绿色变质细粒长石杂砂岩夹2～3层同成分的含砾砂岩。砾石普遍被压扁拉长。粒序层理发育　40.00 m
19. 青灰色绢云片岩(泥岩)。沿S_1面发育大量的长英质脉体　20.00 m
18. 灰黄、青灰色粉砂质千枚岩(粉砂质泥岩)，上部夹有灰黄、浅肉红色绢云石英片岩(石英砂岩)　70.00 m
17. 灰黄色变质中—细粒长石杂砂岩夹青灰色变粉砂质泥岩　150.00 m
16. 下部为灰绿色千枚状板岩(粉砂质泥岩)，上部为灰白色千枚状泥质粉砂岩，水平纹层发育　60.00 m
15. 灰黄色变质含泥质石英粉砂岩，中夹有变质含砾砂岩。沿S_1面发育石英脉　140.00 m
14. 灰黄色变质含泥质石英粉砂岩，中夹有变质长石砂岩及灰紫色硅质条带。粒序层发育　130.00 m
13. 灰黄色变质砂质泥岩　20.00 m
12. 灰绿色变质粗—中粒岩屑杂砂岩夹有数层变质砾岩及灰紫色硅质条带，韵律清楚，粒序层理发育。还夹有一条宽约5 m的灰绿色变闪长玢岩脉。发育“B型”褶皱　40.00 m
11. 灰白色略带绿色绢云石英片岩，原岩可能为细粒石英砂岩，出现少量的方解石等变质矿物　20.00 m
10. 灰黄色块层状变质岩屑砂岩、千枚状粉砂质板岩及变含砾砂岩组成的韵律层。粒序层理向上变细，水平纹层发育；可见F_1紧闭同斜褶皱、“B型”褶皱　40.00 m
9. 灰白色变石英角斑岩或变流纹岩　60.00 m
8. 灰白色绢云石英片岩，原岩可能为变流纹岩或长石石英砂岩　100.00 m
7. 灰黄色、黄绿色绢云千枚岩(粉砂质泥岩)，粒序层理、水平纹层发育。由粗砂岩、粉细砂岩及泥岩组成基本层序，向上变细　30.00 m

——————— 平行不整合 ———————

下伏地层：西冷(岩)组　灰白色略带绿色绢云(石英)片岩(流纹质晶屑凝灰岩)

【地质特征及区域变化】 该组与下伏张八岭(岩)群不同层位呈平行不整合接触，与上覆苏家湾组为整合接触。主体岩性为千枚岩、千枚状粉砂岩、细粒长石砂岩、细粒石英砂岩组成韵律。底界以千枚状含砾砂岩与下伏片岩系分界；顶界以千枚岩中不含砾为标志，与上覆含砾砂质千枚岩分界。总厚度 1 040～1 256 m。为浪基面之上，低能还原环境下的陆架相沉积。全区岩性稳定，往西延伸砂质成分增多。时代为早震旦世。

苏家湾组 Z_1s (06-34-1019)

【创名及原始定义】 徐嘉炜等（1965）创名于巢湖市苏家湾。原始定义：由下段含砾千枚岩与上段鸭蛋绿色千枚岩组成，局部夹含砾砂质千枚岩或含砾绢云石英片岩。一般呈灰绿色，色不均。厚度下段 20～170 m，上段 160～300 m。与下伏周岗组呈整合接触，与上覆陡山沱组呈假整合接触。

【沿革】 该组自创名始，沿用至今。

【现在定义】 指分别整合于周岗组之上(区域上)、黄墟组之下的地层。上、下部主要为黄绿、灰绿色含砾千枚岩，中部为黄绿色粉砂质千枚岩、石英砂岩，顶部为铅灰色含锰千枚岩。该组以含较多的凝灰质为特征(在正层型剖面上未见底)。

【层型】 正层型为巢湖市苏家湾剖面(31°51′，117°49′)，安徽区调队(1978)重测。

上覆地层：**黄墟组** 棕褐色变铁锰质泥岩，在走向上可相变为含锰灰岩，其内千枚岩夹层中，可见压扁的石英细砾

——————— 整 合 ———————

苏家湾组	总厚度＞590.45 m
4. 铅灰色含锰千枚岩	7.46 m
3. 黄绿色含砾千枚岩。砾石成分复杂，有流纹岩、片岩、千枚岩、黑色燧石、脉石英、锰质岩以及石英、长石颗粒等。砾石大小不一，无分选，小者只有 0.2 cm×1 cm，大者为 4 cm×24 cm；棱角一次棱角状，个别磨圆较好，多被压扁、拉长，含砾率为 15%～30%，胶结物主要为凝灰质及泥砂质	410.48 m
2. 黄绿色粉砂质绿泥千枚岩夹灰绿、蛋绿色千枚岩，不含砾，显韵律特征	79.33 m
1. 灰绿色含砾千枚岩，砾石主要为粉红色长石，普遍压扁、拉长，有的呈小细脉状。(下部掩盖，未见底)	＞93.18 m

【地质特征及区域变化】 该组由含砾细砂岩、粉砂岩、粉砂质泥岩组成，砾石排列无序、大小无分选，成分复杂且大多压扁拉长。胶结物具微细水平层理、波状层理、砂纹层理，显示在浪基面之下的海洋冰川沉积，系冰碛物经水筏带入海盆内沉积。该组基质中以凝灰质为特征，全区岩性基本稳定，厚 590～765 m。在滁州施家集小范林场与下伏周岗组整合接触。时代为早震旦世。

黄墟组 Z_2h (06-34-1020)

【创名及原始定义】 原名黄墟系，李毓尧、李捷、朱森(1935)创名于江苏省丹徒县黄墟。原始定义：下部为风化颇深之千枚状页岩，夹灰质页岩，与不整层泥质灰岩。为灰黄，局部为黑色，间有稍含碳页岩，夹于本部之上半部，厚度约 700 公尺。上部为暗灰板岩及泥质薄层灰岩，灰岩中有时微含矽质，性硬而脆，厚度约 150 公尺。上、下二部，自千枚状页岩至

页岩，板岩及薄层灰岩，逐渐变更，无截然界限。底未曾出露。上与仑山灰岩为整一接触。

【沿革】 省内曾用陡山沱组(徐嘉炜等，1965；安徽区调队，1977a、1978、1985；安徽地矿局，1987)。该地层与峡区的陡山沱组岩性相差较大，经东南大区协调，苏皖两省据其岩性，共同采用黄墟组。

【现在定义】 下段为深灰、灰黄色中薄层千枚状泥岩、粉砂质泥岩，偶夹薄层砂岩、砂灰岩，底为含铁锰质泥质白云岩；上段为灰、深灰色中厚层内碎屑灰岩、灰岩，夹灰黄色薄层泥灰岩，底部夹千枚状粉砂质泥岩，含燧石结核和条带。下以铁锰质白云岩与下伏苏家湾组含砾千枚状粉砂质泥岩，上以白云质灰岩与上覆灯影组白云岩均呈整合接触。

【层型】 正层型在江苏省丹徒县。省内次层型为滁州市施家集板先李剖面(34-1020-4-1，32°17′,118°15′)，安徽区调队(1977a)测制。

【地质特征及区域变化】 省内该组岩石已受轻微变质。下段底部含铁锰质泥质白云岩普遍发育，为重要的标志层，下部为细粒砂岩、粉砂岩、砂质千枚岩、千枚岩为主组成韵律，夹少量变质中粗粒岩屑砂岩，上部含磷，具微波状层理、水平层理及小型单向斜层理，为过渡带沉积；上段为微晶灰岩、粉晶灰岩、鲕粒灰岩、含砂灰岩夹少量长石石英砂岩及千枚岩，具微波状层理，爬升交错层理等，显示潮间带沉积特征。全区岩性基本稳定，厚度有变化，施家集板先李厚 1 116 m，往西至全椒三合集一带，厚 796 m。巢湖市苏家湾一带，下段碳质千枚岩增多，厚 644 m。时代为晚震旦世早期。

灯影组 $Z_2\in_1 d$ (06-34-1021)

【创名及原始定义】 原名灯影石灰岩，李四光等(1924)创名于湖北省宜昌市西北 20 km 长江南岸石牌村至南沱村的灯影峡。原始定义："上震旦系灯影石灰岩：白色块状呈峭壁形的石灰岩，多少带白云质；在风化表面上有坚硬的矽质夹层突出。""在很多地方包含特殊而且成群的层状体，有时呈似圆筒状，但更多的是不对称圆锥状。""是震旦纪浅水中繁殖的钙质藻类遗骸，""特地命名为 *Collenia cylindrica*，*Collenia angulata*。""灯影石灰岩，从灯影峡下口的寒武纪页岩下突起。"

【沿革】 徐嘉炜等(1965)引入省内，沿用至今。

【现在定义】 指平行不整合于牛蹄塘组(水井沱组)之下，整合于陡山沱组之上的一套地层，岩性三分：下部灰白色厚层状内碎屑白云岩；中部黑色薄层状含沥青质灰岩，含燧石条带及结核，产宏观藻类；上部灰白色中—厚层状白云岩，含燧石层及燧石团块，顶部硅磷质白云岩产小壳化石。区域上亦可与牛蹄塘组呈整合接触。

【层型】 正层型在湖北省宜昌市。省内次层型为巢湖市苏家湾剖面(34-1021-4-1；31°51′,117°49′)、巢湖市汤山剖面(34-1021-4-2；31°30′,117°55′)，安徽区调队(1978)测制。

【地质特征及区域变化】 省内该组岩性以灰、灰白色细晶—微晶白云岩为主，以含葡萄状藻纹层及硅质条带与硅质结核为标志，与下伏黄墟组为整合接触，与上覆幕府山组为平行不整合接触。在巢湖苏家湾、滁州、全椒一带与上覆皮园村组为整合接触。具微波状层理、石盐假晶，显示潮上与潮间带沉积环境。该组产微古植物 *Protoleiosphaeridium*，*Trachysphaeridium*，叠层石 *Baicalia*，蓝藻类 *Nubecularites parvus* 及核形石 *Osagia* 等。该组顶部在无为井头山产早寒武世小壳化石 *Anabarites* 等(章森桂等，1991)。上述生物组合显示该组地质时限为晚震旦世晚期—早寒武世早期，是跨时的地层单位。全区岩性基本稳定，苏家湾厚 251 m，汤山一带厚度大于 198 m，滁州地区厚 487 m。时代为晚震旦世晚期到早寒武世早期。

溪口群　Pt_2X　(06-34-1026)

【创名及原始定义】　夏邦栋(1962)创名于休宁县溪口镇。意指历口群之下的变质岩系，自下而上包括汪公岭片麻岩、庄前片岩、板桥板岩、木瓜坑石英岩、郑家坞千枚岩。

【沿革】　安徽332地质队区测分队(1971)未用溪口群名，自下而上称为樟前组、板桥组、环沙组/木坑组、牛屋组。安徽区调队(1985)、安徽地矿局(1987)称上溪群，自下而上称樟前组、板桥组、木坑组(因环沙组为木坑组的相变，未用环沙组)、牛屋组。上溪群一名虽创名早(李捷等，1930，称上溪绿泥片岩；李毓尧等，1937，称上溪系)，但因创名地点上溪村位于震旦纪地层内，故本书未采用上溪群名，而采用溪口群，自下而上划分为樟前(岩)组、板桥(岩)组、木坑(岩)组、牛屋组。

【现在定义】　指分布于皖南山区之南部，上被历口群不整合或平行不整合覆盖，以绿色为主的深灰色片岩、板岩、千枚状粉砂岩组合的地层。未见底，自下而上划分为樟前(岩)组、板桥(岩)组、木坑(岩)组、牛屋组。

【其他】　溪口群是属于区域动力变质作用形成的板岩—千枚岩系。岩石的粒度以砂—粉砂级(>0.01 mm)和粘土级(<0.01 mm)两个粒级占绝对优势，碎屑物成分复杂，含大量岩屑。具有递变式韵律层理组成之复理石层和舌状、长条状、鳞片状、肋骨状等定向象形印模或印痕等层面构造，并发育交错层、波状层理、微细水平层理等，应属于杂陆屑复理石建造类型。每个复理石韵律层的厚度一般为2～10 cm，部分为40～60 cm。其结构多数呈砂或粉砂→泥质→黑色泥质、粉砂→泥质和粉砂泥质→泥质顺序递变。基本上属于不完全韵律和十分不完全韵律的砂—粉砂质复理石类型为主体。这些复理石的特征，以板桥(岩)组及牛屋组最为清楚。

溪口群被青白口纪或震旦纪地层不整合覆盖，沉积建造、构造变形和变质作用特点与上覆层均有明显区别。溪口群又被休宁和许村两个花岗闪长岩岩体(其黑云母K-Ar法年龄值为953 Ma和877 Ma)侵入，推测该群的上限为1 000 Ma。在江西德兴铜矿地区，相当层位全岩Rb-Sr法年龄值为1 410 Ma(据江西区调队资料)。而且，其微古植物面貌也显示为晚前寒武纪的组合特征(例如*Taeniatum crassum*等的出现)。所以，溪口群的时代应归属中元古代长城纪—蓟县纪。

樟前(岩)组　$Pt_2\hat{z}$　(06-34-1027)

【创名及原始定义】　原名庄前片岩，夏邦栋(1962)创名于休宁县樟(庄为樟之误)前村。意指板桥组黑色板岩之下的一套砂质千枚岩。因处于江南古陆之核，未见底。

【沿革】　安徽332地质队区测分队(1971)称樟前组，沿用至今。笔者据其变形变质特征，将其改称为樟前(岩)组。

【现在定义】　指分布于皖南山区南部，整合于板桥(岩)组之下，以砂质千枚岩为主，与石英片岩、千枚状粉砂岩组成韵律的地层。下未见底，上与板桥(岩)组为整合接触。

【层型】　正层型为休宁县樟前—溪口剖面(29°34′20″，117°54′15″)，安徽332地质队区测分队(1971)重测。因通行条件极差，难以实测，故仅作路线信手剖面。次层型为祁门县金字牌剖面〔樟前(岩)组、板桥(岩)组、木坑(岩)组、牛屋组为同一连续剖面〕(29°32′30″，117°49′30″)，安徽332地质队区测分队(1971)测制。休宁县樟前—溪口路线剖面介绍如下：

上覆地层：**牛屋组**　灰绿、蓝灰色千枚岩夹深灰色板岩，砂质千枚岩

——————— 整　合 ———————

木坑(岩)组　　总厚度 3 045 m

16. 蓝灰色薄—厚层千枚状砂岩夹石英砂岩，底部有一层灰绿色含长石及岩屑的杂砂质砂岩　　550 m

15. 蓝灰、灰绿色厚层砂质千枚岩夹千枚状粉砂岩，千枚状杂砂质砂岩。后者镜下鉴定含长石、石英及泥质岩屑，前者易风化呈粉红色。　　650 m

14. 深灰色厚层千枚状含砂粉砂岩与砂质千枚岩呈大韵律　　425 m

13. 蓝灰色千枚岩夹千枚状粉砂岩及砂质千枚岩，风化后往往呈粉红色　　650 m

12. 蓝灰、浅灰、灰绿色厚层千枚状粉砂岩夹砂质千枚岩。有酸性岩脉侵入　　770 m

——————— 整　合 ———————

板桥(岩)组　　总厚度 3 690 m

11. 黄褐、灰黑色砂质千枚岩　　250 m

10. 黄绿色千枚岩夹黑色粉砂质板岩　　150 m

9. 灰黑色含砂板岩与灰色砂质千枚岩及千枚状杂砂质砂岩互层，呈复理石韵律，后者部分含前者的扁平状砾石和岩屑　　650 m

8. 黄褐色千枚岩，砂质千枚岩夹千枚状砂岩及黑色板岩　　350 m

7. 黑色板岩夹黄褐色千枚岩　　145 m

6. 灰绿色中厚层砂质千枚岩夹含长石、石英或扁平泥质砾石的千枚状砂岩　　450 m

5. 蓝灰色薄—中厚层砂质千枚岩夹千枚状砂岩和钙质千枚岩　　320 m

4. 灰黑色板岩夹灰色中厚层及纸片状砂质千枚岩　　380 m

3. 黑色板岩夹砂质千枚岩，有长英岩脉贯入　　750 m

2. 黑色粉砂质板岩夹灰色砂质千枚岩，后者具微细层理　　245 m

——————— 整　合 ———————

樟前(岩)组　　总厚度＞675 m

1. 黄绿、蓝灰色含绿泥石、绢云母石英片岩，略具微细条带。(未见底)　　＞675 m

祁门县金字牌剖面

上覆地层：**邓家组**　轻变质石英砂岩、含砾石英砂岩

~~~~~~~~~~ 不　整　合 ~~~~~~~~~~

牛屋组　　总厚度 2 709.45 m

上段　　厚度 494.26 m

28. 黄绿、深灰色含砂粉砂质千枚岩　　217.14 m

27. 灰黑色千枚岩夹薄板状轻变质粉砂岩，其中有中酸性岩脉穿插　　277.12 m

——————— 整　合 ———————

中段　　厚度 874.01 m

26. 灰色薄层千枚状含砂粉砂岩　　103.52 m

25. 黄绿色千枚状含砂粉砂岩，夹同色含砂千枚岩　　547.43 m

24. 黄绿、灰绿色千枚状含砂粉砂岩，夹同色含砂粉砂质千枚岩及少量岩屑长石砂岩，有中性岩脉顺层侵入　　223.06 m

——————— 整　合 ———————

下段　　厚度 1 341.13 m

23. 灰黑色粉砂质板岩与灰色轻变质含砂粉砂岩互层　　409.41 m

22. 灰、灰黑色砂质千枚岩与同色薄层千枚状粉砂岩互层　　571.38 m
~~~~~~~~~~

21. 灰黑色粉砂质板岩夹轻变质含砂粉砂岩　　209.50 m

20. 灰黑色千枚状粉砂岩夹同色砂质千枚岩及含砂粉砂质千枚岩　　150.89 m

——————— 整　合 ———————

木坑(岩)组　　总厚度>4 607.11 m

19. 灰绿色中厚层千枚状含砂粉砂岩，夹斑点状绢云千枚岩和四层浅红色千枚状含钙粉砂岩　　770.29 m

18. 灰绿色中厚层轻变质含砂粉砂岩，夹黄绿色轻变质粉砂岩和千枚状粉砂岩　　1 325.82 m

17. 灰绿色中厚层千枚状含砂粉砂岩与千枚状粉砂岩、含粉砂—粉砂质千枚岩互层，夹灰白色千枚状含砂粉砂岩　　1 404.25 m

16. 灰绿色中厚层千枚状含砂粉砂岩，夹粉砂质千枚岩、千枚岩及少量含粉砂质板岩　　>1 106.75 m

═══════ 断　层 ═══════

板桥(岩)组　　总厚度>3 437.63 m

15. 黄绿色薄层千枚状含砂粉砂岩，与同色粉砂质板岩、含硅质板岩或黑色条带状板岩韵律互层。韵律的单元组分厚 40～60 cm　　>392.21 m

14. 黄绿色薄层千枚状含砂粉砂岩与灰黑色条带状板岩或粉砂质板岩韵律互层。每个韵律厚度较小，前者一般厚 3 m 左右，后者厚 1～2 m，近顶部有中性岩脉顺层侵入　　330.95 m

13. 深灰色千枚状含砂粉砂岩与灰色条带状板岩（或粉砂质板岩）韵律互层，前者厚度约 2 m，后者达 5 m，往往前者含有后者的同生泥砾　　523.88 m

12. 灰黑色砂质板岩与灰色中厚层千枚状含砂粉砂岩互层。前者常显灰白色砂质条带，镜下鉴定二者均含微量长石碎屑　　218.70 m

11. 灰绿色千枚状含砂粉砂岩（有时含钙）与同色粉砂质板岩互层，有时夹少量黑色板岩　　433.45 m

10. 灰绿色轻变质含砾含砂粉砂岩，夹灰紫色轻变质含钙长石石英砂岩。砾石含量不多，形状扁平，最大砾径为 30 cm，长轴平行层面　　365.75 m

9. 青灰色千枚状含砂粉砂岩与黑色板岩互层，前者常呈细微条带　　625.95 m

8. 灰黑色条带状粉砂质板岩与灰色粉砂质板岩互层，前者条带宽度一般在 2～3 mm，单层厚约在 50～60 cm，后者单层厚度一般为 10 cm，少数可达 30～40 cm　　229.60 m

7. 灰黑色粉砂质板岩，灰黑色薄层碳质板岩。前者断面常显黑色泥质条带，镜下鉴定系碳质集中而成，后者常含细小黄铁矿晶体　　247.14 m

——————— 整　合 ———————

樟前(岩)组　　总厚度>2 600.34 m

6. 灰色薄层千枚状粉砂岩与黑白相间的条带状砂质板岩互层　　203.95 m

5. 灰绿色千枚状砂质粉砂岩与同色千枚状砂质板岩互层，后者显条带状构造　　131.62 m

4. 灰绿色绿泥千枚岩，夹绢云绿泥石英千枚岩　　674.32 m

3. 灰绿色千枚状含砂粉砂岩、砂质粉砂岩　　1 272.25 m

2. 灰绿色巨厚层粉砂质千枚岩　　122.60 m

1. 绿色块状绿帘绢云石英片岩，原岩为泥质粉砂岩。（未见底）　　>195.60 m

【地质特征及区域变化】　樟前(岩)组下部为绿帘绢云石英片岩；中部为千枚状含砂粉砂岩、砂质粉砂岩及少量轻变质含砂粉砂岩；上部为千枚岩夹少量绢云绿泥石英千枚岩，顶部为千枚状砂质粉砂岩与条带状砂质板岩组成韵律，总厚度为 675～2 600 m，未见底。

依据上述岩性，该(岩)组应为单一的半深海—深海相粉砂质和泥质组成的复理石沉积，并遭受绿片岩相区域变质作用。区内岩性稳定，往西延伸进入江西境内。时代为中元古代。

板桥(岩)组　Pt_2b　(06-34-1028)

【创名及原始定义】　原名板桥板岩，夏邦栋(1962)创名于休宁县板桥村。意指樟前片岩之上木瓜坑砂岩之下的一套黑色板岩与绿色砂岩组成的韵律层序，厚度达3 000 m以上。

【沿革】　皖浙赣三省边界调查队(1962)曾称田里组、花园组。安徽332地质队区测分队(1971)称板桥组，沿用至今。本书将其改称为板桥(岩)组。

【现在定义】　指分布于皖南南部地区，整合于樟前(岩)组之上、木坑(岩)组之下的一套灰黑色砂质板岩与千枚状粉砂岩组成的韵律层，夹含钙质长石石英砂岩。

【层型】　正层型为休宁县樟前—溪口剖面(34-1028-4-1；29°34′20″，117°54′15″)，次层型为祁门县金字牌剖面(34-1028-4-2；29°32′30″；117°49′30″)，均为安徽332地质队区测分队(1971)测制〔参见樟前(岩)组剖面描述〕。

【地质特征及区域变化】　岩性分三部分，下部为粉砂质板岩、板岩与千枚状粉砂岩组成不等厚韵律，中部为含砂粉砂岩与含钙石英砂岩及粉砂质板岩组成韵律，上部为砂质板岩、板岩与千枚状含砂粉砂岩组成韵律。该(岩)组总厚度3 438～3 690 m，与下伏、上覆地层均为整合接触。在千枚状砂岩与粉砂岩中产微古植物 *Protosphaeridium* sp.，*Leiopsophosphaera* sp.，*Polyporata obsoleta*，*Taeniatum* cf. *crassum* 等。该(岩)组岩性、厚度基本稳定，向西延伸进入江西境内。时代为中元古代。

木坑(岩)组　Pt_2m　(06-34-1029)

【创名及原始定义】　原名木瓜坑石英岩，夏邦栋(1962)创名于休宁县木坑村。意指介于板桥板岩之上，牛屋砂、板岩之下的一套千枚状砂岩及砂质千枚岩地层，总厚度大于4 000 m以上。

【沿革】　因木瓜坑石英砂岩的创名地为木坑村，故安徽332地质队区测分队(1971)改称木坑组，沿用至今。笔者据变形变质特征，将其改称为木坑(岩)组。分布在祁门—屯溪以北的以灰绿、黄绿色变质含砂粉砂岩为主的一套砂质沉积，安徽332地质队区测分队(1971)曾称“环沙组”，认为与木坑组为相当层位，安徽区调队(1985)将其归入木坑组。本书同意后者意见，仍将其归入木坑(岩)组，二者为同物异名。

【现在定义】　指分布于皖南南部地区，整合于牛屋组之下、板桥(岩)组之上，以灰绿色千枚状粉砂质砂岩为主的地层，与粉砂质千枚岩组成韵律。

【层型】　正层型为休宁县樟前—溪口剖面(34-1029-4-1；29°34′20″，117°54′15″)，次层型为祁门县金字牌剖面(34-1029-4-2；29°32′30″，117°49′30″)，均为安徽322地质队区测分队(1971)测制〔参见樟前(岩)组剖面描述〕。

【地质特征及区域变化】　该(岩)组在祁门金字牌一带为一套千枚状含砂粉砂岩与粉砂质千枚岩、千枚岩组成韵律，其间夹少量板岩，总厚度4 607 m。在区域上，该(岩)组岩性及厚度略有变化，西部祁门县清溪、渚口一带厚度大于5 400 m，其顶部普遍有一层紫色砂泥岩，有时与绿色砂岩组成韵律，形成条带状构造，作为与上覆牛屋组的分界标志；向东至休宁县木坑村一带，厚度仅3 045 m，上部千枚状含砂粉砂岩的顶面常发育清晰的鳞片状波痕。在祁门-歙县复背斜的南翼，其厚度普遍变小，一般不足3 000 m，且夹较多的黑色泥岩，与绿色砂岩相间，形成条带状构造。时代为中元古代。

牛屋组　Pt_2n　(06－34－1030)

【创名及原始定义】　安徽省冶金地质局332地质队区测分队(1971)创名于祁门县牛屋山。意指介于邓家组与木坑组之间的一套由轻变质岩屑砂岩、粉砂岩与黑色板岩组成的韵律层，总厚度大于2 500 m。

【沿革】　该组自创名始，沿用至今。

【现在定义】　指分布于皖南南部山区，以黑色板岩为主夹轻变质岩屑长石砂岩、粉砂岩组成之地层。与下伏木坑(岩)组为整合接触，与上覆葛公镇组为不整合接触。

【层型】　正层型为祁门县大北埠—牛屋山—历口剖面(29°51′10″，117°29′8″)，次层型为祁门县金字牌剖面(34－1029－4－1；29°32′30″，117°49′30″)，均为安徽332地质队区测分队(1971)测制〔参见樟前(岩)组剖面描述〕。现列正层型剖面如下：

上覆地层：**邓家组**　灰绿、灰黄、灰白色厚层中粒石英砂岩

══════ 断　层 ══════

牛屋组下段	厚度 1 140.72 m
7. 灰、灰黑色薄—厚层含碳质板岩(或泥岩)夹含硅质—硅质板岩(或泥岩)。底部砂质成分增高变为含砂—粉砂质板岩。风化后呈浅粉红色、黄色及黄绿色	548.03 m
6. 浅粉红、黄绿色中厚—厚层轻变质杂砂质砂岩与同色条带状板岩(或泥岩)韵律互层	217.34 m
5. 灰、深灰色中厚层轻变质杂砂质砂岩、粉砂岩与同色及灰黑色泥岩及板岩韵律互层，自下而上由粗到细具有明显的序粒变化，且杂砂岩中往往见有黑色泥岩的同生砾石，底部常有象形印模，顶部往往有波痕，含黄铁矿较多	242.85 m
4. 灰、灰黄、紫色轻变质杂砂质砂岩、粉砂岩与同色泥岩及板岩互层	132.50 m

══════ 断　层 ══════

下伏地层：**木坑(岩)组**　灰绿、绿色厚层轻变质含砂粉砂岩、细砂岩与同色泥岩及板岩互层，向上泥质成分增高

【地质特征及区域变化】　该组为变质砂岩与板岩组成韵律，大致可分三段：下段为轻变质岩屑长石砂岩、粉砂岩及含砂粉砂质板岩组成韵律，具粒序层理及微细层理；中段为轻变质含砂粉砂岩与含砂千枚岩及板岩组成韵律；上段为含砂粉砂质千枚岩与轻变质薄层含砂粉砂岩组成韵律。全组厚度1 141～2 729 m。与下伏木坑(岩)组为整合接触；与上覆邓家组或葛公镇组为不整合接触，与镇头组为平行不整合接触，与西村(岩)组为断层接触。产微古植物 *Protosphaeridium* sp.，*Trematosphaeridium* sp.，*Lignum* sp.，*L.* cf. *punctulosum*，*L.* cf. *striatum*，*Polyporata* sp.，*P. obsoleta*，*Taeniatum crassum*，*T.* cf. *crassum*，*Laminarites* sp.。该组在祁门县大兴及歙县昌溪、岔口一带，下段岩性中普遍夹数层2～6 cm厚的千枚状砾岩，砾石为细砂岩、粉砂岩及泥岩，形状扁平。砾石大小一般为0.5～1 cm，最大达20～50 cm，属层间同生砾岩。该组向西延伸进入江西境内。时代为中元古代。

历口群　Qn*L*　(06－34－1031)

【创名及原始定义】　夏邦栋(1962)创名于祁门县历口。原指“下部铺岭变质火山岩，上

部羊栈岭层的千枚岩与变质碎屑岩”。

【沿革】 安徽区测队(1965a)认为，夏邦栋(1962)的铺岭变质火山岩与羊栈岭层的层位倒置了，更正了其层位，上称铺岭组，下称羊栈岭组。安徽332地质队区测分队(1971)将羊栈岭组上部的粗碎屑岩分出，称邓家组，归历口群；其下的绿片岩归元古界；将皖浙交界处的一套中酸性火山岩称之为井潭组。孙乘云(1993)在东至小安里一带，将休宁组与铺岭组之间，浅紫红色变长石石英砂岩为主的地层，命名为小安里组。笔者经实地考察认为，该套碎屑岩应归入历口群。

【现在定义】 指分布于祁门县历口、闪里—绩溪县城以北及石台县丁香树以南地区，地层位置介于下伏溪口群之上与上覆休宁组砾岩、砂岩之下的地层，主体岩性下部为浅变质粗碎屑岩，上部为中酸性变质火山岩系，顶部为粗碎屑岩系。与下伏地层为平行不整合、不整合至断层接触，与上覆地层为不整合接触。历口群自下而上包括葛公镇组/镇头组/西村(岩)组、邓家组、铺岭组、小安里组及与后三组层位相当的井潭组。

【其他】 历口群是在晋宁运动阶段形成的山前磨拉石-火山岩建造，不整合于长城纪—蓟县纪溪口群之上。与历口群大体同时并侵入于溪口群的侵入岩体，其黑云母K-Ar法年龄值为877 Ma(许村岩体)和953 Ma(休宁岩体)。溪口群年龄值为1 401 Ma。推测历口群的下限年龄约为1 000 Ma，该群之上被震旦纪地层不整合覆盖。因此，其时限大致在1 000 Ma～800 Ma之间，属于青白口纪。

葛公镇组 Qng (06-34-1032)

【创名及原始定义】 安徽区调队(1991)在进行香隅坂等三幅1：5万区域地质调查时创名于东至县葛公镇西南约6 km的龙潜庵。意指邓家组之下，牛屋组之上的一套浅变质碎屑岩。

【沿革】 自创名始，沿用至今。

【现在定义】 指分布于东至县葛公镇一带的浅变质碎屑岩系，以变中细粒砂岩为主，与粉砂岩、泥岩组成韵律。底部以砾岩出现为标志，与下伏牛屋组为不整合接触；顶以变粉砂岩、泥岩消失和变含砾细砂岩、粉砂岩出现为标志，与上覆邓家组为平行不整合接触。

【层型】 正层型为东至县葛公镇龙潜庵剖面(30°05′，117°10′)，安徽区调队(1991)测制。

上覆地层：邓家组 灰黄色薄—中厚层变含砾细粒岩屑砂岩、变质粉砂岩

——————— 平行不整合 ———————

葛公镇组	总厚度681.74 m
14. 青灰色中厚层条带状变粉砂岩、变粉砂质泥岩，两者不等厚互层	51.50 m
13. 青灰色中层变粉砂质泥岩、变泥岩，两者呈不等厚互层	156.49 m
12. 青灰色中—中厚层条带状变质粉砂质泥岩，变粉砂岩条带由泥岩及粉砂岩组成	77.19 m
11. 青灰色薄层变粉砂质泥岩，岩石中显细条带，该层出现褶皱	138.18 m
10. 青灰色中层变粉砂质泥岩夹变砂岩，可见晚期劈理	99.71 m
9. 灰黄色中厚层变质细砾岩、变泥质粉砂岩与变质泥岩呈不等厚互层，岩石由粉砂、泥质组成为宽约2 cm条带	35.87 m
8. 灰、青灰色中薄—厚层变粉砂岩、变泥岩不等厚互层，向上由变质复成分细砂岩、粉砂岩、变泥岩组成不完整的鲍马序列，再向上可出现变细砾岩、变粉砂岩不完整的鲍马序列	110.23 m

7. 灰色中厚层变质复成分砾岩，变中细粒砂岩夹青灰色薄层变泥岩 12.57 m

～～～～～～～～～ 不 整 合 ～～～～～～～～～

下伏地层：**牛屋组** 青灰色中厚层变粉砂岩与变泥岩不等厚互层

【地质特征及区域变化】 该组主体岩性为厚层变质复成分砾岩，变中细粒砂岩、变粉砂岩、变泥岩组成不等厚韵律。韵律层具正粒序结构，但多不完整，总体为向上变细。该组总厚度 682 m，未获化石。分布仅局限于东至一带，往东到黟县大星一带即变为浅变质岩夹火山岩系。时代为青白口纪。

镇头组 Qnż (06－34－1033)

【创名原始定义】 安徽 332 地质队(1989)在进行旌德县等四幅 1∶5 万区调时创名于绩溪县镇头镇北公路旁。意指介于休宁组之下，牛屋组之上的一套酸性火山碎屑-沉积岩系，横向变化较大。

【沿革】 该组自创名始，沿用至今。

【现在定义】 指平行不整合于牛屋组之上、上未见顶(区域上为不整合于休宁组之下)的一套酸性火山碎屑-沉积岩系。

【层型】 正层型为绩溪县镇头剖面(30°10′30″，118°31′30″)，安徽 332 地质队(1989)测制。

镇头组 总厚度＞931.76 m

12. 灰略显绿色，变质流纹岩，变余斑状结构，残余流纹构造。(未见顶) ＞110.83 m

11. 灰紫色变质流纹质凝灰岩，残余火山晶屑结构，致密块状构造 35.22 m

10. 深灰色变质沉凝灰岩夹变质沉含砾凝灰岩，变余沉凝灰结构，厚层状构造 110.53 m

9. 深灰、灰黑色凝灰粉砂质板岩夹变质沉凝灰岩，变余凝灰粉砂泥质显微鳞片变晶结构，薄—中层状、板状构造 288.89 m

8. 深灰色变质沉凝灰岩夹变质沉含砾凝灰岩、凝灰质粉砂质板岩，变余沉凝灰结构 16.46 m

7. 灰、灰绿色变余流纹质含砾凝灰岩，变余含砾凝灰结构 197.15 m

6. 浅红色风化呈黄褐色变质沉凝灰岩夹凝灰质粉砂岩，变余沉凝灰结构 107.01 m

5. 灰紫色变质流纹质含砾凝灰岩，变余含砾凝灰结构 65.67 m

－－－－－－ 平行不整合 －－－－－－

下伏地层：**牛屋组** 千枚岩

【地质特征及区域变化】 该组为变流纹质含砾凝灰岩→凝灰质粉砂岩组成的若干喷发→沉积韵律，顶部为变流纹岩。该组由层型剖面往东至老虎坑地区在震旦纪休宁组不整合面之下见数层砾岩、砾质粉砂质板岩及粉砂质板岩，砾石成分复杂，其中有钠长斑岩、石英钠长斑岩、霏细斑岩、流纹岩、杏仁状安山岩、斜长花岗斑岩等。镇头组的横向变化较大，区域对比有一定困难，由于它被震旦纪休宁组不整合覆盖，应属前震旦纪地层，又因该组与下伏牛屋组呈平行不整合接触，故该组时代应属青白口纪。

西村(岩)组 Qn*x* (06－34－1034)

【创名及原始定义】 原名西村组，安徽 332 地质队(1989)创名于安徽歙县西村。意指分布于歙县千大岭南、西村—天子墓及三阳坑一带，呈NEE向展布的一套千枚岩与细碧岩系，总厚度大于5 178 m。与下伏、上覆地层均为断层接触。

【沿革】 经剖面核查发现，该套中深层次变形的浅变质岩系夹超基性及中酸性火山岩组合，其构造极其复杂，故称其为(岩)组。

【现在定义】 同原始定义。

【层型】 正层型为歙县西村乡剖面(30°03′30″，118°45′30″)，安徽332地质队(1989)测制。

上覆地层：井潭组 浅灰绿色强片理化流纹斑岩

═══════ 断 层 ═══════

西村(岩)组	总厚度＞5 177.81 m
三段	厚度＞2 017.19 m
69. 千枚状板岩	183.78 m
68. 粉红、暗红色砂质千枚岩夹片理化安山岩	153.60 m
67. 片理化千枚状粉砂质板岩	36.78 m
66. 千枚状板岩	72.48 m
65. 千枚岩	416.46 m
64. 千枚状粉砂质板岩	599.88 m
63. 构造片理化带	97.83 m
62. 千枚状粉砂岩与千枚状板岩互层	174.48 m
61. 浅灰绿色砂质千枚岩	229.89 m
60. 浅灰绿色条纹条带状板岩	235.79 m

═══════ 断 层 ═══════

二段	厚度＞1 303.01 m
59. 土灰黄色含砂质千枚状板岩	394.42 m
58. 浅灰白、灰绿色弱蚀变（绿泥石化）英安质流纹斑岩	35.08 m
57. 灰绿色片理化蚀变流纹斑岩	21.92 m
56. 灰白、灰色片理化英安质流纹斑岩	146.96 m
55. 浅灰色片理化英安岩	25.85 m
54. 浅灰、灰绿色千枚岩	40.20 m
53. 浅灰色强片理化流纹岩	23.45 m
52. 浅灰、灰绿色凝灰质千枚岩夹片理化流纹斑岩	110.20 m
51. 灰绿色片理化安山岩	68.65 m
50. 浅灰色千枚状板岩	187.25 m
49. 灰白色英安质流纹斑岩与板岩互层	249.03 m

═══════ 断 层 ═══════

一段	厚度＞1 857.61 m
48. 浅灰绿色砂质千枚岩	151.20 m
47. 浅灰绿色千枚岩	111.71 m
46. 灰绿色砂质千枚岩	138.46 m
45. 灰白、灰、灰绿色片理化英安质流纹岩	79.30 m
44. 灰绿色砂质千枚岩、黄褐色千枚状粉砂岩夹角岩化含砾千枚状板岩	270.35 m
43. 细碧岩	81.47 m

42. 灰黄绿色千枚状砂质板岩夹千枚岩和凝灰质粉砂岩	34.95 m
41. 黄绿色千枚状板岩夹细碧岩	10.30 m
40. 黝帘石化、透闪石化细碧岩	142.00 m
39. 浅灰、浅灰绿色千枚状粉砂岩夹凝灰质板岩	8.26 m
38. 强透闪石化—阳起石化—黝帘石化细碧岩	22.33 m
37. 灰绿色千枚状含条带状粉砂岩	28.67 m
36. 细碧岩	14.55 m
35. 土黄褐色千枚状粉砂质板岩	10.60 m
34. 细碧岩	77.89 m
33. 紫红色千枚状板岩	26.15 m
32. 灰绿色阳起石化细碧岩	115.99 m
31. 灰黄褐、土灰色千枚状板岩与千枚岩互层	32.12 m
30. 土黄色砂质千枚岩	21.50 m
29. 黄褐、灰褐色砂质千枚岩与千枚状砂岩互层	48.84 m
28. 浅灰绿色粉砂岩夹千枚状泥岩	123.47 m
27. 浅灰绿色砂质千枚岩	49.74 m
26. 灰色片理化沉凝灰岩	40.85 m
25. 浅灰色千枚状砂质板岩与浅灰绿色片理化千枚岩互层	29.27 m
24. 挤压片理化带	187.64 m

═══════ 断　层 ═══════

下伏地层：**牛屋组**　浅灰色砂质板岩夹泥质板岩

【地质特征及区域变化】　该(岩)组岩性可分三段，段与段之间均为断层接触。一段为灰、灰绿色千枚岩、千枚状板岩夹细碧岩；二段为灰、灰褐色条纹条带状板岩、砂质千枚岩、千枚状粉砂岩与灰绿色流纹英安斑岩、安山岩、流纹质凝灰岩互层；三段为灰、深灰色粉砂质板岩、千枚状板岩夹变质砂岩等。该(岩)组中所夹超基性岩及中酸性火山岩，在以往的地质资料中，均认为属于燕山期侵入体。安徽 332 地质队(1989)在进行歙县地区地质调查时，据超基性岩体及中酸性火山岩体侵位特征的综合研究，结合稀土、微量元素的分析数据认为，大部分超基性—中酸性火山岩是与地层同时代的产物，为一套海相成因的火山岩岩石系列，其主要证据为：①在歙县大备坑发现细碧岩的枕状构造，枕间为硅质火山物质的角砾充填胶结；②超基性岩往往与基性乃至中酸性火山岩紧密伴生，如在西村自西北向东南百余米范围内依次可见岩石由超基性向中酸性岩递变，由西村向东北天子墓一带，纵向上过渡为玄武岩，反映火山活动的旋回性和结构构造变化的韵律性，彼此岩性组合的相似性，火山岩明显受地层控制或与地层互层；③未发现超基性岩体的接触变质现象，内部不具围岩的捕虏体，超基性岩体与围岩界线清楚；④火山岩中夹有海相沉积的硅质板岩和硅质条带；⑤从岩石化学全分析结果看，火山岩明显高钠(Na_2O)、低钙(CaO)，具火山岩化学特征；⑥火山岩中的片理与千枚岩中千枚理一致是同一应力场下的产物，具有同样悠久的变形历史。

【其他】　伏川蛇绿岩

据白文吉等(1986)研究，在歙县西村东南伏川的伏岭脚，于西村(岩)组一段发现了较为完好的蛇绿岩剖面，称为伏川蛇绿岩。该蛇绿岩长约 5.5 km，宽 0.2～0.4 km，出露面积约 1.5 km^2，总体走向 NE45°倾向 SE。蛇绿岩的底板围岩为片麻状花岗闪长岩，顶板岩石为西村(岩)组的千枚岩。伏川蛇绿岩自上而下层序为：

3. 火山熔岩相　为细碧-角斑岩系，具完好的枕状构造　350 m

2. 辉长岩相　为辉长岩与辉绿岩，呈灰白色块状或层状构造　150 m

1. 变质橄榄岩相　为暗绿色斜辉辉橄岩　400 m

伏川蛇绿岩断续出露于皖浙赣深断裂带近侧，呈NE向展布，向东可延伸至天目山、长兴、上海的崇明岛，向西进入江西的东乡、德兴、婺源。

邓家组　Qn*d*　（06-34-1035）

【创名及原始定义】　安徽332地质队区测分队（1971）创名于祁门县邓家。意指位于铺岭组之下的一套浅色长石含量较高的粗碎屑岩，与下伏元古代地层呈断层接触。

【沿革】　该组自创名始，沿用至今。

【现在定义】　指分布于祁门、黟县、石台、黄山一带，牛屋组与铺岭组之间浅色长石含量较高的含石英粗碎屑岩。下部为中粒石英砂岩夹含砾砂质板岩及粉砂岩，中部为长石石英砂岩，上部为含砾粗粒石英砂岩。区域上与下伏葛公镇组、上覆铺岭组均为平行不整合接触。

【层型】　正层型为祁门县邓家剖面（29°58′10″，117°31′45″），安徽332地质队区测分队（1971）测制。

上覆地层：铺岭组　绿色变安山岩

═══════ 断　层 ═══════

邓家组　总厚度>221.74 m

3. 深灰、灰黄、黄白色厚层含砾粗粒石英砂岩　>23.40 m

2. 灰黄色厚层粗粒岩屑长石石英砂岩及灰绿色厚层岩屑长石石英砂岩　18.42 m

1. 灰绿、灰黄、灰白色厚层中粒石英砂岩，偏下夹含砾砂质板岩及粉砂岩　>179.92 m

═══════ 断　层 ═══════

下伏地层：牛屋组　千枚岩夹变质砂岩

【地质特征及区域变化】　该组主要岩性下部为灰绿、灰黄、灰白色厚层中粒石英砂岩夹含砾砂质板岩及粉砂岩；中部为灰黄、灰绿色厚层粗粒岩屑长石石英砂岩，岩屑为硅质岩块；上部为深灰、灰黄、黄白色厚层含砾粗粒石英砂岩。全组总厚度大于222 m。该组在全区无完整剖面，其全貌尚欠清楚。在黟县碧山见深灰、紫灰、灰绿色厚—巨厚层砾岩。该组与下伏溪口群的接触关系，所见之处大多被断层破坏或掩盖不清，局部可见不整合接触，在东至县葛公镇龙潜庵与葛公镇组呈平行不整合接触（参见葛公镇组正层型剖面描述）；与上覆铺岭组在祁门县邓家、黄山市油竹坑为断层接触，在祁门县铺岭、石台县黄土岭为平行不整合接触。时代为青白口纪。

铺岭组　Qn*p*　（06-34-1036）

【创名及原始定义】　原名铺岭变质火山岩，夏邦栋（1962）创名于祁门县西北之铺岭。意指介于羊栈岭层与郑家坞千枚岩之间的一套变质安山质火山熔岩与火山碎屑岩，其间夹沉积岩。

【沿革】　安徽区调队（1965a）称铺岭组，沿用至今。

【现在定义】　指分布于祁门县至绩溪县一带，平行不整合于邓家组与小安里组之间 紫和灰绿色千枚状安山质凝灰岩与绿泥石化杏仁状安山岩互层的地层。

【层型】 正层型为祁门县铺岭剖面(29°58′10″，117°31′45″)，安徽332地质队区测分队(1971)年重测。

上覆地层：**休宁组** 砂岩，底部为砂砾岩

～～～～～～ 不 整 合 ～～～～～～

铺岭组	总厚度 111.8 m
8. 灰绿色块状蚀变凝灰岩	40.8 m
7. 灰绿色绿泥石化杏仁状安山岩	12.3 m
6. 灰绿色绿泥石化安山质凝灰岩，夹0.8 m变质杏仁状安山岩	6.8 m
5. 灰绿、蓝绿色绿泥石化杏仁状安山岩	5.6 m
4. 灰紫色千枚状安山质凝灰岩	46.3 m

——————— 平行不整合 ———————

下伏地层：**邓家组** 紫红、棕黄色块状含砾石英砂岩

【地质特征及区域变化】 该组岩性总体较稳定。铺岭厚112 m。自铺岭向东北至黄山市黄山区(原太平县)油竹坑一带，出现凝灰质砂岩夹层，总厚度增至572 m；向西北，在石台县丁香树以南黄土岭一带，总厚度为301 m，与下伏邓家组呈平行不整合，与上覆休宁组呈不整合接触。在东至县小安里，该组顶部见含角砾气孔状玄武岩，与上覆小安里组呈平行不整合接触。时代为青白口纪。

小安里组 **Qn*xa*** (06-34-1038)

【创名及原始定义】 孙乘云(1993)创名于东至县小安里。意指介于休宁组与铺岭组之间的一套浅紫红色变长石石英砂岩为主的地层。

【沿革】 该组自创名后，首次被本书采用。

【现在定义】 指分布于东至县小安里一带浅紫红色变含砾砂岩、砂岩，变粉砂岩夹变沉凝灰岩地层。与下伏铺岭组变质火山岩为平行不整合接触，与上覆休宁组砂砾岩为不整合接触。

【层型】 正层型剖面位于东至县城西南约5 km小安里公路旁(30°05′10″，116°59′45″)孙乘云、吴跃东等(1993)测制。

上覆地层：**休宁组** 紫红、灰黄色厚层复成分砾岩

～～～～～～ 不 整 合 ～～～～～～

小安里组	总厚度 36.50 m
17. 浅紫色中厚层变中粒长石石英砂岩、薄层粉砂岩，两者不等厚互层，产微古植物 *Trachysphaeridium opacum*，*T. tenniplicatum*，*T.* sp.，*Trachyminuscula* sp.，*Polyedryxium* sp.，*Leiofusa gracilis*	18.96 m
16. 浅紫红色中厚层变含砾长石石英砂岩，产微古植物 *Trachysphaeridium incrassatum*，*T. opacum*，*Laminarites antiquissimus*，*Pseudozonosphaera* sp.	15.18 m
15. 浅紫红色中厚层变粉砂岩夹变沉凝灰岩，底部为灰色中薄层变砂质灰岩，产微古植物 *Trachysphaeridium opacum*，*T. rude*，*Micrhystridium* sp.	2.36 m

——————— 平行不整合 ———————

下伏地层：**铺岭组** 灰绿色变玻玄岩，含角砾气孔状玄武岩

【地质特征及区域变化】 该组分布于东至县县城南侧及香口一带，主要岩性为灰白、浅紫红色中厚层变含细砾岩屑砂岩，变长石石英砂岩与变泥质粉砂岩组成不等厚韵律层，底部以灰色中薄层变砂屑灰岩，风化后出现含碳酸锰条带标志层，在正层型剖面上该组厚36.5 m，向西南进入江西境内厚度增大。产微古植物以球藻群占优势，尤以单球藻群的粗面球形藻为主，与青白口纪微古植物组合面貌接近。该组变长石石英砂岩成熟度较高，具波状交错层理、平行层理、楔状及板状交错层理，自下而上为由滨岸浅滩相逐渐过渡到湖湾相沉积。时代为青白口纪。

井潭组 Qn*j* (06-34-1037)

【创名及原始定义】 安徽省冶金地质局332地质队区测分队(1971)创名于歙县井潭。意指介于休宁组与牛屋组之间的一套酸性火山岩系。

【沿革】 自创名始，沿用至今。

【现在定义】 指分布于皖浙交界处一带，主体岩性下段由灰绿色千枚岩或变流纹质凝灰岩、英安质凝灰岩与变流纹斑岩组成若干韵律，时而出现含砾凝灰岩、含砾凝灰熔岩；上段以绿泥石化变安山岩、杏仁状变安山岩为主，有较多变流纹斑岩，次为变流纹质凝灰熔岩出现。与下伏木坑(岩)组、上覆休宁组均为不整合接触。

【层型】正层型为歙县井潭剖面(29°54′50″，118°43′20″)，安徽332地质队区测分队(1971)年测制。

上覆地层：**休宁组** 砂岩、砾岩

〰〰〰〰〰 不 整 合 〰〰〰〰〰

井潭组	总厚度2 181.2 m
上段	厚度262.1 m
34. 变流纹斑岩	92.7 m
33. 含砾砂质千枚岩与千枚岩，砾石为黑色泥岩，已压扁拉长，磨圆度良好，含砾率为50%	9.8 m
32. 变流纹斑岩	104.1 m
31. 变流纹质凝灰熔岩	8.5 m
30. 变流纹斑岩	9.1 m
29. 绿泥石化、绿帘石化安山岩，杏仁状安山岩	25.0 m
28. 变流纹质凝灰岩	12.9 m

——————— 平行不整合 ———————

下段	厚度1 919.1 m
27. 变凝灰质泥岩	1.9 m
26. 变流纹质凝灰岩	7.8 m
25. 变流纹斑岩	9.9 m
24. 变英安岩	2.5 m
23. 变英安质凝灰岩	31.3 m
22. 变英安质凝灰熔岩	19.4 m
21. 变英安质凝灰岩	25.5 m
20. 变英安岩	9.8 m
19. 变流纹质凝灰岩(下部9.5 m为硅化破碎带)	13.0 m

18. 变流纹斑岩 43.4 m

17. 变流纹质凝灰岩(其中二处受动力变质作用，成硅质岩) 222.3 m

16. 变流纹质含砾凝灰岩。砾石成分以流纹斑岩为主，次为硅质岩及长英矿物集合体，砾径达 10～22 cm，小的仅 3 cm，多为次棱角状和次圆状(下部 26 m 为硅化破碎带) 220.0 m

15. 变英安质凝灰岩，碎屑为长英矿物集合体，呈不规则长形排列 528.5 m

14. 千枚岩夹变英安质凝灰岩(往下夹层减少) 118.1 m

13. 砂质千枚岩夹变英安质含砾凝灰岩 51.1 m

12. 砾岩、含砾砂岩、含砾千枚岩、千枚岩 74.5 m

11. 变英安质凝灰熔岩(受动力变质作用变为硅化破碎带) 3.0 m

10. 变英安质含砾凝灰熔岩 209.8 m

9. 变流纹斑岩 20.4 m

8. 变英安质含砾凝灰熔岩 6.6 m

7. 千枚岩与变流纹质凝灰岩互层(向上千枚岩增多) 182.2 m

6. 变流纹质凝灰岩 25.9 m

5. 变英安质凝灰岩 11.6 m

4. 变流纹质凝灰岩 3.7 m

3. 变流纹斑岩，夹 30 cm 厚的变质流纹质凝灰岩 10.6 m

2. 变英安质凝灰岩 47.5 m

1. 变流纹质凝灰岩，含砾凝灰岩，底为千枚状砾岩 18.8 m

~~~~~~~~~~ 不 整 合 ~~~~~~~~~~

下伏地层：木坑(岩)组　千枚岩及变质砂岩

【地质特征及区域变化】　全组总厚 2 181 m。在区域上，该组下段的基本岩石组合无明显变化，只是因各地受断裂和岩体侵入等后期热变质作用影响，使岩石面貌有所差异。总体看，从东北向西南，岩性由中酸性向酸性过渡，角砾凝灰岩及沉积岩夹层减少，颗粒变细，在纵向上，下部以中酸性火山碎屑岩为主，上部则以酸性为主，而且，酸性熔岩显著增加。大致经历了较强烈的火山喷发→间歇性火山喷发→较宁静的熔岩溢出→间歇性火山喷发→强烈的火山喷发→火山喷发与熔岩溢出交替→最后到火山喷发结束几个阶段。

上段以中性变火山岩为主，各地基本稳定。井潭组与历口群分别出露在以溪口群为核部的复背斜南、北两翼，彼此不相连接，故二者的对比尚存在问题。因其均介于溪口群与休宁组之间，故暂作相变处理。时代为青白口纪。

休宁组　Z_1x　(06－34－1022)

【创名及原始定义】　原名休宁砂岩，李毓尧(1936)创名于休宁县蓝田镇北约 5 km 里子坑一带。意指蓝田冰碛层之下、上溪系千枚岩之上的一段以砂岩为主的地层。

【沿革】　李捷、李毓尧(1930)曾将该套砂岩与其上的冰碛层统称皮园砂岩，丁毅(1935)改称高亭砂岩。李四光(1939)、夏邦栋(1962)沿用李毓尧(1936)休宁砂岩的名称及含义。钱义元等(1964)将休宁砂岩细分为一壶水砾岩、休宁组、冰碛层三个地层单位。其中一壶水砾岩实为休宁组之底砾岩。安徽区调队(1965a、1965b)维持李毓尧(1936)的含义，称休宁组，将底部砾岩仍归入休宁组，未采用一壶水砾岩，此意见沿用至今。本书采用休宁组名，沿用李毓尧(1936)的含义。
~~~~~~~~~~

【现在定义】 指分布于皖南山区的休宁—绩溪一线，主体岩性为灰白、灰绿、紫色砂岩、粉砂岩与泥岩组成韵律的地层。底界以紫色砾岩与下伏小安里组呈不整合接触，与上覆南沱组（区域上）为整合接触。

【层型】 正层型为休宁县蓝田剖面(29°55′，118°05′)，阎永奎等(1992)重测。

上覆地层：南沱组 灰绿色冰碛砾质砂泥岩，砾石有泥质岩、花岗岩、锰质岩、石英等。砾径一般为2～4 mm，大者为3 cm×4 cm，呈次棱角状，含砾率10%～15%。产微古植物化石 *Leiominuscula minuda*，*Lophominuscula*，*Leiofusa* 等

══════ 断 层 ══════

休宁组 总厚度>1 131.26 m

50. 灰黑色泥岩，顶部有1 m含锰灰岩	3.78 m
49. 掩盖	10.13 m
48. 褐灰色中厚层含锰泥晶白云岩，具有硅质和方解石细脉	2.07 m
47. 灰绿色冰碛含砾泥岩。砾石少而小，砾径2～5 mm，多为石英及砂岩，局部呈条带分布	8.78 m
46. 黄绿色巨厚层岩屑粉砂岩，不显层理	9.81 m
45. 黄绿色巨厚层细粒岩屑杂砂岩，局部具微细水平层理及锰质条纹	4.29 m
44. 浅黄绿色厚层泥岩，局部见铁锰质褐色斑点及结核	7.41 m
43. 灰紫、灰绿色厚层含粉砂质泥岩	11.18 m
42. 紫红色巨厚层含粉砂质泥岩，略显水平层理	29.13 m
41. 灰紫、紫红色厚层含粉砂质泥岩与浅灰绿色含粉砂质泥岩互层，显微细水平层理	22.75 m
40. 紫红色厚层蚀变沉凝灰岩。上部见水平层理及脉状层理	16.86 m
39. 黄绿、灰绿色厚层岩屑粉砂岩，具微细水平层理及交错层理	2.08 m
38. 紫红色厚层含粉砂质泥岩，局部见微细水平层理	0.56 m
37. 青灰色厚层泥岩与含粉砂质泥岩互层，具微细水平层理	19.73 m
36. 灰紫色厚—巨厚层砂质泥岩	7.35 m
35. 紫灰、紫红色巨厚层粉砂岩夹黄绿色条带状细粒岩屑砂岩，条带宽2～7 cm，底部具交错层理	57.67 m
34. 黄绿色厚层粗粒岩屑砂岩，具韵律层，上部为暗绿色粉砂岩及灰白色中粒石英砂岩，具脉状层理	10.95 m
33. 灰紫色厚—巨厚层细粒岩屑砂岩夹黄绿色厚层细砂岩，局部具微细平行层理	19.17 m
32. 灰紫色厚—巨厚层条纹状中粒岩屑砂岩，具大型板状交错层	62.72 m
31. 灰紫、紫红色中厚层泥质粉砂岩，具微细水平层理	9.16 m
30. 灰紫、紫红色巨厚层粗粒屑砂岩夹黄色含细砂泥质粉砂岩，具微细水平层理	38.16 m
29. 灰白、灰绿色厚层粗粒岩屑砂岩	5.63 m
28. 灰紫色巨厚层细粒岩屑砂岩，微细水平层理发育，夹少量黄绿色中粒岩屑砂岩条带	11.63 m
27. 灰紫色中厚层中粒岩屑砂岩，具微细平行层理	14.32 m
26. 灰紫色厚层细—中粒岩屑长石砂岩，底部夹黄绿色砂岩，具平行层理及斜层理	5.65 m
25. 紫红色厚层细粒长石岩屑砂岩，夹0.5～20 cm宽的石英砂岩条带，斜层理发育	80.66 m
24. 灰紫色厚层细粒长石岩屑砂岩，局部见水平波状及不连续的微细层理	21.14 m
23. 青灰色厚层中粒含粉砂岩屑砂岩，夹黄绿色石英细砂岩	15.30 m
22. 灰绿色厚层细粒岩屑砂岩夹暗绿色厚层条纹状细砂岩	24.93 m
21. 褐黄色厚层细粒岩屑砂岩，隐约可见条纹	35.64 m

20. 灰黄色厚层条纹状细砂质泥岩，具宽 2～3 mm 的条纹，底部为厚 20 cm 的石英岩 12.33 m
19. 黄绿色厚层条带状粉砂质泥岩，条带宽 0.5～1 cm，由含锰砂岩组成 25.15 m
18. 黄绿色厚层条纹状泥质粉砂岩，条纹呈灰白、灰绿相间，宽窄不等，局部具斜层理，底部为厚 96 cm 的含锰砂岩 9.19 m
17. 灰黄色厚层泥质粉砂岩夹黄绿色条纹状石英细砂岩，具平行层理 58.07 m
16. 灰白色厚层条纹状粉砂质、泥质岩屑砂岩。条纹由粉砂质、泥质组成，宽 0.5～1 mm，呈平行及微波状 4.54 m
15. 灰黄色厚层中粒岩屑砂岩夹细粒石英砂岩，后者具平行及微波状层理 12.44 m
14. 黄绿色厚层泥质粉砂岩 44.95 m
13. 浅黄绿色厚层泥岩，具宽 1～5 mm 的水平条纹 9.07 m
12. 黄绿色厚层条纹状砂质泥岩，条纹宽 1～2 mm 35.27 m
11. 灰绿色厚层细粒岩屑砂岩夹少量中粒砂岩，具平行及波状层理 36.52 m
10. 黄绿色厚层条纹状泥质粉砂岩 36.01 m
9. 青灰色厚层泥质粉砂岩夹暗绿色细砂岩，具水平、波状及不连续的纹层 31.47 m
8. 灰绿色厚层条纹状中粒岩屑砂岩，条纹宽 1～2 mm，呈平行及微波状 53.35 m
7. 灰绿色厚层粉砂质泥岩与褐黄色中粒凝灰质砂岩成韵律性互层，前者具水平、波状及不连续的条纹 47.77 m
6. 灰、褐黄色巨厚层泥质粉砂岩夹岩屑砂岩，具平行及大型波状层理，偶见泥岩砾石 14.21 m
5. 青灰色厚层细砂质泥岩 14.48 m
4. 灰紫、灰绿色厚层条纹状细粒岩屑砂岩，局部见灰白色粗粒石英砂岩与灰紫色细粒岩屑砂岩韵律 23.52 m
3. 紫红色厚层条纹状泥质粉砂岩与灰白色粗粒石英砂岩组成韵律层，韵律层厚 1.2～2 m，具平行及波状层理 46.13 m
2. 灰紫色厚层砾岩，砾石以千枚岩、中酸性火山岩、石英等为主。砾径 2～10 mm，大者 1～3 cm，呈次棱角一次圆状，层理不清，顶部夹 25 cm 由紫灰色含砾粗砂岩与紫红色泥岩组成的韵律层 27.10 m
1. 灰绿、灰紫色厚层含砾岩屑砂岩，具宽 1～2 cm 的韵律条带 11.09 m

～～～～～～ 不 整 合 ～～～～～～

下伏地层：**牛屋组**　灰紫、紫红色千枚岩

【地质特征及区域变化】　该组分布广泛，岩性在全区基本相近，自西向东岩石色调灰绿及深灰色比例增多，凝灰质含量显著增高，顶部常夹 1～2 层似层状或凸镜状锰质白云岩或含锰灰岩。粒度自下而上由粗变细，底部为滨岸沉积底砾岩，下部为潮坪相砂泥质韵律层，上部为前滨或近滨相砂、页岩，构成海侵沉积序列。石台大南坑厚 461 m，歙县英坑厚 2 132 m，有西薄东厚之趋势(阎永奎等，1992)。在黟县杨柯、绩溪县煤炭山等地的粉砂岩、细砂岩内产微古植物 *Leiopsophosphaera*，*Protosphaeridium*，*Polyporata* cf. *obsoleta*，*Laminarites*。该组与下伏地层除局部地区(如石台县黄土岭与铺岭组)为平行不整合接触外，一般与下伏历口群、溪口群的不同层位及古老花岗岩为不整合接触；与上覆地层南沱组除休宁蓝田等个别地区为断层接触外，一般表现为整合接触。地质时代为早震旦世早期。

南沱组　Z_1n　(06－34－1023)

【创名及地原始定义】　E Blackwelder (1907) 创名于湖北省宜昌市南沱。原始定义：指伏于大套石灰岩之下的砂质和泥质岩石组成的南沱层(Nantou Formation)。出露于南沱陡壁

之下的缓坡上，这套岩层的底部由长石石英砂岩和砾岩组成。下部呈紫褐色，向上渐变成白色和紫色石英岩，总厚度约 45 m；上部出露 35 m 厚 的硬质块状泥砾层或冰碛岩，既不呈片状也不成层。这是一套绿色粗砂质的粘土岩，结构杂乱，呈棱角状，无分选性的地层系列。

【沿革】 省内该套地层，李毓尧(1937)称为蓝田冰碛层。安徽区调队(1965a)考虑到蓝田冰碛层一名因与丁毅(1935)创名的"蓝田系"、"钱义元等(1964)创名的蓝田组同名，故引用浙西雷公坞组一名，本书根据东南大区(1993)协调意见引用峡区南沱组一名。

【现在定义】 灰绿、紫红色冰碛泥砾岩(杂砾岩)，上部夹薄层状砂岩凸镜体，冰碛砾岩(杂砾岩)中的砾石分选性差，表面具擦痕。与下伏莲沱组凝灰质细砂岩或大塘坡组碳质粉砂质页岩呈平行不整合接触；与上覆陡山沱组白云岩呈平行不整合接触。

【层型】 正层型在湖北省宜昌市。省内次层型为绩溪县煤炭山剖面(34-1023-4-1；30°24′，118°30′)，安徽 317 地质队(1965a)测制；毕治国等(1988)补测。

【地质特征及区域变化】 省内该组岩性特殊，分布广泛，层位稳定，是良好的标志层。主要由灰绿、黄绿色冰碛含砾砂泥岩、冰碛含砾砂岩、冰碛含砾泥岩组成，有时夹少量泥岩、粉砂质泥岩，在宁国庄村和绩溪煤炭山等地该组含较多的凝灰质。冰碛砾石一般含量为 5%～30%，最多可高达 35%～40%。砾径一般 2～5 cm，大者为 5～25 cm，个别砾径可达 100 cm以上。砾石成分复杂，有石英、砂岩、硅质岩、页岩、石英岩及石英斑岩等。砾石表面常具有不同方向的擦痕等冰蚀痕迹。磨圆度和分选性均较差，不显层理。该组厚度变化较大，皖南东至到石台一带厚度较小，仅 44～111 m；黟县到黄山市一带厚度最大，可达 516～928 m；歙县云雾川为 61 m；宁国庄村为 357 m；休宁蓝田剖面受断层破坏，出露厚度只有 8 m(据阎永奎等，1992)。岩石具微细水平层理、波状层理、沙纹层理等，上述特征显示该组为浪基面之下的海洋冰川沉积，系冰碛物经冰筏带入海盆内沉积，为冰水陆架相。该组产微古植物 *Protosphaeridium*，*Leiopsophosphaera*，*Trematosphaeridium* cf. *holtedahlii*；植物碎片 *Lignum*；带藻 *Taeniatum*，*T. crassum*，*Polyporata obsoleta*。全区内岩性稳定，但凝灰质含量自西向东显著增高，其中不含砾正常沉积夹层各地有差异。与下伏休宁组、上覆蓝田组均呈整合接触。时代为早震旦世晚期。

蓝田组 Z_2l (06-34-1024)

【创名及原始定义】 原名蓝田系，丁毅(1935)创名于休宁县蓝田村。意指冰碛层之上，"上长源灰岩"(皮园村硅质岩)之下的一套碎屑岩-碳酸盐岩组合。

【沿革】 李毓尧(1937)曾将冰碛层之上的碎屑岩-碳酸盐岩组合统称休宁系，时代定为震旦寒武纪。钱义元等(1964)将丁毅(1935)的蓝田系改称蓝田组，维持其原义，沿用至今。本书沿用蓝田组。

【现在定义】 指分布于休宁县蓝田—绩溪县煤炭山一带的泥岩、碳质页岩-碳酸盐岩组合。岩性可分两段：下段为黑色薄—中层碳质页岩、泥岩及深灰色条纹状泥岩，底部普遍具有一层含锰泥晶白云岩；上段为浅灰色中层泥晶白云岩，含白云质微晶灰岩与灰黄色钙质页岩互层及黄绿色薄层泥岩夹灰黑色含白云质泥晶灰岩。与下伏南沱组冰碛砾岩、上覆皮园村组硅质岩均为整合接触。

【层型】 正层型为休宁县蓝田剖面(29°55′，118°05′)，阎永奎等(1992)重测，本书对化石略加简化。

上覆地层：荷塘组　粉砂质泥岩产遗迹化石和粪化石

——————— 整　合 ———————

皮园村组　总厚度 186.98 m

上段　厚度 48.01 m

68. 灰黑色薄—中厚层含有机质硅质岩，含大小不等的铁锰质结核，最大可达 2 m。产微古植物 *Triangumorpha* sp.，*Micrhystridium mininum*，*Leiopsophosphaera densa*　28.61 m

67. 灰色薄层含有机质硅质岩，微细水平层理发育。产微古植物 *Trachysphaeridium dengyingense*，*Lophosphaeridium* sp.，*Quadratimorpha simplicis*，*Nucellosphaeridium* sp.，*Micrhystridium mininum*，*Leiopsophosphaera densa*，*Piyuancunella irregularis*　19.40 m

——————— 整　合 ———————

下段　厚度 138.97 m

66. 灰黑色厚—巨厚层条带状硅质岩，条带宽 1 cm 左右。产微古植物化石 *Leiopsophosphaera* sp.，*L. densa*，*Margominuscula* sp.，*Lophosphaeridium acielatum*，*Micrhystridium mininum*　19.31 m

65. 黑色薄—中厚层含有机质硅质岩，层理清楚，局部隐约可见条纹　40.79 m

64. 灰黑色中厚—厚层硅质岩，微细水平层理发育，局部可见波状层理。产微古植物 *Leiopsophosphaera densa*，*Trachysphaeridium* sp.，*Micrhystridium mininum*　27.62 m

63. 灰白色厚层条纹状硅质岩，具宽 1～2 mm 呈黑白相间之条纹　18.15 m

62. 灰黑色厚层含有机质硅质岩，微细水平层理发育　18.50 m

61. 黑色薄层含有机质硅质岩　19.64 m

——————— 整　合 ———————

蓝田组　总厚度 175.83 m

上段　厚度 87.59 m

60. 黄绿、灰黄色薄层泥岩夹灰黑色含白云质泥晶灰岩，偏上部泥、碳质增多，顶部夹紫红色泥岩　11.76 m

59. 灰色厚层含白云质微晶灰岩，具波状或微细水平层理，风化表面呈"肋骨状"，顶部碳质、泥质增多　11.62 m

58. 浅灰色中厚层泥晶白云岩与灰黄色钙质页岩互层。前者具微细水平层理，上部夹黑色薄—中厚层碳质泥岩　64.21 m

下段　厚度 88.24 m

57. 紫褐色碳质页岩。产微古植物 *Leiominuscula minuta*，*Leiopsophosphaera densa*，*Leiofusa* sp.，*Trachysphaeridium dengyingense*，*Bavlinella faveolata*，*Micrhystridium mininum*，*Taeniatum crassum*；宏观藻类 *Lantiania complexus*，*L. nematoformis*，*Cyathophyton farmosum*，*C. simplicis*，*Semisphaerophyton gracile*，*S. minor*，*Epiphyton* sp.，*Huizhouella typicus*，*Vittaphyton vermiformis*，*V. minor*，*Flabeliphyton formosus*，*Xiuningia crussa*，*Sinotaenia lantianensis*，*Parachuaria lantianensis*，*P. simplicis*，*Fusiphysa simplex*，*Shouhsienia* sp.　14.87 m

56. 紫褐色碳质页岩夹薄层碳质泥岩。页岩内产宏观藻类化石 *Parachuaria minor*，*Cyathophyton formosum*　7.70 m

55. 黑色薄层碳质泥岩，具微细水平层理。产微古植物 *Trachyminuscula* sp.，*Leiopsophosphaera densa*，*Trachysphaeridium dengyingense*，*Triangumorpha minor*，*Leiofusa naviculara*，*Canusmorpha brevis*，*Paleomorpha* sp.　31.23 m

54. 深灰、灰黄色厚层条纹状泥岩夹少量含锰粉砂岩，产微古植物 *Trachysphaeridium*

sp.，*Bavlinella faveolata* 33.00 m

53. 灰黑色厚层含灰质泥晶白云岩，风化表面显条纹，风化后成猛土 1.44 m

—————— 整 合 ——————

下伏地层：**南沱组** 深灰、暗灰绿色冰碛含砾砂泥岩。砾石成分以石英为主，次为硅质岩、长石砂岩等，砾径一般 3～5 mm，最大达 20 cm×65 cm，呈次棱角—次圆状，含砾率 5%～10%

【地质特征及区域变化】 该组分布广泛，层位稳定，一般可分为二个岩性段：下段的黑色碳质页岩中普遍富含黄铁矿，有些地方可形成黄铁矿床；上段主要为薄—中层灰岩、硅质泥岩。底界以含猛、含灰质泥晶白云岩的出现为标志与下伏南沱组，顶界以含碳质泥岩为标志与上覆皮园村组均呈整合接触。岩层中具水平层理，微波状层理，显示浪基面之下，水动力条件较弱的半还原环境。下段黑、紫褐、深灰色页岩、泥岩中产微古植物 *Trachysphaeridium*，*Lophosphaeridium*，*Taeniatum crassum*；宏观藻类 *Epiphyton*；蠕形动物 *Paleolina*；疑源类 *Chuaria circularis*，*Shouhsienia*。全区岩性稳定，唯底部白云岩及铁锰层在东至、石台一带缺失，歙县黄柏山一带最大厚度可达 12 m。自黄山市黄山区（原太平县）岩前向东到宁国一带，下部页岩和砂岩有增多趋势。厚度一般在 128 m（东至梅山岭）～208 m（宁国庄村），最薄只有 60 m（歙县黄柏山）。部分地区各段岩性及厚度略有变化，如太平曲竹坑下段变为浅灰色石英粉砂岩和石英砂岩，宁国庄村下段黑色页岩变薄，厚度只有 20 余米。该组时代为晚震旦世早期。

皮园村组 $Z_2\in_1p$ （06-34-1025）

【创名及原始定义】 原名皮园砂岩，李捷、李毓尧（1930）创名于休宁县蓝田镇北皮园村。意指黄柏岭组与蓝田组之间的硅质岩地层。

【沿革】 钱义元等（1964）称皮园村组，将其限定在下伏蓝田组与上覆黄柏岭组之间、具黑白条纹硅质岩为主的地层，沿用至今。

【现在定义】 指黑白条纹相间的厚层硅质岩（下段），薄层硅质岩、硅质页岩（上段），产微古植物化石。下界与蓝田组以泥岩结束，黑色硅质岩出现为标志；上界与荷塘组以硅质岩结束，碳质页岩、粉砂质页岩出现为标志，均呈整合接触。

【层型】 正层型为休宁县蓝田剖面（34-1025-4-1；29°55′，118°05′）（与蓝田组为同一连续剖面，参见蓝田组剖面描述），阎永奎等（1992）重测。

【地质特征及区域变化】 该组主要由硅质岩组成。硅质岩呈灰黑、浅灰色，薄—中厚层状，含有机质较高。具条纹或条带状构造，有时具黑白相间的条纹。水平微细层理发育，有时可见到波状及丘状层理。由于岩石致密坚硬，常形成城垣状陡崖峭壁。该组岩性单一，上段有时含硅质白云岩、钙质铁锰质岩、碳质硅质岩及磷质岩凸镜体等，有时含粉砂质较高，或夹少量石英砂岩。产微古植物 *Trachysphaeridium*，*Lophosphaeridium*，*Piyuancunella*，*Leiopsophosphaera* 等。在全椒县黄栗树的黑色薄层硅质页岩中产单板类 cf. *Mobergella*，普遍产海绵骨针 *Protospongia* 等。全区岩性稳定，厚度变化较大，在皮园村厚 197 m，由皮园村向西到黟县、石台等地厚度减少到 100 m 左右，再向西到东至梅山岭只有 37 m。由皮园村向东南到歙县云雾川、黄柏山厚度只有 50～75 m，向东北到宁国庄村等地厚度又增大到 120 余米。皖中全椒黄栗树厚 68 m，巢湖苏家湾厚 95 m。在皖南地区覆于蓝田组之上，向北延伸至滁州、全椒一带覆于灯影组之上，为一跨时的地层单位。该组地质时代为晚震旦世晚期—早寒武世早期。

第二节　震旦纪生物地层特征与年代地层界线

（一）生物地层特征

江南地层分区震旦纪富产微古植物、宏观藻等。早震旦世生物群具晚前寒武纪早期生物群的某些特征，而晚震旦世生物群则具有向寒武纪生物群过渡的性质(表 8－1)。早震旦世所获微古植物化石属种不多，以球藻亚群为主，主要有 *Trematosphaeridium* cf. *holtedahlii*, *Leiopsophosphaera*，*Protosphaeridium*，*Laminarites*，*Lignum*，*Taeniatum crassum* 等。上述微古植物个体小，结构简单。

晚震旦世生物群门类及属种较早震旦世丰富，除微古植物外，尚出现大型宏观藻类化石。微古植物除产有早震旦世分子外，开始出现新的类型，主要有 *Lophosphaeridium*，*Pseudozonosphaera* cf. *verrucosa*，*Trachysphaeridium rude* 等。上述组合总体面貌是化石个体增大，结构较复杂，可与峡区晚震旦世产出的微古植物对比。晚震旦世藻类及疑源类丰富，主要有 *Epiphyton*，*Gordonophyton*，*Tyrasotaenia*，*Chuaria*，*Shouhsienia* 等。阎永奎等(1992)在皖南蓝田组下部采获丰富的藻类化石，称为蓝田植物群，计有 12 属 18 种。上述化石对地层划分对比，具有一定的意义。

表 8－1　江南地层分区震旦纪微古植物垂直分布表

化　石　名　称	休宁组	南沱组	蓝田组	皮园村组
Asperatopsophosphaera umishanensis			—	—
Laminarites sp.	—			
Leiopsophosphaera sp.	—	—		
Lignum sp.	—	—		
Lophosphaeridium sp.			—	
Polyporata obsoleta		—		
P. cf. *obsoleta*	—			
Protosphaeridium sp.	—	—	—	
Pseudozonosphaera cf. *verrucosa*				—
Taeniatum crassum		—	—	
T. sp.		—		
Trachysphaeridium cf. *rude*			—	
T. rude				—
Trematosphaeridium cf. *holtedahlii*		—		
T. sp.		—		

（据《安徽省区域地质志》，1987）

（二）年代地层界线

江南地层分区震旦系是晋宁运动基本结束之后一次大规模海侵时期的产物，岩性稳定，分布广泛，下以不整合覆于历口群之上，上与早寒武世荷塘组呈整合过渡，内部分上、下两统。

1. 震旦系的下界

区内震旦系下界基本上是以晋宁运动完全结束后所形成的不整合面所限定。但由于晋宁运动完全结束之后，各地接受沉积的时间有先后，甚至在晋宁运动影响不大的地区，可能看不到震旦系与下伏地层之间有不整合面存在，这对确定震旦系的下限产生了一定困难。该区经过晋宁运动，地壳转为相对稳定，沉积建造由广泛发育的前震旦系复理石建造和局部发育的磨拉石建造或磨拉石-火山岩建造，转变为震旦系稳定型的磨拉石-冰川(水)-碳酸盐岩及硅质建造。古气候发生了明显变化，震旦纪冰川作用曾一度广泛发育。与此同时，生物群也有显著变化，即软躯体后生动物出现并渐趋繁盛，植物界则有丰富的高等藻类出现和繁育。因此，晋宁运动面作为震旦系的底界比较合适。这个界面，即该区休宁组或周岗组以及与峡东莲沱组等相当层位的底界。

震旦系的底界年龄，国内多数采用 800 Ma。该区根据侵入在溪口群又被休宁组不整合覆盖的休宁和许村花岗闪长岩岩体黑云母 K－Ar 法年龄值分别为 953 Ma 和 877 Ma，推测休宁组的下界时限在800 Ma左右。

2. 震旦系的分统界线

震旦系内部分统界线的确定，主要是南沱组冰碛层归属问题。在扬子地层区内，从生物演化方面看，冰碛层以下的层位目前只发现球藻亚群为主的单细胞藻类，而蓝田组却开始出现后生动物。根据峡东剖面的资料，陡山沱组的微古植物组合与灯影组相似，而同南沱组有差异；从古气候条件看，冰碛层是冷湿气候下的产物，而其上是一套白云岩和灰岩为主的温暖干旱气候下的沉积物，两者所处的气候条件截然不同。再从沉积相和沉积物性质看，冰碛层以下层位是一套可能包括部分陆相在内的滨海至陆架相陆源碎屑沉积，而其上则主体是陆架和盆地相内源碳酸盐-硅质沉积，因此，从多方面因素考虑，冰碛层归属下统比较合适。统的分界时限为700 Ma。

3. 震旦系的顶界

该区震旦系与寒武系的界线大致在皮园村组上、下段之间。区内皮园村组下段为厚层黑白条纹相间的硅质岩，上段为薄层硅质岩，产海绵骨针 *Protospongia* sp.，其上为产三叶虫化石的荷塘组。据我国目前多数意见，是以多门类具壳动物的出现作为寒武系的底界，即震旦系的顶界。本书采纳这一意见，在该区也较适用，这一界线大致接近于我国梅树村阶及前苏联的Tommotian阶、斯堪的纳维亚 *Mobergella holsti* 阶的底界。

关于震旦系的上限年龄，目前国内外尚不统一，通常采用的数值是570 Ma，也有采用600 Ma的，本书采用后一数值。

第三节　震旦纪区域地层格架

（一）岩相古地理概述

震旦纪的岩相古地理受控于基底结构，晋宁运动形成隆凹相间格局。早震旦世早期，由江南古陆往北，依次出现潮坪、泻湖—前滨带—近滨带—过渡带，至滁州一带出现陆架相；晚期格局基本相似，但广泛分布冰成岩，江南古陆扩大，古陆周缘为海岸相区，出现陆缘冰川，外侧为滨岸冰川，滁州一带为浅海陆架冰川相。晚震旦世早期大规模海侵，海平面上升较高。该期，滁州一带沉积物厚度可达800余米，而皖南一带仅为100～200 m，经过长时期的填平补齐过程，滁州一带由深变浅。在该期晚时，逐渐与巢湖一带组成统一的碳酸盐台地。台地南侧，在青阳一带出现大型斜层理发育的砂屑白云岩台地边缘浅滩相沉积；其外侧（如东至建新）出现由白云岩、滑塌构造发育的微晶白云岩组成的台地前缘斜坡相沉积；而休宁、绩溪等南区由低能的页岩、泥质白云岩组成的陆架—浅海盆地沉积。晚震旦世晚期，海平面有一个逐渐下降过程，巢湖、滁州一带以潮坪、泻湖相沉积为主，由一系列向上变浅序列组成。南区，由厚层硅质岩构成，据其中发现的柱状叠层石、风暴层及石膏假晶等特征，说明该期已处于浅水陆架—下斜坡环境。

综观上述沉积相演变可知，早震旦世安徽境内下扬子海沉积基底北低南高，晚震旦世与之相反，北侧(滁州、巢湖)逐渐抬升，形成碳酸盐台地，西南侧水体相对较深。

（二）层序地层分析

该区震旦纪地层，可划分A、B两个层序。

1. A层序

A层序由历口群、休宁组(图8-1)及西冷(岩)组、周岗组构成。分为低水位体系域、海

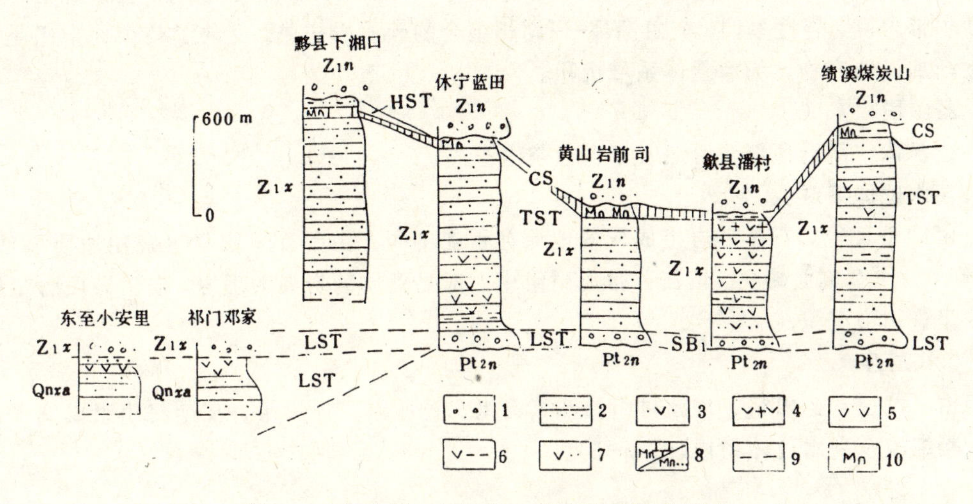

图 8-1 皖南震旦纪地层 A 层序体系域对比图

1. 砂砾岩；2. 砂岩；3. 凝灰质砂岩；4. 凝灰质石英砂岩；5. 安山质凝灰岩；6. 凝灰质泥岩；
7. 沉凝灰岩；8. 含锰灰岩/砂质页岩；9. 泥岩；10. 锰质岩

LST. 低水位体系域；TST. 海侵体系域；CS. 凝缩段；HST. 高水位体系域；Pt_2n. 牛屋组；
$Qnxa$. 小安里组；Z_1x. 休宁组；Z_1n. 南沱组

侵体系域、高水位体系域三部分。

低水位体系域

低水位体系域由两部分构成，第一为休宁组下部历口群磨拉石-火山岩建造，系江南古陆形成的第一期侵蚀夷平陆相环境的沉积记录，仅限于江南古陆边缘断续分布(见图 8-1)；在滁州地层小区则由西冷(岩)组滨海相的火山岩—碎屑岩沉积构成。第二部分由休宁组底部砂砾岩组成(图 8-2)。

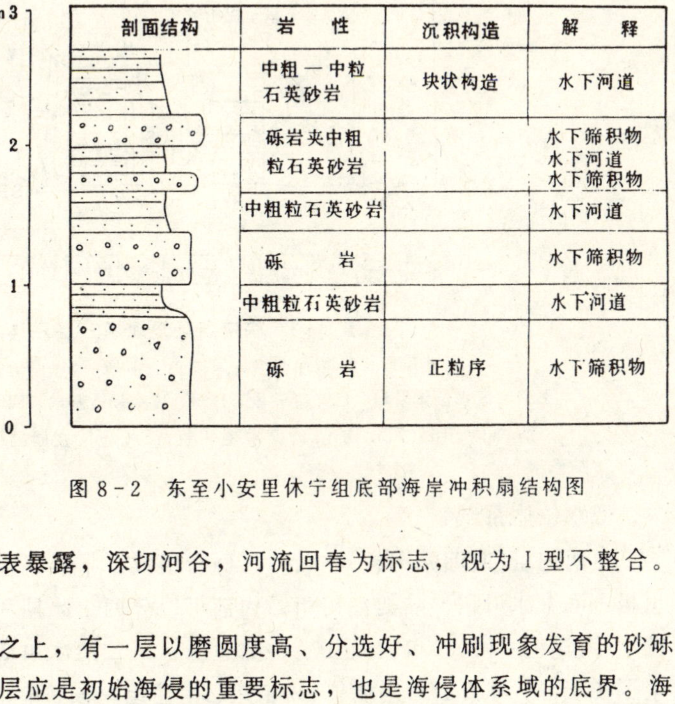

剖面结构	岩　性	沉积构造	解　　释
	中粗一中粒石英砂岩	块状构造	水下河道
	砾岩夹中粗粒石英砂岩		水下筛积物 水下河道 水下筛积物
	中粗粒石英砂岩		水下河道
	砾　　岩		水下筛积物
	中粗粒石英砂岩		水下河道
	砾　　岩	正粒序	水下筛积物

(纵坐标：m 3、2、1、0)

图 8-2 东至小安里休宁组底部海岸冲积扇结构图

因此，休宁组与下伏溪口群(或历口群与溪口群)之间是一个十分明显的沉积间断面，以出现地表暴露，深切河谷，河流回春为标志，视为 I 型不整合。

海侵体系域与凝缩段

在休宁组底部低水位砾岩层段之上，有一层以磨圆度高、分选好、冲刷现象发育的砂砾岩区别于底部低水位砾岩段，这一层应是初始海侵的重要标志，也是海侵体系域的底界。海侵体系域占休宁组总厚度的 97%以上，由许多次一级的海侵海退序列组成，总体由粗变细属退积型结构。沉积相的迁移规律十分明显，从横向展布看，在江南古陆的外围海域，形成堡岛系统，由东北向西南，陆架近滨带与岸间有大型砂坝相隔，古陆边缘为潮坪-泻湖相组合。剖面垂向上这种迁移规律更加明显。如东至县，由下而上为：潮坪-泻潮相组合，大型交错层理发育的砂坝组合，风暴岩发育的近滨陆架相组合。而位于古陆边缘的休宁蓝田地区，始终处于砂坝带内侧，岩性单调，全由潮坪-泻湖相组合的碎屑岩构成。反映了整个休宁组是一个海水逐渐加深的产物，为海侵体系域沉积。

凝缩段

位于休宁组近顶部，由泥岩、含锰灰岩组成。

高水位体系域

由砂质页岩、石英砂岩组成，各地保存程度不同。由于受早震旦世晚期地质事件(冷事件)影响，大多剖面缺失。镇江一带周岗组中上部见钙质砂岩夹大理岩，向上砂质含量明显增高，呈进积型沉积。

2. B 层序

由南沱组、蓝田组、皮园村组及苏家湾组、黄墟组、灯影组、皮园村组组成低水位体系域、凝缩段及高水位体系域(图 8-3)。

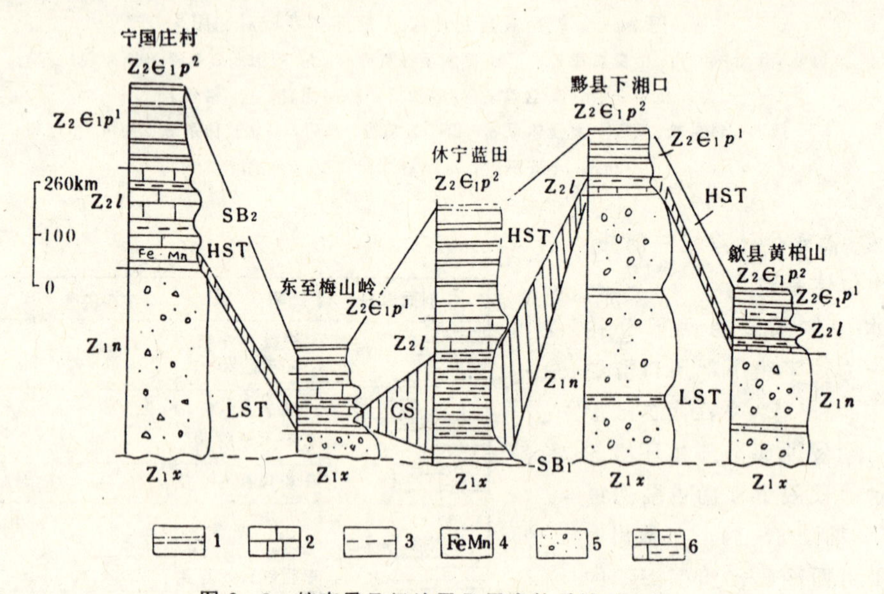

图 8-3 皖南震旦纪地层 B 层序体系域对比图

1. 硅质岩；2. 微晶灰岩；3. 页岩；4. Fe、Mn 质；5. 砂砾岩；6. 泥质灰岩

LST. 低水位体系域；CS. 凝缩段；HST. 高水位体系域；SB_1. Ⅰ型不整合；SB_2. Ⅱ型不整合；

Z_1x. 休宁组；Z_1n. 南沱组；Z_2l. 蓝田组；$Z_2\in_1p^1$. 皮园村组下段；$Z_2\in_1p^2$. 皮园村组上段

低水位体系域

由南沱组(或苏家湾组)冰碛砂、砾岩组成。早震旦世晚期的冰川事件，可识别有陆缘冰川相、滨岸冰川相、陆架冰川相。内部可以分两个冰期和一个间冰期，第一期冰川活动规模较小(南沱组一段)，仅波及江南古陆边缘；第二期冰川活动规模较大(南沱组三段)，涉及整个下扬子海，可覆于不同层位(休宁组、南沱组一段、南沱组二段)之上，两层冰积物之间(南沱组二段)的碳酸盐锰矿层、硅质泥岩等是低级别海平面变化的凝缩沉积。

因此，南沱组冰碛岩对下伏地层强烈削切而使 A 层序的高水位体系域严重缺失。此界面可视为Ⅰ型不整合。

凝缩段

B 层序中的凝缩段由蓝田组（或黄墟组）下部的含锰白云岩、碳硅质岩段组成，其底与南沱组砾岩呈舒缓波状接触面，为海侵面。该段产宏观藻化石层，是海平面上升最快、低速沉积产物。由于最大海泛面尚难确定，故该凝缩段实际包含了海侵体系域及部分早期高水位体系域。其进一步划分有待于今后工作中探讨。

高水位体系域

相当于蓝田组的肋骨状灰岩、皮园村组厚层硅质岩、黄墟组上段灰岩夹碎屑岩及灯影组白云岩。

反映高水位沉积的主要标志有：风暴岩、叠层石、石膏假晶（皮园村组）；葡萄状构造、石膏假晶、喀斯特、帐篷构造、铁质壳面（灯影组）；滑动构造（黄墟组上段）；进积浅滩（蓝田组）。这些标志均是在原有深水环境基础上海平面下降后产物。

（三）区域地层格架

安徽下扬子地区震旦纪地层格架示于图 8－4、图 8－5，它清楚地展示了各岩石地层单位的形态、相互关系、时空排列顺序以及层序地层的划分情况。各岩石地层单位的特征前文已有专门描述，此不赘述。

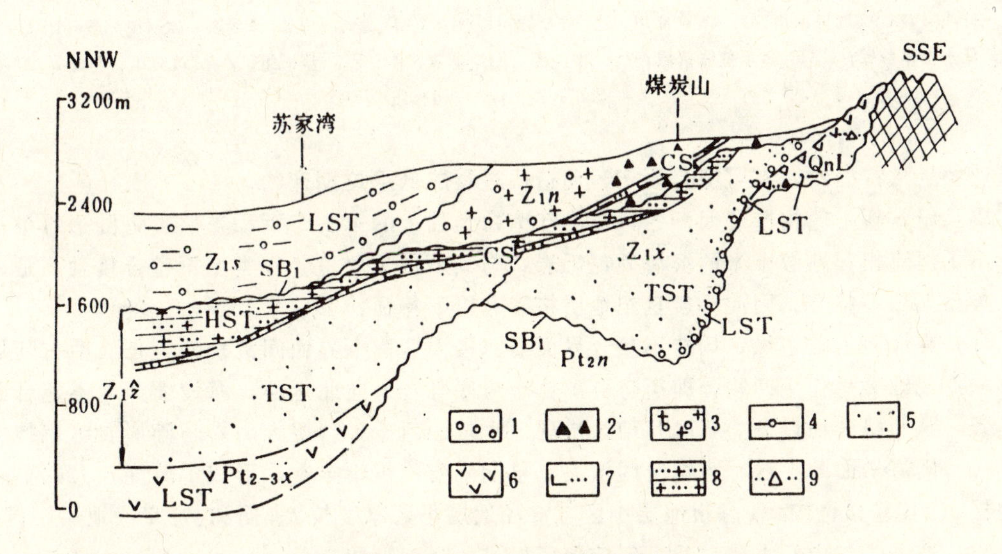

图 8－4　安徽省下扬子地区早震旦世岩石地层格架

1. 冲积扇砾岩；2. 陆缘冰川；3. 滨岸冰川；4. 陆架冰川；5. 砂岩；6. 火山岩；7. 钙质粉砂岩；8. 细粒石英砂岩；9. 复理石建造；SB_1. Ⅰ型不整合；LST. 低水位体系域；TST. 海侵体系域；HST. 高水位体系域；CS. 凝缩段；Qn*L*. 历口群；Pt_2n. 牛屋组；$Pt_{2-3}x$. 西冷（岩）组；Z_1x. 休宁组；$Z_1\hat{z}$. 周岗组；Z_1n. 南沱组；Z_1s. 苏家湾组

1. 前震旦纪构造加强不整合特征

历口群与溪口群之间不整合面，是构造加强不整合与层序不整合相叠面，是一种热上升不整合，代表有大剥蚀量的记录（许效松，1994），这一不整合面所占有的地质间隔时间较长，约 200 Ma（安徽地矿局，1987），在江南古陆边缘堆积了青白口纪的磨拉石－火山岩建造（历口群）。在滁州地区，最近，安徽区调队在开展 1∶5 万地质调查时，有人认为周岗组与下伏西冷（岩）组为整合接触。笔者认为西冷（岩）组堆积大量的火山沉积物，具气孔、杏仁构造，上

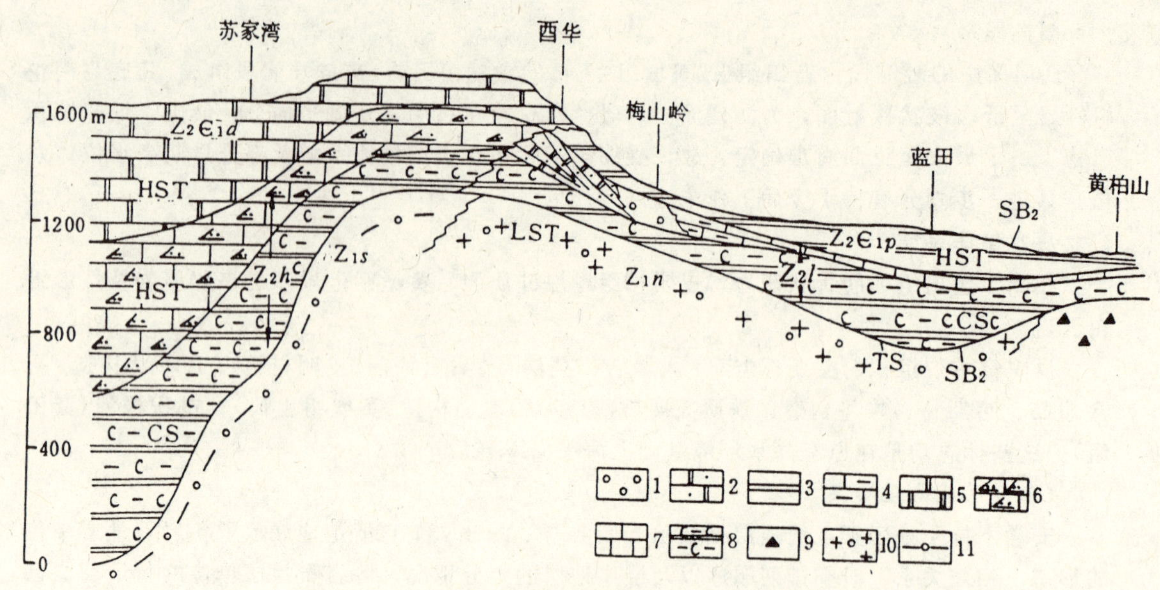

图 8-5 安徽省下扬子地区晚震旦世岩石地层格架

1. 砾岩；2. 砂屑白云岩；3. 厚层硅质岩；4. 泥质灰岩；5. 白云岩；6. 灰岩夹碎屑岩；7. 微晶灰岩；8. 碳硅质页岩；9. 陆缘冰川；10. 滨岸冰川；11. 陆架冰川；SB_2. Ⅱ型不整合；TS. 海侵面；CS. 凝缩段；LST. 低水位体系域；HST. 高水位体系域；Z_1n. 南沱组；Z_1s. 苏家湾组；Z_2l. 蓝田组；Z_2h. 黄墟组；$Z_2\in_1d$. 灯影组；$Z_2\in_1p$. 皮园村组

部出现大量微古植物，有可能是晋宁运动造山过程的低水位期产物。

震旦纪，新一轮构造旋回开始，作为江南古大陆上的第一个沉积盖层，古陆边缘早震旦世充填了河流相和厚数十米的滨海砂、砾岩，与其下伏地层呈各种类型不整合接触，是一种特殊类型下超不整合。因此，震旦纪地层格架有以下特征：

(1) 在江南古陆边缘，构造不整合界面与海侵面这两个界面间沉积物应是江南古陆形成的第一期侵蚀夷平作用产物，即历口群加休宁组底砾岩。向北延伸，海侵面渐与不整合面趋于一致，从而缺失历口群，至滁州地区出现低水位的西冷（岩）组火山岩—碎屑岩沉积物。

(2) 随海平面的上升，容纳空间增大，早期碎屑物供给丰富，形成了厚度较大的早震旦世地层，但其差异也较大，滁州地层小区与宣泾地层小区厚度较大，而和县-安庆地层小区，厚度较小，这可能与中元古代和县—安庆地区形成的隆起地貌有关。

(3) 在盆地不同的发展阶段和不同部位，岩石地层体的特征也不相同，从滁州地层小区至江南地层分区，岩层的色调由黄绿、灰黄变为紫红、灰紫，反映了盆地沉积条件和盆地水深及其介质条件的变化，砂质含量也明显增高。

2. 早震旦世事件不整合特征

早震旦世晚期发生了全球性冷事件，造成了海水大面积的撤退，陆上被改造了的碎屑物随着海平面下降，由冰川、重力流搬运，越过边缘不稳定区，带到低凹深切河谷或盆地边缘的稳定区，同时对下伏地层造成了强烈的削切。在安徽下扬子海域内可识别出陆缘冰川、滨岸冰川及陆架冰川。因此，冷事件的沉积物与下伏地层是一个剥蚀面——下削切面。晚震旦世冰川消融，海平面迅速升高，江南古陆消失。此时，容纳空间增大，但由于物源在经历了早震旦世的风化剥蚀后，已明显减少，盆内迅速处于饥饿状态，形成了加积型为主的充填层序。其沉积特征如下：

(1) 岩石地层单位的形态不一，不规则，发育了一些凸镜状的岩石地层(如：蓝田组砂屑白云岩、垮塌角砾岩等)。

(2) 滁州地层小区至和县-安庆地层小区至江南地层分区，岩层厚度总体由厚变薄；垂向变化由碎屑岩向碳酸盐岩演化，滁州及巢宁地区至震旦世晚期已形成统一的碳酸盐台地。

第九章
寒武纪—志留纪

安徽省扬子地层区寒武纪—志留纪地层分布广泛（参见图 4-1），发育齐全（表 1-2），岩性复杂，区域变化大。寒武纪以碳酸盐岩沉积为主，其早期碎屑岩发育，含有石煤、铀、磷、钒、锑等多种沉积、层控矿产。寒武纪，下扬子地层分区内部及其与江南地层分区之间已有分异，到奥陶纪更趋明显。奥陶纪，下扬子地层分区以碳酸盐岩沉积为主，局部夹碎屑岩，晚期有硅质岩、碳质硅质岩沉积；江南地层分区以碎屑岩为主夹硅质岩和碳酸盐岩沉积。志留纪，下扬子分区与江南分区沉积分异缩小，均以碎屑岩沉积为主，下扬子地层分区局部夹碳酸盐岩沉积。化石以笔石、三叶虫、头足类为主，此外有腕足类、鱼类、牙形刺等多门类化石。

第一节　岩石地层单位

幕府山组　$\in_1 m$　（06-34-2013）

【创名及原始定义】　俞剑华等（1962）创名于江苏省南京幕府山西段。原始定义：下部为夹有石煤层及含磷质结核和黄铁矿结核的黑色页岩及硅质岩层；中部主要为灰白色薄层石灰岩；上部为薄层白云岩和白云质灰岩，夹少量薄层灰岩和页岩，有时夹燧石层；顶部具有厚度 8.4 m 的薄层结晶白云质灰岩，含有胶磷矿。与下伏上震旦统灯影组灰白色块状含燧石结核白云岩和上覆炮台山组砾岩，均呈假整合接触。

【沿革】　省内曾称冷泉王组（安徽区调队，1978、1988a；杜森官，1981；朱兆玲等，1988）。因其与幕府山组为同物异名，本书采用幕府山组。

【现在定义】　下部以灰白色含燧石结核灰岩、含磷白云质灰岩为主，其次是白云岩夹页岩；上部为灰褐色薄层白云岩，灰黑色薄层灰岩、白云岩及紫红色泥质灰岩，泥质灰岩中产三叶虫 *Redlichia*。其下与荷塘组灰褐色板状页岩分界，其上与炮台山组黄色薄层泥质灰岩之底为界。彼此之间均为整合接触。

【层型】　正层型在江苏省南京市幕府山。省内次层型为巢湖市汤山剖面（34-2013-4-1；31°39′48″，117°55′43″），安徽区调队（1978）测制。

【地质特征及区域变化】 省内该组与南京幕府山层型剖面相比，白云质和硅质成分增高。区内总体岩性比较稳定，为砾屑白云岩、砂屑白云岩、鲕粒白云岩、核形石白云岩、硅质条带白云岩，夹有硅化灰岩、含硅质条带灰岩。具水平层理、微波状层理，中部见鸟眼构造。厚41～105 m，东北厚西南薄。巢湖地区产藻类，巢湖汤山该组底部产三叶虫 *Paokannia*，富产小壳类 *Anabarites* 等化石。省内缺失相当于荷塘组的地层，该组直接与下伏灯影组呈平行不整合接触，与上覆炮台山组为整合接触。时代为早寒武世早中期。

炮台山组　$\in_{1-2}p$　(06-34-2014)

【创名及原始定义】 俞剑华等(1962)创名于江苏省南京城北幕府山 199 m 高地西南坡公路旁。原始定义：炮台山组为微带红色薄层白云质灰岩、白云岩及少量的泥质灰岩和页岩的序列。底部有厚度 1.9 m 的底砾岩，其上尚有层位比较稳定，发育较差的竹叶状灰岩及角砾岩。泥质灰岩中产三叶虫 *Ptychoparia*，*Proasaphiscus*(即 *Mufushania nankingensis*，*M. changi*)等，总厚度 86.80 m。其与下伏幕府山组呈假整合接触，与上覆中奥陶统宝塔组呈断层接触。时代为中寒武世早期。

【沿革】 省内曾称半汤组(安徽区调队，1978、1988a；杜森官，1981；朱兆玲等，1988)，因与炮台山组为同物异名，本书采用炮台山组。

【现在定义】 指幕府山组与观音台组之间一套镁质碳酸盐岩。岩性主要为浅灰、浅黄色薄层白云质灰岩、浅红色薄层白云岩及黄色薄层泥质灰岩，含三叶虫。其下与幕府山组紫红色泥质灰岩及上覆观音台组灰白带红色含少量燧石结核白云质灰岩均为整合接触。

【层型】 正层型在江苏省南京市。省内次层型为巢湖市汤山剖面(34-2014-4-1；31°39′48″，117°55′43″)，安徽区调队(1978)测制。

【地质特征及区域变化】 省内该组为滩、滩间泻湖交替为主的局限台地相沉积，主要为鲕粒白云岩、砂屑白云岩、砾屑白云岩、藻类白云岩、泥晶白云岩、泥岩、钙质泥岩，局部见硅质条带。具水平层理、水平虫管、蹼状构造，含石盐假晶。由东北向西南泥质略有增加，厚 140～156 m。中下部产三叶虫 *Redlichia*，*Probowmania*，*Kunmingaspis* 等和腹足类。该组与下伏幕府山组和上覆观音台组均为整合接触。时代为早寒武世晚期至中寒武世。

观音台组　$\in_{2}O_{1}g$　(06-34-2015)

【创名及原始定义】 江苏省重工业局区测队(1970)创名于江苏句容仑山观音台。观音台组从原仑山灰岩下部划出，下部主要为灰、深灰色中薄层夹厚层白云岩、灰质白云岩，常有较多燧石条带和结核；上部主要为灰、灰白色厚层白云岩、含白云质灰岩，偶含少量燧石结核和条带。下未见底，上与仑山组整合。厚度大于 530 m，未获化石，属上寒武统。

【沿革】 省内曾称山凹丁群(安徽区调队，1978、1988a；杜森官，1981；朱兆玲等，1988)，因与观音台组为同物异名，本书采用观音台组。

【现在定义】 指炮台山组与仑山组之间一套镁质碳酸盐岩。下部为浅、深灰色中—厚层灰质白云岩、白云岩夹白云质灰岩，含燧石结核或条带；上部为浅、深灰色中—厚层白云岩，夹含燧石结核和条带白云岩。与下伏炮台山组浅黄色薄层泥质白云岩及与上覆仑山组灰黄色厚层含灰质白云岩，均为连续沉积的整合关系。

【层型】 正层型在江苏省句容县仑山观音台。省内次层型为巢湖市汤山剖面(34-2015-4-1；31°39′48″，117°55′43″)，安徽区调队(1978)测制。

【地质特征及区域变化】 省内该组次层型剖面的岩性可分为三段：下段主要为潮坪泻湖相的灰色中厚层微晶含灰质白云岩，底部见白云质细砾岩，厚91 m。局部岩层表面上见有石盐假晶的孔洞，有的岩石孔隙被硬石膏充填。具薄纹层、水平层理、脉状层理、羽状交错层理、鸟眼构造，显局限台地到蒸发台地的沉积特征。中段为浅灰色中层蜂窝状粉晶、细晶白云岩、具硅质条带或硅质团块白云岩、硅质岩，厚132 m。岩石普遍受后期硅化、方解石化及重结晶作用的影响，使岩石风化面常呈蜂窝状，多为蜂窝状大团块。具微波状层理，小型交错层理和揉皱构造。上段为浅灰色中厚层中、细晶泥质白云岩，具少量硅质结核、硅质条带中、细晶白云岩，泥质白云岩，产头足类 *Proterocameroceras* sp.，*Artiphylloceras* sp.，厚79 m。中上段显示潮坪发育的蒸发台地相沉积特征。沿台地向南见含砾屑白云岩、砂屑白云岩、微晶白云岩组合，微晶白云岩、砂屑白云岩组合。青阳—东至一带的斜坡相中见有滑塌构造、崩塌砾石。贵池墩上叶一带叠层石、藻类发育，厚度大于1 227 m。东至建新一带厚832 m。总趋势是东北薄西南厚。该组与下伏炮台山组，上覆仑山组均为整合接触。时代为中寒武世中晚期至早奥陶世早期。

荷塘组　$\in_1 ht$　(06-34-2016)

【创名及原始定义】 原名荷塘矽质页岩及石煤层，卢衍豪、穆恩之等(1955)创名于浙江省江山市大陈东北的荷塘村。原指“荷塘矽质页岩及石煤层，紫色、灰色、浅灰色矽质页岩及石煤层，矽化程度较深的成为黑色燧石，劈开裂成小方块，厚度约20公尺。底部黑色碳质页岩，部分亦为矽质，并偶夹燧石，含碳质颇富，可作烧石灰燃料。盛莘夫称之为‘石煤层’厚约20公尺。本系岩层以出露在江山大陈东北十五里荷塘村最为清楚，石煤开采最多，故以荷塘取名”。

【沿革】 该组由安徽317地质队(1965a、1965b)引入我省，沿用至今。

【现在定义】 荷塘组由黑色薄层碳质硅质岩、碳质硅质泥岩、页岩、石煤层夹灰岩凸镜体及磷矿层组成。以石煤层(含磷矿层)与下伏灯影组白云岩或皮园村组黑色薄板状碳质硅质岩呈平行不整合或整合接触；以碳质硅质页岩、硅质岩与上覆大陈岭组条带状白云质灰岩整合接触。

【层型】 正层型在浙江省江山市。省内次层型为石台县皂角树—黄柏坑剖面(34-2016-4-2；30°10′26″，117°18′46″)，安徽317地质队(1965b)测制。

【地质特征及区域变化】 省内该组岩性特征比较稳定。一般可分为两部分：下部为碳质页岩、石煤层，灰黑色薄层碳质泥岩与含硅质碳质泥岩互层夹灰岩凸镜体，碳质页岩，含串珠状磷结核及结核状、星点状黄铁矿。在滁州琅琊山的灰岩凸镜体中产三叶虫 *Hunanocephalus*，在青阳—东至一线见有断续的微晶灰岩，产盘虫 *Hupeidiscus fengdongensis*，*Eodiscina*。上部为黑色碳质页岩、薄层含硅碳质泥岩。该组岩石颜色普遍偏深，一般为深灰、灰黑色，风化面为灰白色，产海绵骨针，具水平层理、微波状层理，为还原环境的盆地相沉积。在青阳平园一带因受火山活动影响，见有熔岩凝灰质页岩夹层。该组厚69～573 m。由东北向西南增厚。该组下部含石煤、磷、钒、钼、铀等矿产。底部以大套硅碳质页岩出现与皮园村组薄层硅质岩分界。顶部在青阳到东至一线的过渡带地区，以泥晶、微晶灰岩消失与上覆黄柏岭组棕黄、蓝灰色页岩分界，在皖南地区，以黑色碳质页岩消失与上覆大陈岭组白云质灰岩分界。该组与下伏、上覆地层均呈整合接触。时代为早寒武世筇竹寺期至沧浪铺期。

黄柏岭组 $\in_1h$ (06-34-2017)

【创名及原始定义】 原名黄婆岭系，张瑞锡、李玶、刘元常(1951)创名于青阳县青坑—黄柏岭。指“分布于黄婆岭、笔架山、碎石岭大背斜层之轴部地区，其岩层以板岩、页岩、矽化灰岩等为主，其下与之花岗岩相接触，其上则与青坑灰岩呈整合接触。出露部分之总厚度约有800公尺”。

【沿革】 陈宗训(1959)将张瑞锡等(1951)黄婆岭系的下部称上长源灰岩，中下部称郭村页岩，上部归入虹龙灰岩。钱义元等(1964)将黄婆岭系改称黄柏岭组(婆为柏字之误)，黄柏岭组限于张瑞锡等(1951)黄婆岭系的中下部，相当于陈宗训(1959)郭村页岩的层位。其下部归入皮园村组，相当于陈宗训(1959)上长源灰岩的层位，其上部归入杨柳岗组。朱兆玲等(1964)、卢衍豪等(1980)将滁州、全椒一带相当于黄柏岭组的层位称黄栗树组。安徽区调队(1974a、1988a)、安徽地矿局(1987)将黄柏岭组、黄栗树组分为上、下段，其上段相当于大陈岭组。本书的黄柏岭组仅限于钱义元等(1964)的黄柏岭组黄绿、蓝灰色页岩、钙质页岩部分，相当于安徽地矿局(1987)、安徽区调队(1988a)的黄柏岭组下段上部及滁州地区黄栗树组下段上部。

【现在定义】 指整合于荷塘组之上、大陈岭组之下的黄绿、蓝灰色页岩、钙质页岩，富产三叶虫化石。底与荷塘组以灰色薄—中薄层灰岩消失，顶与大陈岭组以外形似暖气管状微细层理发育的白云质灰岩出现为界。

【层型】 正层型为青阳县西华乡黄柏岭剖面(30°37′10″，118°01′35″)，钱义元等(1964)重测，本书略加修改。

上覆地层：**大陈岭组** 灰色具微细层理的白云质灰岩

——————— 整 合 ———————

黄柏岭组	总厚度 342.50 m
6. 蓝灰色钙质页岩，质坚硬。底部产三叶虫 *Redlichia* sp.	36.00 m
5. 黄绿及灰绿色钙质页岩，风化面为黄棕色。产三叶虫 *Redlichia* sp.，*Cheiruroides* sp.，Ptychopariidae	52.00 m
4. 灰、黄绿色钙质页岩。富产三叶虫 *Redlichia* spp.，*Cheiruroides* spp.	94.50 m
3. 棕黄、蓝灰色页(泥)岩夹青灰、灰绿色钙质页岩。上部产三叶虫二层 *Redlichia* (*Pteroredlichia*) *chinensis*，*Redlichia* sp.	160.00 m

——————— 整 合 ———————

荷塘组	总厚度 138.00 m
2. 灰色薄—中薄层泥晶灰岩，微晶灰岩。产盘虫 *Hupeidiscus* cf. *fengdongensis*，*Eodiscina* sp.	40.00 m
1. 石煤层，灰、灰黑色碳质页岩含磷结核。产海绵骨针 *Protospongia* sp.	98.00 m

——————— 整 合 ———————

下伏地层：**皮园村组** 灰黑色薄层硅质岩

【地质特征及区域变化】 该组为内陆架相沉积的黄绿、蓝灰、灰绿色钙质页岩，岩性稳定。天长-滁州地层小区厚6～25 m；芜湖-石台地层小区产三叶虫 *Redlichia* (*Pteroredlichia*) *chinensis*，*R.* (*P.*) *murakamii*，*Cheiruroides* 等和海绵骨针，厚175～482 m，东北薄西南厚。

该组底界在区域上多与荷塘组的碳质、硅碳质页岩为连续沉积，渐变整合接触；与上覆大陈岭组白云质灰岩整合接触，在界线处宏观标志明显。时代为沧浪铺期中晚时。

大陈岭组　$\in_1 d$　(06-34-2023)

【创名及原始定义】　由李蔚秾、俞从流(1965)创建，命名地点在浙江省江山大陈东南大陈岭。原始定义：江山大陈岭附近杨柳岗组底部白云质灰岩采获三叶虫 *Arthricocephalus*，因此将其划出成立一个独立的地层单元，命名为大陈岭组，其层位可与皖南黄柏岭组上部及滇东龙王庙阶上部进行对比。

【沿革】　安徽332地质队区测分队(1971)引入我省，沿用至今。省内该组地层在芜湖-石台小区曾称黄柏岭组上段，在天长-滁州小区称黄栗树组上段(安徽地矿局，1987；安徽区调队，1988a)。本书统称大陈岭组。

【现在定义】　以灰、深灰色条带状白云质灰岩为主，夹二层黑色碳质硅质泥岩。与下伏荷塘组碳质硅质岩、与上覆杨柳岗组泥质灰岩或碳质硅质泥岩均为整合接触。

【层型】　正层型在浙江省江山市。省内次层型为宁国县杨树岭—胡家坞剖面(34-2018-4-1；30°37′15″，119°3′33″)，浙江区调队(1967)测制。

【地质特征及区域变化】　省内该组为陆架相沉积的灰色厚层具微细层理白云质灰岩，在区域上稳定，是野外重要的地层鉴别标志。在天长-滁州地层小区的全椒县黄栗树一带，该组下部见有薄层灰岩夹泥质硅质页岩，在上部灰岩凸镜体内产三叶虫 *Eodiscus*，Ptychopariidae，厚15～51 m，东北薄西南厚。在芜湖-石台地层小区的泾县、青阳一带，白云质成分略有增高，为白云质灰岩或灰质白云岩，产三叶虫 *Arthricocephalus*。向西南方向，白云质减少，碳质、泥质成分增加，在东至一带采获三叶虫 *Redlichia* (*Pteroredlichia*) *chinensis*，厚26～91 m，以石台黄柏坑为最厚，达91 m，由此向西南、东北方向均变薄。在广德-休宁地层小区的宁国至黟县一带，硅质、碳质、泥质成分增高，普遍夹有硅质泥岩、碳质泥岩，厚26～99 m，西北厚，向东南、东北方向变薄。该组与下伏荷塘组或黄柏岭组、上覆杨柳岗组均为整合接触。时代为早寒武世沧浪铺期晚时至龙王庙期。

杨柳岗组　$\in_{2-3} y$($\in_2 y$)　(06-34-2018)

【创名及原始定义】　原名杨柳岗石灰岩，卢衍豪、穆恩之等(1955)创名于浙江省江山市大陈东北的杨柳岗，原始定义："以石灰岩为主，间夹少量页岩，厚达300公尺，可分为上、中、下三部分：(1)下部主要为薄层条带状白云石质石灰岩，颜色由深灰至黑色，厚102.4公尺，底部约11公尺为厚层状，为烧石灰的原料，产古海绵类 *Protospongia*。(2)中部为黄色、疏松的泥质页岩，厚15.5公尺，产古海绵类 *Protospongia* 及三叶虫 Agnostids 类 *Lejopyge* 等。(3)上部为深灰至黑色薄层白云石质石灰岩，常具泥质条带，厚度在180公尺上下，在其中上部所夹的钙质页岩内，富产三叶虫如 *Lejopyge*……等"。

【沿革】　该组分别由钱义元等(1964)引入芜湖-石台地层小区，朱兆玲等(1964)引入天长-滁州地层小区，安徽317地质队(1965a)引入广德-休宁地层小区，沿用至今。

【现在定义】　由条带状白云质灰岩、饼条状灰岩、含灰岩凸镜体泥质灰岩、泥质灰岩及碳质硅质泥岩组成。以泥质灰岩或黑色碳硅质泥岩与下伏大陈岭组白云质灰岩、以含灰岩凸镜体泥质灰岩与上覆华严寺组薄层状灰岩均为整合接触。

【层型】　正层型在浙江省江山市。省内次层型为宁国县杨树岭—胡家坞剖面(34-2019-

4-1；30°37′15″，119°3′33″)，浙江区调队(1967)测制。

【地质特征及区域变化】 该组在滁州一带主要为陆架相沉积的微晶灰岩、含泥质灰岩、粉砂质泥岩，具水平层理，产三叶虫 *Eodiscus*，cf. *Probowmania*，*Ptychagnostus* (*Triplagnostus*)，*Hypagnostus*，*Prohedinia*，*Fuchouia* (*Parafuchouia*)，*Amphoton* 等。芜湖-石台地层小区主要为陆架相的条带状灰岩、泥岩、微晶灰岩。条带状灰岩中具揉皱现象，生物扰动及虫管，水平层理发育。在青阳、黟县一带见有粉屑灰岩、泥质灰岩为主的深水细屑浊积岩，产三叶虫 *Ptychagnostus*，*Hypagnostus* 等及海绵骨针；广德-休宁地层小区主要为陆架至盆地相的微晶灰岩、碳质泥岩、碳质页岩，产三叶虫 *Ptychagnostus atavus* 等化石。天长-滁州地层小区厚 158～374 m，其下伏地层为大陈岭组，上覆地层为琅玡山组；芜湖-石台地层小区厚 194～902 m，下伏地层为大陈岭组，上覆地层为团山组；广德-休宁地层小区厚 87～388 m，下伏为大陈岭组，上覆为华严寺组。该组与下伏、上覆地层均为整合接触。时代为中寒武世早期至晚寒武世早期。

琅玡山组　$\in_3 l$　(06-34-2012)

【创名及原始定义】 原名琅玡山灰岩，董南庭(1949)创名于滁州琅玡山。原指"琅玡山灰岩，此层在滁县琅玡山最发达，发现上寒武纪标准化石 *Agnostus* sp.，*Changshania* sp. 均在此层上部，在南系地层中，发现此种化石，尚属创果，故暂命名为琅玡山灰岩，此层灰岩厚达数千公尺，而岩性又均为薄层灰岩，分层上在野外比较困难，我们在其上部已寻得上寒武纪标准化石，有无中、下寒武纪地层，还很难讲"。

【沿革】 董南庭(1949)创名时，将滁州、全椒一带的地层分为前震旦纪片岩和大理岩、震旦纪灰岩、寒武纪琅玡山灰岩及奥陶纪灰岩四部分。朱兆玲等(1964)将其更名为琅玡山组。70年代中期，安徽区调队与南京地质古生物研究所(卢衍豪等，1980；朱兆玲等，1984；安徽区调队，1977a、1988a)对层型剖面进行了重新研究，将琅玡山组的时代限定于晚寒武世中期，其早期称龙蟠组、晚期称车水桶组。就宏观岩性而论，晚寒武世三组间的界线难区分，故本书将龙蟠组上部、琅玡山组、车水桶组合并，统称琅玡山组。本书琅玡山组下部相当于龙蟠组中上部，中部相当于原琅玡山组，上部相当于车水桶组。

【现在定义】 指整合于杨柳岗组之上、上欧冲组之下的灰、深灰色泥质条带状含白云质灰岩、灰岩、含砂质灰岩，中下部富产三叶虫。其底界以紫红色条带消失，灰、浅灰色中厚层灰岩出现为界；顶界以条带不显，块状灰岩出现为界。

【层型】 正层型为滁州市琅玡山林场剖面(32°15′42″，118°16′04″)，安徽区调队(1977a)重测。

上覆地层：上欧冲组　灰色厚层—块状灰岩，产三叶虫 Loshanellidae，海百合茎 *Hexagonocyclicus* sp.

———— 整　合 ————

琅玡山组	总厚度 409.05 m
34. 灰色中厚—厚层条带状灰岩。产三叶虫 *Pagodia* (*Pagodia*) *major*	46.77 m
33. 灰色厚—巨厚层含砂质白云质灰岩。产三叶虫碎片	78.48 m
32. 灰色中厚—厚层细条带状灰岩	41.90 m
31. 灰色厚—巨厚层灰岩	61.25 m
30. 灰、深灰色中厚—厚层条带状含砂质灰岩。产三叶虫 *Homagnostus* sp.，*Procera-*	

topyge chuhsiensis 37.13 m

29. 灰黑色巨厚层含次生白云岩化条带状灰岩，夹3层厚10～30 cm的结晶灰岩。结晶灰岩中富产三叶虫 *Pseudaphelaspis* sp.，*P. transversa*，*Langyashania* sp.，*Prochuangia* sp.，*Paramaladioidella* sp.，*Yuepingia* sp. 40.64 m
28. 灰黑色中厚层—厚层具细泥质条带含砂质灰岩。富产三叶虫 *Pseudaphelaspis* sp.，*Aphelaspis* sp.，*Paramaladioidella* sp.，*P. granulosa*，*Langyashania* sp.，*Pseudagnostus* sp. 86.91 m
27. 灰色薄层灰岩，夹中厚层灰岩。产三叶虫 *Proceratopyge* sp. 13.38 m
26. 灰黑色厚层细泥质条带含白云质灰岩。产三叶虫碎片 38.87 m
25. 深灰色薄—中厚层细泥质条带含白云质灰岩 20.90 m
24. 灰黑色厚—巨厚层泥质条带含白云质灰岩。产三叶虫 *Proceratopyge* sp.，*P.* cf. *chuhsiensis* 19.84 m
23. 深灰、灰色中厚—厚层细泥质条带含白云质灰岩。产三叶虫 *Proceratopyge* sp. 19.88 m
22. 灰、深灰色厚层宽泥质条带含白云质灰岩。产三叶虫 *Proceratopyge* sp.，*P. chuhsiensis*，*P.* cf. *chuhsiensis*，*Pseudaphelaspis* sp. 70.48 m
21. 灰、浅灰色中厚层灰岩，夹灰岩扁豆体。产三叶虫 *Bergeronites langyashanensis* 32.62 m

——————— 整　合 ———————

下伏地层：**杨柳岗组**　紫红色中厚—巨厚层条带状含白云质泥质灰岩，产三叶虫 *Bergeronites langyashanensis*，*Proceratopyge* sp.

【地质特征及区域变化】　该组仅分布于滁州、全椒一带，主要岩石类型为台地斜坡相沉积的条带状灰岩并见有砾屑灰岩，中上部见砂屑灰岩、微晶灰岩及条带状灰岩。砂屑灰岩中见有底冲刷现象。发育正粒序、单斜层理。砾屑灰岩为重力流沉积的产物。沉积厚409～717 m，东北薄西南厚。岩性和生物均可分为三部分：下部主要为灰、浅灰色中厚层灰岩，夹灰岩扁豆体，古生物以三叶虫 *Bergeronites* 为代表；中部主要为灰、深灰色中厚—巨厚层泥质条带（条带宽窄不等）状灰岩，夹白云质灰岩、砂质灰岩及结晶灰岩，古生物以三叶虫 *Proceratopyge*，*Yuepingia*，*Langyashania* 为代表，在结晶灰岩中所产者最丰富；上部主要为灰、深灰色中厚—巨厚细条带状灰岩，夹含砂质、白云质灰岩，古生物以三叶虫 *Pagodia* (*Pagodia*) *major* 为代表。该组与下伏杨柳岗组、上覆上欧冲组均为整合接触。时代为晚寒武世崮山期至凤山期。

团山组　$\in_{2-3}t$　(06-34-2019)

【创名及原始定义】　钱义元等(1964)创名于青阳县青坑—黄柏岭之间的团山。原指“从旧称青坑灰岩中划出的新的地层单位，代表上寒武纪的下部。厚度168 m。主要由灰色至深灰色，粗松的块状灰岩及竹叶状灰岩组成，风化面具明显的条带或竹叶状构造，含极丰富的三叶虫和少量的腕足类”。

【沿革】　该组自创名始，沿用至今。

【现在定义】　指整合于杨柳岗组之上、青坑组之下，以含竹叶状的砾屑灰岩为特征。主要为灰色中厚层微晶灰岩、泥质条带微晶灰岩、竹叶状砾屑微晶灰岩组成的地层，富产三叶虫及少量的腕足类。底与杨柳岗组、顶与青坑组分别以竹叶状砾屑灰岩出现和消失为界。

【层型】　正层型为青阳县青坑—黄柏岭剖面(30°37′00″，118°01′35″)，钱义元等(1964)测制；本书对岩性重新补充描述。

上覆地层：**青坑组**　灰色薄层微晶灰岩，岩性坚硬，横断面具泥质条带及扁豆体，夹风化而极粗糙的中厚层灰岩。上部产三叶虫 *Proceratopyge* sp.，下部产三叶虫 *P.* sp.，Agnostidae

———————— 整　合 ————————

团山组　　总厚度 180.00 m

21. 灰色块状竹叶状砾屑微晶灰岩。产三叶虫 *Proceratopyge* sp.　2.00 m
20. 灰色中厚层微晶灰岩，风化面粗糙。下部为灰色薄层泥质板状微晶灰岩，风化面呈灰白色。产三叶虫 *Shengia*? sp.　38.00 m
19. 灰色薄层泥质条带微晶灰岩，夹中层微晶灰岩。自上而下采获 3 层三叶虫化石，上部产 *Homagnostus* sp.，*Proceratopyge* sp.；中部产 *Homagnostus* sp.，*Phalacroma* sp.，*Proceratopyge* sp.；下部产 *Proceratopyge* sp.。此外，采获腕足类 *Lingula* sp.　29.50 m
18. 灰色中厚层微晶灰岩与薄层泥质条带微晶灰岩互层，前者疏松，后者经风化后，顺层面具整齐的扁豆体。上部产三叶虫 *Drepanura* sp.，*Kushanopyge* sp.，Agnostidae 及腕足类 *Lingula* sp.；中部产三叶虫 *Coosia*(?) sp.，*Ordosia* sp. 及腕足类 *Lingula* sp.；底部产三叶虫 *Drepanura* sp.　52.00 m
17. 深灰、灰色中层竹叶状砾屑微晶灰岩与薄层泥质条带微晶灰岩互层。顶部产三叶虫；上部产三叶虫 *Kushanopyge* sp. 及腕足类 *Lingula* sp.；中部产三叶虫 *Lorenzella* sp.；下部产三叶虫 *Blackwelderia* sp.，*Koldinioidia*? sp.，*Liaoningaspis* sp.，*Kushanopyge* sp.，Agnostidae 及腕足类 *Acrotreta* sp.　46.50 m
16. 灰色厚层竹叶状砾屑微晶灰岩夹同色微晶灰岩。顶部产三叶虫 *Fuchouia* sp.，*Phalacroma* sp.，*Lejopyge* sp. 及腕足类 *Lingulella* sp.，*Obolella* sp.　12.00 m

———————— 整　合 ————————

下伏地层：**杨柳岗组**　深灰、灰色薄—中厚层泥质灰岩，横断面呈黄色及灰色相间的条带

【地质特征及区域变化】　该组主要为斜坡相不含或微含白云质的碳酸盐沉积为特征，风暴砾屑灰岩发育，常见有滑塌构造，崩塌砾岩、碎屑流、浊流和颗粒流沉积。在泾县北贡一带的砾屑灰岩中见有丘状层理，具风暴沉积特征。厚 22～180 m。以东北（青阳）、西南（东至）偏厚，中间（如石台一带）偏薄。产三叶虫 *Glyptagnostus reticulatus*，*Blackwelderia*，*Drepanura* 和腕足类等。与下伏、上覆地层均为整合接触。时代为中寒武世中晚期到晚寒武世早中期，为一跨时的地层单位。

青坑组　$\in_3 q$　(06-34-2020)

【创名及原始定义】　原名青坑灰岩，张瑞锡、李玶、刘元常(1951)创名于青阳县酉华乡青坑—黄柏岭。原指“整合于黄婆岭系之上者，为厚达 1 000 余公尺之石灰岩层，分布于黄婆岭背斜层之两侧；因首先见于青坑附近故暂名之为青坑灰岩”。

【沿革】　钱义元等(1964)对青坑—黄柏岭剖面进行重新观察研究，将青坑灰岩解体为杨柳岗组上部、团山组、青坑组三部分，用青坑组一名代表团山组之上的寒武纪地层。因青坑附近的青坑组上部处于向斜核部，且有断层干扰，出露不全，故安徽区调队(1974a)在正层型剖面同一背斜的东南翼泾县唐村重新测制一条完整的中、上寒武统剖面，将其上部的灰色中厚层链条状(条带状)灰岩与其上的黄色页岩互层的一段地层命名为唐村组，其下称青坑组。这一划分方案一直沿用至今(仇洪安等，1985；安徽地矿局，1987；安徽区调队，1988a)。由于唐村组页岩的出露仅限于泾县北贡乡的北贡和唐村两个点上，故本书将这一页岩归入青坑组，

未采用唐村组一名。

【现在定义】 指整合于团山组与观音台组之间的灰岩、泥质条带灰岩，富产三叶虫的一段地层。底与团山组以竹叶状砾屑灰岩消失，顶与观音台组以白云岩出现为界。

【层型】 正层型为青阳县青坑—黄柏岭剖面(30°37′00″，118°01′35″)，钱义元等(1964)重测。次层型为泾县北贡唐村剖面(30°40′39″，118°09′40″)，仇洪安等(1985)重测。青坑—黄柏岭剖面如下：

青坑组 总厚度>394.00 m

25. 灰、深灰色薄层或块状微晶灰岩。中、下部均产三叶虫 *Proceratopyge* sp.。(未见顶) >155.00 m

24. 灰色厚层块状微晶灰岩，岩性坚硬，风化面具泥质条带。中部产三叶虫 *Proceratopyge* sp. 110.00 m

23. 灰色薄层泥质条带微晶—极细晶白云岩与厚层微晶灰岩互层。顶部产三叶虫 *Proceratopyge* sp.，Agnostidae 及腕足类，底部有断层 83.00 m

22. 灰色薄层微晶灰岩，岩性坚硬，横断面具泥质条带及扁豆体，夹风化面极粗糙的中厚层灰岩。上部产三叶虫 *Proceratopyge* sp.，下部产三叶虫 *P.* sp.，Agnostidae 46.00 m

—————— 整 合 ——————

下伏地层：团山组 灰色块状竹叶状砾屑微晶灰岩，产三叶虫 *Proceratopyge* sp.

泾县北贡唐村剖面

上覆地层：观音台组 灰、乳白色块状白云岩

—————— 整 合 ——————

青坑组 总厚度 453.28 m

30. 深灰色厚层—块状细条带白云质灰岩。产三叶虫 *Trisulcagnostus anhuiensis*，*Geragnostus* (*Micragnostus*) *chencunensis*，*Shitaia jingxianensis*，*Wanwanaspis wannanensis* 等 20.06 m

29. 灰黑色厚层含砂质泥质条带灰岩。产三叶虫(两层)*Rhaptagnostus anhuiensis*，*Psiloyuepingia intermedia* 等 9.97 m

28. 上部为深灰色致密灰岩，表面喀斯特发育；下部是深灰色厚层泥质条带灰岩，夹一层 1 m 厚的致密灰岩。其中富产三叶虫(两层)*Anhuiaspis jingxianensis*，*Chencunia tripleura*，*Psiloyuepingia intermedia*，*P. cylindrica*，*Tangjiaella bilira*，*Wanwanaspis wannanensis*，*Koldinioidia pustulosa*，*Parakoldinioidia* sp.，*Anderssonella* sp.，*Palaeoharpes* cf. *primigenius*，*Ketyna* sp.，*Neoagnostus* sp.，*Rhaptagnostus anhuiensis*，*Geragnostus* (*Micragnostus*) *bilobus*，*G.* (*Micragnostus*) *chencunensis* 等 23.47 m

27. 灰黑色中层白云质灰岩。产三叶虫(两层)*Rhaptagnostus anhuiensis*，*Wanwanaspis wannanensis*，*Psiloyuepingia cylindrica*，*Palaeoharpes* cf. *primigenius*，*Ketyna* sp. 等 1.86 m

26. 深灰色厚层泥质条带灰岩。产三叶虫(3层)*Psiloyuepingia intermedia*，*Anhuiaspis qingyangensis*，*Tangjiaella bilira*，*Pseudocalvinella*? sp.，*Palaeoharpes* cf. *primigenius*，*Ketyna* sp.，*Rhaptagnostus anhuiensis* 等 7.38 m

25. 灰黑色中层泥灰岩，夹一层厚层泥质条带灰岩和厚 10 cm 结晶灰岩。泥灰岩层理发育，风化后呈叶片状。产三叶虫(3层)*Psiloyuepingia intermedia*，*Anhuiaspis qingyangensis*，*Pseudocalvinella spinosa*，*Saukia jingxianensis*，*Jingxiania tang-*

cunensis，*J. beigongliensis*，*Parakoldinioidia* sp.，*Changia* sp.，*Anhuiaspis longa*，*Palaeoharpes* sp.，*Geragnostus* (*Micragnostus*) sp.，*Rhaptagnostus anhuiensis* 等　4.88 m

24. 灰黑色中层泥质条带灰岩。产三叶虫 *Psiloyuepingia obsoleta*，*Anhuiaspis qingyangensis*，*Pseudocalvinella*? *spinosa*，*Jingxiania tangcunensis*，*Metaacidaspis beigongensis*，*Trisulcagnostus anhuiensis*，*Rhaptagnostus anhuiensis*，*Jingxiania beigongliensis* 等　0.69 m

23. 杂色钙质页岩。富产保存完整的三叶虫 *Psiloyuepingia* sp.，*Jingxiania tangcunensis*，*J. beigongliensis*，*Saukiella diversa*，*Prosaukia diversa*，*Saukia jingxianensis*，*Parakoldinioidia* sp.，*Rhaptagnostus* sp.，*Geragnostus* (*Micragnostus*) sp. 等　8.41 m

22. 灰黑色中层—块状泥质条带灰岩。产三叶虫(4层)*Psiloyuepingia intermedia*，*Jingxiania beigongliensis*，*J.* sp.，*Saukia* sp.，*Parakoldinioidia* sp.，*Ketyna* sp.，*Pseudagnostus* sp.，*Trisulcagnostus obsoletus*，*Rhaptagnostus* sp. 等　14.29 m

21. 上部为深灰色中层致密灰岩；下部是灰黑色泥质条带灰岩。上、下各产三叶虫一层 *Pseudagnostus* sp.，*Rhaptagnostus* sp.，*Trisulcagnostus obsoletus*，*Psiloyuepingia intermedia*，*Jingxiania tangcunensis* 等　15.75 m

20. 深灰色中层—厚层灰岩，夹灰黑色泥质条带灰岩。产三叶虫(两层)*Pseudagnostus* sp.，*Rhaptagnostus* sp.，*Psiloyuepingia intermedia*，*Pagodia* sp.，*Jingxiania tangcunensis*，*Tangjiaella bilira*，*Prosaukia* sp. 等　10.44 m

19. 灰黑色块状泥质条带灰岩，夹一层灰色中层脆性灰岩。产三叶虫(两层)*Neoagnostus laevigatus*，*Rhaptagnostus* sp.，*Ketyna*? sp.，*Psiloyuepingia tangcunensis*，*P. intermedia* 等　7.37 m

18. 深灰色中层致密—细粒结晶灰岩。富产三叶虫 *Neoagnostus quadratus*，*Rhaptagnostus* sp.，*Psiloyuepingia* sp.，*Beigongia bigranulata* 等　0.37 m

17. 灰黑色厚层—块状泥质条带灰岩，夹一层深灰色中层致密灰岩。产三叶虫(3层)*Rhaptagnostus* sp.，*Neoagnostus quadratus*，*Psiloyuepingia* sp.，*Jingxiania tangcunensis*，*Beigongia bigranulata* 等　20.78 m

16. 灰色块状灰岩，夹生物碎屑灰岩和泥质条带灰岩。产三叶虫(3层)*Rhaptagnostus* sp.，*Neoagnostus quadratus*，*Psiloyuepingia parva*，*P. breviaxis*，*Jingxiania tangcunensis*，*Kaolishania wannanensis*，cf. *Pagodia* sp. 等　11.63 m

15. 灰黑色厚层泥质条带灰岩。产三叶虫 *Neoagnostus quadratus*，*Rhaptagnostus intermedia*，*Jingxiania*? sp. 等　6.18 m

14. 深灰色厚层质纯灰岩。产三叶虫 *Neoagnostus quadratus*，*Rhaptagnostus*，*Kolishania wannanensis*，*Chencunia chencunensis*，*Wannania lirata*，*Psiloyuepingia* sp.，cf. *Wuhuia* sp.　0.74 m

13. 灰黑色块状泥质条带灰岩，夹一层深灰色厚层灰岩。产三叶虫(5层)*Pseudagnostus* sp.，*Rhaptagnostus* sp.，*Neoagnostus quadratus*，*Wannania latilimbata*，*Psiloyuepingia* sp.，*Jingxiania* sp. 等　15.04 m

12. 灰色厚层—块状泥质条带硅质灰岩。产三叶虫(两层)*Neoagnostus quadratus*，*Psiloyuepingia* sp. 等　12.66 m

11. 灰黑色块状泥质条带灰岩　17.76 m

10. 灰黑色块状泥质条带灰岩，顶部夹两层中层灰岩。产三叶虫(4层)*Neoagnostus quadratus*，*Rhaptagnostus* sp.，*Wannania brevispina*，*W. latilimbata*，*Kaolishania wannanensis*，*Zhuangliella zhuangliensis*，*Z. intermedia*，*Z. transversa*，*Paraacidaspis* sp. 等　57.38 m

9. 灰黑色中层质纯灰岩与块状泥质条带灰岩互层。产三叶虫 *Pseudacrocephalaspina angustata* 等　9.72 m

8. 灰黑色中层灰岩和中—厚层泥质条带灰岩互层。产三叶虫(3层)*Neoagnostus* sp.，*Chuangiella* sp.，*Pseudaphelaspis breviformis*，*P. elongata*，*P. intermedia*，*Proceratopyge* cf. *fenghwangensis*，*Acrocephalaspina elongata*，*Pseudacrocephalaspina divergens*，*P. quadrata* 等　5.48 m

7. 灰黑色中层泥质条带灰岩，中夹一层中层灰岩。产三叶虫(5层)*Pseudagnostus* sp.，*P. pseudangustilobus*，*Peratagnostus*? sp.，*Acrocephalaspina elongata*，*Pseudacrocephalaspina divergens*，*P. quadrata*，*Proceratopyge* cf. *fenghwangensis*，*Pseudaphelaspis breviformis*，*P. elongata*，*Paraacidaspis jingxianensis*，*Onchonotellus* sp. 等　16.32 m

6. 灰黑色厚层—块状泥质条带灰岩。产三叶虫 *Proceratopyge* sp.，*Peratagnostus* sp. 等　37.69 m

5. 灰白色中层—块状大理岩，仍保留依稀可见的大理岩化的土黄色条带　52.99 m

4. 深灰色中—厚层泥质条带灰岩，夹 0.5 m 厚的灰岩。产三叶虫(8层)*Pseudagnostus idalis*，*P. communis*，*Homagnostus longiformis*，*Peratagnostus* sp.，*Innitagnostus inexpectans*，*I.* sp.，*Stigmatoa armata*，*Yunlingia jingxianensis*，*Dunderbergia anhuiensis*，*Pterocephalops ocellata*，*Prismenaspis granulata*，*Shengia quadrata*，*S. convexa*，*S. wannanensis*，*Prochuangia granulosa*，*Loganopeltoides anhuiensis*，*Paraacidaspis hunanica*，*Proceratopyge fenghwangensis*，*P.* cf. *truncatus* 等　33.73 m

3. 灰黑色厚层块状泥质条带灰岩，顶部为厚 0.45 m 中层灰岩。产三叶虫(5层)*Glyptagnostus reticulatus*，*Pseudagnostus communis*，*Peratagnostus* sp.，*Innitagnostus* sp.，*Shengia quadrata*，*Parachuangia wulingensis*，*Proceratopyge latilimbata*，*P. fenghwangensis* 等　22.14 m

2. 灰黑色中—厚层致密灰岩与厚层泥质条带灰岩互层。产三叶虫(两层)*Glyptagnostus reticulatus*，*Innitagnostus* cf. *innitens*，*Peratagnostus* sp.，*Pseudagnostus communis*，*Proceratopyge fenghwangensis*，*P. latilimbata*，*Parachuangia*? *transversa*，*P. convexa*，*Shengia wannanensis*，*Eugonocare distincta*，*Stigmatoa anhuiensis* 等　8.10 m

———— 整　合 ————

下伏地层：**团山组**　上部为灰黑色中层灰岩，夹竹叶状灰岩凸镜体，下部是灰黑色厚层泥质条带灰岩。产三叶虫(两层)*Glyptagnostus reticulatus*，*Innitagnostus* cf. *innitens*，*Peratagnostus* sp.，*Eugonocare huadongensis*，*E. distincta*，*Paraacidaspis* sp.，*Shengia brevispina*，*S. wannanensis*，*Coosia* sp.，*Proceratopyge* cf. *fenghwangensis* 等

【地质特征及区域变化】　该组主要为斜坡相的地衣状生物屑灰岩、条带状灰岩、球粒灰岩、泥晶灰岩、砂屑灰岩，条带普遍发育。泾县北贡一带顶部见少量页岩，东至一带白云质增高，见有大量的白云质砂屑灰岩、白云质球粒灰岩。厚 220～453 m，东厚西薄。产三叶虫 *Acrocephalaspina*，*Pseudacrocephalaspina*，*Kaolishania*，*Saukia*，*Prosaukia*，*Anderssonella*，*Wanwanaspis* 等和腕足类。与下伏团山组、上覆观音台组、石台县六都大坞阡组均为整合接触。时代为晚寒武世长山期至凤山期。

华严寺组　$\in_3 h$　(06-34-2021)

【创名及原始定义】　原称华严寺石灰岩，由卢衍豪、穆恩之等(1955)创名于浙江省常山县华严寺(天马山)。原始定义：华严寺石灰岩在杨柳岗石灰岩之上，所覆地层仍为石灰岩，呈薄层状、深灰至黑色具白云质，岩性与杨柳岗灰岩相同。本层与杨柳岗石灰岩之间没有明显

分界，其厚度在常山天马山—西阳山一线约为120公尺。时代为晚寒武世。

【沿革】 该组由安徽区调队(1965a，1965b)引入我省，沿用至今。

【现在定义】 以薄—中层条带状灰岩为主体，夹有薄层泥质灰岩、含碳钙质泥岩、页岩及角砾状、球砾状灰岩。以薄层条带状灰岩与下伏杨柳岗组含饼状灰岩凸镜体泥质灰岩、以条带状灰岩与上覆西阳山组泥质灰岩均为整合接触。

【层型】 正层型在浙江省常山县。省内次层型为宁国县杨树岭—胡家坞剖面(34-2021-4-1；30°37′15″，119°3′33″)，浙江区调队(1967)测制。

【地质特征及区域变化】 省内该组为斜坡相的泥晶灰岩、条带状白云质灰岩。由东北向西南，白云质降低，泥质、钙质成分增高，含有碳质和少量的砂质。厚131～213 m，往西南方向略厚。产三叶虫 *Glyptagnostus reticulatus*，*Pseudagnostus* 等和腕足类。与下伏杨柳岗组、上覆西阳山组均为整合接触。时代为晚寒武世崮山期至长山期。

西阳山组　$\in_3O_1x$　(06-34-2022)

【创名及原始定义】 原称西阳山页岩。由卢衍豪、穆恩之等(1955)创名于浙江省常山县城南1.5 km西阳山。原始定义："华严寺石灰岩之上，页岩渐次增多，石灰岩逐渐减少，中上部仅夹少量薄层石灰岩。此页岩夹石灰岩层总厚85公尺，其上与印渚埠页岩为整合接触，取名为西阳山页岩。"时代为晚寒武世。

【沿革】 该组由安徽区调队(1965a，1965b)引入我省，沿用至今。

【现在定义】 下部由含饼状灰岩凸镜体泥质灰岩与泥质灰岩组成；上部由泥质灰岩、小饼状灰岩、瘤状灰岩或网纹状灰岩组成韵律层。与下伏华严寺组条带状灰岩、上覆印渚埠组钙质泥岩均为整合接触。

【层型】 正层型在浙江省常山县西阳山。省内次层型为宁国县杨树岭—胡家坞剖面(34-2022-4-1；30°37′15″，119°3′33″)，浙江区调队(1967)测制。

【地质特征及区域变化】 省内该组主要为斜坡盆地相的泥晶灰岩、含白云质灰岩、钙质页岩，夹小饼状灰岩凸镜体，局部夹砂质页岩，具微米纹层、微波状层理。产三叶虫 *Charchaqia*，*Hedinaspis*，*Westergaardites* 等和腕足类。在宁国胡乐司于该组顶部产早奥陶世新厂期笔石 *Anisograptus*，*Staurograptus*，*Dictyonema* 等(俞剑华等，1983)。在宁国月村产笔石 *Anisograptus*(穆恩之等，1980)。厚221～383 m，东北薄西南厚。与下伏华严寺组、上覆印渚埠组均为整合接触。时代为晚寒武世中晚期至早奥陶世早期。

上欧冲组　$O_1\hat{s}$　(06-34-3025)

【创名及原始定义】 安徽区调队(1977a)创名于滁州市琅琊山上欧冲北山坡。原始定义："本组上部岩性为灰色中薄至块状含白云质灰岩、含白云质砂质灰岩，局部有重结晶现象，硅质结核顺层分布，有的硅质结核向两端延伸呈条带状。下部岩性为灰色巨厚层至块状致密灰岩，单层厚度大，有少量硅质结核，底部为细条带状灰岩与致密灰岩互层。厚351.92 m。化石以头足类(鹦鹉螺)及腕足类为主，此外还有海百合茎。其下伏地层为灰色巨厚层细条带状含白云质灰岩、致密含白云质灰岩的上寒武统车水桶组，二者为整合接触。"

【沿革】 省内曾用南津关组(《安徽省区域地质志》，1987；《安徽地层志·奥陶系分册》，1989a)。南津关组下部为灰岩，中部为白云岩，上部为灰岩、鲕状灰岩，含多层同生砾岩，中上部含硅质。省内上欧冲组为灰岩，无白云岩、鲕状灰岩，从下到上普遍含硅质。因二组岩性不同，故本书未采用南津关组，而采用上欧冲组。

【现在定义】 指整合于琅玡山组之上、分乡组之下的厚层灰岩、白云质灰岩、具硅质结核或硅质条带含白云质灰岩。产头足类、海百合茎及丰富的牙形刺、腕足类等化石。与下伏琅玡山组的岩性不易区分，通常以泥质条带稀少或不显，含硅质结核厚层致密灰岩出现为界；顶与分乡组以薄层灰岩或页岩出现为界。

【层型】 正层型剖面位于滁州市琅玡山乡上欧冲北山坡(32°15′45″，118°17′40″)，安徽区调队(1977a)测制。

上覆地层：**分乡组** 浅灰、灰色中薄—中厚层灰岩夹褐紫色页岩，局部含硅质结核，有重结晶现象，富产腕足类 *Xinanorthis striata*，*Nanorthis* sp.

———————— 整 合 ————————

上欧冲组 总厚度 351.92 m

6. 深灰色巨厚层致密块状含白云质灰岩与同色中厚层含白云质硅质灰岩互层，有少量硅质结核，产腕足类 *Nanorthis saltensis*，*Imbricatia* sp.，*I. dorsasulcata*、*Archaeorthis grandis*，*Fasciculina*?sp.；头足类 *Kirkoceras* sp.，*Proterocameroceras* sp.，*Rectroclintendoceras* sp.，*Oderoceras* sp.，Proterocameroceratidae 32.84 m
5. 灰色中薄—中厚层白云质灰岩，含少量硅质结核及硅质条带，产头足类 *Chuxianoceras langyashanense*，*C. compressum*，*C. rotundum*，*C. planidossum*，*Artiphylloceras chuxianense*，*Deltacoelomoceras* sp.，*Proterocameroceras* sp.；腕足类 *Nanorthis saltensis*，*Archaeorthis grandis* 63.23 m
4. 灰色中厚层含白云质灰岩，风化面具硅质结核和硅质条带，局部有重结晶现象，产头足类和海百合茎 69.62 m
3. 浅灰、灰色巨厚层—块层状致密灰岩，有少量硅质结核，偶夹薄层硅质岩，产头足类 Proterocameroceratidae；腕足类 *Archaeorthis* sp. 77.43 m
2. 灰色中厚—厚层灰岩与同色中厚层细条带状灰岩互层，二者均有少量硅质结核 35.26 m
1. 灰色巨厚层—块层状致密灰岩夹同色巨厚层细条带状灰岩，有硅质小结核，产海百合茎 *Hexagonocyclicus* spp.；腕足类 *Apheorthis meeki* 及少量头足类 73.54 m

———————— 整 合 ————————

下伏地层：**琅玡山组** 灰色巨厚层细条带状含白云质灰岩，上部为同色巨厚层致密含白云质灰岩，上部产三叶虫 saukid

【地质特征及区域变化】 该组仅分布于滁州至全椒一带。近底部为细条带状灰岩与致密灰岩互层；下部为含少量硅质结核的灰色巨厚—块层状致密灰岩，夹少量含白云质灰岩；上部为灰色中薄—块层状含白云质灰岩、含白云质砂质灰岩，局部含硅质结核、硅质条带。显示开阔台地潮下碳酸盐岩相沉积特征。厚 352 m。该组富产牙形刺 *Cordylodus intermedius*，*C. angulatus*，*Scolopodus bassleri*，*S. triplicatus* 及丰富的头足类、腕足类和海百合茎等多门类化石。时代为早奥陶世新厂期。

分乡组 O_1f (06-34-3007)

【创名及原始定义】 原名分乡统，王钰(1938)创名于湖北宜昌分乡场。原指“湖北峡东宜昌石灰岩顶部 40 公尺厚的地层，时代为特马豆克世”。

【沿革】 该组为安徽区调队(1977a)引入省内，沿用至今。分乡组虽在创名省未被采用，但因其分布广，层位稳定，厚 50 m，岩性特征明显，易于区分，故本书仍采用。

【现在定义】 指整合于南津关组之上、红花园组之下的深灰色生物碎屑灰岩夹黄绿色页岩、灰岩与黄绿色页岩互层的地层，富产笔石、三叶虫及腕足类等化石。

【层型】 正层型在湖北省宜昌市。省内次层型为滁州市上欧冲剖面（34-3007-4-1；32°15′45″，118°17′40″），安徽区调队（1977a）测制。

【地质特征及区域变化】 该组在省内仅分布于滁州、全椒一带，为开阔台地相的黄绿色页岩夹灰色中薄—中厚层灰岩，厚 27 m。产笔石 *Acanthograptus erectoramosus*，三叶虫 *Tungtzuella* sp.，头足类 *Deltacoelomoceras compressum*，牙形刺 *Paltodus deltifer* 及腕足类等。与下伏上欧冲组、上覆红花园组均为整合接触。时代为早奥陶世早期。

仑山组 O_1l (06-34-3006)

【创名及原始定义】 原名仑山石灰岩，李希霍芬（V F Richthofen）（1912）创名于江苏省镇江市西南仑山。丁文江（1919a）介绍。原始定义："仑山位于镇江西南 25 km，高资西南偏南 12 km。在其山中遇有石灰岩一层。构成是山之大部。李希霍芬于此觅得化石数种。法雷区鉴定为下志留系即奥陶系是也。仑山石灰岩为李希霍芬唯一认为奥陶系者"。

【沿革】 李毓尧等（1930）将仑山灰岩一名引入我省，钱义元等（1964）称仑山组，沿用至今。安徽 317 地质队（1965a，1965b）、安徽区调队（1974a，1978）、安徽 311 地质队区测分队（1970）将仑山组分为上、下段（部）；下段（部）为白云岩，上段（部）为富产化石的灰岩，灰岩与白云岩互层。在宿松、无为、和县地区，张全忠等（1966）、安徽 311 地质队区测分队（1970）曾称长凹口组。本书采用的仑山组，仅相当于上述仑山组上段（部）。

【现在定义】 为一套灰色厚层含灰质白云岩、白云质灰岩和灰、暗灰色厚层状灰岩，鲕状灰岩，局部具燧石条带与燧石结核的岩层，底部含三叶虫。与下伏观音台组灰白色中—厚层含燧石白云岩，与上覆红花园组巨厚层灰岩均呈整合接触。

【层型】 正层型在江苏省句容县。省内次层型为贵池县大岭剖面（34-3006-4-3；30°30′，117°40′），安徽 317 地质队（1965b）测制。

【地质特征及区域变化】 省内该组岩性为灰色厚层含灰质白云岩、白云质灰岩。沿江一带为厚层灰岩、白云岩互层。和县至无为一带厚 59～83 m，沿江一带厚 240～617 m。泾县、石台一带见有柱状叠层石，在东至县笔架山、石台县里外亭出现仑山组灰岩与观音台组白云岩相互叠复，呈犬牙交错现象。随着海岸线向后迁移，海进海退交互出现，到贵池大岭水体加深，岩石以泥晶灰岩为主，灰岩中出现了丰富的头足类等化石。显示由碳酸盐缓坡，局部潮下碳酸盐—浅滩相沉积。和县到宿松一带仑山组岩性与宁镇地区相似，但长江以南贵池到东至等地钙质成分增高，出现灰岩、白云岩互层现象，厚度亦增至 617 m。该组富产头足类 *Ellesmeroceras* cf. *subcircularis*，*Proterocameroceras* 等，时代为早奥陶世早期。

红花园组 O_1h (06-34-3008)

【创名及原始定义】 原名红花园石灰岩，张鸣韶、盛莘夫（1940）创名于贵州桐梓县城南 7 km 红花园村（刘之远 1948 年介绍）。指整合于桐梓层之上的灰色厚层灰岩，性坚韧，时成结晶状，含灰白色块状、球状或凸镜状燧石，厚约 35～60 公尺。化石丰富，以头足类 *Cameroceras* sp. 为最多，次为腹足类、古杯类及腕足类，时代属下奥陶统。

【沿革】 该组由安徽 311 地质队区测分队（1970）引入东至地区，沿用至今。张全忠等

(1966)、安徽317地质队(1969)、安徽311地质队区测分队(1970)曾称大滩组(宿松、无为地区)。本书采用红花园组。

【现在定义】 指桐梓组灰岩夹页岩之上，湄潭组页岩之下，由灰、深灰色中—厚层夹薄层微至粗晶生物碎屑灰岩与波状泥质条带生物碎屑灰岩组成的韵律式沉积。下部偶夹页岩或燧石薄层，自下而上常含结核状或凸镜状燧石，富产头足类、海绵、三叶虫及腕足类等化石。与下伏、上覆地层均为整合接触。

【层型】 正层型在贵州省桐梓县。省内次层型为和县四碾潘剖面(34-3008-4-2；31°51′30″，118°13′40″)，张全忠等(1966)测制。

【地质特征及区域变化】 省内该组岩性为灰、深灰色中厚层含燧石结核砂屑、生物屑灰岩、白云质灰岩。岩性以含燧石、具砂屑为特征。富产头足类 *Manchuroceras*，*Coreanoceras* 及腕足类、牙形刺等化石。岩石具亮晶砂屑、球粒、鲕状、生物屑结构。显示为潮下高能的台地边缘浅滩相，局部为开阔台地相沉积。滁州地区厚169 m，和县至宿松地区厚24～67 m，沿江一带厚60～134 m。该组与下伏地层仑山组或分乡组、上覆地层大湾组或东至组，均为整合接触。时代为早奥陶世早期。

大湾组 O_1d (06-34-3010)

【创名及原始定义】 原名大湾层，张文堂等(1957)创名于湖北省宜昌县分乡场女娲庙大湾村。原始定义：大湾层(约11 m)灰绿色瘤状石灰岩为主，间夹有薄层秽绿色页岩多层，产腕足类、笔石、三叶虫等。与上覆扬子贝层、下伏 *Cameroceras* 石灰岩均呈整合接触。

【沿革】 该组由安徽区调队(1974a)、江苏区调队(1974)引入我省，沿用至今。其相当的地层，曾称四碾潘组(张全忠等，1966；安徽317地质队，1969；安徽311地质队区测分队，1970)和蒋家围组(杜森官等，1980；安徽地矿局，1987；安徽区调队，1989a)。

【现在定义】 为一套富含腕足类、三叶虫、笔石等的泥质较高的碳酸盐岩地层，下部为灰、灰绿色薄—中厚层状泥质瘤状生物灰岩夹黄绿、灰绿色泥岩；中部为紫红、暗红色生物屑灰岩、泥灰岩；上部为灰、灰绿色薄—中厚层状泥质瘤状生物灰岩夹泥岩。与下伏红花园组深灰色厚层状含头足类粗生屑灰岩和上覆牯牛潭组中厚层状灰岩均呈整合接触。

【层型】 正层型在湖北省宜昌县。省内次层型为和县四碾潘剖面(34-3010-4-1；31°51′30″，118°13′40″)，张全忠等(1966)测制。

【地质特征及区域变化】 省内该组分布于和县至宿松一带，层位稳定。岩性除滁州一带见有硅化页岩外，其余变化不大，主要为浅海陆架较深水环境沉积的青灰、黄绿、灰黄色页岩夹数层灰岩凸镜体。灰岩中含海绿石，页岩富产笔石，具水平层理。厚度变化较大，和县四碾潘厚13 m，无为横山厚3 m，无为沿山厚11 m，庐江东顾山厚7 m，向西南宿松龙山厚达66 m。该组产笔石 *Didymograptus protobifidus*，*D. deflexus*，*D. eobifidus*，*Azygograptus suecicus*；腕足类 *Sinorthis*，*Tritoechia* 等。与下伏红花园组、上覆牯牛潭组均呈整合接触。时代为早奥陶世早中期。

东至组 O_1dz (06-34-3011)

【创名及原始定义】 安徽省冶金地质局311地质队区测分队(1970)创名于东至县李家。原指整合于红花园组与汤山组之间的紫红色薄至中厚层瘤状灰岩，产较丰富的头足类化石。

【沿革】 该组曾称紫台组(安徽地矿局，1987；安徽区调队，1989a)。本书采用东至组。

【现在定义】 指整合于红花园组之上、牯牛潭组之下的紫红色夹灰绿色中薄—厚层瘤状灰岩，底部夹同色薄层灰岩，富产头足类等化石。其底界和顶界分别以紫红色瘤状灰岩出现和消失为界。

【层型】 正层型为东至县李家剖面(30°07′,116°57′)，安徽311地质队区测分队(1970)测制。

上覆地层：**牯牛潭组** 灰色薄—中薄层灰岩，产头足类

——————— 整 合 ———————

东至组 总厚度 61.97 m

15. 紫红色中薄层瘤状灰岩。产头足类 *Michelinoceras yangi*, *M.* sp., *Dideroceras* sp., *Chisiloceras* cf. *reedi*, *C. changyangense*, *Protocycloceras* sp. 20.64 m

14. 紫红色中厚层瘤状灰岩。产头足类 *Protocycloceras* spp., *Chisiloceras changyangense*, *C. neichianense eurysiphonatum*, *C.* sp., *Cochlioceras sinense*, *Michelinoceras* sp., *Dideroceras* sp., *D. grabaui anhuiense*, *D. mui*, *D. meridionale*, *D. dayongense*, *D.* cf. *shimenense* 32.63 m

13. 紫红色薄层瘤状灰岩夹紫红色浅灰色青灰色薄层灰岩 8.70 m

——————— 整 合 ———————

下伏地层：**红花园组** 灰色块状致密细条带状结晶灰岩

【地质特征及区域变化】 该组主要分布于东至到青阳一带。岩性和层位稳定。为淹没台地瘤状灰岩相的紫红色夹灰绿色中薄—厚层瘤状灰岩夹少量薄层灰岩。厚28～76 m，东薄西厚。产头足类 *Cochlioceras sinense*, *Chisiloceras changyangense*, *Protocycloceras deprati*, *P. wangi*, *P. remotum*, *Michelinoceras chaoi*；牙形刺 *Paroistodus orginalis*, *Baltoniodus navis*, *Periodon flabellum*。与下伏红花园组、上覆牯牛潭组均为整合接触。时代为早奥陶世早中期。

牯牛潭组 O_1g (06-34-3012)

【创名及原始定义】 原名牯牛潭石灰岩，张文堂等(1957)创名于湖北省宜昌县分乡场牯牛潭。原始定义：牯牛潭石灰岩，厚约23 m，灰色泥质干裂纹石灰岩，夹灰黄色泥质瘤状石灰岩，产 *Vaginoceras* 及一些较大的头足类化石，与上覆庙坡页岩和下伏扬子贝层秽绿色页岩夹瘤状石灰岩均呈整合接触。

【沿革】 该组由安徽区调队(1974a)、江苏区调队(1974)引入我省，沿用至今。省内曾称小滩组(张全忠等，1966)、油榨岭组(杜森官等，1980)。本书采用牯牛潭组。

【现在定义】 指整合于大湾组和庙坡组之间的一套青灰、灰色及紫灰色薄—中厚层状灰岩与瘤状泥质灰岩互层，富含头足类和三叶虫等化石的地层序列，均以页岩(泥岩)的结束和出现作为划分其底、顶界线的标志。区域上，当无庙坡组时，则与上覆宝塔组的龟裂纹灰岩呈整合接触。

【层型】 正层型在湖北省宜昌县。省内次层型为和县四碾潘剖面(34-3012-4-2；31°51′30″，118°13′40″)，张全忠等(1966)测制。

【地质特征及区域变化】 省内该组岩性和层位稳定，主要为一套微红、黄灰色中厚层灰岩与瘤状灰岩。下部具龟裂纹，上部具瘤状构造和藻结核。富产头足类 *Protocycloceras deprati*, *Dideroceras wahlenbergi*；此外产牙形刺 *Eoplacognathus foliaceus* 和腕足类、三叶虫等。岩石

具泥晶、细晶、生屑结构，具网眼、收缩纹(龟裂)、瘤状构造，显示浅海淹没台地相沉积。岩性除东至等地夹生物屑灰岩外，其余均为紫红、黄灰色灰岩，上部以瘤状泥质灰岩为特征。该组厚度变化较大，一般为东西两端薄，中部较厚，青阳陈家冲厚 20 m、石台岭湾厚 38 m，向西南变薄，东至李家厚 6.12 m，在东北泾县石山店最薄，厚仅 5.8 m。与下伏大湾组或东至组、上覆庙坡组或宝塔组均为整合接触。时代为早奥陶世中晚期。

大坞阡组　O_1dw　(06-34-3009)

【创名及原始定义】　杜森官、王莉莉(1980)创名于石台县六都大坞阡。原指“整合于晚寒武世深灰色中厚层似泥质条带状灰岩之上，与上覆里山阡组瘤状泥质灰岩之间的深灰色含灰岩凸镜体泥质灰岩、灰岩、白云质灰岩夹粉砂质页岩。厚 268～284 m，自东南往西北泥质成分减少，白云质成分增多”。

【沿革】　自创名始，沿用至今。

【现在定义】　指整合于青坑组与里山阡组之间的深灰色含灰岩凸镜体的泥质灰岩、灰岩夹粉砂质页岩的地层。底与下伏青坑组以瘤状泥质灰岩出现，顶与上覆里山阡组以灰岩消失、条带状灰岩出现为界。

【层型】　正层型为石台县大坞阡剖面(30°20′，117°52′40″)，杜森官、王莉莉(1980)测制。

上覆地层：**里山阡组**　深灰色薄层条带状致密灰岩

——————— 整　合 ———————

大坞阡组	总厚度 268.02 m
9. 灰色中厚—厚层状致密灰岩与浅灰色厚层—块状结晶粒状灰岩互层	83.56 m
8. 浅灰色中厚层致密脆性结晶灰岩	7.70 m
7. 白色中厚层状致密灰岩	6.85 m
6. 深灰、灰色薄层致密含小灰岩凸镜体含粉砂质灰岩	11.54 m
5. 浅灰、灰白色中厚层状致密脆性灰岩	8.74 m
4. 灰黄、深灰色薄层片状、粉砂质页岩	15.21 m
3. 深灰、灰黑色薄层瘤状泥质灰岩	82.16 m
2. 灰黑、深灰色薄层脆性致密泥质灰岩夹薄层灰岩或灰岩凸镜体	13.23 m
1. 灰、深灰色薄层瘤状泥质灰岩。产三叶虫 *Szechuanella* sp.	39.03 m

——————— 整　合 ———————

下伏地层：**青坑组**　灰色、深灰色中厚—厚层致密灰岩

【地质特征及区域变化】　该组自大坞阡东北向西南延伸至横船渡，呈带状分布，岩性以碳酸盐岩夹页岩为主，下部为灰色钙质泥岩和微晶灰岩夹岩屑粉砂岩，上部为厚层微晶灰岩、瘤状泥灰岩、灰岩，局部夹泥质条带灰岩。往西北方向泥质成分减少，白云质增高。岩石具泥晶、微晶、砾屑结构，具水平层理等，显示在浪基面之下低能环境的陆架内缘斜坡相沉积。产三叶虫 *Szechuanella* sp.，腕足类 *Obolus* sp.。厚度变化较大，层型剖面西北的荷屋最厚达 284 m，往西北变薄，高岗仅厚 140 m，至里山阡一带尖灭，代之为白云岩与灰岩互层的仑山组和红花园组灰岩。自大坞阡向东南至高路亭、提壶岭，虽相距 1～2 km，但很快就发育成典型的江南地层分区笔石页岩相的地层。以岩相分带的垂直水平距看，丁香至提壶岭距离不大，但发育着台凹相、陆架内缘到陆架相。极浅区的丁香与较深的陆架区提壶岭之间交接地带为

较陡的斜坡带。该组与下伏青坑组、上覆里山阡组均为整合接触。时代为早奥陶世。

大坞阡一带是研究两个沉积区递变较为理想的地区。

里山阡组　$O_1l\hat{s}$　(06-34-3013)

【创名及原始定义】　杜森官、王莉莉(1980)创名于石台县六都里山阡。原指"整合于下伏大坞阡组灰岩与上覆大田坝组(汤山组)中厚层结晶灰岩之间的一套深灰、灰色中厚—厚层瘤状泥质灰岩与灰岩互层的岩性，含笔石、三叶虫、腕足类等化石"。

【沿革】　该组自创名始，沿用至今。

【现在定义】　指整合于大坞阡组与宝塔组之间的一套深灰色中厚—厚层含灰岩结核泥质灰岩与灰岩互层的地层，产笔石、三叶虫、腕足类等化石。底与大坞阡组以厚层块状灰岩出现，顶与宝塔组以厚层块状灰岩夹薄层泥质灰岩消失为界。

【层型】　正层型为石台县六都里山阡剖面(30°20′10″，117°52′10″)，杜森官、王莉莉(1980)测制。

上覆地层：**宝塔组**　灰、浅灰色中厚—厚层灰岩

——————— 整　合 ———————

里山阡组	总厚度 124.96 m
13. 浅灰色厚层块状致密灰岩夹灰色薄层泥质灰岩	13.26 m
12. 灰黄色中厚—厚层含灰岩结核泥质灰岩。产三叶虫 *Szechuanella* sp.；笔石 *Orthograptus* sp.	8.60 m
11. 浅灰色中厚—厚层状致密灰岩夹灰褐黄色含灰岩结核泥质灰岩	5.07 m
10. 深灰色中厚—厚层灰岩夹深灰色含灰岩结核泥质灰岩。产三叶虫 *Taihungshania* sp.，*Szechuanella* sp.，*Asaphopsis* sp.	11.28 m
9. 深灰色中厚—厚层含灰岩结核泥质灰岩。产三叶虫 *Szechuanella* sp.，*Taihungshania* sp.，腕足类 *Sinorthis* sp.	23.08 m
8. 灰色厚层块状致密灰岩	11.07 m
7. 浅灰、灰褐黄色中厚—厚层含灰岩结核泥质灰岩	15.73 m
6. 浅灰色厚层块状致密灰岩	36.87 m

——————— 整　合 ———————

下伏地层：**大坞阡组**　灰色中厚—厚层致密灰岩夹浅灰色结晶灰岩

【地质特征及区域变化】　该组下部为钙质泥岩，上部主要为含泥质条带、含灰岩结核泥灰岩、瘤状泥灰岩夹含灰岩结核钙质泥岩、微晶灰岩。具水平、波状层理，为陆架内缘至斜坡相沉积。由里山阡向东北钙质成分增加，泥质成分降低，厚度变薄为87 m，至高岗厚仅7 m，基本被大湾组及牯牛潭组灰岩所取代。该组产笔石 *Orthograptus*，*Glyptograptus*，*Climacograptus*，*Tetragraptus* cf. *bigsbyi*；三叶虫 *Taihungshania*，*Szechuanella szechuanensis*，*Asaphopsis*；腕足类 *Sinorthis* 等。与下伏大坞阡组和上覆宝塔组均为整合接触。时代为早奥陶世。

庙坡组　O_2m　(06-34-3014)

【创名及原始定义】　原名庙坡页岩，张文堂等(1957)创名于湖北省宜昌县分乡场庙坡。原始定义：庙坡页岩(厚约1.5 m)，位于牯牛潭石灰岩和宝塔石灰岩之间，主要以黑色泥质页

岩为主，顶部有黄色页岩。产 *Glyptograptus*，*Climacograptus*，*Lonchodomas*，*Birmanites*，*Remopleurides*，*Telephina*，*Illaenus*，*Nileus transversus*，*Ptychopyge*，*Ampyx*，*Hemicosmites* 及介形类 *Euprimitia sinensis* 等。

【沿革】 该组由张全忠等(1966)引入我省，沿用至今。

【现在定义】 指整合于牯牛潭组和宝塔组两套碳酸盐岩地层体之间的一套黑色钙质泥岩和黄绿色页岩夹灰岩或灰岩凸镜体，富含笔石，亦有三叶虫、头足类等化石。它与上、下地层的岩性界线明显，即以泥岩(页岩)的出现和消失为其底、顶界。

【层型】 正层型在湖北省宜昌县。省内次层型为和县四碾潘剖面(34-3014-4-1；31°51′30″，118°13′40″)，张全忠等(1966)测制。

【地质特征及区域变化】 省内该组主要为台沟到台盆相沉积的浅灰、黄绿色页岩夹数层灰岩凸镜体，富产笔石 *Pseudoclimacograptus demittolabiosus*，*P. scharenbergi*，*Glyptograptus* cf. *teretiusculus* var. *kansuensis*，*Orthograptus whitfieldi*，*Dicellograptus* cf. *sextans*，*D.* cf. *divericatus*；三叶虫 *Miaopopsis* sp.，*Birmanites hupeiensis* 和介形类 *Euprimitia sinensis*，*Primitia dorsotuberosa* 等。分布于和县四碾潘，含山山凹丁到太湖、宿松一带，层位稳定，岩性变化不大，厚度为 0.3～1.89 m。该组与下伏牯牛潭组、上覆宝塔组均为整合接触。时代为中奥陶世早期。

宝塔组 O_2b (06-34-3015)

【创名及原始定义】 系李四光、赵亚曾(1924)所创名的“宝塔石灰岩”直接引伸而来，这是我国唯一用化石形态特征创名的一个地层单位名称。创名地点在湖北省秭归县新滩龙马溪雷家山(曾误称艾家山)。原始定义：“宝塔石灰岩：一种致密灰色石灰岩，几米厚，以含多量巨大直角石即 *Orthoceras sinensis* 个体为特征。”

【沿革】 该组由南京大学地质系(1961)引入我省，沿用至今。钱义元等(1964)曾将青阳、泾县一带相当于宝塔组的岩性归入汤山组上部。安徽区调队(1977a)、朱兆玲等(1984)曾将滁州三元支一带相当于庙坡组和宝塔组层位的暗紫、紫红色含泥质灰岩、含泥质生物灰岩、生物灰岩地层，称为三元支组。本书统称宝塔组。

【现在定义】 指整合于庙坡组黑色页岩之上、龙马溪组黑色硅质页岩之下的一套含头足类、三叶虫等化石，上部以灰绿色泥质瘤状灰岩为主，下部以中厚层、厚层状紫红、灰绿色“龟裂纹”灰岩为主，夹薄层状泥质灰岩的地层序列。

【层型】 正层型在湖北省秭归县。省内次层型为和县四碾潘剖面(34-3015-4-2；31°51′30″，118°13′40″)，张全忠等(1966)测制。

【地质特征及区域变化】 省内该组分布广泛，在下扬子地区均有出露，富产头足类。在和县四碾潘一带，厚 27 m。下部为褐黄或灰紫色似瘤状或龟裂纹中厚层灰岩，以富产喇叭角石为特征(原大田坝组)，厚 0.5～4 m；中部为灰、微肉红色中厚层龟裂纹泥晶灰岩，厚 11 m；上部为灰黄、棕红色瘤状灰岩，厚 13 m。该组收缩纹(龟裂纹)与瘤状构造发育，风化后易成孔洞，有棕黄色软泥残留，岩石颜色在滁县—宿松一带为浅肉红色，而在青阳—东至一带常呈青灰色。岩石具微波状层理，生物屑多为薄壳生物，以浮游生物为主，说明当时海水较深，可能为淹没台地相。各地厚度变化较大：江北 6～30 m，一般为 12～28 m；青阳到东至一带厚 15～64 m；泾县地区 11～19 m；石台六都地区仅 2～5 m。该组底界地质年代由沿江一带头足类 *Lituites lii* 带之底上移至滁州、庐江一带笔石 *Orthograptus whitfieldi* 带之顶，区域上为穿时岩石地层单位。与下伏牯牛潭组或庙坡组、上覆汤头组均为整合接触。时代为中奥陶世晚期。

汤头组　O_3t　（06－34－3016）

【创名及原始定义】　原名汤头层，穆恩之等(1955)创名于江苏省江宁县汤山西南坡汤头村。岩性为黄色灰质页岩夹瘤状灰岩，厚度约20 m，含三叶虫 *Nankinolithus*，*Phylacops*，*Telephus* 等。下与汤山灰岩，上与五峰页岩均系整合接触，时代为晚奥陶世。

【沿革】　该组由南京大学地质系(1961)引入我省，沿用至今。在宿松一带，相当于该组的层位曾称为涧草沟组(齐敦伦等，1984)。本书采用汤头组。

【现在定义】　为一套灰黄、灰白色中薄层瘤状泥灰岩、泥质灰岩夹泥岩，局部可变为页岩夹瘤状灰岩，富含三叶虫化石。其下与汤山组浅灰色中厚层干裂纹灰岩，上与高家边组灰黑色硅质岩为界，均为整合接触。

【层型】　正层型在江苏省江宁县。省内次层型为和县四碾潘剖面(34-3016-4-2；31°51′30″，118°13′40″)，张全忠等(1966)测制。

【地质特征及区域变化】　省内该组为淹没台地相的灰黄、黄绿色薄—中厚层钙质泥岩、瘤状泥灰岩、泥质灰岩夹泥岩的地层。沿江一带为瘤状灰岩，泥质增多。该组除石台过渡带出现瘤状灰岩或泥质灰岩外，其他地区变化不大。厚度各地不一，滁州地区最厚，达26 m；太湖驼龙山最薄，厚2 m；其他地区一般在4～10 m之间。该组富产三叶虫 *Nankinolithus nankinensis*，*N. wanyuanensis*，*Geragnostus sinensis*，*Corrugatagnostus jianshanensis*，*Birmanites hupeiensis*，*Hammatocnemis decorosus*，*H. formosus* 等，可建 *Nankinolithus nankinensis* 带。与下伏宝塔组和上覆五峰组均为整合接触。时代为晚奥陶世早期。

五峰组　O_3w　（06－34－3017）

【创名及原始定义】　原名五峰页岩，孙云铸(1931)在研究谢家荣、刘季辰采自湖北省五峰县渔洋关页岩中的笔石时创名于五峰县城东60里。原指“位于新滩页岩最低部，为富含笔石的浅色页岩，所含笔石组合为 *Climacograptus supernus*，*Climacograptus latus*，*Diplograptus* (*Glyptograptus*) cf. *amplexicaulis*，*Diplograptus* (*Orthograptus*) *truncatus* var. *abbreviatus*。这个笔石组合代表上奥陶统最高层位，相当于阿什极尔期”。

【沿革】　该组由南京大学地质系（1961）引入我省，沿用至今。五峰组虽在创名省不采用，但因五峰组岩性特征明显、层位稳定、化石丰富、广被地层学界所采用，故本书仍采用五峰组。

【现在定义】　指整合于宝塔组之上、龙马溪组之下的黑色含碳质、硅质页岩、薄层硅质岩，一般厚仅数米，极少超出10 m，个别地区(如秭归龙马溪)可达16.52 m，富产笔石。底与宝塔组以硅质页岩出现、顶与龙马溪组以硅质页岩消失为界。

【层型】　正层型在湖北省五峰县。省内次层型为和县四碾潘剖面(34-3017-4-2；31°51′30″，118°13′40″)，张全忠等(1966)测制。

【地质特征及区域变化】　省内该组分布于和县、青阳、宿松到东至一带，岩性稳定，为盆地相的硅质岩沉积，岩性为灰黑色，风化后为浅灰色薄层硅质岩、硅质夹碳质页岩，富产笔石及三叶虫等化石，厚度0.8～21 m。泾县云岭脚水库产三叶虫 *Dalmanitina nanchengensis*；笔石 *Diplograptus bohemicus*。组内以 *Dicellograptus szechuanensis* 最为丰富、稳定。该组与下伏汤头组，上覆高家边组均为整合接触。时代为晚奥陶世。

印渚埠组　O_1y　(06-34-3018)

【创名及原始定义】　原称印渚埠系，由朱庭祜(1924)创名于浙江省桐庐县分水印渚埠，当时未指定层型剖面。原始定义："印渚埠系，因地层在于潜县南境印渚埠附近处，颇为发育，故称。以石灰岩为主，中间并包括板岩、砂岩、石英岩及千枚岩等。"

【沿革】　张瑞锡等(1951)曾将青阳、泾县一带青坑石灰岩之上厚约500 m的石灰岩、白云质石灰岩称为印渚埠石灰岩。省内皖南相当于印渚埠页岩层位的"绿色、灰绿色、蓝灰色钙质页岩、页岩、含灰岩结核"的岩性称谭家桥页岩(许杰，1936；盛莘夫，1974)，后改称为潭家桥组，沿用至今。本书采用印渚埠组。

【现在定义】　下部灰绿色、青灰色钙质泥岩，含有少量灰岩小凸镜体，中部为钙质泥岩，上部为钙质泥岩与含钙质结核钙质泥岩互层，含三叶虫及笔石化石。以钙质泥岩之底与下伏西阳山组网纹状灰岩、瘤状灰岩、泥质灰岩，以钙质泥岩与上覆宁国组微细纹层发育的粉砂质页岩均呈整合接触。

【层型】　选层型在浙江省桐庐县。省内次层型为黄山市潭家桥留富山剖面(34-3018-4-2；30°10′30″，118°16′30″)，安徽317地质队(1965a)测制。

【地质特征及区域变化】　省内该组主要分布在广德—宣城—石台—东至一线以南的皖南地区，向东延入浙江境内。区内岩性变化不大，主要为盆地相的青灰、灰绿、黄绿色含少量瘤状或小饼状灰岩凸镜体的钙质泥岩。岩层中见水平层理，偶见凸镜状层理。产营浮游生物的树形笔石类 *Adelograptus*，*Clonograptus tenellus calavei*；营底栖爬行到半浮游类型的三叶虫 *Asaphopsis*，*Symphysurus*，*Euloma*，*Basilicus* 等。厚度各地不一，一般在259～390 m之间，黄山市留富山最厚，为447 m。该组与下伏西阳山组，上覆宁国组均为整合接触。时代为早奥陶世新厂期到宁国期。

宁国组　O_1n　(06-34-3019)

【创名及原始定义】　原名宁国页岩，许杰(1934)创名于宁国县胡乐镇皇墓至滥泥坞。原指"富含钙质页岩之上为宁国页岩，其岩性为呈各种颜色之泥质页岩(下部绿色，中部暗蓝色，顶部棕黄色)，厚约110公尺；此层之上为淡黄色柔软之泥质页岩，厚31公尺，富含笔石。"

【沿革】　张文堂(1962)称宁国页岩组。其后各家均称宁国组，并分上下两段；下段为黄绿、灰绿色页岩夹粉砂质页岩；上段为灰黑色硅质页岩。宁国组这一含义和划分一直沿用至今。本书将其上段归入胡乐组。宁国组仅限于其下段。

【现在定义】　指整合于印渚埠组钙质泥(页)岩与胡乐组硅质页岩之间富产笔石的灰绿、暗蓝色页岩(泥岩)。底与印渚埠组以钙质页岩结束，黄绿色页岩出现为界；顶与胡乐组以硅质页岩出现为界。

【层型】　正层型为宁国县胡乐镇皇墓—滥泥坞剖面(30°21′00″，118°42′12″)，钱义元等(1964)重测。

上覆地层：**砚瓦山组**　青灰色中厚层泥质瘤状灰岩夹页岩，表面呈浅紫色的蜂窝状。产

腕足类 *Chonetoidea*? sp.

——————整　合——————

胡乐组　　　　总厚度 78.00 m

14. 暗灰色或黑色页岩，风化后呈黄棕色。富产笔石 *Dicellograptus sextans exilis*，*Dicranograptus nicholsoni diapason*，*D. ziczac minutus*，*Climacograptus putillus*，*Pseudoclimacograptus scharenbergi*　1.50 m

13. 掩盖。岩性为灰色硅质页岩。傍侧硅质页岩中产笔石 *Didymograptus ellesae*，*Tylograptus* sp.，*Holmograptus? orientalis*，*Tetragraptus* sp.，*Phyllograptus anna*，*Trigonograptus ensiformis*，*Pseudoclimacograptus* sp.　6.00 m

12. 黑色硅质层夹硅质页岩，风化后呈灰白色。产笔石 *Didymograptus* sp.，*Dicellograptus* cf. *divaricatus*，*Dicranograptus* sp.，*Climacograptus* sp.，*Cryptograptus tricornis*，*Glossograptus hincksii*　23.00 m

11. 黑色硅质层夹硅质页岩，风化后呈灰白色。产笔石 *Didymograptus* sp.，*Climacograptus* sp.　7.70 m

10. 黑色中厚层硅质层夹硅质页岩，风化后呈灰白色。顶部产笔石 *Didymograptus* sp.，*Climacograptus* sp. 等　1.30 m

9. 黑色硅质层夹页岩，风化后呈灰白色。顶部产笔石 *Didymograptus* sp.，*Pterograptus elegans*，*Climacograptus* sp. 等　1.00 m

8. 黑色硅质页岩，风化后呈浅紫色。富产笔石 *Didymograptus* sp.，*Nicholsonograptus fasciculatus* var. *praelongus*，*N. sinicus ingentis*，*Phyllograptus* sp.，*Climacograptus* sp.，*C. forticaudatus*，*Amplexograptus* aff. *confertus* 等　2.00 m

7. 黑色硅质层及硅质页岩，风化后呈浅紫、灰白色。产笔石 *Didymograptus spinosus*，*D. spinosus flexilis*，*Phyllograptus anna*，*P. angustifolius*，*Cryptograptus tricornis*，*C. gracilicornis*，*Climacograptus*；*Amplexograptus* aff. *confertus* 等　9.50 m

6. 掩盖，产笔石 *Didymograptus ellesae*　26.00 m

——————— 整　合 ———————

宁国组　　　　总厚度 109.00 m

5. 灰绿色页岩，具微细层理，易顺层面劈开。产笔石 *Loganograptus* sp.，*Didymograptus nicholsoni planus*，*D. spinosus*，*Tetragraptus bigsbyi latus*，*Phyllograptus anna*，*P. angustifolius*，*P. ilicifolius*，*Holmograptus? orientalis*，*Glyptograptus* sp.，*Climacograptus* sp.，*Pseudoclimacograptus formosus*；甲壳类 *Coryocaris* 及腕足类等　76.00 m

4. 灰绿色页岩。产笔石 *Didymograptus* cf. *hirundo*，*D. patulus*，*Phyllograptus anna*，*P.* cf. *angustifolius*，*Tetragraptus* sp.，*Azygograptus suecicus*，*Trigonograptus ensiformis*，*Pseudoclimacograptus* sp. 等　31.00 m

3. 灰绿色页岩，产笔石 *Bryograptus*? sp.，*Didymograptus* cf. *hirundo*，*D. abnormis*，*D. vacillans*，*Tetragraptus* sp.，*Phyllograptus anna*，*P. angustifolius* 等　2.00 m

——————— 整　合 ———————

下伏地层：**印渚埠组**　蓝灰、灰绿色钙质页岩。产三叶虫碎片

【地质特征及区域变化】　该组分布于东至—石台—泾县—宣城以南的皖南地区，向东、西南分别延至浙江、江西省境内，层位、岩性稳定。主要岩性为灰绿、蓝灰、黄绿色页岩(泥岩)夹粉砂质页岩，风化后呈棒条状。岩石水平层理发育，未见浅水底栖生物，为水动力较弱的盆地页岩相沉积。厚度变化较大，宁国地区厚 81～140 m，黄山地区厚 39～66 m。富产笔石 *Didymograptus deflexus*，*D. vacilans*，*D. abnormis*，*D. eobifidus*，*Azygograptus suecicus*，*Cardiograptus amplus*，*Glyptograptus austrodentatus* 等。与下伏印渚埠组和上覆胡乐组均为整

合接触。时代为早奥陶世宁国期中时。

胡乐组　$O_{1-2}h$　(06-34-3020)

【创名及原始定义】　原名胡乐页岩，许杰(1934)创名于宁国县胡乐镇皇墓至滥泥坞。原指“淡黄色宁国页岩之上为胡乐页岩，该组下部为白色矽质页岩，间含有矽化薄层，全厚约40公尺，富含笔石；紧接白色页岩之上为一层棕色柔软之泥质页岩，厚2公尺，富含笔石。再上为不纯之泥质页岩，厚7公尺”。时代为中奥陶世。

【沿革】　张文堂(1962)称胡乐页岩组，钱义元等(1964)称胡乐组，沿用至今。以往所沿用的胡乐组仅为产中奥陶世笔石的硅质页岩。其下部产早奥陶世笔石的硅质页岩，称为宁国组上段，盛莘夫(1974)称之为牛上组。本书胡乐组的含义包括原宁国组上段(牛上组)和原胡乐组。

【现在定义】　指整合于宁国组之上、砚瓦山组之下岩性为灰黑色硅质页岩、碳质硅质页岩的地层，富产笔石。底与宁国组以灰黑色硅质页岩出现，顶与砚瓦山组以瘤状泥质灰岩出现为界。

【层型】　正层型为宁国县胡乐镇皇墓—滥泥坞剖面(34-3020-4-1；30°21′00″，118°42′12″)，钱义元等(1964)重测(剖面描述参见本书宁国组的正层型剖面)。

【地质特征及区域变化】　该组为灰黑色中薄层硅质、碳质页岩夹硅质岩，顶部偶见棕色钙质泥岩、钙质粉砂岩，厚70～180 m。岩石具水平层理，富含有机质，生物为保存良好的笔石，显示为浪基面之下低能还原环境的盆地硅质岩相沉积。该组广布于皖南地区，向东北、东和西南分别延伸到江苏、上海、浙西和江西省境内。胡乐一带硅质成分高，向南延至黟县宏潭，硅质成分减少，以黑色碳质页岩、粉砂质页岩为主。富产笔石，自下而上为 *Amplexograptus confertus*, *Didymograptus ellesae*, *Nicholsonograptus fasciculatus*, *Didymograptus murchisoni*, *Pterograptus elegans*, *Glossograptus hincksii*, *Nemagraptus gracilis*, *Dicranograptus nicholsoni diapason*, *Dicranograptus sinensis*, *Climacograptus bicornis* 等。该组与下伏宁国组和上覆砚瓦山组均呈整合接触。时代为早奥陶世宁国期到中奥陶世胡乐期。

砚瓦山组　O_2y　(06-34-3022)

【创名及原始定义】　原名砚瓦山系，刘季辰、赵亚曾(1927)创名于浙江常山东南约4.5 km之砚瓦山。原始定义：“出露于常山江山之间之砚瓦山最负盛名，故以名其层。上与风竹页岩及下与印渚埠石灰岩之关系均可窥探无余。全体概为绿色灰质页岩及含灰质结核之页岩相间成层，间夹有不纯石灰岩薄层。下部产三叶虫，上部产对笔石及直角石等化石”。

【沿革】　该组由张瑞锡等(1951)引入我省，当时称为砚瓦山石灰岩。张文堂(1962)称为砚瓦山石灰岩组，钱义元等(1964)称砚瓦山组，沿用至今。本书采用砚瓦山组。

【现在定义】　由青灰色、局部紫红色瘤状灰岩、含钙质结核泥灰岩组成，含头足类和三叶虫化石。以瘤状灰岩与下伏胡乐组黑色硅质岩或碳泥质硅质岩，以含钙质结核泥灰岩与上覆黄泥岗组含钙质结核泥岩均为整合接触。

【层型】　选层型剖面在浙江省江山市。省内次层型为宁国县荆山剖面(34-3022-4-3；30°30′50″，119°7′)，安徽区调队(1974a)测制。

【地质特征及区域变化】　省内该组为深灰、灰黑色，风化为灰绿、紫红色薄—中厚层瘤状泥晶泥质灰岩、瘤状灰岩或泥质灰岩，厚7～11 m，为低能还原到半还原环境盆地相沉积。

主要见于宁国、黄山、黟县、绩溪等地，向东延至浙江省境内。岩性、厚度均较稳定。由浙江常山向黄山市黄山区(原太平县)方向厚度变薄，厚 5～9 m。西部黟县宏潭地区岩性以灰绿、黄绿色含瘤状钙质粉砂质页岩夹瘤状泥灰岩为主，泥质较高，陆源物质较多。绩溪一带为产三叶虫的青灰色泥质瘤状灰岩。由西向东钙质成分增高。该组富产三叶虫 *Corrugatagnostus*, *Hammatocnemis*, *Jiangxilithus*, *Xiushuilithus*；头足类 *Sinoceras chinense* 及腕足类等。与下伏胡乐组、上覆黄泥岗组均呈整合接触。时代为中奥陶世滞江期。

黄泥岗组　O_3h　(06-34-3023)

【创名及原始定义】　原名黄泥岗页岩，卢衍豪等(1963)创名于浙江省江山市黄泥岗村。原始定义：在江山、常山一带砚瓦山石灰岩之上常有紫红色石灰质页岩一层，其中亦夹黄色页岩。厚达 45 米，富产介壳相化石三叶虫 *Nankinolithus nankinensis* 等及介形类。层位与南京汤头层、湖北三峡及湖南北部临湘石灰岩相当。

【沿革】　该组为钱义元等(1964)引入省内，称黄泥岗组，沿用至今。

【现在定义】　岩性为灰绿色局部紫红色含钙质结核泥岩，局部夹瘤状泥灰岩。含三叶虫和头足类化石。以含钙质结核泥岩与下伏砚瓦山组瘤状泥灰岩，与上覆长坞组泥岩、粉砂质泥岩均呈整合接触。

【层型】　选层型在浙江省江山市。省内次层型为宁国县荆山剖面(34-3023-4-1；30°30′50″，119°7′)，安徽区调队(1974a)测制。

【地质特征及区域变化】　省内该组主要见于皖南地区的宁国、黄山市黄山区(原太平县)、绩溪、黟县等地，以黄绿、灰绿色钙质页岩、泥岩和粉砂岩韵律状重复出现为特征，为盆地泥岩相沉积。岩石中含钙质结核，具水平层理。厚 24～134 m，东北厚，西南薄。一般下部富产三叶虫 *Nankinolithus nankinensis*，*Hammatocnemis* 和介形虫 *Bythocypris longula* 及腕足类。与下伏砚瓦山组和上覆长坞组均呈整合接触。时代为晚奥陶世石口期。

长坞组　$O_3\hat{c}$　(06-34-3024)

【创名及原始定义】　原名长坞页岩，卢衍豪等(1963)创名于浙江省江山市城北南山—长坞东山。原始定义：“长坞组下和黄泥岗组为连续沉积，上与中石炭统藕塘底群底砾岩不整合。全部以黄绿色页岩为主，间夹砂岩薄层。含笔石 *Dicellograptus* cf. *complanatus*，共厚 280 公尺。”时代为晚奥陶世。

【沿革】　省内钱义元等(1964)、安徽区调队(1965a，1974a，1989a)、俞剑华等(1983)、安徽地矿局(1987)称新岭组。盛莘夫(1974)称于潜组。本书采用长坞组。

【现在定义】　由黄绿色泥岩、粉细砂岩组成的复理石、类复理石韵律层，其间夹块状砂岩和泥岩。含笔石、腕足类等化石。与下伏黄泥岗组含钙质结核泥岩，与上覆文昌组含钙质砂岩均为整合接触。

【层型】　新层型在浙江省开化县。省内次层型为宁国县新岭剖面(34-3024-4-2；30°22′10″，118°42′30″)，钱义元等(1964)测制。

【地质特征及区域变化】　省内该组分布于皖南山区的宁国到黟县一带，由宁国向西南延至石台六都一带，向东延至浙西，岩性各地相近，均以碎屑岩为主。下部为灰绿、黄绿色页岩、粉砂质页岩夹黑色碳质页岩；上部由灰绿、黄绿色粉砂岩、粉砂质页岩、细砂岩组成韵律，砂岩为块状层，页岩具水平层理，细砂岩的底板上有长条形、钉状、粒状象形槽和波痕。

页岩中有砂质贯入形成的凸镜体。说明该组当时处于江南古陆的边缘，有大量陆源物供给，为盆地浊积岩相沉积。各地厚度不等，一般为168～344 m，宁国考村最厚，为727 m。该组下部富产笔石，自下而上为 *Pseudoclimacograptus anhuiensis*，*Dicellograptus szechuanensis*，*Climacograptus leptothecalis*，*C. venustus*，*Diceratograptus mirus*。与下伏黄泥岗组和上覆霞乡组均呈整合接触。时代为晚奥陶世五峰期。

高家边组　S_1g　(06-34-4001)

【创名及原始定义】　原名高家边页岩，A W Grabau(1924)创名于江苏省丹徒县(现为句容县)高家边。原始定义：南京仑山下志留统，平行不整合在奥陶系仑山灰岩之上，由含三叶虫及笔石等化石的黄色页岩组成，厚度200公尺。上覆地层为五通石英岩或五通山石英岩。

【沿革】　叶良辅、李捷(1924)在泾县、宣城、铜陵等地进行煤田地质调查时，将黄龙组以下石英岩、砂岩、页岩，厚度达800 m的沉积称为铜官山层，时代定为志留纪。李捷(1929)对和县一带，朱森(1929)对和县、含山一带，王恒升、李春昱(1930)对宁国、绩溪、歙县一带的志留纪地层进行研究，并与南京地区进行对比，称高家边页岩。朱森、刘祖彝(1930)将贵池一带的志留纪地层与浙西进行对比，称风竹页岩。李毓尧(1930)将青阳、太平、石台等地志留纪地层分为两部分：上部产腕足类，厚达800～1000 m的紫色粗砂岩、绿灰色细砂岩、黄绿色页岩，称为沙滩河层；下部厚0～20 m产笔石的黑色页岩，称为石壁页岩。王恒升、孙健初(1933)将青阳、贵池一带的志留纪地层称风竹页岩。刘祖彝、李春昱(1933)将和县、含山一带志留纪地层称高家边页岩。许杰(1934)将太平郭村一带产笔石页岩称为太平页岩，将贵池白洋一带的产笔石页岩称为高家边页岩。尹赞勋(1949)将安徽南部的页岩称上高家边页岩和下高家边页岩。张瑞锡、李玶、刘元常(1951)将青阳、泾县一带的产笔石页岩称高家边层。穆恩之(1962)将安徽南部，钱义元、李积金等(1964)将青阳、宁国一带，何炎、梁希洛(1964)将贵池、和县、巢湖一带五峰组与坟头群(组)之间的页岩称高家边群(组)，沿用至今。本书采用高家边组(不含江苏层型剖面该组底部黑、灰紫色硅质页岩，此段岩性本书归入五峰组)。

【现在定义】　上部黄绿色页(泥)岩、粉砂质页(泥)岩，夹粉、细砂岩；中部黄绿、灰黄绿色页岩与同色粉、细砂岩互层；下部灰黄、灰黑色粉砂质页岩、硅质页岩，含笔石、三叶虫、腕足类；底部黑、灰紫色硅质页(泥)岩，含笔石。其底以汤头组灰黄色钙质泥岩分界，顶以坟头组黄绿色厚层细砂岩分界，均为整合接触。

【层型】　正层型在江苏省句容县。省内次层型为无为县沿山剖面(34-4001-4-2；31°16′30″，117°35′40″)，安徽区调队(1978)测制；东至县鳜鱼岔剖面(34-4001-4-4；30°12′10″，117°12′30″)，安徽区调队(1991)测制。

【地质特征及区域变化】　省内该组在区内分布广泛，岩性和层位稳定，厚度变化较大。岩性可分三段：下段碳质页岩、黄绿色页岩，富产笔石 *Akidograptus ascensus*，*Orthograptus vesiculosus*，*Pristiograptus cyphus*，*P. atavus*，*P. leei*，一般厚25～674 m，在和县宿松一带厚19～27 m。中段为黄绿色页岩、泥岩，夹细砂岩，产笔石 Monograptidae，*Demirastrites triangulatus*，*Rastrites longispinus*，此外还见有腕足类、三叶虫、双壳类、藻类等不同门类化石。在含山县仑山于灰岩凸镜体内，发现丰富的珊瑚、头足类、海百合茎、层孔虫、腹足类、三叶虫、腕足类、笔石 *Pristiograptus cangshanensis* 及海星等化石。中段之底在巢湖市狮子口等处夹灰岩凸镜体，厚45～889 m。上段为灰黄色中薄层粉砂质页岩与细砂岩互层，富产笔石

Hunanodendrum typicum，其次为三叶虫、腕足类、双壳类等，厚 77～354 m。中上段在巢湖一带厚 274 m，怀宁大排山厚 1 448 m。区内该组下段为广布缺氧环境下盆地相的黑色笔石页岩，内含星点状黄铁矿，中上段砂岩水平层理发育。该组在和县至宿松、东至一带，底与五峰组为平行不整合接触，在泾县云岭脚水库一带则为整合接触；顶与坟头组为整合接触。时代为早志留世。

坟头组　S_2f　(06－34－4002)

【创名及原始定义】　原名坟头层，潘江(1956)创名于江苏省江宁县汤山坟头村。原始定义:从原高家边层上部划出。为“砂岩及砂质岩页，含 *Coronocephalus rex*，*Proetus latilimbatus* 等三叶虫及 *Spirifer* (*Eospirifer*) *tingi*，*E. hsiehi* 等腕足类化石。与下伏地层颇有区别，属渐变关系。”

【沿革】　钱义元等(1964)引入我省，称坟头群。安徽区调队(1965b)改称坟头组，沿用至今。本书采用坟头组。

【现在定义】　下部黄绿、绿灰等色厚层细粒砂岩，局部为岩屑石英砂岩与粉砂质泥岩相间或呈互层；上部黄绿、灰黄色泥质粉砂岩或粉砂质泥岩夹细砂岩，局部含磷。下与高家边组灰黄色页岩或泥岩分界，其顶与上覆茅山组灰黄色厚层石英砂岩分界，均为整合接触。

【层型】　正层型在江苏省南京市。省内次层型为无为县潘家大山剖面（34－4002－4－1；31°29′，117°53′40″），安徽区调队(1988)测制。

【地质特征及区域变化】　省内该组中、下部由黄绿、灰黄、局部紫红色中厚—厚层长石石英细砂岩、泥质粉砂岩、泥岩组成不等厚韵律，上部为灰黄色中—中厚层粉砂质泥岩，夹含磷结核粉砂质泥岩，厚 115～401 m。中下部岩石常含岩屑、同生砾，见大型丘状斜层理，上部水平虫迹发育，时见风暴层序，属三角洲前缘到潮坪环境沉积。省内除贵池桃坡出现粉砂质白云岩夹层外，其余岩性变化不大，层位稳定。其厚度长江以北厚 115～401 m，长江以南厚 354 m。该组岩屑砂岩在巢北等地可作水泥配料，顶部常含磷。该组生物种类繁多，产鱼类 *Drepanacanthus curvatus*，*Latirostraspis chaohuensis*，*Kiangsuaspis guichiensis*，*Neoasiacanthus shizikouensis*，*N. wanzhongensis*，*Sinacanthus*；三叶虫 *Coronocephalus rex*，*Kailia intersulcata*；腕足类 *Striispirifer hsiehi*，双壳类 *Orthonota perlata* 及腹足类、珊瑚、锥石、蛇尾类等。可建 *Latirostraspis chaohuensis*－*Kiangsuaspis guichiensis* 组合带或 *Coronocephalus rex*－*Striispirifer hsiehi*－*Orthonota perlata* 组合。与下伏高家边组和上覆茅山组均为整合接触。当茅山组缺失时，与五通组呈平行不整合接触。时代为中志留世（因下部化石很少，亦可能含有早志留世晚期沉积)。

茅山组　S_3m　(06－34－4003)

【创名及原始定义】　原名茅山砂岩，李毓尧、李捷、朱森(1935)创名于江苏省句容县茅山顶宫。原始定义：暗紫或暗红色砂岩，呈厚层状，底部俱灰白色砂岩。厚度不一，约自数公尺至百余公尺，有时甚至无。紫黄色砂岩酷似广西莲花山层。且其层位恰居下石炭纪乌桐砂岩之下，志留纪高家边层之上，拟之为中泥盆纪。

【沿革】　尹赞勋(1949)首次将茅山砂岩引入本省，安徽区调队(1965b)称茅山组，沿用至今。本书采用茅山组。

【现在定义】　下部为浅灰、青灰、灰黄、灰白色中、厚层状中、细粒岩屑石英砂岩、石英杂砂岩；上部为紫红、浅灰色中、厚层状，中、细粒石英砂岩、岩屑石英砂岩。底界与坟头组黄绿色粉、细砂岩整合接触；其顶与观山组灰白色厚层细粒石英砂岩呈平行不整合接触。

【层型】 正层型在江苏省句容县。省内次层型为无为县潘家大山剖面（34－4003－4－1；31°29′，117°53′40″），安徽区调队(1988)测制。

【地质特征及区域变化】 省内该组下部为灰黄、灰白色中薄—厚层含石英砂岩、细粒长石石英砂岩、泥质粉砂岩；中部为紫红、浅灰色中厚—厚层细粒石英砂岩、铁质胶结岩屑石英砂岩夹紫红色薄层粉砂质泥岩；上部为灰白色中厚层细粒石英砂岩。底部产鱼类化石，厚29～59 m。岩石中见大型交错层理、脉状层理、单向斜层理、人字型层理，岩石以紫红色为主，见少量鱼类、植物碎片和藻类等，显示为河流到三角洲相沉积。该组分布于太湖—庐江—全椒一线以南，东至—宣城一线以北的长江沿岸地区。由于当时沉积环境与后期剥蚀的影响，茅山组在和县、怀宁一带往往缺失，无为、宿松、铜陵一带仅出露其中、下部。东至到贵池一带，上部仅残存一部分。厚度下部17～378 m，中部5～55 m，上部2～17 m。下部在无为县潘家大山获多鳃类 *Polybranchiaspis* sp.，宜州新河庄产鱼类Climatiidae，贵池张木冲见腕足类 *Lingula* sp.，东至县产双壳类 *Modiolopsis* sp.，*Eoschizodus* sp.，胴甲鱼类Antiarchi，藻类 *Lophosphaeridium parverarum*，*L. pilosum*，*L. citrinum*，*Micrhystridium nannacanthum*，几丁虫 *Sphaerochitina*。底与下伏坟头组为整合接触，顶与上覆五通组为平行不整合接触。茅山组时代归属尚有争议，本书暂将其归入晚志留世。

霞乡组 S_1x (06－34－4004)

【创名及原始定义】 安徽317地质队(1965a)创名于宁国县胡乐镇五华里霞乡村附近铁路边。原指整合于新岭组与河沥溪组之间的一套灰、灰黄色中厚至厚层长石质砂岩、粉砂岩及粉砂质泥岩组成的岩性，底部常以厚层砂岩及碳质页岩为标志。

【沿革】 自创名始，沿用至今。其间，浙江区调队(1967)、安徽区调队(1974a)曾称之为安吉组。本书采用霞乡组。

【现在定义】 指整合于长坞组与河沥溪组之间的灰绿、黄绿、青灰色粉砂岩、粉砂质页岩、细砂岩。下部夹黑色碳质页岩、页岩，富产笔石。底与长坞组以厚层砂岩及碳质页岩出现为界，顶与河沥溪组以黄绿、灰绿色具球状风化粉砂岩结束为界。

【层型】 正层型为宁国县霞乡剖面(30°22′11″，118°47′31″)，安徽317地质队(1965a)测制；次层型为黄山市黄山区桃岭—桃坑剖面(30°08′40″，117°57′40″)，安徽317地质队(1965b)测制。宁国县霞乡剖面如下：

霞乡组　　总厚度＞177.50 m

下部　　厚度＞177.50 m

7. 青灰色块状细砂岩夹极薄层(0.3～0.5 cm)暗灰色页岩。(上部褶皱未测)　　＞100.00 m
6. 黄色厚层细砂岩夹灰黑色页岩。产笔石 *Climacograptus* sp.　　30.00 m
5. 黄、紫红色细砂岩与黑、黄色薄层页岩互层。产笔石 *Climacograptus* sp.，*Glyptograptus* sp.，*Orthograptus* sp.　　10.00 m
4. 灰绿色细砂岩，顶部为一层厚30 cm的暗灰色页岩。产笔石 *Climacograptus normalis*，*C. angustus*，*Glyptograptus tamariscus*，*Orthograptus vesiculosus*，*Akidograptus* sp.　　6.30 m
3. 黑色碳质页岩、风化后呈灰黄色夹黄色凸镜状页岩。产笔石 *Climacograptus angus-*

tus, *C. normalis*, *Akidograptus ascensus*, *Parakidograptus acuminatus*, *Glyptograptus* cf. *tamariscus* 0.70 m

2. 深灰、黑色碳质页岩，产笔石 *Diplograptus modestus*, *Climacograptus scalaris*, *C. angustus*, *Pseudoclimacograptus* cf. *hughesi*, *Glyptograptus persculptus*, *Akidograptus* sp., *Orthograptus* cf. *bellulus* 0.50 m

1. 深灰色厚层砂岩夹页岩 30.00 m

——————— 整　合 ———————

下伏地层：长坞组　顶部为 4 m 厚的黄色中粒砂岩，风化后疏松，表面具 0.5～0.7 mm 的小空洞。产海百合茎及三叶虫化石。往下为暗灰色砂岩、砂质页岩、粉砂岩。产笔石 *Climacograptus supernus*, *Dicellograptus ornatus* 等

黄山区桃岭—桃坑剖面（位于黄山市黄山区岩前寺 10°约 3.5 km 周王庙旁）

上覆地层：河沥溪组　黄绿、灰绿色细砂岩

——————— 整　合 ———————

霞乡组 总厚度 1 332.92 m

上部 厚度 738.82 m

14. 黄绿、灰绿、青灰、灰色薄层片状—中厚层含粉砂质页岩 222.52 m

13. 灰绿、灰色薄层粉砂岩 47.32 m

12. 黄绿、灰绿、青灰、灰色薄层片状—中厚层含粉砂质页岩与含砂质页岩互层 468.98 m

下部 厚度 594.10 m

11. 浅灰、灰绿色薄层粉砂岩 54.05 m

10. 灰、浅灰色薄层页岩。产笔石 *Pristiograptus leei*, *P. concinnus*, *Climacograptus medius*, *C.* cf. *angustus*, *Glyptograptus kaochiapienensis*, *Diplograptus* sp. 121.93 m

9. 灰绿色薄层片状粉砂泥质砂岩 50.93 m

8. 灰绿、灰色薄层含砂质页岩夹粉砂质页岩 66.97 m

7. 黄绿色中厚层泥质中细粒砂岩 54.02 m

6. 灰黄绿色薄层细砂岩、粉砂岩、粉砂质页岩互层。产笔石 *Climacograptus looi*, *Glyptograptus tamariscus*, *Akidograptus* sp., *Orthograptus* sp. 10.72 m

5. 黄绿、红棕色薄—中厚层细砂岩、粉砂岩夹页岩。产笔石 *Glyptograptus* cf. *kaochiapienensis*, *Climacograptus* cf. *normalis*, *Orthograptus* sp., *Diplograptus* sp. 63.21 m

4. 黄绿、棕黄色中厚层粉砂岩夹浅灰白色页岩。产笔石 *Climacograptus medius*, *C. normalis*, *Glyptograptus tamariscus* 18.14 m

3. 黄绿、灰绿色中厚层泥质细砂岩夹灰绿、灰色粉砂质页岩及灰白色页岩。产笔石 *Climacograptus angustus*, *C. minutus*, *C.* cf. *normalis*, *C.* cf. *tuberculatus*, *Diplograptus modestus*, *Glyptograptus lunshanensis*, *G.* cf. *tamariscus*, *Orthograptus* sp. 70.81 m

2. 灰绿、黄绿色薄—中厚层粉砂岩夹粉砂质页岩。产笔石 *Climacograptus* sp., *Orthograptus* sp. 63.15 m

1. 浅灰白、黄绿、棕黄色薄层片状页岩。产笔石 *Diplograptus modestus*, *Climacograptus minutus*, *Glyptograptus lungmaensis* 10.17 m

——————— 整　合 ———————

下伏地层：长坞组　黄绿、浅灰绿色薄—中厚层致密泥质细砂岩夹页岩。产笔石 *Climacograptus venustus*, *C. supernus*, *C.* sp.，顶部为 4.32 m 厚的小达尔曼虫层，棕黄色中厚层泥质砂岩。产海百合茎及笔石

【地质特征及区域变化】 该组下部为厚层中细粒长石石英砂岩夹碳质页岩，灰绿、暗绿色中厚—厚层韵律状细砂岩、粉砂岩及页岩，厚178～971 m；上部为灰绿色页岩及黄色砂质页岩，厚450～739 m。具水平层理，层面见波痕，有时见球状构造，为深水陆架到盆地相沉积，局部为浊流相沉积。该组由宁国霞乡向西南、西北可延到东至、石台、贵池等过渡地带，其底部厚层砂岩稳定出现，向东可延到浙西，向南延到江西境内。过渡地带下部厚274～351 m，上部厚543～917 m。该组总厚178～1 333 m。其下部富产笔石 *Glyptograptus persculptus*, *Akidograptus ascensus*, *Parakidograptus acuminatus*, *Orthograptus vesiculosus*, *Pristiograptus cyphus*, *P. atavus*, *P. leei* 等。与下伏长坞组和上覆河沥溪组均呈整合接触。时代为早志留世。

河沥溪组 S_1h (06-34-4005)

【创名及原始定义】 原名河沥溪群，安徽317地质队(1965a)创名于宁国县河沥溪。原指整合于下伏霞乡组与上覆太平群之间的一套浅海相具类复理石韵律的碎屑岩沉积。

【沿革】 省内曾称大白地群(浙江区调队，1967)、大白地组(安徽区调队，1974a)。本书采用河沥溪组。

【现在定义】 指整合于霞乡组与康山组之间的黄绿、灰绿色中厚层韵律状细砂岩、粉砂岩、页岩的碎屑岩系，下部富产腕足类、三叶虫。底与霞乡组以泥质粉砂岩或粉砂质泥岩结束，细砂岩夹粉砂岩出现为界；顶与康山组以互层的页岩和粉砂岩结束，细砂岩或含砾细砂岩出现为界。

【层型】 正层型剖面位于宁国县河沥溪镇公路旁(30°37′30″，119°03′30″)，安徽317地质队（1965a）测制。因宁国河沥溪剖面底部掩盖较多，故本书以广德县塘辛—石家茅棚剖面作为次层型(30°42′10″，119°08′00″)，安徽区调队(1974a)测制。宁国县河沥溪剖面如下：

上覆地层：**康山组** 紫红色砂岩及砂质页岩

——————整 合——————

河沥溪组	总厚度 489.50 m
24. 灰绿、黄绿色页岩与棕色薄层粉砂岩互层，页岩含泥质结核多（往往具球状风化现象）	36.00 m
23. 黄绿色页岩与浅紫、灰白色细砂岩互层。页岩中产三叶虫化石碎片，砂岩底部有时可见象形印模	84.00 m
22. 黄绿、灰绿色页岩，砂质页岩与浅红、灰白色薄层细砂岩互层，砂岩顶面波痕清晰	62.00 m
21. 黄绿色页岩，有一种平行于层面的椭圆形球状构造，为旋涡状海流所形成	8.00 m
20. 浅黄色薄层细砂岩夹页岩	2.00 m
19. 灰绿色页岩夹浅紫色薄层细砂岩	1.50 m
18. 灰绿色页岩，微细层理极发育	3.00 m
17. 浅紫色薄层细砂岩与黄、灰绿色页岩互层，大部分掩盖	120.00 m
16. 灰绿、黄绿色粉砂岩，砂质页岩及砂岩，大部分被掩盖。富产腕足类 *Aegiria* sp., *Plectodonta*? sp.；三叶虫 *Cyphoproetus* sp.	173.00 m

——————整 合——————

下伏地层：**霞乡组** 黄绿色中薄层砂质页岩（大部分掩盖）

广德县塘辛—石家茅棚剖面

上覆地层：**康山组** 灰白色中厚层含砾岩屑石英细砂岩，具波痕

——————— 整　合 ———————

河沥溪组　总厚度 644.42 m

29. 灰白色中厚层岩屑细砂岩夹黄绿色泥岩、泥质粉砂岩　44.49 m
28. 灰白色薄—中厚层岩屑石英细砂岩与黄绿色薄层泥岩互层。产虫管　44.26 m
27. 灰白色薄层岩屑石英细砂岩及黄绿色泥岩、泥质粉砂岩。产虫管　41.58 m
26. 黄绿色薄层泥岩、泥质粉砂岩夹同色薄层岩屑石英细砂岩　100.73 m
25. 黄绿色薄层长石石英砂岩　55.43 m
24. 灰紫、灰绿色薄层细砂岩　11.88 m
23. 灰绿色薄层泥质粉砂岩夹灰绿色页岩　42.53 m
22. 黄绿色薄层粉砂岩、细砂岩　54.14 m
21. 黄绿色薄层粉砂质页岩与页岩互层　55.35 m
20. 黄绿色薄层泥质粉砂岩夹同色薄层粉砂岩　131.89 m
19. 黄绿色薄层含长石细砂岩夹少量粉砂岩，局部可见球状风化。产三叶虫 *Latiproetus* sp.，腕足类 *Strophochonetes* sp.，*Morinorhychus* sp.，*Nucleospira* sp.，*Leptostrophia* sp.　62.15 m

——————— 整　合 ———————

下伏地层：**霞乡组**　黄绿、灰绿色薄层泥质粉砂岩夹同色薄层粉砂岩，局部有球状风化

【地质特征及区域变化】　该组下部为灰绿、黄绿色中厚层粉砂岩、砂质页岩及砂岩；中部为黄绿、灰绿色页岩、砂质页岩与灰白、浅紫红色细砂岩互层；上部为灰绿色页岩、砂质页岩与粉砂岩互层。砂岩具平行层理、单向斜层理，层面具波痕及虫管构造。厚 499～988 m。贵池至青阳一带为陆架亚相的过渡带，黄山市黄山区至旌德一带为海滩相沉积。该组由河沥溪向西北延至贵池县南山崖、山边桂，泾县外马村，厚度变薄为 244 ～538 m。由河沥溪向东延至浙西，该组产三叶虫 *Encrinuroides banwuensis*，*Latiproetus* sp. 为主，次为腕足类 *Nucleospira* 等。浙西与之相当层位产笔石 *Glyptograptus* cf. *tamariscus*。与下伏霞乡组和上覆康山组均呈整合接触。时代为早志留世。

康山组　S_2k　(06-34-4006)

【创名及原始定义】　原名康山层，浙江省煤炭工业厅科学研究所(1961)① 创名于浙江省安吉县康山—郭笑山一带。原始定义：岩性为黄绿色页岩与浅色页岩细砂岩互层。自下而上分为第一页岩层、第二砂岩层、第二页岩层和第三砂岩层、第三页岩层。与下伏凤凰山层呈连续沉积、与上覆泥盆纪茅山砂岩为不整合接触。时代为早志留世。

【沿革】　该组由浙江区调队(1967)以康山群引入我省。省内曾称太平群，并将其分为四段(安徽 317 地质队，1965 a)。安徽区调队(1974a)将太平群限于下面两段地层，上面两段称唐家坞组。安徽地矿局(1987)、安徽区调队(1989b)将太平群下两段称畈村组，上两段称举坑群。本书将太平群下两段称康山组，上两段称唐家坞组。

【现在定义】　下部黄绿色厚层—块状长石石英砂岩为主，夹粉砂岩、粉砂质泥岩；中部黄绿色粉砂质泥岩、粉砂岩与砂岩互层；上部为灰绿色、紫红色砂岩、粉砂岩、泥岩互层。含介壳类化石和微古植物。以大套砂岩与下伏河沥溪组、以紫红色层与上覆唐家坞组均呈整合接触。

① 浙江省煤炭工业厅科学研究所，1961，浙江省安吉县志留系地层（油印本）。

【层型】 正层型在浙江省安吉县。省内次层型为宁国县畈村剖面（34-4006-4-1；30°39′30″，119°32′30″），安徽区调队（1974a）测制。

【地质特征及区域变化】 省内该组下部为黄、黄绿、灰色中厚—厚层细粒岩屑砂岩与中厚层砂质条带粉砂岩、泥质粉砂岩互层，厚137～367 m；上部为灰绿、黄绿、紫红色厚层具球状风化石英细砂岩与薄—中厚层粉砂岩互层，产腕足类、腹足类等，厚621～1 336 m。岩石具单斜、平行、波状层理，为近岸潮坪相沉积。该组分布于宁国、黄山市黄山区至广德一带，宁国畈村发育最好，下部夹含砾岩屑砂岩，上部夹棕褐色含砾细粒岩屑砂岩，厚805 m。其他地区岩性相似，层位稳定。厚度由东北向西南增厚，至举坑地区厚1 252 m。该组化石多分布在上部，其中有腕足类 *Nalivkinia*，*Marcklandaella*；双壳类 *Coniophora*，*Ischyrodonta* cf. *contermina*，*Modiolopsis* cf. *latens*，*Orthonota* cf. *perlata* 及腹足类等，这些均为 *Coronocephalus rex* - *Striispirifer hsiehi* - *Orthonota perlata* 组合内重要分子。局部地段见含磷层。与下伏河沥溪组，上覆唐家坞组均呈整合接触。时代为中志留世。

唐家坞组 S_3t （06-34-4007）

【创名及原始定义】 原名唐家坞砂岩，舒文博（1930）创名于浙江富阳市西北12 km唐家坞。原始定义："唐家坞砂岩之层位，在风竹页岩与西湖石英岩之间。自富阳西北之唐家坞至分水，砂岩发育，组成雄伟山岭。岩层厚度逾五百公尺，颜色深绿，间呈褐色，岩质粗硬，层垒其厚成块状。"时代为志留纪。

【沿革】 浙江区调队（1967）以唐家坞群引入我省，安徽区调队（1974a）沿用。省内曾称太平群（安徽317地质队，1965a）、举坑群（安徽地矿局，1987；安徽区调队，1989b）。本书称唐家坞组。

【现在定义】 岩性为灰绿色夹紫红色中细粒岩屑长石石英砂岩夹少量粉砂质泥岩或泥质粉砂岩。在建德—杭州一带夹一层3～5.5 m沉凝灰岩，含鱼和微古植物化石。与下伏康山组呈整合接触，与上覆五通群呈平行不整合接触。

【层型】 正层型在浙江省富阳市。省内次层型为黄山市黄山区三峰庵—举坑剖面（34-3007-4-1；30°18′50″，118°13′10″），安徽317地质队（1965a）测制。

【地质特征及区域变化】 省内该组下部为紫红、灰绿色中厚—厚层石英砂岩，夹钙质细砂岩、泥质粉砂岩，厚499～991 m；中部为灰白、黄绿、紫红色厚层石英砂岩、细砂岩夹粉砂岩，粉砂质页岩呈韵律状出现，局部地段夹含磷层，厚84～488 m；上部为乳白色石英砂岩，黄绿色泥质粉砂岩与石英细砂岩互层，厚32 m。岩石具斜层理、板状交错层理，层面上见波痕，产有近岸的浅水生物，反映为近岸的潮坪至三角洲相沉积。该组主要分布在黄山、宁国至广德等地，往东北至宣城一带，岩屑、泥质成分增高，宁国畈村夹厚0.1～0.4 m的凸镜状含磷层，P_2O_5 含量一般为2%～6%，个别高达14.5%。产双壳类 *Orthonota perlata*，*Pteronitella retroflexa*；鱼类 *Sinacanthus fancunensis*，*Ningguolepis fancunensis* 及腹足类等。区域上与下伏康山组为整合接触，与上覆五通组呈平行不整合接触。本书依无脊椎动物化石，将其时代暂归入晚志留世。

第二节 生物地层特征

安徽省扬子地层区早古生代生物门类繁多，属种丰富（安徽地矿局，1987；安徽区调队，

1988a，1989a，1989b）。寒武纪以三叶虫为主，早奥陶世至早志留世的碎屑岩相中富产笔石，壳相中富产头足类、腕足类、三叶虫、牙形刺。中晚志留世产鱼类、三叶虫、腕足类、双壳类等多门类化石。现由老至新按门类分述如下（表 9-1）。

1. 三叶虫

①*Hupeidiscus - Hunanocephalus* 组合带　*Hupeidiscus* 在省内见于东至、贵池、青阳一带荷塘组的中薄层灰岩中，组合带分子有 *Hupeidiscus* sp.，*H. fengdongensis*，*H.* cf. *fengdongensis*，*Eodiscina*，其种属单调，但个体丰富。*Hunanocephalus* 见于滁州琅玡山林场荷塘组含硅质页岩夹灰岩凸镜体中。*Hupeidiscus* 和 *Hunanocephalus* 产出层位相当于浙西层型剖面第一层顶部夹碳质、白云质灰岩产 *Hunanocephalus ovalis* 的层位（卢衍豪、林焕令，1989）。该二属同见于贵州余庆九门冲组（卢衍豪等，1982a）。时代为沧浪铺期早中—中时。

②*Paokannia* 带　该带仅有一块标本，见于巢湖汤山幕府山组下部（距其底界 37 cm 处），在其下 7 cm 至底界上下见有以 *Anabarites* 为代表的大量的小壳类化石。*Paokannia* 见于南京幕府山的幕府山组、陕西西南部及川北的阎王碥组、陕南东部及川东北的鹰咀岩组、贵州金沙的明心寺组、贵州湄潭黄莲坝组、贵州余庆金顶山组（卢衍豪等，1982a），为 *Paokannia - Sichuanolenus* 带的带化石，时代为沧浪铺期中—中晚时。

③*Arthricocephalus* 带　*Arthricocephalus* 见于皖南泾县北贡大陈岭组，其个体丰富。该属还见于浙西大陈岭组（卢衍豪、林焕令，1989）、贵州都匀松桃地区和贵州丹寨的杷榔组，与 *Megapalaeolenus* 同见于贵州余庆金顶山组，在贵州称为 *Megapalaeolenus - Arthricocephalus* 组合（卢衍豪等，1982a）。时代为沧浪铺期晚时。

④*Redlichia - Kunmingaspis* 组合带　该组合带的分子除 *Redlichia*，*Kunmingaspis* 外，尚有 *Probowmania* 和腕足类 *Billingsella* 等。上述三叶虫见于巢湖汤山、前湾，宿松龙山炮台山组。在宿松龙山剖面上，炮台山组除上述三叶虫分子外，还见有 *Chittidilla*，*Ptychoparia* 及软舌螺 *Hyolithes*，小壳化石 *Circotheca* 等。时代为龙王庙期晚时。

⑤*Hypagnostus - Ptychagnostus - Fuchouia* 组合　这一组合含三叶虫 *Hypagnostus anhuiensis*，*H. hunanicus*，*H. lanceolatus*，*Peronopsis*，*Ptychagnostus sinicus*，*P. atavus*，*Triplagnostus chuhsiensis*，*Lejopyge*，*Goniagnostus*，*Diplagnosuts*，*Amphoton*，*Fuchouia oratolimba* 等。这些分子主要分布于滁州、青阳、贵池、石台等地的杨柳岗组。在贵池、石台一带，该组合还见有 *Proceratopyge*，*Eodrepanura*，*Paradamesops jimaensis* 等。上述除 *Proceratopyge*，*Eodrepanura*，*Paradamesops* 可上延到晚寒武世外，其他分子均限于中寒武世。

⑥*Distazeris* 带　仇洪安等（1985）称 *Paradistazeris* 带，彭善池（1987）认为 *Paradistazeris* 为 *Distazeris* 的同义名，故卢衍豪、林焕令（1989）将其改称为 *Distazeris* 带。*Distazeris* 带在贵池口天吴团山组中含三叶虫 *Distazeris huamiaoensis*，*Neoanomocarella brevis*. *N.* cf. *asiatica*，*Paradamesops latilimbata*，*P. lirellata*，*Bergeronites wannanensis*，*B. guichiensis*，*Paralioparella latilimbata*，*Agnostascus* cf. *gravis*，*Clavagnostus huamiaoensis* 等。*Distazeris* 在四川酉阳地区上寒武统下部大水井组与 *Blackwelderia* 共生。*Blackwelderia* 在安徽省过渡区见于贵池大岭、青阳青坑团山组，是分布比较普遍的一个属。*Distazeris* 带可与华北 *Blackwelderia* 带对比。时代为晚寒武世崮山期早时。

⑦*Metahypagnostus brachydolonus* 带　在贵池口天吴团山组中含三叶虫 *Metahypagnostus brachydolonus*，*M. koutianwuensis*，*Xestagnostus* cf. *legirupa*，*Tomagnostella guichiensis*，*Paradamesella desemospinosa*，*P. novemospinosa*，*Bergeronites bellus*，*Dorypygella* 等。*Metahy-*

表9-1 安徽省扬子地层区寒武纪—志留纪地层多重划分对比表

年代地层单位			生物地层单位	岩石地层单位：下扬子地层分区			岩石地层单位：江南地层分区
志留系	上统	玉龙寺阶 妙高阶 关底阶	*Ningguolepis fancunensis* 带		茅山组		唐家坞组
志留系	中统	秀山阶	*Latirostraspis chaohuensis* - *Kiangsuaspis guichiensis* 组合带		坟头组		康山组
志留系	下统	白沙阶	*Hunanodendrum typicum* 带		高家边组		河沥溪组
志留系	下统	石牛栏阶	*Pristiograptus cangshanensis* 带 *Demirastrites tringulatus* 带		高家边组		霞乡组
志留系	下统	龙马溪阶	*Pristiograptus leei* 带 *Pristiograptus cyphus* - *Pristiograptus atavus* 带 *Orthograptus vesiculosus* 带 *Akidograptus ascensus* 带或 *Parakidograptus acuminatus* 带 *Glyptograptus persculptus* 带或 *Glyptograptus gracilis* 带		高家边组		霞乡组
奥陶系	上统	五峰阶	*Diceratograptus mirus* 带 *Climacograptus leptothecalis* - *Climacograptus venustus* 带 *Dicellograptus szechuanensis* 带 *Pseudoclimacograptus anhuiensis* 带	五峰组			长坞组
奥陶系	上统	石口阶	*Nankinolithus nankinensis* 带	汤头组			黄泥岗组
奥陶系	中统	濉江阶	*Sinoceras chinense* 带	宝塔组			砚瓦山组
奥陶系	中统	胡乐阶	*Dicranograptus sinensis* - *Climacograptus bicornis* 带 *Dicranograptus nicholsoni diapason* - *Nemagraptus gracilis* 带 *Glossograptus hincksii* - *Glyptograptus teretiusculus* 带	庙坡组			胡乐组
奥陶系	下统	宁国阶	*Pterograptus elegans* - *Didymograptus murchisoni* 带 *Nicholsonograptus fasciculatus* 带 *Didymograptus ellesae* 带 *Glyptograptus austrodentatus* 带 *Cardiograptus amplus* 带 *Didymograptus abnormis* - *Azygograptus suecicus* 带 *Didymograptus deflexus* 带 *Euloma* - *Basilicus* - *Asaphopsis* - *Symphysurus* 组合	牯牛潭组 大湾组	牯牛潭组 东至组	里山阡组	胡乐组 宁国组
奥陶系	下统	宁国阶		红花园组		大坞阡组	宁国组
奥陶系	下统	新厂阶	*Adelograptus* - *Clonograptus tenellus callavei* 带 *Anisograptus* - *Clonograptus* 带 *Staurograptus dichotomus* 带	分乡组 上欧冲组	仑山组	大坞阡组	印渚埠组
寒武系	上统	凤山阶	*Wanwanaspis* 带 *Pseudocalvinella* 带 *Prosaukia* - *Saukiella* 组合带	琅琊山组	观音台组	青坑组	西阳山组
寒武系	上统	长山阶	*Kaolishania* - *Wannania* 带 *Pseudaphelaspis* - *Acrocephalaspina* 组合带 *Prochuangia granulosa* 带 *Glyptagnostus reticulatus* - *Parachuangia* 组合带	琅琊山组	观音台组	青坑组 团山组	西阳山组 华严寺组
寒武系	上统	崮山阶	*Chatiania* - *Liostracina* 带 *Metahypagnostus brachydolonus* 带 *Distazeris* 带	琅琊山组	观音台组	团山组	华严寺组
寒武系	中统	张夏阶 徐庄阶 毛庄阶	*Hypagnostus* - *Ptychagnostus* - *Fuchouia* 组合	杨柳岗组	炮台山组	杨柳岗组	杨柳岗组
寒武系	下统	龙王庙阶	*Redlichia* - *Kunmingaspis* 组合带	大陈岭组	炮台山组	大陈岭组	大陈岭组
寒武系	下统	沧浪铺阶	*Arthricocephalus* 带 *Paokannia* 带 *Hupeidiscus* - *Hunanocephalus* 组合带	黄柏岭组	幕府山组	黄柏岭组	荷塘组
寒武系	下统	筇竹寺阶		荷塘组	幕府山组	黄柏岭组	荷塘组
寒武系	下统	梅树村阶		皮园村组	灯影组	皮园村组	皮园村组

pagnostus 见于石台丁香、青阳青坑团山组、浙西华严寺组，为分布较广、层位稳定的一个属。时代为崮山期中时。

⑧*Chatiania* - *Liostracina* 带　在贵池口天吴团山组中含三叶虫 *Chatiania chatianensis*, *C. transversa*, *Bergeronites transversa*, *B. langyashanensis*, *Monkaspis qingyangensis*, *Rhyssometops* (*Rhyssometops*) *wannanensis*, *Liostracina krausi*, *L. qingyangensis*, *Pseudagnostus* cf. *mestus*, *Xestagnostus*, *Homagnosuts* 等。*Liostracina* 在萧县凤凰山与 *Blackwelderia* 共生；在淮北市相山位于 *Drepanura*? 之上；在萧县黑石块位于 *Drepanura* 之下，与 *Blackwelderia* 共生；在宿县曹村黄山位于 *Drepanura* 之上，与 *Blackwelderia* 共生；在宿县夹沟位于 *Derpanura* 之下和上、下 *Blackwelderia* 之间。在淮南洞山 *Liostracina* 分别与 *Blackwelderia* 和 *Drepanura* 共生。*Liostracina* 在华北及东北南部产于崮山阶上部，分布广泛，层位稳定。*Chatiania* - *Liostracina* 带为湘西凤凰—保靖一带上寒武统下部老茶田组的三叶虫带，其带分子与 *Glyptagnostus stolidotus* 共生(杨家騄，1978)。*G. stolidotus* 为浙西华严寺组的带化石，称为 *G. stolidotus* 带(卢衍豪、林焕令，1989)。*Drepanura*, *Bergeronites* 在安徽省下扬子地层分区分布比较广泛，见于青阳、贵池、石台等地团山组。*Bergeronites* 还见于滁州杨柳岗组顶部和琅玡山组底部。产上述三叶虫地层的年代可以互相对比。时代为崮山期晚时。

⑨*Glyptagnostus reticulatus* - *Parachuangia* 组合带　该组合带含三叶虫 *Glyptagnostus reticulatus*, *Pseudagnostus communis*, *Innitagnostus* cf. *innitenus*, *Stigmatoa anhuiensis*, *Eugonocare distincta*, *E. huadongensis*, *Shengia quadrata*, *S. brevispina*, *S. wannanensis*, *Parachuangia wulingensis*, *P. convexa*, *Proceratopyge latilimbata*, *P. fenghwangensis*, *Paraacidaspis* 等。*Glyptagnostus reticulatus* 见于皖南团山组顶部、青坑组底部，浙西华严寺组，为层位稳定，特征明显的带化石。时代为中寒武世长山期早时。

⑩*Prochuangia granulosa* 带　该带见于青坑组，含三叶虫 *Pseudagnostus idalis*, *P. communis*, *Homagnostus longiformis*, *Innitagnostus inexpectans*, *Stigmatoa armata*, *Yunlingia jingxianensis*, *Dunderbergia anhuiensis*, *Pterocephalops ocellata*, *Prismenaspis granulata*, *Shengia quadrata*, *S. convexa*, *S. wannanensis*, *Prochuangia granulosa*, *Loganopeltoides anhuiensis*, *Paraacidaspis hunanica*, *Proceratopyge fenghwangensis* 等。该带在横向上比较稳定，在石台丁香一带，于 *Prochuangia* 上下层均见有 *Chuangia*，故 *Prochuangia granulosa* 带与两淮地区 *Chuangia* 带相当。时代为长山期中早时。

⑪*Pseudaphelaspis* - *Acrocephalaspina* 组合带　该组合带见于青坑组，含三叶虫 *Pseudaphelaspis breviformis*, *P. elongata*, *P. intermedia*, *Chuangiella*, *Acrocephalaspina elongata*, *Pseudacrocephalaspina angustata*, *P. quadrata*, *P. divergens*, *Proceratopyge* cf. *fenghwangensis*, *Paraacidaspis jingxianensis*, *Onchonotellus*, *Pseudagnostus pseudangustilobus*, *Neoagnostus* 等。*Pseudaphelaspis* 见于泾县北贡、石台丁香等地青坑组。滁州琅玡山组中部(原琅玡山组中上部)该带发育，为三叶虫的富集层位，含 *Pseudaphelaspis transversus*, *Langyashania*, *Yuepingia*, *Paramaladioidella subconica*, *Prochuangia*, *Aphelaspis*, *Pseudagnostus* 等。该带可与华北 *Changshania* 带对比。时代为长山期中时。

⑫*Kaolishania* - *Wannania* 带　该带见于青坑组，含三叶虫 *Rhaptagnostus*, *Neoagnostus laevigatus*, *N. quadratus*, *Beigongia bigranulata*, *Zhuangliella zhuangliensis*, *Z. transvelsa*, *Z. intermedia*, *Psiloyuepingia tangcunensis*, *P. parva*, *Kaolishania wannanensis*, *Wannania latilimbata*, *W. brevispina*, *W. lirata*, *Chencunia chencunensis*, *Paraacidaspis* 等。该带以富

产 *Wannania* 为特征。*Chencunia chencunensis* 产于浙西西阳山组下部 *Lotagnostus punctatus* 带。该带与华北长山阶 *Kaolishania* 带、浙西 *Lotagnostus punctatus* 带相当。时代为长山期晚时。

⑬*Prosaukia - Saukiella* 组合带　该组合带见于青坑组，含三叶虫 *Trisulcagnostus obsoletus*，*Pseudagnostus*，*Neoagnostus*，*Rhaptagnostus*，*Prosaukia diversa*，*Saukia jingxianensis*，*Saukiella diversa*，*Tangjiaella bilira*，*Parakoldinioidia*，*Jingxiania beigongliensis*，*J. tangcunensis*，*Psiloyuepingia intermedia*，*Palaeoharpes* 等。以富产 *Prosaukia*，*Saukiella* 为特征。*Prosaukia* 在淮北地区见于 *Ptychaspis - Tsinania* 带中。该带可与 *Ptychaspis - Tsinania* 带对比。时代为晚寒武世凤山期早时。

⑭*Pseudocalvinella* 带　该带见于青坑组，含三叶虫 *Trisulcagnostus anhuiensis*，*Rhaptagnostus anhuiensis*，*Geragnostus* (*Micragnostus*)，*Anhuiaspis qingyangensis*，*A. longa*，*Tangjiaella bilira*，*Saukia jingxianensis*，*Pseudocalvinella spinosa*，*Changia*，*Jingxiania beigongliensis*，*J. tangcunensis*，*Parakoldinioidia*，*Psiloyuepingia intermedia*，*Palaeoharpes*，*Metaacidaspis beigongensis* 等。该带与华北地区凤山阶中部 *Quadraticephalus - Dictyella* 带相当。时代为凤山期中时。

⑮*Wanwanaspis* 带　该带见于青坑组，含三叶虫 *Wanwanaspis wannanensis*，*Anhuiaspis jingxianensis*，*Anderssonella*，*Parakoldinioidia*，*Koldinioidia pustulosa*，*Chencunia tripleura*，*Psiloyuepingia intermedia* 等。*Anderssonella* 在淮北地区产于晚寒武世炒米店组上部 *Mictosaukia - Coreanocephalus* 带中，该两带层位大致相当。时代为凤山期晚时。

⑯*Euloma - Basilicus - Asaphopsis - Symphysurus* 组合　该组合位于皖南印渚埠组上部，含有 *Symphysurus*，*Asaphopsis*，*Basilicus*，*Euloma*，*Cyclopyge*，*Niobella*，*Asaphus*，*Shumardia*，*Eoisotelus* (?)，*Geragnostus*，*Novakella*，*Basiliella* 等三叶虫。时代为早奥陶世宁国期早时。

⑰*Nankinolithus nankinensis* 带　该带位于下扬子地层分区的汤头组和江南地层分区的黄泥岗组。其组合分子为 *N. nankinensis*，*N. wanyuanensis*，*Geragnostus*，*Corrugatagnostus*，*Hammatocnemis* 等。该带为我国晚奥陶世石口期分布广泛的一个三叶虫带。

2. 笔石

①*Staurograptus dichotomus* 带　该带代表早奥陶世早期（胡乐地区西阳山组上部）地层，以 *Staurograptus* 的繁盛为特征，其代表分子除带分子外，还有 *Staurograptus tenuis*，*S.* cf. *apertus* 及少量的反称笔石 *Anisograptus minutus* 和网格笔石。时代为早奥陶世新厂期早时。

②*Anisograptus - Clonograptus* 带　该带十字笔石已完全消失，大量出现反称笔石和枝笔石，除带分子外，还有 *Anisograptus asiaticus*，*A. asiaticus ningguoensis*，*A. matanensis tetragraptoides*，*Clonograptus minimus*，*C. taishanensis* 及少量 *Adelograptus* cf. *asiaticus*，*Dictyonema wannanense* 等。该带在胡乐地区分布于西阳山组顶部。时代为新厂期中时。

③*Adelograptus - Clonograptus tenellus calavei* 带　该带除具华南地区营漂浮生活的反称笔石科分子外，还出现扬子地区及华北地区营固着生活的树形笔石科分子，显示过渡特征。其分子有 *Adelograptus* cf. *asiaticus*，*Clonograptus minimus*，共生的有三叶虫 *Asaphopsis*，*Cyclopyge* 等。该带为新厂期晚时重要笔石带，一般分布在印渚埠组底部。滁州分乡组的页岩中，见有刺笔石科的 *Acanthograptus erectoramosus*，树形笔石科的 *Dictyonema*。*Acanthograptus erectoramosus* 为鄂西分乡组 *A. sinensis* 带的重要分子。时代为新厂期晚时。

④*Didymograptus deflexus* 带　该带可分为上、下亚带。

下为 *Didymograptus vacillans* 亚带，该亚带分布于皖南的宁国组底部，层位稳定，并以 *Didymograptus*，*Tetragraptus* 的大量出现为特征，次有 *Dichograptus*，*Loganograptus*，*Pseudotrigonograptus*，*Schizograptus* 等分子。

上为 *Didymograptus eobifidus* 亚带，分布广泛，代表分子有 *Didymograptus*，*Phyllograptus*，并与大量的三叶虫、腕足类共生，常出现于宁国组下部、大湾组下部。时代为宁国期早时。

⑤*Didymograptus abnormis* - *Azygograptus suecicus* 带　该带普遍见于皖南宁国组中部和皖中大湾组上部，主要分子为 *Didymograpus*，*Tetragraptus*，*Phyllograptus*，*Azygograptus* 及个别的 *Holmograptus*，*Pseudotrigonograptus*，*Isograptus* 的分子。在芜湖-石台地层小区的东至组，则被丰富的头足类、三叶虫、腕足类所代替。时代为宁国期早中时。

⑥*Cardiograptus amplus* 带　该带以 *Didymograptus* 和 *Tetragraptus* 为主，次为 *Glyptograptus*，*Holmograptus*，*Pseudotrigonograptus*，*Dichograptus*。并以 *Cardiograptus* 类开始出现，*Azygograptus* 消失和 *Glyptograptus* 分子略有增加为特征。主要分布于江南地层分区的宁国组中上部，下扬子地层分区则被壳相地层大湾组上部灰岩的腕足类等所代替。时代为宁国期中早时。

⑦*Glyptograptus austrodentatus* 带　该带以大量的双列有轴笔石为特征，共生的笔石有 *Didymograptus*（平伸式为主），*Loganograptus*，*Tylograptus*，*Holmograptus*，*Isograptus* 等。江南地层分区主要分布在宁国组上部，扬子地层分区则被壳相牯牛潭组的头足类代替。时代为宁国期中时。

⑧*Didymograptus ellesae* 带　该带分布于胡乐组下部，以平伸式对笔石为主，少量下斜对笔石，其次为双列有轴笔石及隐轴笔石，还出现一些新生的分子。时代为宁国期中晚时。

⑨*Nicholsonograptus fasciculatus* 带　该带分布于胡乐组偏下部，共生的笔石有 *Nicholsonograptus*，*Didymograptus*，*Glyptograptus*，*Climacograptus*，*Glossograptus* 等，还见有少量的 *Sinograptus*，*Tylograptus*，*Holmograptus* 分子，*Climacograptus*，*Amplexograptus* 数量增加。时代为宁国期晚中时。

⑩*Pterograptus elegans* - *Didymograptus murchisoni* 带　该带分布于胡乐组中下部，以 *Didymograptus* 为主，*Pterograptus* 分子开始出现，*Phyllograptus* 繁盛，*Tetragraptus* 已进入衰亡阶段。时代为宁国期晚时。

⑪*Glossograptus hinchsii* - *Glyptograptus teretiusculus* 带　该带分布于胡乐组中部硅质页岩内，除带分子外，还有 *Glossograptus minor*，*Glyptograptus euglyphus*，*Didymograptus sagitticulis*，*D. huloensis*，以叉笔石 *Dicellograptus sextans exilis* 和少量 *Gymnograptus*，*Orthograptus* 的出现为特征。时代为中奥陶世胡乐期早时。

⑫*Dicranograptus nicholsoni diapason* - *Nemagraptus gracilis* 带　该带分布于胡乐组中上部，以 *Dicranograptus*，*Dicellograptus*，*Nemagraptus* 为主，*Glyptograptus*，*Pseudoclimacograptus* 次之，*Glossograptus*，*Orthograptus*，*Retiograptus* 仅见个别分子，*Didymograptus* 完全消失。时代为胡乐期中时。

⑬*Dicranograptus sinensis* - *Climacograptus bicornis* 带　该带分布于胡乐组上部，除带分子外，还有 *Pseudoclimacograptus*，*Glyptograptus* 及三叶虫、头足类和介形虫等化石伴生。时代为胡乐期晚时。

⑭*Pseudoclimacograptus anhuiensis* 带　该带分布于长坞组下部，笔石包括 *Pseudocli-*

macograptus，*Amplexograptus*，*Climacograptus*，*Dicellograptus*，*Orthograptus*，*Glyptograptus* 等，其中以 *Pseudoclimacograptus*，*Climacograptus* 最为丰富，*Dicellograptus* 出现较少。时代为晚奥陶世五峰期早时。

⑮*Dicellograptus szechuanensis* 带　该带笔石在江南地层分区长坞组和下扬子地层分区五峰组均很丰富，尤以长坞组中下部最为丰富。其中以 *Dicellograptus*，*Climacograptus*，*Orthograptus* 最为繁盛，*Amplexograptus*，*Glyptograptus*，*Paraplegmatograptus*，*Paraorthograptus*，*Leptograptus* 次之，*Diplograptus*，*Pararetiograptus*，*Phormograptus* 仅存个别分子。*Pseudoclimacograptus* 消失。时代为五峰期早中时。

⑯*Climacograptus leptothecalis*－*Climacograptus venustus* 带　该带的笔石为 *Climacograptus*，*Paraorthograptus*，*Orthograptus*，*Dicellograptus*，*Tangyagraptus*，*Diplograptus*，*Glyptograptus*，*Yinograptus* 等，见于长坞组中上部。其中以 *Paraorthograptus*，*Climacograptus* 最为丰富，*Tangyagraptus* 和 *Yinograptus* 为新出现的分子。时代为五峰期中早时。

⑰*Diceratograptus mirus* 带　该带笔石为 *Paraorthograptus*，*Orthograptus*，*Diceratograptus*，*Climacograptus*，*Amplexograptus*，*Glyptograptus*，*Diplograptus* 等，见于长坞组上部。该带笔石属种不多，以 *Diceratograptus* 出现为特征，未发现 *Dicellograptus*。*Climacograptus*，*Orthograptus* 显著减少。时代为五峰期中晚时。

⑱*Glyptograptus persculptus* 带或 *Glyptograptus gracilis* 带　*G. persculptus* 在江南地层分区普遍存在，大量富集于宁国霞乡和黟县社屋岭剖面霞乡组底部。除带分子外，常伴生有 *Climacograptus angustus*，*C. looi*，*C. minutus*，*C. normalis*，*C. scalaris*，*Pseudoclimacograptus* cf. *hughesi*，*Glyptograptus lungmaensis*，*G. lunshanensis*，*G. tamariscus*，*G. kaochiapienensis*，*G. tangshanensis*，*Diplograptus modestus*，*Akidograptus* cf. *priscus* 等。*Glyptograptus gracilis* 带分布于滁州一带，是宁镇、滁州地区早志留世最低层位的笔石带。与宁国、黟县等地霞乡组底部分布的 *G. persculptus* 带层位相当。时代为早志留世龙马溪期早时。

⑲*Akidograptus ascensus* 带或 *Parakidograptus acuminatus* 带　该带广布于宁国河沥溪、宁国霞乡、广德塘辛、青阳张村徐、石台张家潭、泾县外马村、马安寺等地霞乡组、高家边组底部，区域上稳定。*Parakidograptus acuminatus* 带是下扬子地层分区高家边组普遍采用的一个带，也见于皖南地区，其特征分子为 *Climacograptus bicaudatus*，*Orthograptus lonchoformis*，*Akidograptus ascensus*，*Parakidograptus acuminatus* 等。时代为龙马溪期早时。

⑳*Orthograptus vesiculosus* 带　该带见于宁国河沥溪、石台张家潭、贵池梅街、青阳张村徐、和县三道坝口、滁州三元支等地的霞乡组、高家边组下部，其特征分子有 *Orthograptus vesiculosus*，*O. vesiculosus penna*，*Climacograptus angustus*，*C. medius*，*Glyptograptus kaochiapienensis*，*G. lungmaensis*，*G. tamariscus*，*Diplograptus modestus*，并新出现了 *Climacograptus longifilis*，*C. nankingensis*，*Bulmanograptus confertus nankingensis*。时代为龙马溪期早时。

㉑*Pristiograptus cyphus*－*Pristiograptus atavus* 带　该带出现于霞乡组、高家边组下部，分布范围同 *Orthograptus vesiculosus* 带。*Pristiograptus cyphus* 仅见于贵池山边桂、泾县外马村，而 *Pristiograptus atavus* 见于宁国河沥溪、广德塘辛和青阳张村徐等地，且层位稳定。其中 *P. atavus* 带在石台张家潭剖面上，可上延至 *Pristiograptus leei* 带，*P.* cf. *atavus* 在无为沿山可上延至 *Demirastrites triangulatus* 带内。时代为龙马溪期早时。

㉒*Pristiograptus leei* 带　为省内扬子地层区分布广泛的一个带，见于霞乡组、高家边组下部，以单笔石科属的大量出现，两形笔石科属种的数量增多为特点。其主要分子为 *Pristiograp-*

tus leei, *P. gregarius*, *P. acinaces*, *P. atavus*, *P. concinnus*, *P. kueichihensis*, *P. incommodus*, *P.* cf. *regularis*, *Monoclimacis curvata*, *M. lunata*, *M. malaka*, *M. temuissima*, *M.* cf. *yanshanensis*。双笔石类以 *Climacograptus angustus*, *C. medius*, *C. minutus*, *C. miserabilis*, *Glyptograptus kaochiapienensis*, *G. lungmaensis* 等为主，*Diplograptus* 类明显减少。*Pristiograptus gregarius* 分子在无为方家坝子可延续到 *Demirastrites triangulatus* 带。时代为龙马溪期早时。

㉓*Demirastrites triangulatus* 带　该带在和县、含山、无为、泾县等地高家边组中部分布稳定。在石台张家潭霞乡组以大量出现 *Monoclimacis crenularis* 分子为特征，上部见 *D.* cf. *triangulatus* 与其共生。皖中和过渡带共生分子有 *Monoclimacis*, *Demirastrites*, *Cephalograptus*, *Glyptograptus*, *Pristiograptus* 等属。皖中区还大量出现 *Climacograptus*, *Orthograptus*, *Monograptus*, *Rastrites* 等属。其中 *Rastrites longispinus* 分子在无为沿山和石台张家潭与 *Demirastrites triangulatus* 共生。时代为石牛栏期早时。

㉔*Pristiograptus cangshanensis* 带　*P. cangshanensis* 仅分布于含山县仓山一带高家边组。伴生的有 *Monoclimacis gracilis* 及腹足类、珊瑚、层孔虫、腕足类、海百合茎、三叶虫等。时代为早志留世石牛栏期。

㉕*Hunanodendrum typicum* 带　*H. typicum* 首次发现于巢湖市旗山，之后在无为县鸡毛燕等地高家边组亦相继发现，伴生的有双壳类等化石。时代为早志留世白沙期。

3. 头足类

①*Ellesmeroceras* - *Proterocameroceras* 组合带　该组合带代表早奥陶世中晚期的一些地层。*Ellesmeroceras* 见于皖中巢湖观音台组上段白云岩和滁州上欧冲组灰岩及沿江一带仑山组。芜湖一石台一带以 *Ellesmeroceras* 分子为主。尚有少量的 *Cameroceras*, *Hopeioceras*, *Cyclostomiceras* 及三叶虫、腕足类等。时代为早奥陶世新厂期。

②*Manchuroceras* - *Coreanoceras* 组合带　该组合带出现于红花园组。除 *Manchuroceras* 带分子外，伴生的有鹦鹉螺 *Hopeioceras* cf. *subtriformatum*。*Coreanoceras* 在皖中滁州、庐江、无为一带，芜湖、石台一带红花园组中分布稳定，其常有 *Hopeioceras*, *Oderoceras*, *Belemnoceras*, *Endoceras* 等分子伴生。时代为早奥陶世宁国期早时。

③*Chisiloceras* - *Protocycloceras deprati* 组合带　该组合带除带分子外，还包括 *Protocycloceroides*, *Cochlioceras*, *Sinocochlioceras*, *Chisiloceras*, *Dideroceras*, *Michelinoceras*, *Ancistroceras* 等分子。其中 *Protocycloceras* 和 *Chisiloceras* 最为丰富并常共生。该组合带在省内和县至宿松一带大湾组中上部分布稳定，在芜湖至石台一带可从东至组上延至牯牛潭组。时代为宁国期中时。

④*Michelinoceras dobaosense* - *Ancistroceras densum* 组合带　该组合带除带分子外，还有 *Michelinoceras paraelongatum subcentrale*, *M. yangi*, *M. chaoi*, *Ancistroceras pseudoseptatum* 等。该组合带一般繁盛于牯牛潭组下部或东至组上部。*Michelinoceras* 属中少数分子可上延至宝塔组下部，具有明显的地方特色。时代为宁国期中晚时。

⑤*Protocycloceras shensiense* - *Chisiloceras marinelli* 组合带　该组合带出现于牯牛潭组中上部，除带分子外，还有 *Protocycloceroides ferticalus*, *Dideroceras mui*, *D. grabaui*, *Chisiloceras* 等。省内该组合带化石数量很少，但层位稳定，且相伴的 *Chisiloceras* 不仅在本区数量丰富，而且在整个扬子区也普遍存在。时代为宁国期晚中时。

⑥*Dideroceras wahlenbergi* - *Meitanoceras* 组合带　该组合带出现于牯牛潭组上部。以 *Dideroceras wahlenbergi* 分子大量出现为特色。代表分子有 *Dideroceras endocylindricum*,

D. peiyangense, *D. belemnitiforme*, *D. nyalamense*, *D. cylindricum*, *D. uniforme*, *D. endoseptum* 等。芜湖至石台一带还有 *Dideroceras* cf. *grabaui*, *D. giganteum*, *D. cylindricum* 等。其中珠角石类 *Meitanoceras* 稳定分布于和县至庐江一带牯牛潭组顶部。其代表分子有 *M. subglobosum rariseptum*，并与大量的 *Dideroceras*, *Ancistroceras* 共生。时代为宁国期晚时。

⑦*Lituites lii* 带　除带分子外，还有 *Lituites ningkiangense*, *L. hengshanense*, *L. rudum*, *L. wuweiense*，共生的有 *Cyclolituites anhuiense*。这个带在下扬子地区分布广泛，普遍见于宝塔组下部，层位稳定。*Cyclolituites anhuiense* 分布于和县、庐江、无为一带。时代为中奥陶世胡乐期。

⑧*Sinoceras chinense* 带　除带分子外，还有 *Sinoceras chaohuense*, *S. chinense* var. *kuangchiaoense*, *S. chinense* var. *eccentrica*, *S. susongense* 等，省内见于下扬子地层分区宝塔组上部。江南地层分区砚瓦山组，少数分子可下延到胡乐组。区域上广泛分布。时代为中奥陶世滁江期。

4. 鱼类

①*Latirostraspis chaohuensis* - *Kiangsuaspis guichiensis* 组合带　该带见于坟头组，皖中区以 *Latirostraspis chaohuensis* 为代表，过渡区以 *Kiangsuaspis guichiensis* 为代表。巢湖市下朱村，除出现鱼类化石 *Latirostraspis chaohuensis*, *Sinacanthus* sp. 外，共生的还有板足鲎类 Eurypterid 及腕足类 *Lingula* sp.。其上有腹足类 *Planitrochus*, *Loxonema* sp. 等；再上见有三叶虫 *Kailia*, *Coronocephalus* sp. 及腕足类 *Striispirifer*, *Nalivkinia* 等。在巢湖市狮子口剖面其相当层位中获鱼类 *Neoasiacanthus wanzhongensis*, *N. shizikouensis* 及腕足类 *Lingula*。巢湖市旗山剖面发现的 *Latirostraspis* 层位与下朱村剖面的层位相当。

过渡带以贵池铁岭铺剖面为代表，除鱼类化石 *Kiangsuaspis guichiensis*, *Drepanacanthus curvatus* 外，共生的还有三叶虫 *Coronocephalus*，腕足类 *Striispirifer*，双壳类 *Orthonota perlata* 及腹足类等。可建 *Coronocephalus rex* - *Striispirifer hsiehi* - *Orthonota perlata* 组合。

据潘江(1980)对巢湖市下朱村坟头组上部鱼类化石的研究，认为 *Latirostraspis chaohuensis* 多鳃类鱼与湖北武昌的 *Hanyangaspis guodingshanensis* 较为相似，应属早泥盆世。但其共生的三叶虫和其它无脊椎动物化石时代偏老，故本书仍将其时代归于中志留世。

②*Ningguolepis fancunensis* 带　带化石见于宁国畈村、广德木人岕及浙江安吉栾家坞等地唐家坞组，在宁国畈村与 *Sinacanthus fancunensis* 共生。在西部黄山龙门相当层位中仅发现 Antiarchi (胴甲鱼类)，皖中茅山组底部发现多鳃类，宣城新河庄相当层位中发现 Climatiidae (栅棘鱼类)。时代为晚志留世。

5. 腕足类

①*Lissatrypa* - *Zygospiraella* 组合　该组合见于皖中高家边组中部黄绿色页岩内，目前发现 5 个属。时代为早志留世中期。

②*Aegiria* - *Atrypa* 组合　该组合在皖南出现有以 *Aegiria* 为代表的 11 个属；过渡地带以 *Aegiria* 为代表的 4 个属，皖中仅见 *Lingula*。皖南河沥溪组内有 *Aegiria*, *Brachyprion*, *Coelospira*, *Leptostrophia*, *Resserella*, *Morinorhynchus*, *Nucleospira*, *Strophochonetes* 等。时代为早志留世晚期。

③*Striispirifer hsiehi* 带　该带出现的腕足类化石占省内志留纪化石总属种的 60%左右，以 *Striispirifer hsiehi*, *Howellella* cf. *shiqianensis*, *Eospirifer* 等属种为代表。时代为中志留世。

第三节　寒武纪区域地层格架

（一）岩相古地理特征

安徽省南部寒武纪地层横跨台地、斜坡、盆地等不同相区。早寒武世梅树村期、筇竹寺期中国南方处于张裂阶段，泛大陆解体，南大陆分离成扬子板块、华夏板块。海底扩张的结果，海平面迅速升高，沉积了大面积的黑色页岩和碳质页岩（所谓缺氧事件）。中晚寒武世，长期缓慢的热沉降使得海域缩小，碳酸盐向海盆进积，形成扬子碳酸盐大台地。安徽南部处于扬子板块北侧，盆地演化一脉相承，但表现形式具浓厚的地区色彩，早期的拉张作用造成滁河、沿江、江南等同沉积断裂复活，下扬子海产生阶梯式断陷，形成巢宁孤立台地，下扬子边缘海及江南海盆。热沉降作用造就了碳酸盐缓坡及陡坡。寒武纪巢宁台地南缘演化可划分以下四个阶段（图 9－1）：①孤立台地的陡峭边缘；②碳酸盐缓坡边缘；③镶边碳酸盐滩相的坡地边缘；④沉积边缘。

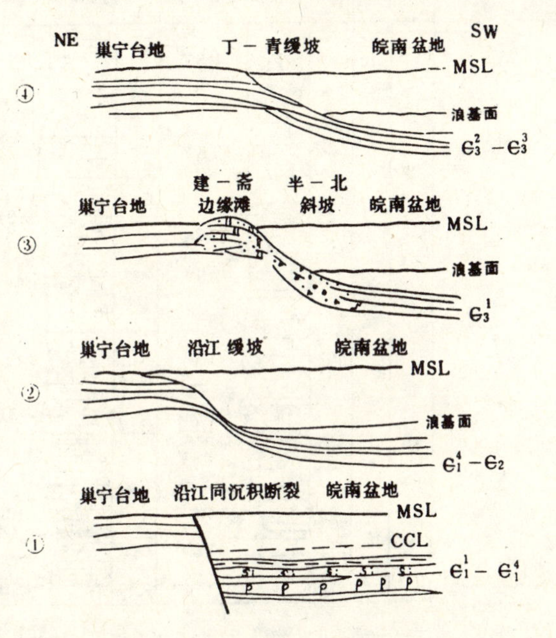

图 9－1　巢宁碳酸盐台地南缘演化图

CCL. 碳酸盐补偿界面；MSL. 平均海平面；丁-青缓坡：丁香-青阳缓坡；建-斋边缘滩：建新-斋岭边缘滩；半-北斜坡：半汤-北贡斜坡

1. 孤立台地的陡峭边缘

寒武纪早期，受拉张作用影响，巢宁台地南缘产生了沿江同沉积断裂，形成孤立台地，下降盘沉积了薄层硅质岩、碳质页岩、泥岩等黑色岩系。梅树村期、筇竹寺期薄层硅质岩中，普遍含一磷结核、石煤层，反映了最大海泛期的凝缩沉积。沿江同沉积断裂控制的南部区域，始终处于碳酸盐补偿深度之下。仅在筇竹寺期、沧浪铺期个别地方曾达到 CCL 面（碳酸盐补偿界面）附近，形成薄层呈凸镜状尖灭微晶灰岩。

2. 碳酸盐缓坡边缘

龙王庙期、毛庄期、徐庄期、张夏期，沿江同沉积断裂活动停止，沿台地边缘迅速营建碳酸盐，形成初始缓坡，由开阔台地相的泥、微晶灰岩组成。该阶段，台地边缘逐渐变陡（龙王庙期），不稳定的边缘仍然向盆地提供了碳酸盐岩碎屑，故在江南沉积区的大陈岭组出现了各种类型的细屑浊积岩。

3. 镶边碳酸盐滩相的坡地边缘

崮山期，沿巢宁台地边缘出现进积型台缘滩、礁相。其边缘东至半边街形成崩塌碎石堆、并沿斜坡向深水区出现各种类型的重力流。

4. 沉积边缘

长山期、凤山期，巢宁碳酸盐台地仍然向南扩展，这一现象的产生与寒武纪的海平面升降密切相关，从滩相迁移分析，原先那种高于台地边缘的台缘滩，由跌积向沉积边缘转化，即由开阔台地向缓坡及盆地过渡，沉积钙质页岩及豆夹状灰岩、条带状灰岩。

（二）层序地层划分

安徽南部寒武纪地层可划分为A、B、C、D、E五个层序(图9-2)。

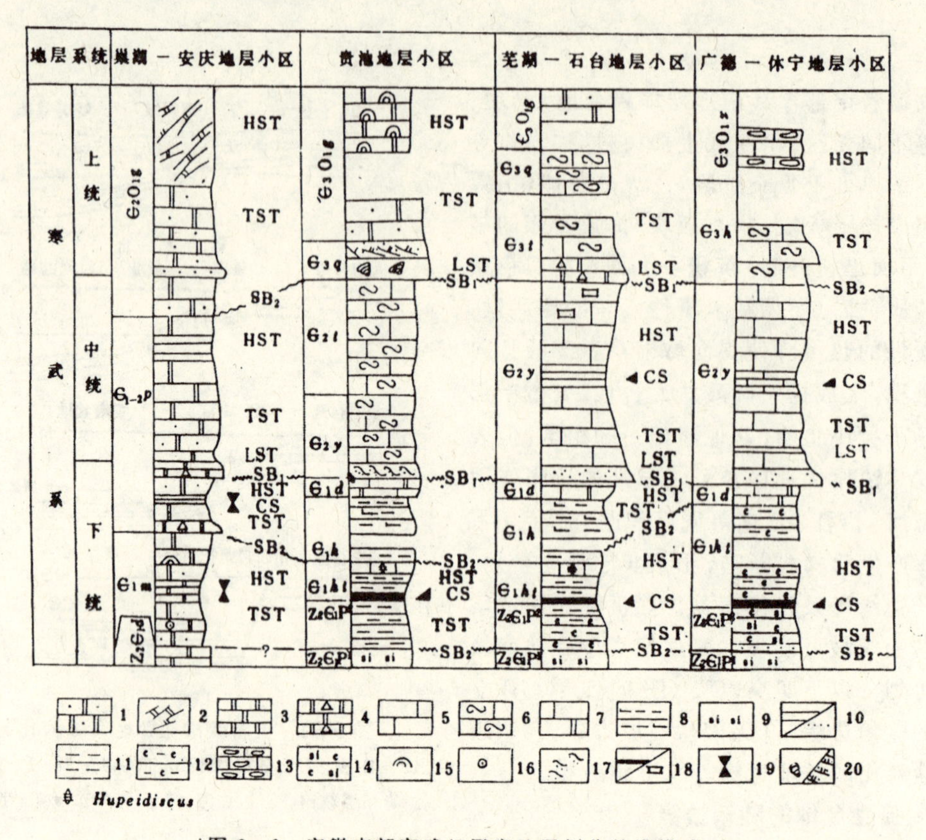

图9-2 安徽南部寒武纪层序地层划分单维模式

1. 砂屑白云岩；2. 蜂窝状白云岩；3. 泥晶白云岩；4. 砾岩；5. 微晶灰岩；6. 条带状灰岩；7. 白云质灰岩；8. 钙质页岩；9. 硅质岩；10. 泥岩/砂岩；11. 粘土岩；12. 碳质页岩；13. 扁豆状灰岩；14. 碳硅质岩；15. 叠层石；16. 鲕粒；17. 滑塌构造；18. 石煤层/枕状灰岩；19. 地层结构转换面；20. 叠层石砾石/前积层；LST. 低水位体系域；TST. 海侵体系域；HST. 高水位体系域；CS. 凝缩段；SB_1. Ⅰ型不整合面；SB_2. Ⅱ型不整合面；$Z_2\in_1p$. 皮园村组；$Z_2\in_1d$. 灯影组；$\in_1m$. 幕府山组；$\in_{1-2}p$. 炮台山组；$\in_1ht$. 荷塘组；$\in_1h$. 黄柏岭组；$\in_1d$. 大陈岭组；$\in_2y$. 杨柳岗组；$\in_{2-3}t$. 团山组；$\in_3h$. 华严寺组；$\in_3q$. 青坑组；$\in_2O_1g$ ($\in_3O_1g$). 观音台组；$\in_3O_1x$. 西阳山组

1. A层序

相当于皮园村组上段，江南地层分区内薄层硅质岩之底为砂屑硅质岩，其砂屑由硅质岩构成，磨圆度好，为盆地内碎屑，属二次搬运沉积。因此，薄层硅质岩与厚层硅质岩间是海侵与层序界面的重合面。砂屑硅质岩为海侵体系域产物，硅质岩夹碳质页岩为加积型结构组成的凝缩段，碳硅质页岩夹深灰色泥质微晶灰岩对应于高水位期沉积。向北至巢湖台地区，这一层序可对应于灯影组上部。

2. B层序

相当于荷塘组中、下部。

海侵体系域

该层序顶、底均为Ⅱ型不整合，台地及盆地内海侵面与不整合面重合，由于过渡带受沿江同沉积断裂控制，斜坡不发育，陆架边缘体系域未见及。巢湖台地海侵体系域由幕府山组下部逆粒序的砂屑、鲕粒白云岩构成，其底部与灯影组白云岩间见一薄的冲刷海侵滞留砾石层；海盆内由荷塘组下部沉积一套碳、硅质页岩组合，含串珠状含磷硅质结核，大小一般为5 cm×6 cm 左右，由胶磷矿与蛋白石构成同心圈结构，属上升洋流产物①，其下部在休宁蓝田可见石英砂岩与薄—中层硅质岩接触，为一海侵面。

凝缩段

台地区，由幕府山组中部的泥晶白云岩构成地层结构转换层；海盆中由荷塘组中下部高碳质泥岩、硅质页岩夹碳质页岩及石煤层组成，含豆状磷结核，图9-3为B沉积层序横向对比图，省内江南地层分区的南侧含磷碳硅质页岩下超于层序界面之上；向北，凝缩段逐渐抬升，出现海侵体系域增厚现象。这一现象说明，在深水盆地内，层序界面、海侵体系域与凝缩段可重合。最近安徽区调所在青阳平园一带发现多层火山岩（熔岩、凝灰质页岩等），通过观察发现，这一事件层与凝缩段大致相当，也可作为划分凝缩段标志。

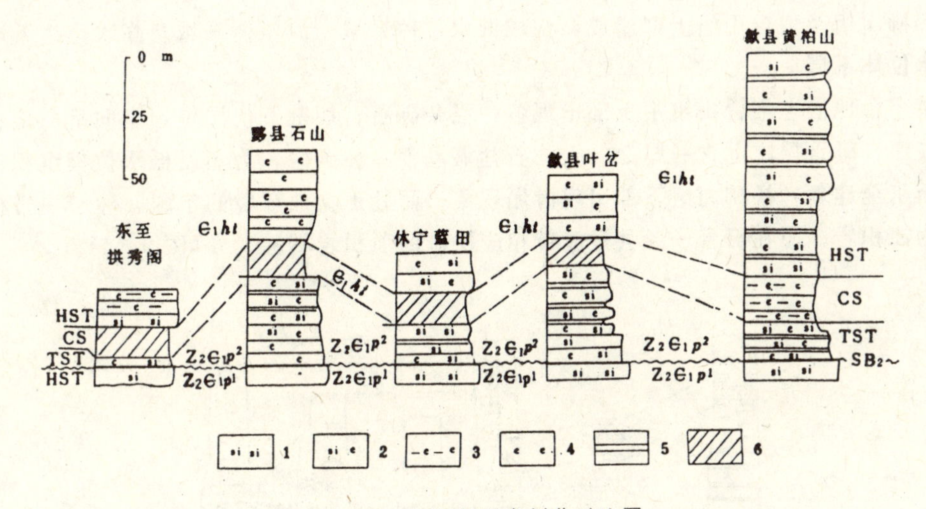

图9-3 B沉积层序划分对比图

1. 硅质岩；2. 碳硅质岩；3. 含碳质页岩；4. 碳质页岩；5. 硅质页岩；6. 石煤层；

TST. 海侵体系域；CS. 凝缩段；HST. 高水位体系域；$Z_2\in_1 p^1$. 皮园村组下段；

$Z_2\in_1 p^2$. 皮园村组上段；$\in_1 ht$. 荷塘组

高水位体系域

台地内形成幕府山组上部高水位的砂屑白云岩、泥晶白云岩及叠层石白云岩潮坪序列，见数厘米大小的淡水方解石充填空洞及喀斯特砾石；盆内荷塘组中部出现早期高水位硅质页岩、碳硅质页岩，产海绵骨针；晚期高水位体系域出现泥质微晶白云质灰岩、灰岩，由北向南厚度逐渐减薄至尖灭，产盘虫 *Hupeidiscus*。

3. C 层序

始于荷塘组上部产 *Hupeidiscus* 灰岩沉积之后，顶以大陈岭组泥屑微晶白云岩结束为界。由于沿江同沉积断裂影响，陆架边缘体系域不发育，由海侵体系域、高水位体系域构成。

海侵体系域

台地内由炮台山组下部白云质角砾岩、砂质白云岩、中厚层白云岩、含铁质白云岩构成；

① 安徽区调队，1991，安徽省寒武纪岩相古地理及含矿性研究（未刊稿）。

盆地区由黄柏岭组黄绿色钙质页岩，荷塘组上部黑色碳质页岩、含硅碳质泥岩组成。

凝缩段

盆地区由荷塘组近顶部黑色碳硅质页岩局部夹灰岩凸镜体构成，是碎屑岩向碳酸盐岩沉积的过渡层，富产硅质海绵骨针；在青阳、泾县一带为黄绿、灰绿、蓝灰色钙质页岩，富产三叶虫 *Redlichia*，*Cheiruroides*；台地内，由炮台山组中部薄层灰绿、灰黄色页岩构成地层结构转换层，产三叶虫 *Redlichia*，*Probowmania*，*Kunmingaspis* 及具蹼状构造的水平虫管。

高水位体系域

台地内由炮台山组中部鲕粒白云岩、砂屑白云岩、核形石白云岩及泥晶白云岩构成。此期，沿江断裂活动停止，沿巢宁台地出现初始斜坡，在东至建新发育泥晶白云质灰岩夹泥岩及条带状灰岩；在宁国、休宁、青阳、泾县一带由大陈岭组泥质灰岩、泥屑白云质灰岩组成，在泾县富产三叶虫 *Arthricocephalus*。

4. D 层序

由杨柳岗组及炮台山组上部组成，构成低水位体系域、海侵体系域及高水位体系域。

低水位体系域

在巢宁台地区，炮台山组中上部出现各种混杂砾石，切割下伏层位，走向呈凸镜状，总体显逆粒序，砾石层之上含一厚 20 cm 的石盐假晶泥晶白云岩，为蒸发低水位楔沉积；向盆地延伸至东至建新，杨柳岗组下部出现滑塌现象；而处于盆地环境的宁国、休宁一带杨柳岗组下部为浊积岩。而在石台—泾县过渡带相应层位的浊积岩不甚发育(图 9-4)。

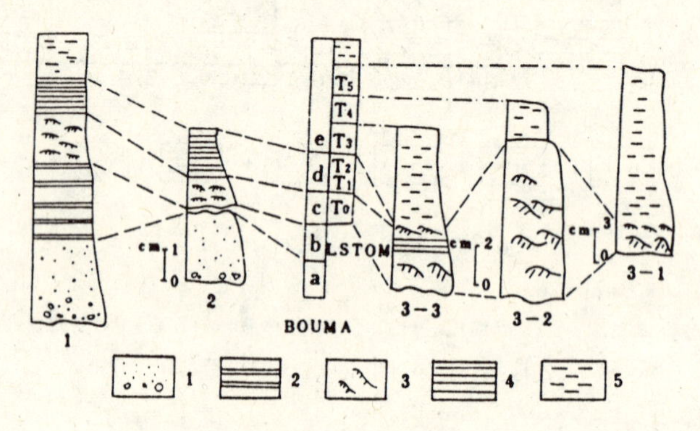

图 9-4 青阳县青坑杨柳岗组碳酸盐岩浊积岩沉积分类序列图

1. 正粒序层理；2. 平行层理；3. 沙纹层理；4. 水平层理；5. 断续水平层理；

a、b、c、d、e 为BOUMA分类；T_0～T_5 为 LSTOM 分类

海侵体系域

巢宁台地由炮台山组上部砂屑白云岩、粉屑白云岩构成；盆内由北而南由杨柳岗组条带状灰岩、粉砂质页岩、硅质页岩构成。

凝缩段

由杨柳岗组黑色硅质页岩组成，由南向北，凝缩段灰质成分增高，出现泥质灰岩、钙质页岩薄层，富产球接子。

高水位体系域

巢宁台地由炮台山组上部砂屑白云岩、泥晶白云岩下超于海侵体系域之上，具鸟眼构造；

盆地由杨柳岗组条带状灰岩、凸镜状灰岩组成。在斜坡上部的石台丁香出现条带状白云岩，它是台地大气淡水凸镜体向海盆延伸的结果，也是海平面下降至斜坡带的证据。

5. E层序

由观音台组、团山组、青坑组、华严寺组、西阳山组组成，构成低水位体系域、海侵体系域、高水位体系域。

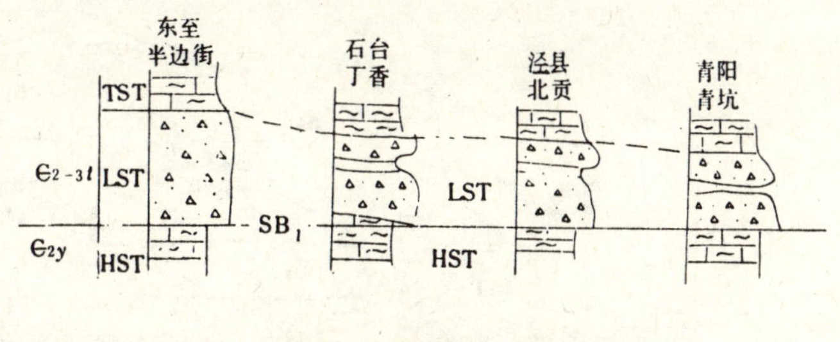

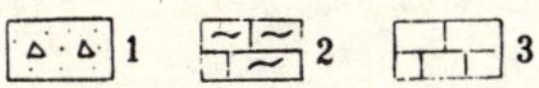

图 9-5　E层序低水位沉积横向对比图

1. 砾岩；2. 条带状灰岩；3. 微晶灰岩；LST. 低水位体系域；TST. 海侵体系域；HST. 高水位体系域；SB_1. Ⅰ型不整合面；$\in_2y$. 杨柳岗组；$\in_{2-3}t$. 团山组

低水位体系域

台地内，层序界线即为观音台组与炮台山组界线处，为低水位体系域沉积；台地边缘的东至建新一带团山组具强烈的大气水淋滤、胶结和混合水白云岩化，说明大气淡水凸镜体可延伸到斜坡带。在斜坡带前缘团山组底部，沟槽系统发育，出现大量岩崩和低水位碎屑流（重力流体）（图 9-5）。岩崩，由一些大小悬殊较大的砾石构成，杂乱堆积，无分选及粒序性，最大砾石达数米；碎屑流，见有来自斜坡本身的板条状砾屑灰岩和多边形砾屑占优势的异地（台地）砾石，侵蚀作用不强的地区见滑移体系的滑动构造。东至半边街还见十几公分厚的颗粒流，由细砾屑—砂屑灰岩组成，不显任何层理，颗粒支撑，亮晶胶结。

海侵体系域及高水位体系域

巢宁台地观音台组下段细砾岩、砂屑白云岩、泥晶白云岩、叠层石白云岩组成海侵体系域沉积；台地边缘（东至建新）则由冲洗层理发育的砂屑白云岩、生物碎屑白云岩构成；江南地层分区华严寺组、西阳山组中尚难区分海侵体系域与高水位体系域界线。

高水位体系域

台地上由观音台组中、上段白云岩构成。中段岩石普遍受后期硅化，方解石及重结晶作用明显，岩石表面具蜂窝状，可能系原来的石膏盐岩被后期硅质、方解石替代所致；台地边缘由叠层石白云岩、砂屑白云岩、生物屑白云岩构成。

（三）地层格架

安徽南部下扬子海盆寒武纪岩石地层格架，其内部堆积规律（岩石地层单位特征）前文已述及，不再赘述。除此，尚有以下特征（图 9-6）：

（1）岩石地层单位的形态不一，多呈不规则状、楔状体、棱柱状、层状或似层状。其中荷塘组、黄柏岭组为层状或似层状，大陈岭组、杨柳岗组、团山组、青坑组呈不规则楔形指向巢宁台地；台地区岩石地层以层状、似层状为主；华严寺组、西阳山组呈棱柱状。

（2）早寒武世同沉积断裂活动，盆地内的沉积厚度可达500余米，在沿江断裂附近形成急剧变化的厚度梯度带；中晚寒武世在斜坡带上部（包括台缘滩），形成了较厚的高水位体系域沉积。

（3）岩石地层格架中最明显的标志即是岩石地层单位的穿时，如：杨柳岗组、团山组，青坑组，反映了安徽下扬子海寒武纪的海平面总体处于下降趋势，海水向南退却。

（4）通过层序地层的研究，证明大陈岭组由北向南逐渐变薄（泾县一带厚达40余米），至江南地层分区，仅为数米厚的碳硅质页岩夹灰岩凸镜体。

（5）由层序分析建立的下扬子海平面变化规律如图 9-7 所示。

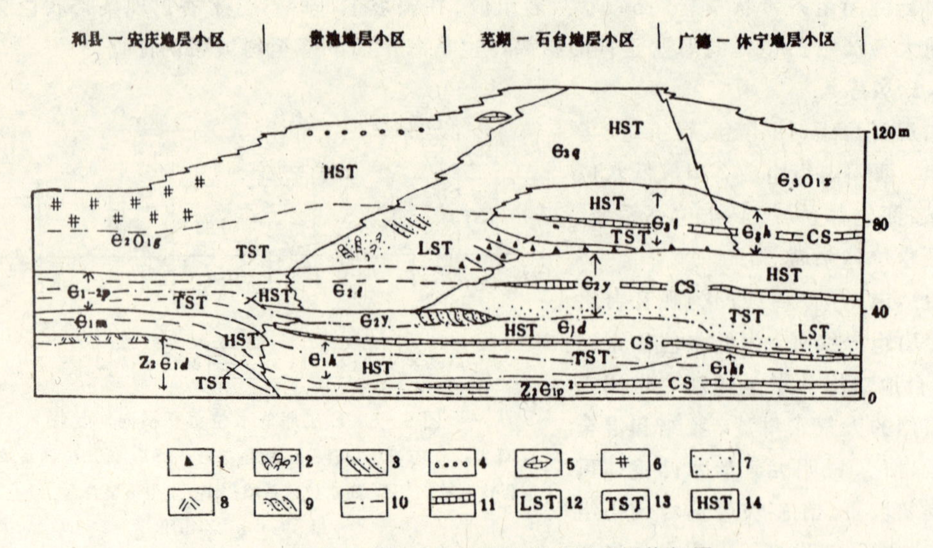

图 9-6 安徽省下扬子地区寒武纪岩石地层格架图

1. 垮塌砾屑；2. 叠层石礁；3. 前积层；4. 球形叠层石；5. 淡水灰岩凸镜体；6. 喀斯特孔洞；7. 浊积岩；8. 帐篷构造；9. 滑塌构造；10. 层序界面；11. 凝缩段；12. 低水位体系域；13. 海侵体系域；14. 高水位体系域；$Z_2\in_1p^2$. 皮园村组上段碳硅质岩；$Z_2\in_1d$. 灯影组白云岩；$\in_1ht$. 荷塘组碳质页岩；$\in_1h$. 黄柏岭组页岩；$\in_1d$. 大陈岭组白云质灰岩；$\in_2y$. 杨柳岗组灰岩；$\in_1m$. 幕府山组白云岩；$\in_{1-2}p$. 炮台山组白云岩；$\in_2O_1g$. 观音台组白云岩；$\in_{2(3)}t$. 团山组条带灰岩；$\in_3q$. 青坑组灰岩；$\in_3h$. 华严寺组条带灰岩；$\in_3O_1x$. 西阳山组豆夹状灰岩

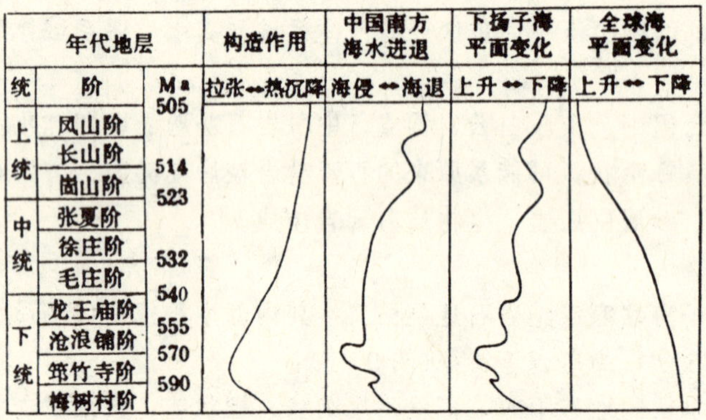

年代地层			构造作用	中国南方海水进退	下扬子海平面变化	全球海平面变化
统	阶	Ma	拉张↔热沉降	海侵↔海退	上升↔下降	上升↔下降
上统	凤山阶	505				
	长山阶	514				
	崮山阶	523				
中统	张夏阶					
	徐庄阶	532				
	毛庄阶	540				
下统	龙王庙阶	555				
	沧浪铺阶	570				
	筇竹寺阶	590				
	梅树村阶					

图 9-7 寒武纪下扬子海盆海平面升降与全球海平面变化对比图

第十章
泥盆纪—三叠纪

安徽省内扬子地层区的泥盆纪至三叠纪地层比较发育(参见图5-1,表1-2)。区内除早、中泥盆世未接受沉积外，其他时期均有沉积。晚泥盆世至早石炭世沉积仅分布于下扬子地层分区，前者为碎屑岩，后者为碳酸盐岩夹碎屑岩沉积。晚石炭世至早、中三叠世为碳酸盐岩夹含煤碎屑岩和硅质岩，沉积范围扩大，下扬子地层分区和江南地层分区均有分布。晚三叠世为含煤碎屑岩沉积。

第一节　岩石地层单位

五通组　D_3C_1w　(06-34-5001)

【创名及原始定义】　原称五通山石英岩，丁文江(1919b)创名于浙江省长兴县煤山镇五通山。指“为一厚度相当大的红色的石英岩系，具有砂质页岩和杂色砂岩，厚度不小于500公尺，时代定为泥盆纪（?）。”

【沿革】　由于丁文江和叶良辅编的1:100万地质图中，将五通山误写为乌桐山，故五通系、乌桐系、五通石英岩、乌桐石英岩名称长期并用，且以乌桐系、乌桐石英岩名称出现为多。乌桐系一名由朱森、刘祖彝(1931)引入我省贵池一带。乌桐石英岩由李捷、李毓尧(1931)引入青阳、太平;孟宪民、张更(1931)引入铜陵、南陵一带。其后乌桐石英岩一名曾用于和县、含山(刘祖彝,1933),宁国(黄汲清,1938)、宣城(边兆祥,1940)、宣城、泾县(刘之远,1948b)一带泥盆石炭纪地层。安徽区调队(1965a、b)称五通群,其后称五通组,并将其分为下段、上段(安徽地矿局,1987;安徽区调队,1989c)。本书采用五通组(创名省用五通群)。

【现在定义】　五通群划分为西湖组和珠藏坞组，为一套海陆交互相的沉积。时代为晚泥盆世—早石炭世早期。与下伏唐家坞组呈平行不整合接触或与上奥陶统长坞组呈不整合接触、与上覆叶家塘组或藕塘底组呈平行不整合接触。

【层型】　正层型位于浙江省长兴县。省内次层型为巢湖市狮子口剖面(34-5001-4-1;31°38′,117°50′),安徽区调队(1983)测制。

【地质特征及区域变化】　省内称五通群为五通组，分上、下段。下段(相当于江苏的观山组或浙江的西湖组)以灰白、褐黄色厚层石英砂岩为主，夹少许页岩，底部广布石英砾岩，产植物化石。岩石总体为砂、砾岩结构，砾石成熟度高。具羽状、槽状交错层理。泥质夹层中产海相双壳类，见“U”形管遗迹。粒度由下而上变细。厚 70～170 m。下段沉积总体显示海水加深的过程，属滨岸砂坝、潮间砂坝、潮下浅水沉积。时代为晚泥盆世佘田桥期。

上段(相当于江苏的擂鼓台组或浙江的珠藏坞组)以富产植物及孢粉的杂色(灰绿、灰黄、灰紫、灰黑、灰白)砂质页岩、泥岩、粉砂岩为特征,夹中厚层细砂岩,局部夹劣质煤与赤铁矿薄层。厚 15～103 m,东北厚,西南薄。砂岩中见波痕、楔状交错层理,生物遗迹发育,铁质成分较高,高岭石(粘土岩)和碳质泥岩时有出现。区内该段除厚度有变化外，岩性等特征稳定。产浓厚泥盆石炭纪色彩的植物与无脊椎动物化石。古植物以石松类占优势，楔叶、蕨类也相当繁盛。下部称 *Leptophloeum rhombicum* - *Cyclostigma kiltorkense* 组合。中上部为 *Sublepidodendron mirabile* - *Lepidodendropsis hirmeri* 组合。孢粉下部为 *Retispora lepidophyta* var. *minor* - *Apiculiretusispora hunanensis* 组合，上部为 *Dibotisporites distinctus* - *Auroraspora macra* - *Schopfites claviger* 组合,后者具浓厚的石炭纪色彩。中上部上粘土层中产腕足类 *Yanguania pingtanensis* - *Ptychomarotoechia kinlingensis* 组合及腹足类、介形类。该段中、中上部还产有叶肢介及鱼类。上段的地质时代为锡矿山期至岩关早期。

该组与下伏地层茅山组(巢湖、铜陵地区)或唐家坞组(皖南地区)为平行不整合接触,与上覆地层金陵组(巢湖、含山、贵池一带)、王胡村组(宣州地区)分别为平行不整合和整合接触。往西至江西彭泽地区时代限于晚泥盆世。五通组在其分布范围内地质时限有早有晚，是一个穿时的岩石地层单位（图 10-1)。

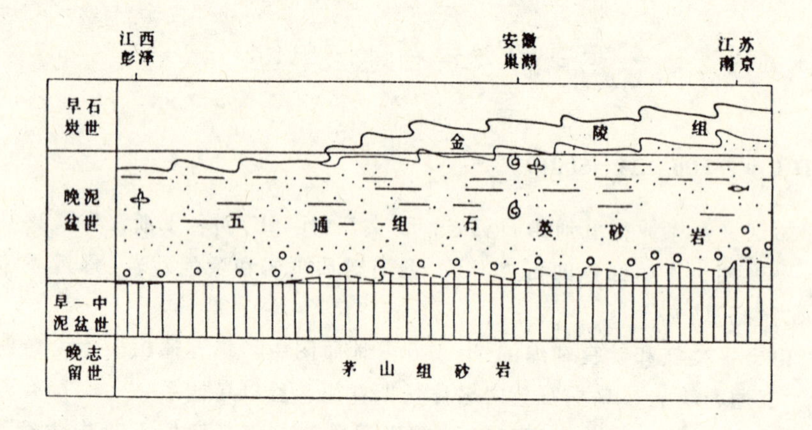

图 10-1　五通组石英砂岩穿时示意图

金陵组　C_1j　(06-34-6003)

【创名及原始定义】　原名金陵石灰岩，李四光、朱森（1930）创名于江苏省南京附近龙潭镇观山。指位于黄龙石灰岩之下、乌桐石英岩之上的两层页岩中的一层灰岩，该层灰岩为深灰蓝色，质地致密，中厚层，产丰富的海百合茎及珊瑚，上部灰岩含腕足类等。时代为早石炭世早期。

【沿革】　金陵石灰岩由朱森(1930)引入我省和县、含山一带。其后由朱森、刘祖彝(1931)对贵池,李毓尧(1931)对青阳、太平,孟宪民、张更(1931)对铜陵、南陵,刘祖彝(1933)对含山、和县做过工作,均称金陵灰岩。安徽区调队(1965a)称金陵组，沿用至今。本书采用金陵组。

【现在定义】 灰黑色厚层细晶灰岩，含腕足类、珊瑚等化石，底部与擂鼓台组猪肝色页岩为界，顶部与高骊山组青灰色页岩为界，均为整合接触。

【层型】 正层型在江苏省南京市。省内次层型为巢湖市凤凰山剖面(34－6003－4－1;30°37′,117°49′),安徽区调队(1983)测制。

【地质特征及区域变化】 省内该组灰黑色中厚层生屑微晶灰岩，与下伏五通组上段（相当于擂鼓台组）顶部钙质铁质砂岩和上覆高骊山组含铁杂色页岩、泥岩均呈平行不整合接触。具水平和波状层理，为开阔台地相沉积。各处岩性稳定，厚度变化为4～10 m之间。富产广海型生物及珊瑚 *Pseudouralinia*，时代为早石炭世岩关期。

王胡村组 C_1w (06－34－6004)

【创名及原始定义】 由南京大学地质系(1961)创名于宣州市水东镇王胡村，指"含腕足类 *Eochoristites neipentaiensis*，*Ptychomarotoechia kinlingensis* 以往称高骊山组的砂岩(或砂灰岩)"。

【沿革】 该组曾称金陵组(朱绍隆等,1975;安徽地层表编写组,1978;安徽地矿局,1987;安徽区调队,1989c)。陈华成等(1979)沿用王胡村组。本书采用王胡村组。

【现在定义】 为紫、黄灰色纸片状页岩,灰白、黄灰色石英砂岩、细砂岩,产腕足类 *Eochoristites neipentaiensis* 等化石。底与五通组以细粒石英砂岩结束、白云母砂质页岩出现为界,顶与高骊山组以页岩夹泥质砂岩结束、细砂岩出现为界，均呈整合接触。

【层型】 正层型为宣州市水东镇王胡村剖面(30°44′,118°56′)，安徽区调队（1974a）重测。

上覆地层：高骊山组　灰黄色细砂岩

——————— 整　合 ———————

王胡村组	总厚度 41.90 m
5. 紫色纸片状页岩夹薄层泥质砂岩。产少量腕足类化石 *Camarotoechia kinlingensis* 及海百合茎	8.00 m
4. 灰白色中粒石英砂岩，内含褐色铁质斑点，胶结物为泥质，胶结松散，风化后呈黄色，内产少量的海百合茎及大量的腕足类化石：*Camarotoechia kinlingensis*，*Rhipidomella michelini*，*Productus kinlingensis*，*Eochoristites neipentaiensis*	5.79 m
3. 黄灰色细砂岩及纸片状黄灰色页岩	6.70 m
2. 紫、黄灰色粘土页岩间夹细砂岩，顶部为黄色薄层砂质页岩，砂岩内含泥质较多	13.49 m
1. 白云母砂质页岩，以长石为主，次为石英，含大量白云母	7.92 m

——————— 整　合 ———————

下伏地层：五通组上段　黄灰色细粒石英砂岩

【地质特征及区域变化】 该组分布于广德-贵池地层小区，为灰、灰黑、棕黄、黄绿、灰白色细砂岩、粉砂质页岩,局部夹砂灰岩、泥灰岩、碳质页岩与薄煤层。产腕足类 *Camarotoechia kinlingensis*，*Eochoristites neipentaiensis* 及珊瑚等化石。具冲洗层理，水平、凸镜状层理，槽状层理。为潮坪—潮下浅水沉积。厚度变化大，厚5.4～28 m，有西厚东薄之势。西部夹灰岩，东部为碎屑岩。与下伏五通组为整合接触，与上覆高骊山组为整合或平行不整合(黄山地区)

接触。时代为早石炭世岩关期。

高骊山组 C_1g (06-34-6005)

【创名及原始定义】 原名高骊山砂岩，朱森(1929)创名于江苏省句容县高骊山南坡。原始定义：金陵灰岩之上即高骊山砂岩呈不整一观。所含岩层为黄灰紫及灰绿色诸色页岩、砂质页岩，中夹矽质灰岩，含下石炭纪植物化石，厚度约五十公尺。时代为早石炭世晚期。

【沿革】 朱森(1929)，朱森、刘祖彝(1930)，刘祖彝(1933)，边兆祥(1940)先后称和县、含山、贵池、宣州一带金陵灰岩与和州灰岩之间的碎屑岩为高骊山系。杨敬之、盛金章(1959)称高骊山段。安徽区调队(1965a)称高骊山组，沿用至今。本书采用高骊山组。

【现在定义】 为黄绿、灰紫红色杂色页岩、泥岩、粉砂岩夹细粒长石石英砂岩、石英砂岩及底部赤铁矿层，含植物化石。底部与金陵组灰黑色灰岩分界，上与和州组土黄色含砂白云质泥灰岩分界，均为整合接触。

【层型】 正层型在江苏省句容县。省内次层型为巢湖市王家村剖面(34-6005-4-1；31°31′,117°46′)，安徽区调队(1983)测制。

【地质特征及区域变化】 省内该组为灰紫、灰绿、紫红色页岩、泥岩，灰黑色含碳质页岩，粉砂岩夹细粒石英砂岩，夹微晶灰岩凸镜体和钙质泥岩，局部夹劣质煤与赤铁矿，厚6～32 m，具水平、波状层理，凸镜状层理，脉状层理，板状、槽状交错层理。生物扰动强烈，见水平、倾斜、直立虫孔，为潮坪—海湾相沉积。该组在区内变化不大，厚度由北而南逐渐增大，砂质成分增高，钙质成分减少。在巢湖市北郊见凸镜状灰岩与钙结核。产植物 *Cardiopteridium spetsbergense*, *Lopinopteris intercalata*；珊瑚 *Kueichouphyllum*, *Heterocaninia tholusitabulata* 及腕足类、双壳类、苔藓类等多门类化石。与下伏金陵组(巢湖地区)呈平行不整合接触，与王胡村组呈平行不整合(黄山地区)或整合(宣州地区)接触；与上覆和州组(巢湖凤凰山)或老虎洞组(泾县孤峰金村、大坑，宣州巧坑等地)呈平行不整合接触。时代为早石炭世大塘期早时。

和州组 C_1h (06-34-6006)

【创名及原始定义】 原名和州灰岩，朱森(1929b)创名于和县香泉赤儿山。原指“不纯灰岩成薄层状及黄色灰岩层，含 *Productus giganteus* Martin 及 *Dibunophyllum* 等”。

【沿革】 朱森(1929b)、刘祖彝(1933)、边兆祥(1940)称和县、含山、宣州一带高骊山砂岩和黄龙灰岩之间的地层为和州灰岩。杨敬之、盛金章(1962)称和州段。安徽区调队(1965a)称和州组，沿用至今。本书采用和州组。

【现在定义】 指平行不整合于高骊山组之上，平行不整合于黄龙组灰岩或整合于老虎洞组白云岩(巢湖王家村)之下的灰、深灰、灰黄色不纯灰岩、致密灰岩、泥质灰岩夹钙质泥岩，产䗴、珊瑚、腕足类等化石。底与高骊山组以细粒石英砂岩消失、含生物碎屑含白云质灰岩出现为界；顶与黄龙组以浅灰色含生物碎屑灰岩消失、灰或灰微显红色含生物碎屑致密灰岩出现为界，与老虎洞组以白云岩出现为界。

【层型】 正层型剖面位于和县香泉镇西北约5 km的赤儿山东南坡(31°50′,118°14′)，刘祖彝(1933)重测；次层型为巢湖市凤凰山剖面(31°37′,117°49′)，安徽区调队(1983)测制。和县香泉镇赤儿山剖面如下：

上覆地层：**黄龙组**　灰岩

——————— 平行不整合 ———————

和州组　总厚度 12.00 m

6. 黑色不纯灰岩夹薄层页岩　2.00 m
5. 黄色不纯灰岩　2.00 m
4. 暗黑色及灰黑色灰岩，夹不纯灰岩薄层，无化石　1.00 m
3. 灰色不纯灰岩，含珊瑚化石　2.00 m
2. 暗黑色及灰黑色灰岩，夹不纯灰岩薄层　2.00 m
1. 黄色及黄灰色灰质页岩及黑色不纯灰岩。页岩中产化石 *Gigantoproductus giganteus* 及 *Dibunophyllum* 等。(未见底)　3.00 m

巢湖市凤凰山剖面

上覆地层：**黄龙组**　灰或灰微显红色中薄层含生物碎屑致密灰岩。产䗴 *Profusulinella timanica*，*Eofusulina* cf. *triangula*，*Ozawainella angulata*；珊瑚 *Chaetetes multitabulatus* 及腕足类、腹足类

——————— 平行不整合 ———————

和州组　总厚度 25.34 m

25. 浅灰色中—中厚层局部中薄层含生物碎屑灰岩。产䗴 *Eostaffella* sp.，*E. proikensis*，*Pseudoendothyra* sp.；珊瑚 *Aulina* sp.，*A. carinata*，*A. carinata chui*，*Lophophyllum* sp.，*Dibunophyllum* sp.，*Palaeosmilia* sp.，*Corwenia*? sp.，*Lithostrotion mccoyanum*，cf. *Diphyphyllum* sp.，*Chaetetes* sp.；腕足类 *Gigantoproductus* sp.，*Chonetes* sp.，*Echinoconchus* sp.　3.94 m
24. 深灰色薄—中薄层含粉砂质白云质灰岩　0.25 m
23. 灰黄色薄层微粒状灰岩夹灰绿色钙质泥岩　0.79 m
22. 深灰绿色含粉砂质泥岩　0.27 m
21. 浅紫灰色巨厚层状含泥质灰岩。产䗴 *Eostaffella* sp.；珊瑚 *Arachnolasma* sp.　5.89 m
20. 棕灰色薄层粗结晶灰岩　0.21 m
19. 灰绿、灰黄绿色含钙泥质结核泥岩　0.37 m
18. 灰黄色薄层含泥铁质粗晶灰岩　1.78 m
17. 灰色中薄层致密灰岩。产䗴 *Eostaffella* sp.，*E. hohsienica*，*E.* cf. *ovoidea*；珊瑚 *Aulina carcer*，*Chaetetes* sp.　1.13 m
16. 黄灰色薄—中薄层含泥质灰质白云岩　0.65 m
15. 灰、灰绿色钙质泥岩夹灰绿色含泥质灰岩凸镜体　0.57 m
14. 灰、深灰色中薄层含泥质白云质灰岩　0.79 m
13. 灰色中—中厚层致密灰岩。产䗴 *Eostaffella* sp.，*E. hohsienica*，*E. ikensis tenebrosa*，*E.* cf. *ovoidea*；珊瑚 *Yuanophyllum* sp.，*Lithostrotion* sp.，*Ekvasophyllum* sp.，*Chaetetes* sp.；腕足类 *Plicochonetes* sp.　2.58 m
12. 灰色钙质泥岩　0.86 m
11. 灰、深灰色中薄—中厚层致密灰岩。产䗴 *Eostaffella* sp.，*E. hohsienica*，*E. ovoidea*，*E. designata*，*E.* cf. *endothyroidea*，；珊瑚 *Yuanophyllum* sp.，*Arachnolasma* sp.　3.28 m
10. 灰色钙质泥岩　0.40 m
9. 深灰色薄—中薄层含生物碎屑含白云质灰岩。产䗴 *Eostaffella* sp.，*E. hohsienica*，*E.* cf. *endothyroidea*，*E. ovoidea*；珊瑚 *Arachnolasma* sp.，*Lithostrotion* sp.，*Tetraporinus* sp.，*Ekvasophyllum* sp.；腕足类 *Chonetes* sp.，*Echinoconchus* sp.　1.58 m

———————— 平行不整合 ————————

下伏地层：**高骊山组　灰白色薄层细粒石英砂岩**

【地质特征及区域变化】　该组分布于江北巢湖、庐江地区与怀宁龙王山。为深灰、灰黄色中—薄层生屑微晶灰岩、泥灰岩、泥质白云岩夹少量泥岩与粉砂岩，厚 3 m。具水平层理、波状层理，为开阔台地间夹潮坪相沉积。区内岩性稳定，由北而南碎屑成分增加，厚度变薄。富产䗴 *Eostaffella hohsienica*，珊瑚 *Yuanophyllum* 及腕足类等化石。与下伏高骊山组，上覆黄龙组均呈平行不整合接触。在巢湖王家村、仙人洞一带与上覆老虎洞组为整合接触。时代为早石炭世大塘期。

老虎洞组　$C_{1-2}l$　(06-34-6007)

【创名及原始定义】　原名老虎洞白云岩，夏邦栋(1959)创名于江苏省江宁县淳化老虎洞。原始定义：原黄龙灰岩下部一层白云岩，应划分出来称老虎洞白云岩，岩性为灰、浅灰或暗灰钙质白云岩、白云岩，具细粒状断口，表面具溶蚀沟。与上覆粗晶灰岩之间有一底砾岩，与下伏和州组的泥质灰岩相接，上、下之间均为平行不整合。时代为下石炭纪末或中石炭纪初。

【沿革】　老虎洞白云岩由安徽区调队(1983)引入巢湖一带，陈华成等(1989)改称为老虎洞组，沿用至今。本书采用老虎洞组。

【现在定义】　为一套褐灰、灰色巨厚层粉细晶白云岩，中、下部含燧石结核及条带，含珊瑚、䗴、牙形刺等化石。上与黄龙组底部含灰岩、白云岩残留岩块的巨晶灰岩分界，与下伏和州组顶部灰黄色、紫泥铁质细粉晶白云岩分界，皆为整合接触。

【层型】　正层型在江苏省江宁县。省内次层型为巢湖市仙人洞剖面(34-6007-4-1；31°26′,117°48′)，安徽区调队(1983)测制。

【地质特征及区域变化】　省内该组为浅、深灰色中—厚层粉晶、细晶白云岩夹含白云质生物屑灰岩及泥灰岩凸镜体。局部见燧石结核与条带。具波状层理，鸟眼构造，局部见石盐、石膏假晶，为泻湖—潮坪相沉积。区内岩性稳定，由北而南砂质增高，江南地区底部有一层砂砾岩。厚度变化大，厚 2～61 m，由北而南，由东向西厚度逐步增加。巢湖、庐江地区在早石炭世晚期首先沉积白云岩，随着时间推移沉积逐渐向南迁移，江宁大连山、小茨山是早、晚石炭世白云岩的叠加部位，再向南推移，白云岩全部形成于晚石炭世早期。由西北向东南随着时间的推移层位越来越新，具有明显的穿时性。产珊瑚 *Lithostrotion*；䗴 *Eostaffella*，*Pseudostaffella*，*Profusulinella*；牙形刺 *Gnathodus* 等。在巢湖王家村、仙人洞一带与下伏和州组整合接触，在巢湖凤凰山与上覆黄龙组呈平行不整合接触。时代为早石炭世晚期至晚石炭世早期。

黄龙组　C_2h　(06-34-6008)

【创名及原始定义】　原名黄龙石灰岩，李四光、朱森(1930)创名于江苏省南京龙潭镇西黄龙山。原始定义：根据岩性和化石特点从栖霞石灰岩(李希霍芬，1912)中分出，属中石炭纪。因为该石灰岩构成黄龙山的主体，风化后表面呈土黄色而得名。其岩性上部是带粉红色细粒结构的块状灰岩，底部是由带绿色的细粒致密灰岩组成，若干层位中产䗴 *Fusulinella bocki*，*Fusulina cylindrica*，*F. quasicylindrica*；腕足类 *Choristites mosquensis*，厚度 102 公尺，并认为黄龙石灰岩呈现典型的莫斯科阶有孔虫动物群，其层位相当于华北的本溪系。

【沿革】　黄龙石灰岩在创名的当年便由朱森(1930)引入安徽，一直沿用至 1956 年。杨敬之、盛金章(1962),朱绍隆等(1974,1975)曾称为黄龙群。安徽区调队(1965a、b)称黄龙组，沿用至今。本书称黄龙组。

【现在定义】 为一套灰、浅灰肉红色厚层微晶灰岩、生物屑灰岩，底部为粗晶灰岩，含灰质白云岩角砾、团块，含丰富的䗴、珊瑚、腕足类等化石。上与船山组灰色厚层灰岩，下与老虎洞组细晶白云岩分界，均为整合接触。

【层型】 新层型在江苏省南京市。省内次层型为巢湖市王家村剖面(34－6008－4－1;31°31′,117°46′),安徽区调队(1983)测制。

【地质特征及区域变化】 省内该组以灰岩为特征，岩性稳定，可分上下两部分。下部为泻湖相的灰、浅灰色厚层粗晶灰岩，具小型斜层理、交错层理、水平层理及鸟眼构造；上部为开阔台地相的浅灰、灰红色泥晶、微晶灰岩夹亮晶砂屑灰岩，具波状层理、交错层理及冲刷面。下部粗晶灰岩横向不稳定，有的缺失或为夹层，厚26～83 m，厚度变化大，规律性不强，大致为北薄南厚。富产䗴 *Fusulina*，*Fusulinella*，*Profusulinella*；珊瑚 *Lithostrotion*，*Lithostrotionella*；腕足类 *Choristites* 及腹足类、藻类等多门类化石。与下伏老虎洞组(巢湖王家村)或和州组(巢湖凤凰山)为平行不整合接触，与上覆船山组为平行不整合(巢湖、无为、宿松等地)或整合(铜陵、南陵、泾县、宣州等地)接触。时代为晚石炭世威宁期。

船山组 $C_2\hat{c}$ (06－34－6009)

【创名及原始定义】 原名船山石灰岩，丁文江(1919a)创名于江苏句容县赣船山。原始定义：灰岩中常含有孔虫。故有以有孔虫石灰岩名之。然含有孔虫之石灰岩并非专属此层。故余名之曰船山石灰岩。因李氏(李四光)捡得有孔虫 *Schwagerina* 后为之记。即在船山，而其上盖有二叠纪化石之煤系。船山石灰岩(L2)为上石炭纪。

【沿革】 船山石灰岩为朱森(1930)引入我省，沿用至1956年。杨敬之、盛金章(1962)、朱绍隆等(1974,1975)称船山群。安徽区调队(1965a、b)称船山组，沿用至今。

【现在定义】 以灰色厚层结晶含藻球构造灰岩、生物屑灰岩为特征，夹深灰色中、厚层、薄层状微晶灰岩及少量碳质页岩、钙质泥岩、石灰砾岩，含丰富䗴、珊瑚等化石的一套岩石。与下伏黄龙组、上覆栖霞组均呈平行不整合接触，在区域上可为整合接触。

【层型】 正层型在江苏省句容县。省内次层型为巢湖市王家村剖面(34－6009－4－1;31°31′,117°46′),安徽区调队(1983)测制。

【地质特征及区域变化】 省内该组下部为深灰色中厚层生物屑微晶灰岩；上部为灰色球状灰岩，具波状层理，爬行痕迹；顶部生物扰动发育。为近岸浅滩—开阔台地相沉积。区内岩性稳定，局部地区未见球状构造。厚度变化大，厚5～31 m，总的变化趋势是江北薄、江南厚。富产䗴类化石 *Triticites*，*Pseudoschwagerina* 及珊瑚等化石。与下伏黄龙组为平行不整合或整合接触(参见黄龙组)，与上覆栖霞组呈平行不整合接触。时代为晚石炭世马平期。

栖霞组 P_1q (06－34－7004)

【创名及原始定义】 原名栖霞灰岩，李希霍芬(1912)创名于江苏省南京东郊栖霞山。指南京栖霞山泥盆系五通砂岩与南京砂岩(即钟山层)之间一大套深灰—暗灰色夹燧石结核厚层灰岩、灰岩及泥灰岩等序列。产珊瑚、腕足类和海绵等化石。命名为栖霞灰岩(Hsihsia kalkstein)，定其时代为下石炭纪，南京砂岩为上石炭纪。

【沿革】 栖霞灰岩由孟宪民、张更(1931)引入安徽，边兆祥(1940)称栖霞层，盛金章

(1962)称栖霞组，沿用至今。本书采用栖霞组。

【现在定义】 指船山组与孤峰组之间一套碳酸盐岩和碎屑岩。自下而上：碎屑岩；臭灰岩；下硅质层；本部灰岩；上硅质层。含珊瑚、腕足类等。与下伏船山组灰岩呈平行不整合，与上覆孤峰组含锰或磷质结核页岩为整合接触。

【层型】 选层型在江苏省南京市。省内次层型为巢湖市平顶山剖面(34－7004－4－1；31°39′,117°48′),安徽区调队(1983)测制。

【地质特征及区域变化】 省内该组为开阔台地相碳酸盐岩沉积，由底部灰黑色碎屑岩夹煤线，下部灰黑色沥青质中厚层泥晶灰岩(臭灰岩)，中下部灰黑色薄层硅质岩，中部深灰色厚层含燧石结核微晶灰岩、生物碎屑灰岩，上部灰黑色中薄层硅质岩，顶部灰色灰岩六部分组成。和县、含山、巢湖、无为、泾县、安庆等地，凡有栖霞组出露的地区，均下与船山组呈平行不整合接触，上与孤峰组呈整合接触。厚170 m左右。产䗴 *Parafusulina multiseptata*，*Misellina claudiae*；珊瑚 *Chusenophyllum*，*Polythecalis chinensis* 及腕足类等。该组岩性稳定，六分较明显，厚度变化不大。时代为早二叠世早期。

孤峰组 P_1g (06－34－7005)

【创名及原始定义】 原名孤峰镇石灰岩，叶良辅、李捷(1924)创名于泾县孤峰镇。原指“黑色灰质页岩及硅质甚富之灰岩等，间于栖霞灰岩及龙潭煤系间，底部之灰质黑色页岩含化石极丰，其最著者为菊石及腕足类”。

【沿革】 孟宪民、张更(1931)将孤峰镇石灰岩二分，其上薄层硅质岩、硅质页岩归入宣泾煤系，其下灰岩、薄层硅质岩夹灰岩称栖霞灰岩。黄汲清(1932)、计荣森(1934)、边兆祥(1940)称孤峰层,将其置于栖霞灰岩与龙潭煤系之间。胡海涛(1951)称之为鸣山层,何炎、梁希洛(1964)称为茅口组。安徽区调队(1965a、b)称之为孤峰组，沿用至今。本书采用孤峰组。

【现在定义】 指整合于栖霞组与龙潭组之间的黑、灰黄色薄层硅质岩、硅质页岩、粉砂质泥岩、碳质页岩、锰质页岩地层，下部页岩含锰及磷结核。产菊石、腕足类、双壳类及放射虫等多门类化石。底与栖霞组以厚层灰岩消失，含锰页岩出现为界；顶与龙潭组以薄层硅质岩消失、页岩出现为界。

【层型】 命名时未明确正层型剖面，本书指定泾县孤峰镇胡家村剖面为选层型(30°50′,118°24′)，何炎、梁希洛（1964）测制。

上覆地层：**龙潭组** 黄灰色页岩，质松软

——————— 整 合 ———————

孤峰组	总厚度 23.10 m
6. 黑色薄层硅质页岩与碳质页岩，性脆，风化常沿节理形成四边形或三角形碎块	11.50 m
5. 黑色薄层燧石层夹黑色硅质页岩薄层，节理发育，节理面为黄褐色铁质物浸染	3.10 m
4. 灰色硅质页岩，风化为碎块。产腕足类 *Chonetes* sp.；双壳类 *Nucula*? sp.	0.90 m
3. 黄色页岩，具灰色含磷泥质结核，结核呈扁圆形约为3×1×0.5 (cm)左右，结核中心常溶去成为空洞。产双壳类 *Nucula* sp.，*Pterinopectenella*? sp.，*Euchondria* aff. *levicula*；菊石 *Altudoceras* sp.，*Paragastrioceras* sp.	2.30 m
2. 黄色页岩夹灰色硅质页岩及薄层燧石层	4.30 m
1. 棕黑色含锰页岩	1.00 m

——————— 整 合 ———————

下伏地层：**栖霞组**　深灰色厚层灰岩

【地质特征及区域变化】　该组为深灰、灰褐色薄层硅质岩、硅质页岩，局部夹钙质页岩、锰土层、含锰灰岩或灰岩凸镜体、磷结核等。具水平层理、微波状层理、韵律层理。产腕足类 *Urushtenia maceus*，*Neoplicatifera huangi* 及菊石等。区内岩性基本一致，厚度大多为 25 m 左右，最薄仅 10 m(无为白牡山)，最厚为 107 m(南陵丫山)。锰富集时，可形成小型锰矿。与下伏栖霞组和上覆龙潭组均为整合接触。在铜陵丁山俞、宿松坐山与上覆武穴组为整合接触。时代为早二叠世晚期。

龙潭组　$P_{1-2}l$　(06-34-7007)

【创名及原始定义】　原名龙潭煤系，丁文江(1919a)创名于江苏省南京东郊龙潭镇。原始定义：见于龙潭，为南京诸山中唯一已开采的煤矿，故用龙潭之名称这一含煤地层龙潭煤系，时代为二叠纪。惟其下为上石炭纪船山灰岩，其上为二叠或三叠纪张牯岭灰岩而已。

【沿革】　朱森、刘祖彝(1930)首次将贵池一带孤峰层与青龙灰岩之间的地层，称之为龙潭煤系。其后，黄汲清(1932)、计荣森(1934)、边兆祥(1940)、胡海涛(1951)先后称贵池、广德、宣州、泾县、皖南一带含煤碎屑岩为龙潭煤系。盛金章(1962)将其限定在孤峰组与大隆组或长兴组之间，称龙潭组。安徽地矿局(1987)、安徽区调队(1989d)将龙潭组下部的深灰、灰黑色页岩、砂质页岩、铝土质页岩夹细砂岩、石英细砂岩、钙质砂岩及碳质页岩的地层划出，命名为银屏组。本书采用龙潭组，并将银屏组的岩性归入龙潭组下部。

【现在定义】　指孤峰组与大隆组或长兴组之间一套含煤地层。下部为灰黄、黄绿色砂岩、页岩互层；中部为灰黄色、深灰色中至粗粒中厚层长石石英砂岩、粉砂岩、页岩夹煤层，含植物化石；上部以黑色页岩为主夹灰岩及细砂岩，富含腕足类等化石。下与孤峰组以含双壳类浅灰色页岩为界；上以大隆组紫灰色页岩出现为界，均为整合接触关系。

【层型】　选层型在江苏省江宁县。省内次层型为巢湖市平顶山剖面(34-7007-4-1；31°39′,117°48′)，安徽区调队(1983)测制。

【地质特征及区域变化】　省内该组为前三角洲、三角洲前缘、三角洲平原和沼泽相沉积。下部以黑色页岩为主，富含黄铁矿结核，时含劣质煤，具毫米级纹层及微波状层理，产小型的双壳类、腕足类、植物等化石；中部为灰黄、灰黑色粉砂质页岩夹含铁质泥灰岩凸镜体与长石石英砂岩组成的韵律，具板状交错层理、水平层理；中上部为绿灰色砂质页岩与砂岩、粉砂岩组成韵律，泥岩具水平层理，砂岩具平行层理、波状层理、凸镜状层理、交错层理，产植物化石；上部黑色碳质页岩为主，夹砂岩和煤层，碳质页岩中含黄铁矿颗粒，所产海相的双壳类、腕足类、腹足类与陆相蕨类、楔叶类、科达类植物共生；顶部含燧石结核灰岩(压煤灰岩)，呈凸镜状，具微波状层理，产腕足类、珊瑚、腹足类、双壳类化石，是海水畅通条件下的台地相沉积。可建植物 *Gigantopteris-Lobatannularia* 组合。该组岩性基本稳定，厚度由北向南有逐渐增厚趋势。巢湖平顶山厚 61 m，无为白牡山 104 m，铜陵杨桃山 63 m，泾县晏公堂 268 m。随沉积厚度的加大，煤层数增多。该组上部煤层可供开采。与下伏孤峰组为整合接触，仅在个别地区(如南陵丫山)与下伏武穴组呈平行不整合接触；与上覆大隆组为连续沉积，整合接触。时代为早二叠世晚期至晚二叠世早中期，为一穿时的地层单位(图 10-2)。

武穴组　P_1w　(06-34-7006)

【创名及原始定义】　原名武穴石灰岩，陈旭(1935)创名于湖北省武穴市大老山(原称广

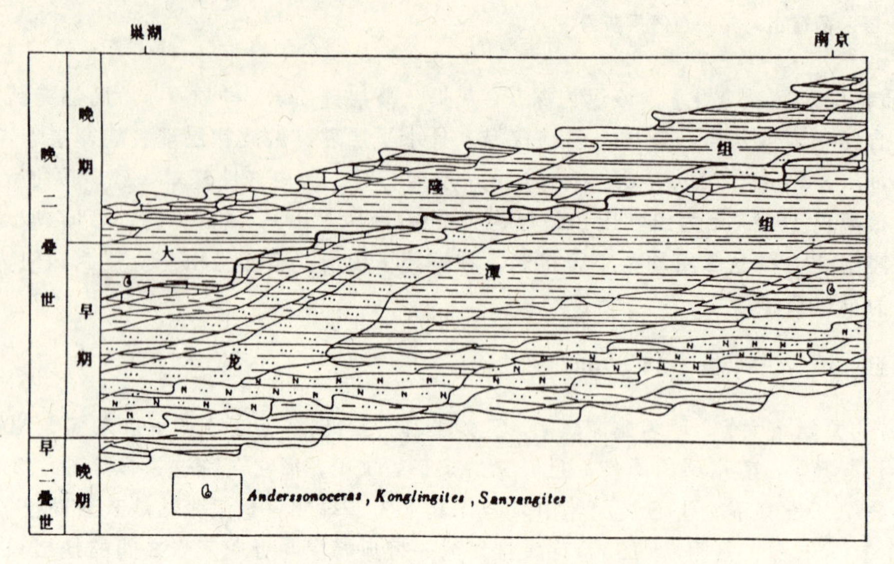

图10-2　龙潭组、大隆组穿时示意图

济县武穴镇)。原始定义:“武穴灰岩为白色块状灰岩，湖北武穴城西出露良好。该灰岩下伏为孤峰层，上覆为炭山湾煤系，总厚约100公尺，下部层位厚约30公尺富含燧石结核，中部主要为纯的灰白色灰岩，含几层鲕状层，往上为几层球状层，球雏晶细小不规则，最上部灰岩含燧石结核稀少。武穴灰岩含丰富的䗴类化石，别的种属稀少。”

【沿革】　武穴灰岩一名由金玉玕(1978)引入我省,安徽地矿局(1987)改称为组。本书采用武穴组。

【现在定义】　灰岩整合于孤峰组之上，与上覆龙潭组含煤砂泥质岩呈平行不整合接触。主要为一套浅灰色厚层至块状含燧石结核灰岩、生物灰岩。富含䗴类化石。与其下伏及上覆地层岩相差异显著，界面清楚。

【层型】　正层型在湖北省武穴市。省内次层型为铜陵县丁山俞剖面(34-7006-4-1;30°49′,118°7′),安徽317地质队(1969)测制。

【地质特征及区域变化】　省内该组为开阔台地相的灰、灰黑色中厚层含少量燧石结核生物灰岩、灰岩、白云岩夹灰黑、黑色硅质岩。具波状层理。产䗴 *Neomisellina compacta*, *Yabeina gracilis* 及腕足类、珊瑚等。该组仅分布于铜陵、南陵、宿松一带，岩性基本稳定，东厚(铜陵213 m),西薄(宿松75 m)。在南陵、宿松等地与下伏孤峰组为整合接触,与上覆龙潭组(南陵)或吴家坪组(宿松)为平行不整合接触。时代为早二叠世晚期。

吴家坪组　P_2w　(06-34-7008)

【创名及原始定久】　原名吴家坪灰岩，卢衍豪(1956b)创名于陕西省南郑县梁山吴家坪。原始定义:“陕西汉中梁山区上二叠纪中上部，上部主要为暗灰色厚层状及块状灰岩和灰色块状积云状灰岩，下部除有厚层状及块状灰岩外，薄层灰岩亦极发育。富含燧石”。

【沿革】　该组由安徽地矿局(1987)引入我省，本书采用。

【现在定义】　整合于阳新组灰岩与大冶组泥灰岩之间的地层序列,为灰色中厚层—厚层、块状含燧石团块的泥晶灰岩、生物碎屑灰岩。底部稳定地发育一层厚度不大的含鲕粒的铁铝质泥质岩(王坡段)，并以此层之底作为该组的底界，以燧石灰岩结束或纹层状灰岩、薄层泥质灰岩的出现为该组顶界。

【层型】 正层型在陕西省汉中市梁山吴家坪。省内次层型为宿松县坐山剖面(34－7008－4－1;30°10′,116°16′),安徽311地质队区测分队(1970)测制。

【地质特征及区域变化】 省内该组下部以沼泽相黑色碳质页岩为主，夹劣质煤（即以往所称王坡页岩)；上部为开阔台地相的灰、深灰色含燧石结核灰岩。厚29 m。具水平层理、微波状层理。产植物*Gigantopteris*；䗴*Codonofusiella*及珊瑚、腕足类、双壳类等化石。该组仅局限于宿松地区，岩性基本稳定。在宿松地区与下伏武穴组为平行不整合接触，与上覆大隆组为整合接触。时代为晚二叠世早期（吴家坪期)。

大隆组 P_2d (06－34－7009)

【创名及原始定义】 原名大垅层，张文佑、陈家天(1938)创名于广西壮族自治区合山市大隆村。原指“大垅层出露于大垅矿场附近河边，柳花岭北铁路边，合山汽车路旁为最清楚，依岩性可分上下二部：上部为灰色、灰黄色、灰绿色矽质页岩，灰质页岩及砂岩等，厚15公尺；下部为黑色矽质及砂质板状页岩夹灰白色、灰黄色及灰绿色页岩及砂岩，厚20公尺。产*Oldhamina*等腕足类和*Tirolites*等菊石。时代为二叠三叠纪。其上与三叠系为整合接触，下与合山层为连续沉积。”

【沿革】 该组由何炎、梁希洛(1964)引入我省，沿用至今。

【现在定义】 指整合于合山组之上，南洪组之下的一套硅质岩、泥岩、砂岩及凝灰岩等岩性组合的地层。下以泥质灰岩、泥灰岩的消失或硅质岩的出现与合山组分界；上以硅质岩的消失或灰色薄层页岩的出现与南洪组分界。

【层型】 正层型在广西壮族自治区合山市。省内次层型为巢湖市平顶山剖面(34－7009－4－1;31°39′,117°48′),安徽区调队(1983)测制。

【地质特征及区域变化】 省内该组下部为黑色硅质岩、硅质页岩、页岩组成韵律，具水平层理、微波状层理。上部为深灰、灰绿色钙质页岩夹泥晶灰岩凸镜体。产菊石*Pseudotirolites*，*Pleuronodoceras*，*Konglingites*，*Sanyangites*，*Anderssonoceras*及腕足类、双壳类等化石。厚21～28 m，由北向南略有增厚之趋势。该组自下而上由盆地相向陆架相过渡。在巢湖、铜陵等地与下伏龙潭组、上覆青龙组均为整合接触。地质时代由西向东，由晚二叠世早期上延至晚期。

长兴组 P_2c (06－34－7010)

【创名及原始定义】 原名长兴石灰岩，葛利普(A W Grabau)(1924)创名于浙江省长兴。原义为长兴石灰岩指含煤地层之上产*Oldhamina*化石的石灰岩。

【沿革】 计荣森(1934)将长兴灰岩一名引入我省，安徽区调队(1974a)称长兴组，沿用至今。本书采用长兴组。

【现在定义】 岩性由灰色微晶至粉晶灰岩、生物碎屑灰岩、白云质灰岩组成，局部含燧石结核和条带，下部夹0.19 m流纹质晶屑凝灰岩。与下伏龙潭组砂岩呈整合或平行不整合接触；与上覆青龙组底部泥岩呈整合接触。

【层型】 选层型在浙江省长兴县。省内次层型为广德县独山沟窑剖面(34－7010－4－1;31°06′,119°32′),安徽区调队(1974a)测制。

【地质特征及区域变化】 省内该组出露于广德、歙县、休宁一带，岩性主要为灰色薄层灰岩、生物碎屑灰岩、条带状灰岩夹薄层硅质岩，具水平层理、微波状层理。产䗴 *Palaeofusulina sinensis* 及腕足类等化石。岩性基本稳定，厚 2～29 m。在广德等地与下伏龙潭组、上覆青龙组均为整合接触。时代为晚二叠世。

青龙组　P_2T_1q　(06-34-8003)

【创名及原始定义】　原名青龙层(扬子层上石灰岩)，刘季辰、赵汝钧(1924)创名于江苏省南京市东郊龙潭镇南侧青龙山。原始定义：系二叠至三叠纪地层，包括薄层石灰岩和钙质页岩，仅发现于江苏南部，它无疑地与下伏煤系呈整合接触，因为他们过渡带的岩石包括页岩与灰岩互层无明确的界线，它与前面提到过的二层紧密相随，即二叠纪煤系和下石炭纪石灰岩，形成一个很稳定的单位。作为一个整体，该层由薄层灰岩组成，偶见中等厚度的层。

【沿革】　该组由刘祖彝(1933)引入我省，称青龙灰岩，并分上、下部。其下部为灰岩、页岩；上部为灰岩。赵金科等(1964)称青龙群下部，青龙群上部。安徽贵池地区地层研究队(1965)称殷坑组、和龙山组、吴田组。王乙长等(1966)自下而上称小凉亭组、塔山组、南陵湖组、分水岭组、龙头山组。安徽 326 地质队(1966)称胡家屋组、陈家屋组、扁担山组(分上、下段)。安徽 317 地质队(1969)称殷坑组、和龙山组和扁担山组(分上、下段)，前二组名沿用至今。安徽区调队(1978)、汪贵翔(1979)将扁担山组仅限于其下段，上段先后称月山组和东马鞍山组。汪贵翔(1984)、安徽区调队(1987)、安徽地矿局(1987)将扁担山组(狭义)更名为南陵湖组。本书采用青龙组，将殷坑组、和龙山组、南陵湖组分别降为段级单位，归入青龙组。

【现在定义】　青龙组自下而上分湖山段和沧波门段：湖山段下部灰黄色薄层泥岩夹泥灰岩，中、上部为灰色薄层粉晶灰岩夹泥质泥晶灰岩及泥岩。含菊石、双壳类、牙形刺、腕足类等化石。底与大隆组黑色硅质泥岩，上与沧波门段灰色薄层粉晶灰岩为界，均为整合接触；沧波门段下部为灰色薄—中层粉晶灰岩与紫色泥晶瘤状灰岩互层；上部为粉晶灰岩夹蠕虫状灰岩。含菊石及双壳类等。底与湖山段灰色薄层粉晶灰岩，顶与周冲村组膏溶角砾岩为界，均为整合接触。

【层型】　正层型在江苏省南京市。省内次层型为巢湖市鬼门关剖面(34-8003-4-1;31°31′55″,117°45′50″)，安徽区调队(1983)测制。

【地质特征及区域变化】　省内该组自下而上包括殷坑段、和龙山段、南陵湖段。

殷坑段　$P_2T_1q^y$　(06-34-8004)

【创名及原始定义】　原名殷坑组，安徽贵池地区地层研究队（1965）创名于贵池县殷坑西牛角岭北侧的和龙山南坡。原始定义："大隆组之上，青龙群下部的一套岩性组合。该岩性为钙质页岩夹泥灰岩、灰岩或呈互层，厚 82～286 m"。

【沿革】　安徽 326 地质队(1966)称该组为胡家屋组，安徽 317 地质队(1969)恢复殷坑组，沿用至今。本书将其作为段级地层单位。

【现在定义】　指整合于大隆组之上、和龙山段之下的黄绿色、灰绿色钙质页岩、页岩夹灰岩。底以灰黑色硅质岩消失、黄绿色钙质页岩出现，顶以钙质页岩相对减少、灰岩相对增加为界。

【层型】　正层型为贵池县殷坑西牛角岭北侧和龙山南坡剖面(30°28′12″,117°22′48″)，安徽贵池地区地层研究队（1965）测制。

上覆地层：**青龙组和龙山段** 黄绿色钙质页岩夹深灰色薄—厚层灰岩。下部页岩产菊石 *Meekoceras* sp.，cf. *Meekoceras* sp.，*Pseudosageceras* sp.，cf. *Pseudosageceras* sp.，*Wyomingites* sp.；双壳类 *Eumorphotis* sp.，*E.* ex gr. *multiformis*

——————— 整 合 ———————

殷坑段 厚度 82.77 m

5. 深灰色薄—中厚层灰岩夹黄绿色页岩，顶部为厚层灰岩，底部有一层红色钙质页岩。页岩中产菊石 *Flemingites* sp.，cf. *Flemingites* sp.，*Dieneroceras* sp.，cf. *Dieneroceras* sp.，*Prionolobus* sp.；双壳类 *Claraia chaoi*，*C.* cf. *aurita* 18.44 m

4. 深灰色薄—中厚层灰岩夹少量黄绿色页岩。页岩中产菊石 Gyronitidae；双壳类 *Claraia clarai*，*C.* cf. *stachei*，*C.* ex gr. *hunanica*，*C. griesbachi* var. *concentica* 26.17 m

3. 黄绿、灰绿色钙质页岩与灰色薄—中厚层灰岩互层，底部有一厚 0.5 m 之同生砾状灰岩 20.72 m

2. 黄绿色钙质页岩与灰色薄层灰岩互层。产菊石 *Gyronites* sp.，*Gyrolecamites* sp.，*Meekoceras* sp.，*Prionolobus* sp.，*Proptychitoides*? sp.，cf. *Paranorites* sp.；双壳类 *Claraia griesbachi*，*C. stachei*，*C.* cf. *stachei*，*C.* ex gr. *hunanica*，*Eumorphotis* cf. *multiformis* 11.81 m

1. 黄绿色钙质页岩，顶部夹少量泥质灰岩凸镜体。产菊石 *Lytophiceras* sp.，cf. *Lytophiceras* sp.，*Ophiceras* sp.，cf. *Ophiceras* sp.；双壳类 *Claraia* cf. *wangi*，*C.* cf. *stachei*，*C. griesbachi*，*C.* cf. *griesbachi* 5.63 m

——————— 整 合 ———————

下伏地层：**大隆组** 灰黑色硅质岩

【地质特征及区域变化】 该段分布广泛，层位稳定。主要岩性为浅海深水陆架相沉积的钙质泥页岩夹泥灰岩、灰岩或呈互层，富产菊石 *Flemingites*，*Gyronites*，*Prionolobus*，*Ophiceras*，*Lytophiceras*；双壳类 *Claraia wangi*，*C. stachei*，*C. aurita* 及有孔虫、牙形刺等化石。遗迹化石具水平或近水平的潜穴。巢湖-含山地层小区以黄绿色钙质页岩为主夹泥灰岩，厚 44～84 m；芜湖-安庆地层小区泥质成分增高，厚 141～247 m；宣州-广德地层小区泥质成分显著减少，仅下部有黄绿色钙质页岩出现，向上以薄层灰岩为主，厚 49～286 m。宁国，泾县瑶头岭、晏公堂一带，泥质页岩、钙质页岩增多，厚度较大。该段与下伏大隆组或长兴组(广德一带)，与上覆和龙山段均为整合接触。时代为晚二叠世长兴期晚时至早三叠世印度期。

和龙山段 T_1q^h （06－34－8005）

【创名及原始定义】 原名和龙山组，安徽贵池地区地层研究队(1965)创名于贵池县殷坑和龙山。原指“殷坑组之上，以浅灰色条带状灰岩为主，上下部可夹少量的黄绿色钙质页岩及薄层灰岩，厚 21～235 m，一般厚约 100～150 m”。

【沿革】 安徽 326 地质队 (1966) 称该段为陈家屋组。安徽 317 地质队(1969)恢复和龙山组，沿用至今。本书将其降为段级地层单位。

【现在定义】 指整合于殷坑段与南陵湖段之间的地层。岩性可分为上、下两部，下部为黄绿色页岩与青灰色中厚层微晶灰岩互层；上部以青灰色微晶灰岩为主，夹黄绿色页岩。具水平层理，产菊石及小型特化的双壳类。

【层型】 正层型为贵池县殷坑西牛角岭北侧和龙山南坡剖面，与殷坑段为同一连续剖面(30°28′12″,117°22′48″)，安徽贵池地区地层研究队(1965)测制。

上覆地层：**青龙组南陵湖段** 青灰色中厚层灰岩夹灰黄绿、紫红色瘤状灰岩

——————— 整 合 ———————

和龙山段 厚度 234.79 m

17. 浅灰、青灰色薄层泥质条带灰岩，下部夹薄层灰岩。产菊石碎片 62.37 m
16. 暗紫、紫灰色泥质条带灰岩 5.27 m
15. 青灰色薄板状钙质页岩。产菊石 *Dieneroceras* sp.；双壳类 *Entolium* sp.，*E.* cf. *discites microtis*?，*Lima*? sp.，*Posidonia* sp.，*P. circularis*，*P.* cf. *circularis* 7.21 m
14. 灰色薄层泥质条带灰岩 7.99 m
13. 灰色薄层灰岩夹少量黄绿色页岩 27.86 m
12. 黄绿、黄褐、灰色页岩夹少量泥质灰岩。产菊石 *Columbites* sp.，*Meekoceras*? sp.，cf. *Ussuria* sp.，*Proptychitoides*? sp.，*Subcolumbites*? sp.；双壳类 *Claraia* sp.，*Entolium* sp.，*Eumorphotis* sp.，*Lima* sp.，*Posidonia* sp.，*P. circularis*，*P.* cf. *circularis* 26.81 m
11. 灰色薄层灰岩夹黄绿色页岩。上部页岩产双壳类 *Entolium* sp.，*Posidonia* sp. 19.04 m
10. 灰、浅灰色中厚层条带状灰岩夹少量黄绿色钙质页岩。产双壳类 *Entolium* sp.，*E.* cf. *discites microtis*，*Posidonia* sp. 14.07 m
9. 黄绿色钙质页岩夹灰、深灰色中厚层灰岩 13.17 m
8. 灰绿色钙质页岩与薄—中厚层条带状灰岩互层。页岩中产双壳类 *Posidonia* sp.，*P. circularis* 20.70 m
7. 深灰色中厚层灰岩夹少量浅灰色钙质页岩 14.34 m
6. 黄绿色页岩夹深灰色薄—厚层灰岩。下部页岩产菊石 *Meekoceras* sp.，cf. *Meekoceras* sp.，*Pseudosageceras* sp.，*Wyomingites* sp.；双壳类 *Eumorphotis* sp.，*E.* ex gr. *multiformis* 15.96 m

——————— 整 合 ———————

下伏地层：**殷坑段** 深灰色薄—中厚层灰岩夹黄绿色页岩，顶部为厚层灰岩

【地质特征及区域变化】 该段为浅海陆架相泥质微晶灰岩与钙质泥岩组成的韵律层。其下部为黄绿色页岩夹泥质条带灰岩或互层；上部以青灰、浅灰色泥质条带灰岩为主，偶夹黄绿色钙质页岩。厚 20～49 m。各地岩性较稳定，厚度稍有变化。巢湖、含山一带厚 21 m，宿松—怀宁—铜陵一带厚 26～180 m，泾县、广德一带厚 180 m，泾县瑶头岭厚 324 m。宁国山门洞，夹页岩较多，厚 138 m。广德牛头山，底部可见同生角砾岩、泥质条带状灰岩，向上泥质条带增多，厚 291 m。该段富产菊石、双壳类、有孔虫、牙形刺及遗迹化石等。可建菊石 *Owenites* 带(下)，*Anasibirites* 带(上)。该段与下伏殷坑段、上覆南陵湖段均呈整合接触。时代为早三叠世奥伦尼克期早时。

南陵湖段 T_1q^n (06-34-8006)

【创名及原始定义】 原名南陵湖组，王乙长、刘学圭、胡福仁(1966)创名于南陵县南陵湖。原指“厚 207～237 m，系一套浅海相薄—中厚层灰岩相沉积，各地变化不大。本组含有一层褐黑色、灰色薄层瘤状灰岩，厚 2～6 m，全区分布极其稳定，一般距底部 70 m 左右，各地都能找到，可作为地质测量的标志层。上述瘤状灰岩富产中三叠统安尼锡克阶菊石”。

【沿革】 南陵湖组中上部曾被安徽贵池地区地层研究队(1965)、安徽 326 地质队(1966)、安徽省区域地层表编写组 (1978)归入吴田组、扁担山组，其下部归入和龙山组、陈家屋组。安

徽区调队(1987)、安徽地矿局(1987)恢复南陵湖组一名,其含义包括原南陵湖组中上部和分水岭组。本书将其降为段级地层单位，称南陵湖段。

【现在定义】 指整合于和龙山段与周冲村组之间的地层。其下部为紫灰、青灰、深灰色薄层灰岩、瘤状灰岩，产菊石；上部为青灰色薄—中厚层蠕虫状揉皱灰岩。底与和龙山段以瘤状灰岩出现，顶与周冲村组以灰岩消失、含石膏白云岩出现为界。

【层型】 正层型为南陵县南陵湖剖面(30°48′,117°59′),安徽317地质队(1969)重测。

上覆地层：周冲村组　灰色薄—中厚层白云岩（含针状石膏假晶）夹白云质灰岩

——————— 整　合 ———————

南陵湖段　　厚度 518.15 m

9. 浅灰、灰色薄—中厚层灰岩，顶部白云质增高，局部为含白云质灰岩，缝合线发育，具溶蚀沟　　84.39 m

8. 灰色薄层灰岩，单层厚 3～10 cm　　76.73 m

7. 浅灰色中厚层致密灰岩，层理清楚，缝合线发育　　27.33 m

6. 灰色薄—中厚层灰岩，具蠕虫状构造，缝合线发育　　65.65 m

5. 灰、深灰色薄—中厚层灰岩，薄层灰岩风化后呈页片状，小褶曲发育，具蠕虫状、缝合线构造　　121.60 m

4. 深灰色薄层灰岩　　32.06 m

3. 深灰色薄层灰岩，上部夹薄层含白云质灰岩。薄层灰岩风化后呈页片状，小褶曲、溶蚀沟均很发育　　68.57 m

2. 青灰色薄层灰岩，具缝合线构造　　32.15 m

1. 灰、紫灰色瘤状灰岩夹灰、深灰色灰岩，下部以灰岩为主。瘤不明显时，为中厚层灰岩。产菊石？*Columbites* sp.，？*Hellenites* sp.，？*Nordophiceras* sp.，？*Arctoceras* sp.，？*Prosphingites* sp.，？*Dieneroceras* sp.　　9.60 m

——————— 整　合 ———————

下伏地层：和龙山段　灰色薄层灰岩，偶夹褐黄色泥页岩

【地质特征及区域变化】 该段在区内分布广泛，主要为青灰色薄—中厚层灰岩、致密灰岩；底部有一至数层紫红色瘤状灰岩。生物以菊石 *Subcolumbites*，*Columbites*，*Tirolites* 及有孔虫、双壳类为主，牙形刺较多。遗迹化石中水平、近水平、垂直潜穴的虫管发育。上部可见人字型交错层理。该段为浅水陆架相沉积渐变为半咸化海湾的局限台地相沉积。含山-巢湖地层小区泥质成分高，厚 160～516 m；芜湖-安庆地层小区厚 518～585 m；宣州-广德地层小区钙镁质成分较高，厚度变化大，厚 181～645 m。与下伏和龙山段和上覆周冲村组均为整合接触。时代为早三叠世晚期。

周冲村组　$T_{1-2}\hat{z}$　(06-34-8007)

【创名及原始定义】 江苏省第一地质大队(1975)① 创名于南京市周冲村。岩性由石膏、硬石膏、白云岩、白云质灰岩、灰岩等组成，局部含少量自然硫。岩石中普遍含角砾，角砾圆度中等，大部分系同生砾，地表未出露，埋深一般在－150 m 以下，厚度 600～800 m，化石有双壳类。下与黄马青组紫红色粉砂质泥岩整合，上与水家边组（范家塘组）杂砾岩不整

① 江苏省地质局第一地质大队，1975，江苏省南京石膏矿区周冲村矿段勘察报告。

合接触。

【沿革】 省内该组曾称龙头山组(王乙长等,1966),扁担山组上段(安徽 326 地质队,1966;安徽 317 地质队,1969;华东地研所第四室,1976),东马鞍山组(汪贵翔,1979;安徽区调队,1987;安徽地矿局,1987)。本书采用周冲村组。

【现在定义】 下段下部灰黄色薄—中厚层砾屑灰岩与泥晶灰岩互层，上部薄—厚层粉晶灰岩、泥质灰岩及膏溶砾屑灰岩，夹粉晶白云岩、白云质灰岩；上段下部粉砂质泥岩夹粉砂岩，上部泥质泥晶灰岩。具蜂窝状构造，含双壳类等。井下白云岩与石膏互层。下以砾屑灰岩与青龙组纹层灰岩，上以泥质灰岩与黄马青组灰色泥质岩均为整合接触。

【层型】 选层型在南京市。省内次层型为怀宁县东马鞍山—铜头尖剖面(34-8007-4-3;30°36′,116°56′),安徽 326 地质队(1966)测制。

【地质特征及区域变化】 省内该组仅分布于长江两岸，其露头零星。主要岩性为咸化泻湖或潮坪相膏溶角砾岩、白云岩及白云质灰岩。无为汤沟一带的钻孔中见大于 350 m 厚的含石膏层。宿松一带，该组厚层状灰岩与含石膏假晶白云质灰岩、白云岩呈大段互层，厚度大于 675 m。铜陵分水岭—龙头山一带，下部以白云岩、白云质灰岩为主，藻类发育，柱状叠层石丰富，常见藻屑白云岩，上部为膏溶角砾岩，厚度大于 115 m。贵池吴田，下部为浅灰、紫灰色中厚—厚层灰质白云岩夹膏溶角砾岩，厚度大于 90 m。该组白云岩向东延伸至江苏无锡一带。该组下部产双壳类 *Eumorphotis* (*Asoella*) *illyrica*，*Entolium discites* 及腹足类。宿松韭菜山产牙形刺 *Cypridodella conflexa*，*Neohindeodella triassica*，*Neospathodus longidentata*，*Lonchodina muelleri* 等。在怀宁地区,该组底与下伏青龙组以含针状或毛发状石膏假晶白云岩的出现、顶与黄马青组以黄灰色泥质粉砂岩出现为界，相互间均为整合接触。时代为早三叠世奥伦尼克期末至中三叠世安尼期。

黄马青组 T_2h (06-34-8008)

【创名及原始定义】 原名黄马青页岩，谢家荣(1928)创名于江苏省南京钟山（紫金山）北坡黄马村和青马村。原始定义：上部为紫色砂质页岩与灰色砂岩互层，下部有三层细砾岩，砾石大小仅数毫米，滚圆度不佳，砾石成分全为石灰岩，胶结物富含钙质。厚度 600～800 公尺，时代为下三叠纪？与上覆石英砾岩假整合接触。尔后又改名为“黄马紫红色页砂岩”。

【沿革】 该组由赵金科等(1962)引入我省,称黄马青群。王乙长等(1966)称黄马青组。安徽 326 地质队(1966)将这一套地层自下而上称为月山组、铜头尖组、拉犁尖组。安徽区调队(1987)、安徽地矿局(1987)沿用安徽 326 地质队(1966)所建地层名称。本书采用的黄马青组相当于月山组和铜头尖组的地层。拉犁尖组更名为范家塘组。

【现在定义】 下部为灰、深灰色细粒长石石英砂岩与粉砂岩互层；上部为紫红、暗紫色薄—厚层砂砾岩、砂岩、泥岩。含丰富的双壳类、叶肢介、轮藻、植物等化石。底与周冲村组，顶与范家塘组均为整合接触。

【层型】 选层型在江苏省南京市。省内次层型为怀宁县铜头尖剖面(34-8008-4-1;30°36′,116°56′),安徽 326 地质队(1966)测制。

【地质特征及区域变化】 省内该组零星分布于沿江地区，据岩性特征，可分上、下两段。

下段(杂色岩段,相当于原月山组)主要为前三角洲沉积的灰白、灰绿色粉砂岩、粉砂质泥岩夹青灰色白云质泥灰岩或白云质泥灰岩凸镜体，或呈互层。具小型交错层理、波痕，遗迹化石丰富。产广盐度咸水的双壳类 *Myophoria* (*Costatoria*) *submultistriata*, *M.* (*C.*) *goldfussi*,

Unionites gregareus, *U. spicatus* 等及少量植物化石。下段多隐伏地下，岩性较稳定，厚33～200 m。

上段(红色层,相当于原铜头尖组)下部以紫红色夹杂色薄—中厚层粉砂岩、泥质粉砂岩夹细砂岩,间夹3～5层含铜砂岩。产广盐度的双壳类 *Myophoria*(*Costatoria*) *submultistriata*, *Eumorphotis* (*Asoella*) *subillyrica* 及少量植物化石。厚264～361 m。上部以紫红、暗紫红色细砂岩、粉砂岩夹紫色含砾砂岩及凸镜状细砾岩。富产淡水双壳类、植物及轮藻 *Stellatochara* 等化石，厚1 031～1 373 m。该段以三角洲前缘砂体为特征，岩层中具小型板状交错层理，低角度交错层理、槽状交错层理、波痕等，遗迹化石丰富，垂直层面的虫管发育。在怀宁地区，该组与下伏周冲村组和上覆范家塘组均为整合接触。时代为中三叠世中晚期。

范家塘组　T_3f　(06-34-8009)

【创名及原始定义】　原名范家塘煤系,朱森(1929a)创名于江苏省南京龙潭镇青龙山南范家场。原始定义：置于钟山层之紫页岩之下，含植物化石丰富，时代归三叠纪。与下伏二叠纪薄层灰岩呈不整合接触。

【沿革】　省内曾称拉犁尖组(安徽326地质队,1966;黄其胜,1981、1983、1984、1988;安徽区调队,1987;安徽地矿局,1987)。本书采用范家塘组。

【现在定义】　灰、深灰色细砂岩、粉砂岩与灰黑色碳质泥岩，局部夹可采煤层，富含黄铁矿结核，含植物及双壳类等化石。底以灰、灰绿色含砾粉砂岩与下伏黄马青组紫红色粉砂岩整合，顶以中粒长石石英砂岩与上覆第四系冲积层砂砾平行不整合接触。

【层型】　选层型在南京市。省内次层型为怀宁县拉犁尖剖面(34-8009-4-1;30°36′,116°56′),安徽326地质队(1966)测制。

【地质特征及区域变化】　省内该组仅零星分布于沿江地区，为三角洲平原相的黄绿、灰绿、灰黑色砂岩、粉砂岩、砂质页岩、碳质页岩夹不稳定煤层或煤线。富产植物 *Cycadocarpidium erdmanni*, *C. swabii*, *Cladophlebis graciles*, *Neocalamites carrerei*, *Equisetites sarrani*, *Podozamites lanceolatus*；淡水双壳类 *Sibireconcha shensiensis*, *Unio leei*，咸水双壳类 *Mytilus lamellosus* 等及少量昆虫化石。可建植物 *Cycadocarpidium*-*Cladophlebis graciles* 组合①。该组岩性较稳定，厚度18～74 m。在怀宁拉犁尖、铜头尖，该组与下伏黄马青组呈整合接触，与上覆钟山组砾岩为不整合接触。时代为晚三叠世。

安源组　T_3a　(06-34-8010)

【创名及原始定义】　原名安源地区侏罗系煤系，黄汲清、徐克勤(1936)创名于江西省萍乡安源。原始定义:萍乡地区的侏罗纪地层,含四个分层,自下而上为:(1)紫家冲主要含煤组;(2)天子山砂岩;(3)三家冲页岩;(4)三丘田统上煤组。产植物化石。总厚度约600公尺。其中三丘田统与三家冲页岩之间视为不整合接触，谓之“三湾运动”。

【沿革】　该组为安徽332地质队区测分队(1971)引入我省,称安源群。安徽区调队(1987)、安徽地矿局(1987)称安源组。本书采用安源组。

【现在定义】　不整合覆于前晚三叠世地层之上、平行不整合于多江组之下的一套海陆交互相含煤碎屑岩建造，上、下部夹煤层，中间为海相层。其地层三分，自下而上是：紫家冲

① 黄其胜，1981，论安徽怀宁地区拉犁尖组归属问题。安徽古生物学会会讯，第3期（内刊）。

组、三家冲组和三丘田组，产丰富的植物和双壳类化石。各组间均为整合接触”。

【层型】　正层型在江西省萍乡安源。省内该组仅分布于歙县、休宁一带，主要见于钻孔中。因研究程度低，只能以综合柱状剖面(34-8010-4-1)为参考。

【地质特征及区域变化】　省内安源组(江西省称安源群)为陆相山间盆地碎屑岩含煤沉积。主要岩性为灰黑、黑色薄—巨厚层角砾岩、砂岩、砂质粉砂质泥岩、碳质泥岩夹0～7层煤或煤线。富产植物 *Cladophlebis denticulata*，*Ptilozamites chinensis*，*Pterophyllum aequale*，*Podozamites lanceolatus*；双壳类 *Bakevelloides hekiensis*，*Modiolus problematicus*；叶肢介 *Anyuanstheria subquadrata* 等化石。厚138～361 m。该组未见顶、底。时代为晚三叠世。

第二节　生物地层特征

安徽省扬子地层区晚古生代至三叠纪生物丰富，以䗴、珊瑚、腕足类、菊石、牙形刺、植物为主，伴有少量双壳类、孢粉等，这些生物特征在《安徽地层志》(1987，1989c，1989d)中曾有论述。现按门类由老至新分述如下(表10-1)：

1. 䗴类

①*Eostaffella hohsienica* 带　分布于巢湖、庐江地区的和州组与老虎洞组，为一些原始的类群，主要有 *Eostaffella hohsienica*，*E. mediocris*，*E. designata*，*E. ikensis*，*Millerella minuta*，*Pseudoendothyra* 等，*Eostaffella hohsienica* 在各地和州组内均有产出，位于大塘阶上部，为最低的一个䗴带。时代为早石炭世大塘期晚时。

②*Profusulinella* 带　该带可分两个亚带。下部为 *Pseudostaffella*-*Profusulinella* 亚带，上部为 *Profusulinella*-*Eofusulina* 亚带。该带均为一些低级属种，旋壁三层式，分布于皖北本溪组，皖中、皖南的老虎洞组上部，黄龙组下部。主要分子有 *Pseudostaffella kanumai*，*Profusulinella toriyamai*，*P. parva cenvoluta*，*P. mutabilis*，*Ozawainella turgida*，*O. tingi*，*Fusiella praetypica*，*Pseudowedekindellina prolixa*，*Eofusulina rasdorica* 等。时代为晚石炭世威宁期早时。

③*Fusulina*-*Fusulinella* 组合带　分布于黄龙组中上部，以 *Fusulinella*，*Fusulina*，*Beedeina* 的属种大量繁盛为特征。时代为威宁期晚时。

④*Triticites* 带　分布于船山组中下部，为一些个体小，旋脊较发育、隔壁褶皱较简单的类群，含 *Triticites*，*Rugosofusulina*，*Eoparafusulina* 等属。时代为晚石炭世马平期早时。

⑤*Pseudoschwagerina* 带（或 *Sphaeroschwagerina* 带）　见于各地船山组上部球状灰岩中。时代为马平期晚时。

⑥*Misellina claudiae* 带　为李四光(1931)所定，以Pc表示。是栖霞灰岩(狭义)最底部的一个䗴带，在扬子区主要限于下部臭灰岩。陈旭(1934)把此带化石作为臭灰岩中部的一个标准化石。后人把此带作为广义栖霞组下部的一个䗴带。时代为二叠纪栖霞期早时。

⑦*Nakinella orbicularia* 带　位于栖霞组臭灰岩顶部和中部燧石结核灰岩的下部。该带除带化石外，尚有 *N. globularis*，*N. inflata*，*N. compacta*，*Schwagerina chihsiaensis* 等。时代为栖霞期早中时。

⑧*Parafusulina multiseptata* 带　为扬子区栖霞组最上部一个带，代表栖霞组上部䗴类动物群组合特征。李四光(1931)认为 *Parafusulina multiseptata* 常与 *Schwagerina chihsiaensis*

表 10-1 安徽省扬子地层区泥盆纪—三叠纪地层多重划分对比表

系	统	阶	生物地层单位（带、组合带、组合）	岩石地层单位 下扬子地层分区	岩石地层单位 江南地层分区
三叠系	上统	Rhaetian Norian Carnian	植物 *Cycadocarpidium* - *Cladophlebis graciles* 组合	范家塘组	安源组
三叠系	中统	Ladinian Anisian	双壳类 *Eumorphotis*(*Asoella*) *illyrica* - *Myophoria*(*Costatoria*) *submultistriata* 组合	黄马青组 周冲村组	?
三叠系	下统	Olenekian	菊石：*Subcolumbites* 带；*Tirolites* - *Columbites* 组合带；*Anasibirites* 带；*Owenites* 带 牙形刺：*Neospathodus triangularis* 带；*Neospathodus waageni* 带	南陵湖段 和龙山段	青龙组
三叠系	下统	Indian	菊石：*Flemingites* 带；*Gyronites* - *Prionolobus* 组合带；*Ophiceras* - *Lytophiceras* 组合带 双壳类：*Claraia aurita* 带；*Claraia stachei* 带；*Claraia wangi* 带 牙形刺：*Neospathodus dieneri* 带	殷坑段	青龙组
二叠系	上统	长兴阶	蜓：*Paraeofusulina sinensis* 带 菊石 *Pseudotirolites* - *Pleuronodoceras* 组合带	大隆组	长兴组
二叠系	上统	吴家坪阶	蜓：*Codonofusiella* 带 四射珊瑚：*Liangshanophyllum* - *Lophophyllidium* 组合带 植物 *Gigantopteris* - *Lobatannularia* 组合	龙潭组 吴家坪组	龙潭组
二叠系	下统	茅口阶	蜓：*Yabeina* - *Neomisellina* 组合带 腕足类 *Urushtenia maceus* - *Neoplicatifera huangi* 组合带	武穴组 孤峰组	孤峰组
二叠系	下统	栖霞阶	蜓：*Parafusulina multiseptata* 带；*Nankinella orbicularia* 带；*Misellina claudiae* 带 四射珊瑚：*Chusenophyllum* 带；*Polythecalis yangtzeensis* 带；*Popythecalis chinensis* 带；*Wentzellophyllum volzi* 带 床板珊瑚：*Tetraporinus nankingensis* 带；*Hayasakaia elegantula* 带；*Cystomichelinia* 带 腕足类：*Urushtenia maceus* - *Neoplicatifera sintanensis* 组合带；*Orthotichia chekiangensis* - *Tyloplecta nankingensis* 组合带	栖霞组	
石炭系	上统	马平阶	蜓：*Pseudoschwagerina*(或 *Sphaeroschwagerina*)带；*Triticites* 带	船山组	
石炭系	上统	威宁阶	蜓：*Fusulina* - *Fusulinella* 组合带；*Profusulinella* 带 珊瑚：*Donetzites* 带 腕足类：*Choristites* 带 牙形刺：*Idiognathoides sinuatus* - *I. delicatus* 组合带	黄龙组	
石炭系	下统	大塘阶	蜓：*Eostaffella hohsienica* 带 植物：*Cardiopteridium spetsbergense* - *Lopinopteris intercalata* 组合带 珊瑚：*Yuanophyllum kansuense* - *Lithostrotion asiaticum* 组合带；*Kueichouphyllum* - *Heterocaninia tholusitabulata* 组合带 腕足类：*Gigantoproductus giganteus* - *Kansuella kansuensis* 组合带 牙形刺：*Gnathodus bilineatus* - *Adetognathus unicornis* 组合带	老虎洞组 和州组 高骊山组	
石炭系	下统	岩关阶	植物：*Sublepidodendron mirabile* - *Lepidodendropsis hirmeri* 组合 珊瑚：*Pseudouralinia* 带 腕足类：*Eochoristites neipentaiensis* - *Ptychomarotoechia kinlingensis* 组合带；*Yanguania pingtangensis* - *Ptychomarotoechia kinlingensis* 组合 牙形刺：*Polygnathus communis* 带	金陵组 王胡村组	
泥盆系	上统	锡矿山阶	植物：*Leptophloeum rhombicum* - *Cyclostigma kiltorkense* 组合	五通组 上段	
泥盆系	上统	余田桥阶		五通组 下段	

共生，是 Pm 带的一个主要分子。陈旭(1934)同意李四光的意见。该带含 *Parafusulina lungtanensis* 等，见于栖霞组中部燧石结核灰岩的中部，繁盛于其上部及上硅质层和顶部灰岩，以上硅质层上下约 20～30 m 的层位内最为繁盛。时代为栖霞期中晚时。

⑨*Yabeina*－*Neomisellina* 组合带　见于武穴组下部，富集于武穴组中上部，伴生有 *Yabeina gubleri*，*Neomisellina ellipsoidalis*，*N. multivoluta*，*N. douvillei*，*N. sphaeroidea* 等。时代为早二叠世茅口期。

⑩*Codonofusiella* 带　见于广德、怀宁部分地区龙潭组上部、顶部，宿松吴家坪组中上部。时代为晚二叠世吴家坪期。

⑪*Palaeofusulina sinensis* 带　*Palaeofusulina* 为华南地区晚二叠世晚期最晚的一个䗴带(盛金章,1955)。*P. sinensis* 带的分子富集于广德地区长兴组。时代为晚二叠世长兴期。

2. 珊瑚

①*Pseudouralinia* 带　广布于金陵组，主要分子有 *Pseudouralinia tangpakouensis*，*Kueichowpora tushanensis*，*Michelinia* 等。时代为早石炭世岩关期晚时。

②*Kueichouphyllum*－*Heterocaninia tholusitabulata* 组合带　见于巢湖市附近高骊山组中上部，时代为早石炭世大塘期早时。

③*Yuanophyllum kansuense*－*Lithostrotion asiaticum* 组合带　见于和州组，时代为大塘期晚时。

④*Donetzites* 带　见于黄龙组下部，与䗴 *Profusulinella* 带共生。时代为晚石炭世威宁期早时。

⑤*Wentzellophyllum volzi* 带　产于栖霞组臭灰岩中、上部。扬子区分布广泛，层位稳定。伴生有 *W. kueichowense*，*Allotropiophyllum*，*Cystomichelinia* 等，与 *Misellina claudiae* 密切共生。时代为栖霞期早时。

⑥*Polythecalis chinensis* 带，产于区内栖霞组本部灰岩下部，与䗴类 *Nankinella orbicularia* 带层位相当。时代为栖霞期早中时。

⑦*Polythecalis yangtzeensis* 带　该带最早为黄汲清(1932)所定，作为“栖霞灰岩”（狭义)上部的一个珊瑚带，皖南见于栖霞组本部灰岩中、下部。*Polythecalis* 为栖霞组中上部的指示性化石，与䗴类 *Parafusulina multiseptata* 带下部层位相当。时代为栖霞期中晚时。

⑧*Chusenophyllum* 带　层位较稳定，省内下扬子区出现于栖霞组上部至顶部，见于上硅质层，富集于顶部灰岩。时代为栖霞期晚时。

⑨*Cystomichelinia* 带　富集于栖霞组下部臭灰岩中，其少数分子可上延到下硅质层和本部灰岩（燧石结核灰岩）的底部。常与䗴类 *Misellina claudiae* 带及四射珊瑚 *Wentzellophyllum volzi* 带的分子共生。时代为栖霞期早时

⑩*Hayasakaia elegantula* 带　为黄汲清(1932)所建。该带的分子出现于栖霞组臭灰岩的顶部，富集于本部灰岩下部，少数分子可上延到本部灰岩上部及顶部灰岩。区内分布广泛，层位稳定。该带以 *Hayasakaia* 的大量出现为特征，与䗴类 *Nankinella orbicularia* 及四射珊瑚 *Polythecalis chinensis* 带的分子密切共生，与华南区同名带富集层位相当。时代为栖霞期早中时。

⑪*Tetraporinus nankingensis* 带　为床板珊瑚最上一个带。在下扬子区栖霞组本部灰岩下部开始出现，延至上硅质岩、顶部灰岩，与䗴类 *Parafusulina multiseptata*，*Cancellina*，珊瑚 *Polythecalis yangtzeensis*，*Chusenophyllum* 等带化石共生。时代为栖霞期中晚时。

⑫*Liangshanophyllum - Lophophyllidium* 组合带　其主要分子在省内发现于龙潭组顶部灰岩（压煤灰岩）和吴家坪组。时代为晚二叠世吴家坪期。

3. 腕足类

①*Yanguania pingtangensis - Ptychomarotoechia kinlingensis* 组合　该组合见于五通组上段上部。时代为早石炭世岩关期。

②*Eochoristites neipentaiensis - Ptychomarotoechia kinlingensis* 组合带　该组合带见于金陵组、王胡村组。时代为岩关期晚时。

③*Gigantoproductus giganteus - Kansuella kansuensis* 组合带　该组合带见于和州组，有23属，除带分子外，其主要分子还有 *Athyris* cf. *yazitangensis*，*Composita globularis* 等。时代为早石炭世大塘期中晚时。

④*Choristites* 带　见于黄龙组，主要分子有 *Choristites mosquensis*，*C. loczyi lata*，*Cancrinella* cf. *undata* 等，*Choristites* 是晚石炭世的特有分子，广泛分布于华南黄龙组内。时代为晚石炭世威宁期。

⑤*Orthotichia chekiangensis - Tyloplecta nankingensis* 组合带　主要繁衍于栖霞组底部碎屑岩至本部燧石结核灰岩内。时代为早二叠世栖霞期早、中时。

⑥*Urushtenia maceus - Neoplicatifera sintanensis* 组合带　省内主要分布于栖霞组上硅质岩及顶部灰岩，其中在上硅质层所夹的1～3层含硅质碳质页岩中最为富集。时代为栖霞期晚时。

⑦*Urushtenia maceus - Neoplicatifera huangi* 组合带　该组合带以 *Urushtenia maceus*，*Neoplicatifera huangi*，*Tenuichonetes tenuilirata* 为特征，富集于孤峰组下部含磷含锰岩中。时代为早二叠世茅口期。

4. 菊石

①*Ophiceras - Lytophiceras* 组合带　该组合带见于殷坑段下部，层位稳定，分布普遍，化石甚富，但属种较单调，代表印度阶的最低层位。该组合带分子为 *Ophiceras* sp.，*O.*-cf. *sinensis*，*O.* cf. *demissum*，*Prionolobus* sp.，"*Glyptophiceras*" sp.。其中 *Ophiceras* 与 *Lytophiceras* 二属分布最广，相伴共生，并占绝对优势，其下部尚包括 *Otoceras* 的层位。时代为早三叠世印度期早时。

②*Gyronites - Prionolobus* 组合带　该组合带见于殷坑段中部，以 *Gyronites*，*Prionolobus* 二属占优势为特征。其中 *Gyronites* 层位稳定，时限短，但分布不广；*Prionolobus* 的地质历程稍长，在 Otoceratan 时的顶和 Flemingitan 时的底均有分布，但主要繁盛于 Gyronitan 时。该组合带包括 *Gyronites*，*Kashmirites*，*Prionolobus*，*Gyrophiceras*，*Gyrolecamites*，*Proptychites*，*Meekoceras*，*Xenodiscoides* 等。时代为印度期中时。

③*Flemingites* 带　该带见于殷坑段上部，菊石丰富，分布普遍，但保存较差，多为压扁标本。其组合分子有 *Flemingites*，*F. kaoyunlingensis*，*F. rursiradiatus*，*F.* cf. *ellipticus*，*Euflemingites*，*Meekoceras*，*Pseudosageceras*，*Dieneroceras*，*Paranorites*，*Xenodiscoides*，*Koninckites*，*Prionolobus*，*Ambites*。其中 *Flemingites* 除在广德、宿松地区暂未发现外，在其他地区均有发现。时代为印度期晚时。

④*Owenites* 带　该带化石丰富，包括 *Owenites*，*Dieneroceras tientungense*，*Wyomingites*，*Dagnoceras*，*Prosphingites*，*Aspenites*，*Meekoceras*，*M. pulchriforme*，*Pseudosageceras*，*Ussuria*，*Prenkites*，*Nordophiceras jacksoni* 等。上述分子见于宣州九连山、泾县瑶头岭、贵池等地和

龙山段下部。时代为早三叠世奥伦尼克期早时。

⑤*Anasibirites* 带　该带位于和龙山段中上部，化石丰富，包括 *Anasibirites kingianus*，*A. onoi*，*Meekoceras*，*Pseudosageceras*，*Dieneroceras* 等。该带以 *Anasibirites* 的大量富集为特点。时代为奥伦尼克期早中时。

⑥*Tirolites* - *Columbites* 组合带　该带化石丰富，层位稳定，主要产于南陵湖段瘤状灰岩中，菊石属种繁多，主要为 *Columbites costatus*，*C. parisianus*，*C. contractus*，*Tirolites cassianus*，*T. latiumbilicatus*，*Proptychitoides*，*Pseudosageceras multilobatum*，*Nordophiceras*，*Leiophyllites*，*Dinarites*，*Eophyllites dieneri*，*Anakashmirites*，*Prohungarites*，*Xenoceltites*，*Dorikranites discoides*，*Sibirites eichwaldi*，*Cordillerites* 等。上述化石均为奥伦尼克阶 Columbitan 下部的常见分子；其中，*Tirolites*，*Columbites* 为扬子区早三叠世晚期分布广、数量多的属。该组合带包括 *Tirolites costatus* 至 *Columbites* 两个化石层位。时代为奥伦尼克期中晚时。

⑦*Subcolumbites* 带　该带只见于巢湖北郊马家山南陵湖段，包括 *Subcolumbites* cf. *perrinismithi*，*S. chaohuensis*，*Pseudoceltites* cf. *nevadi*. *P. evolutus*，*Leiophyllites*，*Proptychitoides*，*Hellenites*，*Albanites*，*Arnautoceltites subglobosus* 等，为下三叠统顶部的菊石带。时代为奥伦尼克期晚时。

5. 牙形刺

①*Polygnathus communis* 带　见于金陵组，主要分子有 *Lingonodina levis*，*Neoprioniodus scitulus* 等，为岩关阶上部的常见分子。时代为早石炭世岩关期晚时。

②*Gnathodus bilineatus* - *Adetognathus unicornis* 组合带　该组合带见于和州组顶部，巢庐地区老虎洞组。主要分子有 *Neoprioniodus scitulus*，*N. peracutus*，*Gnathodus nodosus* 等。时代为早石炭世大塘期中晚时。

③*Idiognathoides sinuatus* - *I. delicatus* 组合带　该组合带见于老虎洞组上部、黄龙组下部和淮北本溪组，主要分子有 *I. sulcatus*，*I. corrungatus*，*Declinognathodus noduliferous*，*Neognathodus bassleri*，*Apatognathus lantus* 等。时代为晚石炭世威宁期早时。

④*Neospathodus dieneri* 带　该带见于殷坑段。在铜陵牛形山产 *Neospathodus*(?) *dieneri*，*Neohindeodella*；在宿松县坐山产 *Neospathodus* sp.，*Enantiognathus* sp.。其中以 *N. dieneri* 为特征分子。在铜陵牛形山剖面，该化石层之下不到 2 m 的钙质页岩中采到丰富的菊石 *Ophiceras* sp.，*Lytophiceras* 及双壳类 *Claraia wangi*，*C. griesbachi* 等。*Neospathodus dieneri* 带的层位大致与 *Gyronites* - *Prionolobus* 菊石组合带相当。时代为早三叠世印度期早、中时。

⑤*Neospathodus waageni* 带　该带见于和龙山段。在宿松县坐山其组合分子为 *Neospathodus* sp.，*N. waageni*，*Cypridodella conflexa*，*Hindeodella suevica*，*Neohindeodella triassica*，*Prioniodina magnidentata*，*Pachycladina* sp. *Parachirognathus ethingtoni*。其中 *Neospathodus waageni* 为该带的特征分子，其层位与 *Owenites* 带，*Anasibirites* 带相当。*N. waageni* 的少数分子可上延到更高的层位。时代为早三叠世奥伦尼克期早时。

⑥*Neospathodus triangularis* 带　该带主要赋存于南陵湖段底部的瘤状灰岩中，与菊石 *Tirolites* - *Columbites* 组合带共生。其组合分子有 *Neospathodus triangularis*，*N. excelsus*，*N. bransoni*，*N. peculiaris*，*Cornuodus breviramulis*，*C. unidentata*，*Hibbardella triassica*，*Oncodella elegans*，*O. paucidentata*，*Ozarkodina tortilis*，*Cypridodella muelleri*，*Hindeodella pactiniformis*，*H. bicuspidata*，*H. suevica*，*H. clarki*，*H. latidentata*，*Enantiognathus incurvus*，*E. ziegleri*，*E. latidentata*，*Lonchodina muelleri*，*Xaniognathus incurvus*，*X. elongatus*，*Neohin-*

deodella multidentata，*N. triassica*，*N. nevadensis*，*Parachirognathus symmetricus* 等。*Neospathodus triangularis* 在区内分布普遍，数量丰富，见于铜陵牛形山、丁山俞，怀宁扁担山、巢湖马家山等地。时代为早三叠世奥伦尼克期晚时。

6. 双壳类

安徽三叠系的双壳类，在下、中三叠统具有重要的地质意义，自下而上为：

①*Claraia wangi* 带　该带位于殷坑段下部，与 *Ophiceras* - *Lytophiceras* 组合带共生。该带包括 *Claraia wangi*，*C. concentrica*. *C. griesbachi*，*C. fukianensis*，*C. longyanensis*，*Posidonia circularis* 等。以 *Claraia* 属占绝对优势。*Claraia wangi*、*C. griesbachi* 在区内分布广、数量多，为早三叠世早期的常见分子。其中 *C. wangi* 的少数分子也可上延到更高的层位。时代为早三叠世印度期早时。

②*Claraia stachei* 带　该带位于殷坑段中部，属种单调，与 *Gyronites* - *Prionolobus* 组合带产于同一层位，包括 *Claraia stachei*，*C.* cf. *stachei*，*C. clarai*，*C. chaoi*，*C. griesbachi*，*C. griesbachi* var. *concentrica*，*C. longyanensis*，*C. fukianensis*，*Eumorphotis hinnitidea*，*E.* cf. *hinnitidea*，*E.* cf. *multiformis*，*Entolium* sp. 等。其中以 *C. stachei* 占优势，在区内分布普遍，与 *Gyronites* - *Prionolobus* 组合带共生。时代为印度期中时。

③*Claraia aurita* 带　该带属种单调，仅见 *Claraia* sp.，*C. aurita*，*C. chaoi*，*Gervilia subpannonica*，*Eumorphotis* sp.，*Posidonia* sp.，*Pteria* sp.。其中以 *C. aurita* 为主，主要繁盛于殷坑段的上部，与印度阶上部 *Flemingites* 带相当。时代为印度期晚时。

④*Eumorphotis*（*Asoella*）*illyrica* - *Myophoria*（*Costatoria*）*submultistriata* 组合　该组合由周冲村组底部延续到黄马青组上段下部，包括 *Myophoria*（*Costatoria*）*submultistriata*，*M.*（*C.*）*goldfussi mansuyi*，*M.*（*C.*）*mansuyi*，*M.*（*C.*）*radiata*，*Eumorphotis*（*Asoella*）*subillyrica*，*E.*（*A.*）*illyrica*，*Unionites gregareus*，*U.* cf. *letticus*，*U. spicatus*，*Entolium discites*，*Promyalina yueshanensis*，*Mytilus eduliformis*，*M. eduliformis praecursor*，*Leptochondria* cf. *albertii*，*Modiolus minutus* 等。该组合化石丰富，其中 *M.*（*C.*）*submultistriata* 在区内占优势。*Eumorphotis*（*Asoella*）*illyrica* 在区内虽发现地点不多，但个体数量较丰富。时代为中三叠世。

7. 植物

①*Leptophloeum rhombicum* - *Cyclostigma kiltorkense* 组合　见于五通组上段下部。时代为晚泥盆世锡矿山期。

②*Sublepidodendron mirabile* - *Lepidodendropsis hirmeri* 组合　见于五通组上段中上部。时代为晚泥盆世至早石炭世。

③*Cardiopteridium spetsbergense* - *Lopinopteris intercalata* 组合带　见于高骊山组下部。时代为早石炭世大塘期早时。

④*Gigantopteris* - *Lobatannularia* 组合　该植物群富产于华南晚二叠世早期海陆交互相含煤碎屑岩中。省内于龙潭组底部出现，中下部较丰富，上部几乎绝迹。

⑤*Cycadocarpidium* - *Cladophlebis graciles* 组合　该组合见于怀宁拉尖的范家塘组，其组合分子有 *Cycadocarpidium erdmanni*，*C. swabii*，*Cladophlebis graciles*，*Todites goeppertianus*，*Dictyophyllum exile*，*Thaumatopteris fuchsii* 等。时代为晚三叠世。

第三节　二叠纪区域地层格架及层序分析

（一）岩相古地理特征

早二叠世早期（栖霞期），沉积相展布是在石炭纪末古地貌基础上发展起来的，其继承关系特别明显。石炭纪末大致以江南断裂为界，北侧为陆地，地表暴露；南侧为碳酸盐浅滩环境。

栖霞期早时（梁山煤系），下扬子海为继承性（石炭纪）海退，江南断裂北侧，在石炭纪晚期地表暴露的基础上，形成沼泽区，且不时受海平面波动的影响，形成大片的海侵沼泽相沉积。沿海陆过渡部位，形成厚度较大的灰黑色页岩，碳质、硅质页岩及石煤层。综观栖霞早期古地理面貌，应为北高南低。

栖霞期晚时发生了二叠纪第一次规模较大的海侵，安徽下扬子地区形成碳酸盐开阔台地环境，由于云南运动的影响，总体地貌形成西北低，东南高的新格局，从其硅质岩夹层看，巢湖、含山等区域，硅质、泥质含量明显增高。因此，岩性（包括梁山煤系）六分明显；铜陵以南地区，硅质、泥质减少，碳酸盐岩厚度增大，水体相对较浅。

茅口期早时为华南地区二叠纪时的第二次较大海侵，下扬子海海水变深，由原来的碳酸盐台地、台盆转为滨外硅质岩沉积，但海底地形仍继承了南高北低的趋势。大致以长江为界，南部为滨外硅质岩夹含锰灰岩、含锰页岩、含锰硅质灰岩沉积，江北的巢湖、含山、无为一带为硅质页岩、硅质岩夹页岩、泥质粉砂岩，含磷，反映水体较江南区要深。

茅口期晚时下扬子地区开始海退，全区大部转变为海陆交替为主的三角洲和泻湖海湾沉积，其中沿江及江北地区为泻湖海湾相沉积。沉积特征为黑色的碳质页岩夹粉砂质页岩、粉砂岩、含碳质硅质页岩，水平层理发育。安庆集贤关、枞阳花山等地含劣质煤层，在巢湖银屏含昆虫化石，为一较闭塞的海湾环境。宿松、铜陵、南陵等一线出现开阔台地相的白云岩、灰岩，台地内部出现台内滩。台地以南地区为一套粉砂质页岩、页岩及细砂岩的三角洲前缘沉积。由北往南，由西往东，厚度增大，碎屑由细变粗。由此可见，三角洲的推进是由东南向西北方向，物质来源主要为当时的华夏古陆。

吴家坪期，全区普遍上升，省内下扬子海大部分处于三角洲前缘至三角洲平原。其中三角洲平原是我省重要的成煤环境，在巢湖、安庆、贵池、铜陵地区，三角洲体系中各亚环境沉积比较复杂，三角洲沉积厚度由东南向西北逐渐变薄。随吴家坪期晚时海水从西北向东南方向的侵入，三角洲不断遭破坏，灰岩仅出现于巢湖、安庆、铜陵一带，东部的广德一带以滨岸的碎屑岩沉积为主夹碳酸盐岩。该期的宿松一带为开阔台地沉积。

长兴期，继承了吴家坪期晚时海水的加深过程，海域面积进一步扩大，长江沿岸及江北广泛发育滨外陆架硅质岩相，无陆源物质，沉积厚度较薄。在沿江及江南广大地区，基本以硅质页岩、页岩夹泥岩、硅质灰岩为主，广德休宁一带为碳酸盐台地沉积。由此可知，长兴期仍继承了吴家坪期西北低、东南高的面貌，由东南向西北，发育开阔台地相、滨外钙硅质岩相、滨外陆架硅质岩相沉积。

（二）层序地层划分

据陆彦邦等（1991）的研究结合区内实际资料，本区二叠纪地层可划分 A、B、C 3 个层序（图 10－3，10－4，10－5），A、B 层序分别相当于下统栖霞组、孤峰组—龙潭组下段，C 层序相当龙潭组上段—长兴组。现将各层序分述如下：

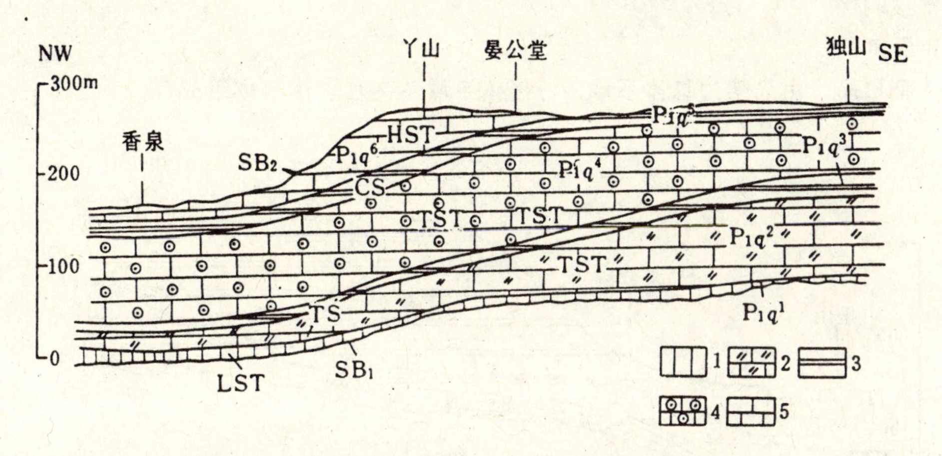

图 10-3　安徽省下扬子地区早二叠世栖霞期地层格架

1. 梁山煤系；2. 臭灰岩；3. 薄层硅质岩；4. 燧石结核灰岩；5. 灰岩；SB_1. Ⅰ型不整合；SB_2. Ⅱ型不整合；TS. 海侵面；LST. 低水位体系域；TST. 海侵体系域；CS. 凝缩段；HST. 高水位体系域；P_1q^1—P_1q^6. 栖霞组一段—六段

1. A 层序

低水位体系域

下扬子地区，栖霞组底部常发育一套滨岸平原沼泽相含煤沉积(梁山煤系)，由灰黑色泥岩、碳质泥岩，灰绿、紫灰色页岩，局部夹煤层或夹灰岩凸镜体，局部地区底部见砾岩和铁锰结核，厚度较薄，仅数米，个别较厚。煤系覆于上石炭统船山组之上。在广德小王村煤层厚 0.1～0.5 m，呈凸镜状，总厚 2～4 m；休宁长塘为黑色碳质页岩，厚 0.08～2 m。在中上扬子区，其下伏地层为志留系—石炭系不同层位地层。这表明栖霞组与下伏地层之间有一沉积间断，为一层序界面。其中还发育了喀斯特溶洞。沉积间断显著，陆上暴露时间较长，为Ⅰ型不整合。发育于Ⅰ型不整合界面之上的梁山煤系是低水位体系域沉积。

海侵体系域和凝缩段

栖霞组下部的梁山煤系之上，普遍见有灰黑色含生物屑微晶灰岩、结核灰岩夹硅质岩及钙质页岩、泥灰岩。生物碎屑含量不一，厚 40～100 m。这一富含广海生物的生物屑微晶灰岩是海平面较快上升时的沉积，由二个海平面向上变深的准层序组成，其中硅质岩段（下硅质层）是海平面上升后低级别的饥饿沉积，反映海侵是脉动式的，代表海侵沉积，其下界面可视为海侵面。

凝缩段由薄层硅质岩或碳质泥岩、灰黑色泥岩夹硅质岩组成。各地沉积不一，在下扬子地区常见薄层硅质岩、硅质泥岩夹钙质泥岩，泥灰岩及燧石结核灰岩，厚几米—几十米。灰岩中富产䗴、珊瑚，黑色泥岩中具腕足类化石富集层。该段由北向南硅质成分减少，碳酸盐成分增高。

高水位体系域

区内栖霞组上部为开阔台地相深灰色燧石结核生物屑微晶灰岩、砂屑灰岩、微晶灰岩及泥质凸镜状微晶灰岩，分布广泛，岩性变化不大，厚层。含生物碎屑多，但分布不均，常密集成团。产广海生物，以䗴、珊瑚为主，其它有腕足类、苔鲜虫、双壳类及棘皮动物等。栖霞组上部灰岩夹粉砂岩，系进积结构。局部地区发生白云岩化，其厚度在和县、含山一带为数米；铜陵、贵池、宿松厚度可达 60～80 余米；再向南至南陵、泾县又变薄至数十米，局部地区上部被剥蚀。

2. B 层序

为Ⅱ型层序，由陆架边缘体系域、海侵体系域及高水位体系域组成。

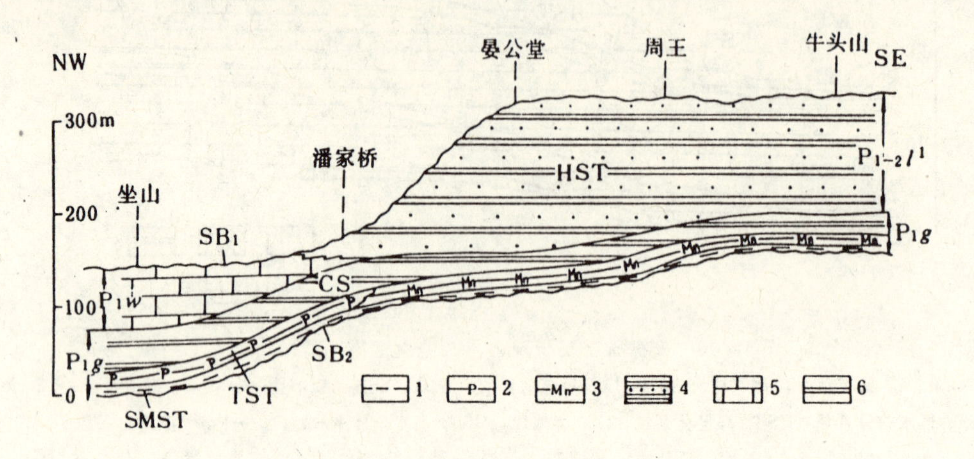

图 10-4　安徽省下扬子地区早二叠世茅口期地层格架

1. 泥岩；2. 含磷硅质泥岩；3. 含锰硅质泥岩；4. 页岩夹砂岩；5. 灰岩；6. 薄层硅质岩；SB_1. Ⅰ型不整合面；SB_2. Ⅱ型不整合面；SMST. 陆架边缘体系域；TST. 海侵体系域；CS. 凝缩段；HST. 高水位体系域；P_1g. 孤峰组；P_1w. 武穴组；$P_{1-2}l^1$. 龙潭组下段

陆架边缘体系域

陆架边缘体系域是海平面下降速率低于盆地的沉降速率在沉积滨线波折的外侧沉积加积型准层序，安徽下扬子地区远离滨线波折处，故其陆架边缘体系域不甚发育，由深灰色含铁质结核泥岩及含砾泥岩构成，厚仅 2 m 左右。

海侵体系域及凝缩段

海侵体系域：位于孤峰组下部，其底部含砾泥岩及含铁质结核泥岩之上，发育含磷泥岩、含磷结核泥岩，富产菊石、腕足类、硅质海绵骨针、放射虫等化石。在皖南贵池、泾县一带，见有含锰页岩，局部夹含锰砂质页岩。厚 5～15 m。反映海平面上升较快，其底界为海侵面。

凝缩段：孤峰组上部全由薄层硅质岩夹硅质泥岩组成，有时夹黑色页岩，有机质较多，富产放射虫及菊石化石，一般厚不足 10 m，此系海平面上升速率最大时期，容纳空间加大，物质来源少而形成的凝缩沉积。

高水位体系域

高水位体系域沉积在下扬子地区即是由孤峰组之上，龙潭组长石石英砂岩之下的一套地层（龙潭组下段），及与其层位相当的武穴组灰岩构成，主要岩性为灰黑色页岩、碳质页岩、粉砂质页岩。下部有时夹粉砂岩、细砂岩，局部夹劣质煤层，上部夹硅质岩、硅质页岩等。在宿松一带为碳酸盐开阔海沉积，至南陵、石台等地以南地区则为粉砂质页岩、页岩及细砂岩的三角洲前缘沉积。总的变化规律是由西向东沉积厚度加厚、砂质成分增加，碎屑粒度变粗，矿物成熟度变低，至宁国港口为粉砂质页岩夹长石石英砂岩，反映三角洲的推进是由东南向西北方向，物源来自华夏古陆。此时闽北、浙南等地为三角洲平原。反映茅口晚期为海退过程，属高水位体系域沉积。

3. C 层序

为 I 型层序。由低水位体系域、海侵体系域、高水位体系域组成。

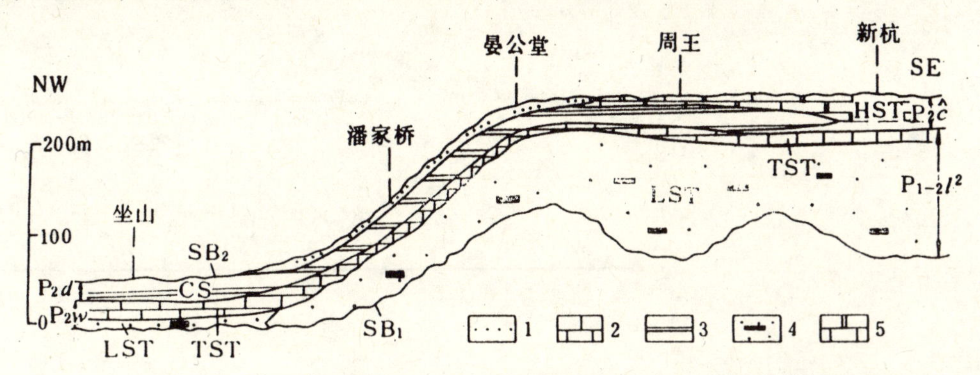

图 10－5　安徽省下扬子地区晚二叠世吴家坪期—长兴期地层格架

1. 粉砂岩；2. 灰岩；3. 硅质页岩；4. 砂岩夹煤层；5. 白云质灰岩；SB_1. Ⅰ型不整合面；SB_2. Ⅱ型不整合面；LST. 低水位体系域；TST. 海侵体系域；CS. 凝缩段；HST. 高水位体系域；$P_{1-2}l^2$. 龙潭组上段；P_2w. 吴家坪组；P_2d. 大隆组；P_1c. 长兴组

低水位体系域

龙潭组上段的长石石英砂岩底部有一层厚约 1 m 的石英砾岩和含砾长石石英砂岩，稳定分布于江南古陆边缘。砾岩层与下段粉砂质页岩间常见一层厚约 10 cm 的铁锰层或粘土层，属古风化壳性质。这一侵蚀面反映沉积间断时间较长。侵蚀面之上发育龙潭组煤系，由砂岩、粉砂岩及粉砂质泥岩组成，夹薄煤层和碳质泥岩，常形成韵律结构，富产植物化石，局部夹海相泥岩，产腕足类化石，厚 20～50 m，系三角洲沉积。在安徽西部宿松仅见 3.8 m 潮坪相灰黑色粉砂质泥岩，碳质泥岩夹煤线。这一介于海侵面与层序界线之间的含煤岩系是在低水位时期沉积的，为低水位体系域。

海侵体系域与凝缩段

低水位体系域之上即龙潭组含煤岩系上部存在一个十分明显的海泛面，安徽、江苏、长江沿岸地区，煤系之上普遍发育一层深灰色含燧石结核生物屑微晶灰岩，产广海生物化石，主要有腕足类、珊瑚、䗴类、菊石和三叶虫等，有时直接为 C 煤层顶板，厚 1～12 m。深灰色含生物屑微晶灰岩及少量灰黑色泥岩、泥质粉砂岩，化石丰富。构成海侵体系域。

凝缩段：下扬子地区大隆组硅质岩分布较广，系灰黑色薄层硅质岩、硅质泥岩和含碳质泥岩，产放射虫和菊石，富含有机质，厚度甚小，一般为 3～15 m，这一凝缩沉积是海平面上升速度最大时形成的。

高水位体系域

在碳酸盐台地上，高水位体系域主要由长兴组灰岩构成，局部地区发育生物礁。造礁生物以海绵为主，次为 *Tabulozoa*，附礁生物有双壳类、腕足类、有孔虫、介形虫、腹足类和棘皮动物等，白云岩化强烈。

第十一章
侏罗纪—早第三纪

安徽省华南地层大区侏罗纪—早第三纪均有沉积(参见图6-1,表1-2)。早、中侏罗世地层分布于芜湖、安庆一带及江南地层分区，为陆相碎屑岩沉积，局部地区早侏罗世夹煤线或薄煤层。晚侏罗世、白垩纪地层分布广泛，早第三纪地层仅分布于下扬子地层分区。晚侏罗世以火山岩和火山碎屑岩沉积为主，白垩纪、早第三纪为陆相碎屑岩沉积。上述地层富产多门类动、植物化石。各岩石地层单位分述如下。

三尖铺组　J_3s　(06-34-9009)

【创名及原始定义】　杨志坚（1959）创名于霍山县三尖铺。指火山岩系黑石渡组之上，凤凰台组砾岩之下的砖红色砂岩，时代为白垩纪。

【沿革】　安徽328地质队(1961)① 据霍山团山寨剖面,提出三尖铺组和凤凰台组均位于火山岩之下。《安徽地层志》(1988c)恢复三尖铺组位于火山岩之上的地层层序。安徽区调队(1992b)据三尖铺东大园剖面,提出三尖铺组位于火山岩系黑石渡组之下的地层层序。本书采用安徽区调队(1992b)的意见。

【现在定义】　指金寨—霍山地区，不整合于前侏罗纪地层之上，整合于凤凰台组或火山岩系之下的紫红色具白色条带的细粒石英长石砂岩、长石石英砂岩，底部为红色砂砾岩。

【层型】　正层型为霍山县三尖铺剖面(31°29′,116°22′),安徽区调队(1974)重测。

上覆地层：凤凰台组　红色巨厚层砾岩

——————— 整　合 ———————

三尖铺组	总厚度＞1 683.33 m
12. 紫红色厚层中粗粒石英长石砂岩。具有条带构造，交错层理较发育	83.31 m
11. 紫红色中—薄层细粒石英长石砂岩。条带构造明显，交错层理发育	134.12 m
10. 紫红色细粒石英长石砂岩	213.20 m
9. 紫红色厚层中细粒石英长石砂岩。具有条带构造，交错层理发育	128.08 m
8. 紫红色中—厚层细粒石英长石砂岩	177.00 m

① 安徽省地质局328地质队,1961,安徽省合肥坳陷石油普查中新生界地层层序研究报告(内部资料)。

7. 紫、紫红色中—厚层中细粒石英长石砂岩夹薄层砾岩　133.27 m

6. 紫红色中—厚层细粒长石砂岩　186.08 m

5. 紫红色中—厚层细粒长石砂岩。具条带构造，交错层理十分发育　202.04 m

4. 紫色厚层细粒长石石英砂岩与灰黄色厚层细粒长石石英砂岩互层。含钙质结核，条带构造明显，交错层理较发育　257.23 m

3. 掩盖　120.78 m

2. 紫色中层细粒长石石英砂岩，紫红色中层细粒石英长石砂岩夹薄层砾岩。具条带构造　41.86 m

1. 下部红色厚层砂砾岩夹紫色中厚层中细粒长石石英砂岩；上部为紫色中—厚层中细粒长石石英砂岩。(未见底)　>21.88 m

【地质特征及区域变化】　三尖铺组为氧化环境河流相紫红色砂岩沉积，具大型交错层理及红、白相间条带，底部为冲积扇相砾岩，厚 1 800～2 700 m。该组底面相当于燕山运动Ⅰ幕之不整合面，故三尖铺组可与该不整合面之上的肥西周公山组、河南朱集组、沿江红花桥组对比，时代为晚侏罗世。

凤凰台组　J_3f　(06-34-9010)

【创名及原始定义】　杨志坚 (1959) 创名于六安市凤凰台。指三尖铺组砂岩之上的一套砾岩，时代为白垩纪。

【沿革】　华东石油局108队(1961)[1]将金寨—六安红桥一带三尖铺组砂岩之上的部分凤凰台组砾岩称红桥组，安徽区调队(1974b)将红桥组、凤凰台组合并称凤凰台组，时代为中侏罗世。安徽地层志(1988d)将原红桥组作为红桥组下段，白大畈组(安徽区调队，1974b)为红桥组上段，将“红桥组”时代置于第三纪。安徽区调队(1992b)改“红桥组下段”为凤凰台组，时代为晚侏罗世。本书沿用安徽区调队(1992b)凤凰台组的含义。

【现在定义】　指整合于三尖铺组之上红色巨厚层砾岩夹紫红、红色石英长石砂岩、砂岩凸镜体。未见顶。

【层型】　正层型为六安市张家店凤凰台剖面(31°29′，116°30′)，安徽区调队(1974b)重测。

凤凰台组　总厚度>1 704.29 m

6. 红色中—厚层砾岩夹红色中—薄层砂岩凸镜体，向上渐变为红色薄层细砾岩。(未见顶)　>173.70 m

5. 红色巨厚层砾岩　146.50 m

4. 红色巨厚层砾岩，分选性较好　1 015.82 m

3. 红色巨厚层砾岩夹紫红色中层中粗粒石英长石砂岩凸镜体　86.78 m

2. 红色巨厚层砾岩　159.32 m

1. 红色巨厚层砾岩夹紫红色中层中粗粒石英长石砂岩凸镜体　122.17 m

——— 整　合 ———

下伏地层：三尖铺组　紫红色砾岩、中粗粒石英长石砂岩

【地质特征及区域变化】　凤凰台组为氧化环境冲积扇相沉积的红色厚层砾岩、砂砾岩，

---

[1] 华东石油勘探局综合研究大队108队，1961，合肥盆地地质综合研究报告(内部资料)。

厚 1 704～3 000 m。该组一段位于三尖铺组之上，局部与三尖铺组呈相变关系。时代为晚侏罗世。

毛坦厂组　J_3m　(06－34－9011)

【创名及原始定义】　杨志坚(1959)创名。指六安市毛坦厂大鸡鸣岭附近火山岩地层。

【沿革】　安徽区调队(1992b)限白大畈组(安徽区调队，1974b)粗面质岩之下的中性火山岩为毛坦厂组。本书沿用毛坦厂组。

【现在定义】　指金寨—霍山地区灰、灰绿、紫灰色安山质、粗安质火山岩。底不整合于大别山杂岩之上，未见顶(区域上与上覆白大畈组为整合接触)。

【层型】　正层型为六安市毛坦厂镇大鸡鸣岭剖面(31°23′，116°33′)，安徽区调队(1974b)重测。

毛坦厂组	总厚度＞632.32 m
10. 紫灰、浅紫红色块状角闪粗安岩。(未见顶)	＞223.93 m
9. 灰、灰紫色块状粗安质熔岩角砾岩	30.82 m
8. 灰、灰黄色厚层安山质凝灰角砾岩、集块角砾岩	33.32 m
7. 灰、灰绿色厚层安山质角砾集块岩夹有紫红色凸镜状凝灰质砂岩	10.43 m
6. 灰、灰绿色厚层安山质角砾集块岩，其顶部有一层 0.1 m 厚紫红色凝灰质粉砂岩	22.02 m
5. 灰色厚层安山质含集块凝灰角砾岩	9.87 m
4. 灰、灰绿色厚层安山质凝灰角砾岩，其底部为凝灰岩，偏顶部为紫红色凝灰质砂岩	22.43 m
3. 灰、紫灰色中—厚层安山质凝灰角砾岩，其顶部为紫红色凝灰质砂岩	95.04 m
2. 灰、灰绿色厚层安山质凝灰角砾岩，夹紫红色薄层凝灰质砂岩，凝灰角砾岩	121.03 m
1. 灰、灰紫、灰绿色中—厚层安山质凝灰角砾岩，夹薄层细凝灰岩、凝灰质砂岩互层	63.43 m

～～～～～～～～ 不　整　合 ～～～～～～～～

下伏地层：**大别山杂岩**　灰黄、肉红色碎裂化均质混合岩

【地质特征及区域变化】　毛坦厂组为氧化—半还原环境的火山喷发岩夹滨湖相沉积岩，一般底部为安山质凝灰角砾岩，厚 150～1 033 m。在霍山县诸佛庵镇一带，该组上与白大畈组整合接触。所产双壳类 *Ferganoconcha lingyuanensis*，*Corbicula*，*Sphaerium jeholense*；叶肢介 *Eosestheria*，腹足类 *Probaicalia* 及介形类、植物等，为我国热河生物群常见分子。时代为晚侏罗世。

白大畈组　J_3bd　(06－34－9012)

【创名及原始定义】　安徽区调队(1974b)创名。指金寨白大畈地区之粗面质熔结凝灰岩。时代为晚侏罗世。

【沿革】　安徽地层志(1988d)将白大畈组作为红桥组上段，时代为古新世。安徽区调队(1992b)将白大畈组改称白云庵组，与白大畈组相当，时代为晚侏罗世。本书统称红桥组上段、白云庵组为白大畈组。

【现在定义】　指金寨—霍山地区整合于毛坦厂组安山质、粗安质火山岩之上(或与凤凰台组平行不整合)的紫红、紫灰色粗面质火山岩系，与上覆地层响洪甸组为平行不整合接触(或与戚家桥组不整合接触)。

【层型】 正层型为金寨县白大畈剖面(31°44′,116°02′),安徽区调队(1974b)测制。次层型为霍山县诸佛庵镇豹子崖—芦家冲剖面(31°25′,116°10′),安徽区调队(1992b)测制。正层型剖面如下:

上覆地层:**戚家桥组** 灰、暗紫红色中—厚层砾岩与砂岩互层

～～～～～～～～ 不 整 合 ～～～～～～～～

白大畈组	总厚度 496.80 m
4. 灰、浅紫灰色粗面质熔岩角砾岩	18.87 m
3. 浅紫灰、黄褐色粗面质玻屑、晶屑熔结凝灰岩	311.11 m
2. 紫红色块状粗面质晶屑凝灰岩	166.82 m

－－－－－－－ 平行不整合 －－－－－－－

下伏地层:**凤凰台组** 紫红色块状砾岩,夹中—薄层砂岩

霍山县诸佛庵镇豹子崖—芦家冲剖面

上覆地层:**黑石渡组** 灰紫色厚层凝灰质细砂岩

———————— 整 合 ————————

响洪甸组	总厚度 240.30 m
15. 灰、灰白色含似长石、碱性长石粗面质凝灰岩、凝灰熔岩夹紫红色凝灰质砂岩、粉砂岩、砂砾岩	74.60 m
14. 紫红色凝灰质粉砂岩,凝灰质砾岩	19.01 m
13. 紫灰、浅灰色气孔、杏仁白榴石玄武质集块岩,普遍碳酸盐化	53.15 m
12. 灰紫、青灰色块状气孔、杏仁碱性橄榄玄武岩、白榴石玄武岩	93.54 m

－－－－－－－ 平行不整合 －－－－－－－

白大畈组	总厚度 122.52 m
11. 紫灰、灰黄色块状黑云母粗面岩	20.65 m
10. 灰紫色块状粗面质集块岩、角砾集块岩	58.28 m
9. 灰紫色凝灰质砂砾岩	0.59 m
8. 浅红、肉红色粗面质凝灰岩(或沉凝灰岩),颗粒分选排列而显层理	0.19 m
7. 灰紫色块状粗面质凝灰熔岩,下部具角砾	22.16 m
6. 紫红色凝灰质粉砂岩,含砾粉砂岩	2.16 m
5. 紫灰色块状凝灰质粉砂岩	8.04 m

———————— 整 合 ————————

毛坦厂组	总厚度＞170.05 m
4. 深灰色块状粗安岩,局部含喷发碎屑,下部与粗安斑岩过渡	28.14 m
3. 灰紫、灰绿色安山质凝灰岩	46.88 m
2. 灰紫色凝灰角砾岩、凝灰质砾岩、凝灰质粉砂岩	80.95 m
1. 灰紫、灰绿色凝灰质粉砂岩。(未见底)	＞14.08 m

【地质特征及区域变化】 该组在正层型处金寨白大畈及白云庵一带为粗面质、石英安山质熔结凝灰岩,以底部凝灰质砂、砾岩与凤凰台组砾岩平行不整合接触,上被戚家桥组不整合覆盖,厚 497 m。霍山诸佛庵为粗面质岩及凝灰质砂、砾岩,整合于毛坦厂组之上,平行不整合于响洪甸组之下,厚 100～123 m。舒城晓天黄石滩为粗面质凝灰岩,整合于毛坦厂组之上,平行不整合于晓天组之下,厚 89 m。金寨青山、古碑一带为英安质、流纹质、粗面质火

山岩夹凝灰质砂岩，以底部凝灰质砂岩与毛坦厂组整合接触，上未见顶，厚 320 m～1 180 m。白大畈组黑云粗面岩黑云母 K－Ar 法年龄值为 124 Ma，时代属晚侏罗世。

响洪甸组　K_1xh　(06－34－9014)

【创名及原始定义】　安徽区调队(1992b)创名于金寨县响洪甸。指金寨响洪甸地区的碱性火山岩。时代为早白垩世。

【沿革】　安徽区调队(1992b)在进行 1：5 万响洪甸幅区调工作中命名，沿用至今。

【现在定义】　指下段为碱性玄武岩、碱玄质响岩夹碱性粗面岩及凝灰质砂砾岩；上段为假白榴石响岩质集块岩、熔结角砾岩、碱性粗面岩夹凝灰质砂岩。下未见底，上被含假白榴石碱性粗面质集块岩所覆。区域上，底部以凝灰质砂、砾岩与白大畈组平行不整合接触，上与黑石渡组为整合接触。

【层型】　正层型为金寨县响洪甸水电站剖面(31°35′,116°10′)，次层型为霍山县诸佛庵豹子崖—芦家冲剖面(31°25′,116°10′)(参见白大畈组剖面描述)，均为安徽区调队(1992b)测制。响洪甸水电站剖面如下：

响洪甸组	总厚度＞514.35 m
11. 灰紫色假白榴石响岩质集块岩（附近见被灰红色含假白榴石碱性粗面质集块岩所覆）	40.01 m
10. 肉红色假白榴石碱性粗面岩	32.62 m
9. 灰紫色假白榴石响岩质角砾岩	94.26 m
8. 灰紫、浅红色含白榴石碱性粗面质角砾熔岩	9.15 m
7. 灰紫、青灰色响岩质熔结角砾岩	27.07 m
6. 灰绿、紫红杂色响岩质熔结角砾岩	30.49 m
5. 灰紫色含假白榴石碱性粗面岩	52.34 m
4. 肉红色假白榴石响岩，夹含假白榴石碱性粗面岩	64.52 m
3. 灰紫、灰绿色响岩质熔结角砾岩	104.89 m
2. 紫灰色含假白榴石碱性粗面岩	3. 50 m
1. 灰绿、灰紫色含假白榴石碱性粗面质角砾岩，浅肉红色假白榴石碱性正长岩。（未见底）	＞55.50 m

【地质特征及区域变化】　该组在霍山豹子崖，下段为碱性玄武岩夹砖红色凝灰质砂、砾岩，底部以凝灰质砂、砾岩与白大畈组呈平行不整合接触，厚 147 m；上段为碱性粗面岩，粗面质凝灰岩夹凝灰质砂、砾岩，上被黑石渡组整合覆盖，厚 94 m。响洪甸组火山岩自碱性玄武岩向假白榴石响岩演化。下段碱性玄武岩可与庐枞双庙组对比，上段假白榴石响岩、碱性粗面岩可与庐枞地区浮山组、宁芜地区娘娘山组对比。时代为早白垩世。

黑石渡组　K_1h　(06－34－9015)

【创名及原始定义】　杨志坚(1959)创名。指霍山县黑石渡地区火山岩之上的凝灰质砂、砾岩。

【沿革】　安徽 328 地质队(1961)将“霍山组”并入黑石渡组。《安徽地层志》(1988b)自下而上分黑石渡组为“黑石渡组”、“石八塔组”、“下符桥组”。安徽区调队(1992b)将“石八塔组”、

“下符桥组”合并为下符桥组，限石八塔组之下的“黑石渡组”为黑石渡组。本书采用安徽区调队(1992b)的黑石渡组。

【现在定义】 指金寨—霍山地区，平行不整合于白大畈组之上(区域上整合于响洪甸组火山岩之上，见白大畈组次层型剖面)，整合于下符桥组暗红色砂、砾岩之下的一套紫红、灰绿等杂色凝灰质砂、砾岩。

【层型】 正层型为霍山县黑石渡剖面(31°23′,116°13′)，安徽区调队(1974b)重测。

上覆地层：下符桥组 紫红色砾岩、砂砾岩、细砂岩

——————— 整 合 ———————

黑石渡组	总厚度 409.37 m
8. 紫红色厚层砂岩	17.44 m
7. 灰绿、黄绿、紫色中—薄层砂砾岩，钙质石英细砂岩与暗绿、紫色薄层泥质粉砂岩、页岩互层，产植物化石碎片	61.86 m
6. 暗紫、灰绿、黄绿色中—薄层砂岩，泥质粉砂岩，含植物碎片	160.21 m
5. 暗紫红、紫褐色凝灰质砾岩、粗砂岩与紫褐色薄—厚层细砂岩、粉砂岩互层	108.16 m
4. 暗紫、紫红色中—厚层凝灰质砂砾岩、条带状砂岩与紫褐色砂岩、粉砂岩互层	61.70 m

－－－－－－－ 平行不整合 －－－－－－－

下伏地层：白大畈组	
3. 暗紫、紫红色中—厚层粗面质角砾岩，向上则为紫灰色粗面质玻屑熔结凝灰岩	52.98 m

【地质特征及区域变化】 黑石渡组为氧化—弱还原环境滨湖相火山碎屑沉积岩，厚 110～410 m。产双壳类 *Ferganoconcha*, *Pseudocardinia*, *Sphaerium*, *Nakamuranaia*；叶肢介 *Yanjiestheria* 及腹足类、介形类、植物等化石，为晚中生代“热河生物群”晚期群落常见分子。时代为早白垩世。

下符桥组 $K_{1-2}xf$ (06-34-9016)

【创名及原始定义】 安徽地矿局(1987)创名于霍山县下符桥。指分布于金寨、霍山一带的棕红、暗紫色砂岩、砾岩。

【沿革】 安徽区调队(1992b)将“石八塔组”并入“下符桥组”，统称下符桥组。本书沿用。

【现在定义】 指金寨—霍山地区，平行不整合于三尖铺组之上(区域上整合于黑石渡组杂色砂岩、砂砾岩之上)的紫红、暗红色凝灰质含砾砂岩、砾岩、砂岩，上未见顶。

【层型】 正层型为霍山县下符桥剖面(31°28′,116°20′)，安徽区调队(1974b)测制。

下符桥组	总厚度>838.08 m
17. 暗紫灰色中—薄层凝灰质砾岩、含砾砂岩与紫红色中—薄层凝灰质砂岩互层。(未见顶)	>25.25 m
16. 暗紫色中层凝灰质含砾砂岩与紫红色中—薄层凝灰质砂岩互层	39.56 m
15. 灰、暗紫色中—厚层凝灰质含砾砂岩、铁钙质粉砂岩互层	29.35 m
14. 灰、暗紫色中—薄层凝灰质含砾砂岩、砂岩与暗紫、紫红色薄层凝灰质砂岩、钙质粉砂岩互层	109.85 m
13. 灰、暗紫色中—厚层铁钙质凝灰质砾岩，含砾砂岩与暗紫色中—薄层凝灰质砂岩	

互层 67.74 m

12. 灰、暗紫色中层凝灰质砾岩、含砾砂岩与暗紫色薄层铁钙质凝灰质砂岩互层 48.20 m

11. 紫红色中—薄层凝灰质铁质砂岩、粉砂岩夹灰色薄层凸镜状凝灰质砾岩 85.44 m

10. 暗紫色薄—中层凝灰质铁质含砾砂岩与暗紫、紫红色中层凝灰质铁质砂岩互层 121.44 m

9. 紫红色中层铁质砂岩夹灰、暗紫色中—薄层凝灰质砾岩，含砾砂岩 29.54 m

8. 暗紫色中—薄层凝灰质砾岩、含砾砂岩与紫红色中层中细粒凝灰质砂岩互层 22.06 m

7. 暗紫色中—厚层凝灰质砾岩、含砾砂岩与紫红色中—薄层细粒凝灰质砂岩互层 79.95 m

6. 暗紫色中层凝灰质砾岩、含砾砂岩 30.70 m

5. 紫灰色中层凝灰质砾岩、含砾砂岩与紫红色中层中粒凝灰质砂岩互层 28.60 m

4. 暗紫红色中层凝灰质含砾砂岩夹暗紫红色薄层凝灰质砂砾岩 59.12 m

3. 红色铁质长石石英细砂岩 22.58 m

2. 暗紫红色中层砾岩夹红色砂砾岩 6.30 m

1. 红、棕红色中层砾岩 32.40 m

——————— 平行不整合 ———————

下伏地层：**三尖铺组** 浅紫灰色薄层长石石英砂岩

【地质特征及区域变化】 下符桥组为氧化环境滨湖相(局部为冲积扇相)沉积，在霍山县下符桥、团山寨三尖铺东大园地区平行不整合于三尖铺组之上，厚度大于 838 m。黑石渡地区厚度大于 437 m。局部可能为黑石渡组同期异相产物。据岩性及层序，下符桥组可与淮河南岸邱庄组、沿江浦口组对比，时代为早白垩世晚期至晚白垩世早期。

晓天组 $K_{1-2}x$ (06-34-9023)

【创名及原始定义】 安徽 327 地质队(1973)创名，313 地质队(1977)[①] 介绍。指舒城晓天盆地一套灰绿色页岩。

【沿革】 杨志坚(1959)曾将这套地层划归黑石渡组上段。1989 年，河南石油局、西北大学将“黑石渡组”自下而上分为“黑石渡组”、“锦湾组”、“晓天组”。本书将晓天地区的“黑石渡组”、“锦湾组”、“晓天组”合并统称为晓天组。

【现在定义】 指舒城县晓天地区粗面质火山岩之上的青灰、黄绿色砂、页岩夹凝灰质砂、砾岩(未见顶、底)。

【层型】 正层型为舒城县晓天剖面(31°11′，116°32′)，安徽区调队(1974b)测制。

晓天组 总厚度＞1 169.58 m

34. 黄绿色含砾凝灰质中粗粒砂岩。产介形类 *Cypridea* sp.，*Damonella zhejiangensis*，*Lycopterocypris* sp.；双壳类 *Sphaerium* sp.，*Nakamuranaia* sp.。(未见顶) ＞3.55 m

33. 黄绿色页片状页岩。产植物 *Brachyphyllum* sp. 18.38 m

32. 青灰色薄层页岩，上部为薄层钙质页岩，发育波痕、泥裂。产介形类 *Cypridea* sp.；双壳类 *Sphaerium*? sp.，*S. pujiangense* 35.65 m

31. 黄褐色中厚层状中细粒砂岩 13.85 m

30. 青灰、灰白色钙质页岩夹粉砂岩。产植物 *Schizolepis* sp.，*Pagiophyllum* sp.；介形类 *Damonella zhejiangensis*，*Cypridea* sp.，*Lycopterocypris* sp.；双壳类 *Sphaeri-*

① 安徽省地质局 313 地质队 1977，1：5 万磨子潭—晓天地区综合普查报告(内部资料)。

um anderssoni, *S. pujiangense*, *S. haerium jeholense*, *S.* sp. ; *Ferganoconcha* sp. , *Tutuella* sp. , *Nakamuranaia* cf. *elongata* 165.22 m

29. 黄绿色页片状页岩 20.25 m

28. 青灰、黄绿色薄层页岩，夹粉砂岩、粉砂质页岩、砂岩。产植物 *Desmiophyllum* sp. , *Carpolithus*, *Otozamites* sp. ; 介形类 *Cypridea* sp. ; 双壳类 *Sphaerium* sp. , *S.* cf. *subplanum*, *S.* cf. *selenginense*, *S. inflatum*. *S.* cf. *pujiangense* 53.28 m

27. 黄绿色中厚层状中粒凝灰质砂岩，夹青灰色薄层页岩。产植物 *Coniopteris* sp.; 介形类 *Cypridea* sp. , *C.* (*Cypridea*) *shouchangensis*, *Damonella* sp. , *D. zhejiangensis*, *Darwinula* sp. , *D. oblonga*, *Lycopterocypris* sp. , *Rhinocypris* sp. ; 双壳类 *Sphaerium* sp. , *S.* cf. *pujiangense*, *Nakamuranaia* sp. , *N.* cf. *chingshanensis*, *N.* cf. *subrotunda* 11.19 m

26. 青灰色薄层叶片状页岩夹黄绿色页岩、中厚层砂岩。产植物 *Pagiophyllum* sp.; 介形类 *Cypridea* sp. , *Damonella* sp. 43.70 m

25. 黄绿色页片状页岩夹青灰色薄层状页岩。产植物 *Desmiophyllum* sp. , *Pagiophyllum* sp. , *Carpolithus* sp. 43.28 m

24. 青灰色薄层叶片状页岩夹黄绿色页岩、中厚层粗砂岩。产植物 *Pagiophyllum* sp. ; 叶肢介 *Orthestheria* sp. , *Yanjiestheria* cf. *sinensis*, *Y. chekiangensis*, *Y.* ? *yumenensis*, *Y.* cf. *hanhsiaensis*, *Y.* sp. , *Eosestheria xichongwanensis*, *Orthestheria* cf. *intermedia*, *Diestheria* sp. ; 双壳类 *Sphaerium* sp. , *S.* cf. *pujiangense*, *S.* cf. *jeholense*, *S.* cf. *inflatum* 和鱼化石碎片 72.95 m

23. 黄绿色中厚层状粉砂岩、粉砂质页岩，夹青灰色页岩、黄绿色页岩和细砂岩。产植物 *Coniopteris* sp. , *Cladophlebis* sp. ; 介形类 *Damonella yonkangensis*, *Darwinula zhejiangensis*, *Cypridea* sp. , *C.* (*Cypridea*) *shouchangensis*, *Djungarica* sp. ; 双壳类 *Sphaerium* sp. , *Nakamuranaia* sp. , *N.* cf. *chingshanensis*, *N.* cf. *zhejiangensis* 15.08 m

22. 青灰色薄层页岩、黄绿色叶片状页岩夹粉砂岩 72.50 m

21. 掩盖 60.00 m

20. 黄绿、青灰色薄层页岩。产植物 *Otozamites* sp. , *Pagiophyllum* sp. , *Brachyphyllum* sp. 7.06 m

19. 黄绿色页片状页岩 17.39 m

18. 青灰色叶片—薄层状页岩夹青灰色粉砂质泥质灰岩、粉砂质页岩、粉砂岩。产植物 *Otozamites* cf. *klisteinii*, *Pagiophyllum* sp. 35.93 m

17. 青灰色薄层页岩。产植物 *Otozamites* sp. , ? *Pagiophyllum* sp. 1.64 m

16. 青灰色薄层页岩夹泥质粉砂岩、粉砂质泥岩。具有龟裂纹 19.55 m

15. 灰黑、黄褐色薄层页岩夹泥质页岩、泥灰岩凸镜体。产植物 *Schizolepis* sp. , *Brachyphyllum* cf. *obesum* 0.13 m

14. 青灰色薄层页岩夹泥灰岩凸镜体，产植物化石碎片 2.54 m

13. 黄绿色薄层泥质页岩夹青灰色页岩 2.76 m

12. 灰白、黄褐、灰黑色薄层页岩夹碳质页岩、泥灰岩 36.87 m

11. 黄褐、青灰色叶片状钙质泥质页岩夹青灰色泥灰岩凸镜体。产植物 *Otozamites* cf. *ribeiroanus*, *Brachyphyllum* sp. , *Cupressinocladus* sp. 17.37 m

10. 青灰、黄绿色薄层泥质页岩夹灰黄色粉砂岩、青灰色泥灰岩凸镜体 39.80 m

9. 青灰、黄绿色薄层页岩，泥质页岩夹青灰色泥灰岩凸镜体。产植物 *Brachyphyllum* sp. 4.11 m

8. 青灰、黄绿色叶片状页岩夹灰黄色中层砂岩、青灰色泥灰岩凸镜体　170.54 m
7. 棕黄色厚层凝灰质砾岩，夹青灰色薄层页岩　17.69 m
6. 青灰、黄绿色薄层页岩，夹粉砂岩和青灰色泥灰岩凸镜体　22.88 m
5. 棕黄色厚层凝灰质砾岩　2.67 m
4. 青灰、黄绿色叶片状页岩夹泥质粉砂岩和青灰色泥灰岩凸镜体　90.23 m
3. 棕黄色厚层凝灰质砾岩、含砾砂岩　1.02 m
2. 青灰、黄绿色薄层泥质页岩夹黑色页岩。产植物化石碎片　38.98 m
1. 棕黄色中—厚层凝灰质砾岩夹青灰色叶片状页岩，下部为青灰色薄层页岩夹灰黄、青灰色中薄层砂岩。(未见底)　>11.54 m

【地质特征及区域变化】 晓天组分布于舒城晓天盆地，为弱还原环境滨湖—浅湖相（边缘夹杂冲积扇相）沉积，其下部为凝灰质砂、砾岩，厚 189 m；中部为砂、页岩夹凝灰质砂、砾岩，厚 572 m；上部为砂、页岩，厚 560 m。所产双壳类 *Nakamuranaia*；叶肢介 *Yanjiestheria*，*Neodiestheria* 及介形类、植物等为晚中生代热河生物群晚期群落常见分子，时代属早白垩世晚期至晚白垩世早期。层位相当于霍山黑石渡组或黑石渡组加下符桥组。

戚家桥组　K_2q　(06-34-9013)

【创名及原始定义】 杨志坚（1959）创名于六安市戚家桥。指六安市石婆岭—戚家桥—双河镇一带红色松散砂、砾岩，时代为老第三纪。

【沿革】 从创名始，沿用至今。

【现在定义】 指金寨—霍山地区北部不整合于白大畈组之上的砖红色松散砂砾岩、含砾粗砂岩。上未见顶。

【层型】 创名时未指定正层型剖面，本书指定六安市黄家窑剖面为选层型剖面（31°37′，116°17′），安徽区调队（1974b）测制。

戚家桥组　总厚度>1 783.13 m
6. 紫红色厚层细粒钙质长石砂岩，夹薄层含砾粗砂岩。(未见顶)　>98.00 m
5. 砖红色中—厚层砂砾岩，夹中—薄层含砾粗砂岩，泥质含砂粉砂岩　215.60 m
4. 砖红色巨厚层含砾粗砂岩，夹浅砖红色砂砾岩　612.85 m
3. 掩盖　491.15 m
2. 砖红色中—薄层含砾粗砂岩与砂砾岩互层　342.76 m
1. 砖红色厚层砂砾岩　22.77 m

~~~~~~~~~ 不 整 合 ~~~~~~~~~

下伏地层：**白大畈组**　浅紫灰色中—厚层粗面质凝灰岩和凝灰质角砾岩

【地质特征及区域变化】 该组为氧化环境冲积扇相砖红色砂、砾岩，普遍含钙或钙质结核，以底部砾岩与白大畈组不整合接触，上未见顶，六安黄家窑厚度大于 1 783 m，金寨白大畈厚度大于 607 m。据层序、岩性，戚家桥组可与河南周家湾组、苏皖南部赤山组、定远张桥组等对比，时代为晚白垩世晚期。

象山群　$J_{1-2}X$　(06-34-9020)

【创名及原始定义】 原名象山层，李毓尧、李捷、朱森(1935)创于江苏省南京栖霞南象
~~~~~~~~~

山—北象山。为厚层粗砂岩与砂质页岩及粘土页岩相间而成，本层之下部，常夹薄煤层，底部具砾岩一层，与较古老地层呈不整合，厚度800公尺。含植物化石等，属下侏罗纪。

【沿革】 安徽境内象山群主要分布于沿江地区，其曾用过的地层名称繁多，李毓尧(1930)称东关岭系，谢家荣(1931)、谢家荣等(1935)称采石系、毛岭系，程裕淇等(1935)将庐江地区的象山群称钟子山层。安徽区调队(1970)将怀宁地区的象山群下部称武昌组，上部称自流井组。后将下部改称磨山组、上部称罗岭组(安徽区调队,1981,1988b;安徽地矿局,1987)。陆伍云等(1985)依据含山地区彭庄剖面，将象山群的下部称象山群，上部创名含山组。黄其胜(1988)称象山群下部为武昌组、上部为含山组。本书将安徽沿江地区的象山群划分上下两部分：下部称钟山组，上部称罗岭组。

【现在定义】 平行不整合于范家塘组或黄马青组之上，不整合于西横山组或龙王山组之下的一套碎屑岩，自下而上分钟山组、北象山组(安徽省称北象山组为罗岭组)。

钟山组 J_1z (06-34-9021)

【创名及原始定义】 原名钟山层，刘季辰、赵汝钧(1924)创于江苏省南京钟山。原始定义：直接于上石灰岩之上者，为紫色之页岩、砂质页岩及砂岩，之上为石英砾岩、石英质砂岩及页岩间煤层，块状黄色砂岩及粗砾岩。含植物化石，厚度1 800公尺。时代为下侏罗纪。

【沿革】 安徽区调队(1981,1988b)、安徽地矿局(1987)曾称磨山组。本书将安徽下扬子区象山群下部统称为钟山组。

【现在定义】 下部灰白色厚层石英砾岩、含砾石英岩状砂岩；中部灰黄色薄—中层粉砂岩、页岩夹薄煤层；上部黄褐色中薄层长石石英砂岩，夹粉砂质页岩。含植物及双壳类化石。底以石英砾岩或含砾石英砂岩与下伏范家塘组灰色砂岩或黄马青组紫色粉砂岩平行不整合接触，顶以黄褐色中细粒长石石英砂岩与上覆北象山组暗紫色中薄层泥质粉砂岩整合接触。

【层型】 正层型在江苏省南京市。省内次层型为怀定县拉犁尖剖面(34-9021-4-1,30°40′,116°55′),安徽326地质队(1966)测制。

【地质特征及区域变化】 省内该组岩性主要为灰白、灰黄、灰绿、灰黑色细砂岩、粉砂岩、粉砂质页岩、碳质页岩，砂岩和页岩中夹凸镜状煤层，底部夹几层区域上比较稳定的砾岩、砂砾岩和含砾砂岩。在马鞍山地区与下伏黄马青组呈平行不整合接触，厚410～989 m；在怀宁地区与下伏范家塘组为平行不整合接触，厚100～704 m；庐枞地区厚649～1 174 m。富产植物 *Ptilophyllum contiguum*，*Coniopteris*，*Todites princeps* 及双壳类 *Pseudocardinia kweichouensis*，*Tutuella* 等化石。时代为早侏罗世。

罗岭组 J_2l (06-34-9022)

【创名及原始定义】 安徽区调队(1981)创名于桐城县罗岭。指庐江—怀宁象山群上部的紫红、杂色砂、泥岩。

【沿革】 自创名始，沿用至今。本书罗岭组仅相当于安徽区调队(1981)建的罗岭组的下段。

【现在定义】 指马鞍山、怀宁地区钟山组与西横山组之间的紫红、杂色砂、泥岩夹砾岩。与下伏地层钟山组为整合接触，与上覆地层西横山组为平行不整合接触。

【层型】 正层型为桐城县罗岭西南之怀宁县五横乡白林尖剖面(30°39′，116°59′)，安徽区调队(1981)测制。

上覆地层：西横山组　灰白色粗粒含砾岩屑石英砂岩

——————— 平行不整合 ———————

罗岭组	总厚度>1 017.23 m
26. 灰色中厚层状泥质细砂粉砂岩，局部含有凝灰物质	86.87 m
25. 灰白色中层状中细粒泥质长石砂岩	6.92 m
24. 暗紫红色薄层状粉砂质页岩与黄绿色薄层状泥质粉砂岩互层	127.50 m
23. 暗紫红色薄层状粉砂岩夹细粒长石石英砂岩，本层底部有闪长玢岩侵入	38.62 m
22. 黄绿色薄层状砂质页岩夹灰紫色薄层状粉砂岩	24.89 m
21. 暗紫红色薄层状页岩	34.97 m
20. 灰白色中薄层状细粒泥质长石砂岩	4.04 m
19. 暗紫红色薄层状粉砂质页岩夹黄绿色薄层状粉砂质页岩、粉砂岩	30.11 m
18. 黄褐色中薄层状细粒泥质长石砂岩	10.89 m
17. 灰紫色薄层状泥质粉砂岩夹黄绿色薄层状泥质粉砂岩，灰白色细粒长石砂岩	178.46 m
16. 黄绿色薄层状泥质粉砂岩	14.59 m
15. 灰白色厚层状细粒泥质长石砂岩	7.29 m
14. 黄绿、灰绿夹灰紫色中薄层状泥质粉砂岩，局部夹粉砂质泥岩。泥岩中产丰富的双壳类 *Lamprotula*（*Eolamprotula*）*cremeri*，*L.*（*E.*）sp.，*Cuneopsis sichuanensis*，*C.* sp.，*Psilunio* sp.，*Pseudocardinia kweichouensis*，*P.* sp.	46.80 m
13. 灰紫色夹黄绿、暗紫红色薄层状泥质砂岩	77.16 m
12. 灰紫、暗紫红色夹黄绿色薄层状粉砂质页岩	133.41 m
11. 暗紫红色薄层状页岩与黄绿色薄层状页岩互层	11.97 m
10. 暗紫红色薄层状含粉砂质页岩	46.47 m
9. 黄绿色薄层状泥质粉砂岩	16.52 m
8. 灰白色薄层状中细粒长石石英砂岩	3.95 m
7. 黄绿色薄层状粉砂岩夹紫红色泥质粉砂岩	13.66 m
6. 紫红色薄层状含粉砂质页岩夹黄绿色薄层状粉砂质页岩	21.98 m
5. 灰白色薄层状中细粒石英砂岩	14.75 m
4. 灰黄、黄褐色薄层状泥质粉砂岩	4.96 m
3. 紫红色薄层状含粉砂质页岩，黄绿色薄层状页岩。产双壳类 *Lamprotula*（*Eolamprotula*）sp.，*Cuneopsis sichuanensis*；植物 *Radicites* spp.	26.07 m
2. 黄褐色薄层状泥质粉砂岩	8.23 m
1. 灰白色厚层状粗粒石英砂岩，底部夹数层不稳定的燧石石英砾岩	26.15 m

——————— 整　合 ———————

下伏地层：钟山组　灰白色薄层状粉砂质页岩

【地质特征及区域变化】　罗岭组为紫红色砂、泥岩夹灰白色中、粗粒砂岩及砂砾岩，上部夹泥灰岩，底部以含砾砂岩或砂砾岩与钟山组整合接触，上被西横山组平行不整合覆盖。厚100～1 000 m。产双壳类 *Lamprotula*（*Eolamprotula*）*cremeri*，*Pseudocardinia kweichouensis*，*Cuneopsis sichuanensis*，*Psilunio sinensis*；叶肢介 *Paranestoria*；植物 *Onychiopsis*，*Pseudofrenelopsis* 等化石。时代为中侏罗世。

红花桥组　J_3h　（06－34－9024）

【创名及原始定义】　安徽区调队（1977a）创名于滁州市红花桥水库。指滁州市黄石坝盆地中生代火山岩系底部的红色碎屑岩。

【沿革】 南京大学地质系、皖冶金811地质队(1973)① 称滁州黄石坝盆地中生代火山岩系为黄石坝群，安徽区调队(1977b)称其底部“红层”为红花桥组，而将其上部的火山岩称为黄石坝组。本书沿用红花桥组，采用安徽区调队(1977b)红花桥组的含义。

【现在定义】 指滁州地区不整合于琅玡山组之上、平行不整合于龙王山组火山岩系之下的灰、紫红、灰黄色粗碎屑岩、凝灰质细碎屑岩。

【层型】 正层型为滁州市红花桥水库剖面(32°17′00″,118°14′00″),安徽区调队(1977b)测制。

上覆地层：**龙王山组** 暗紫、紫红、灰白色安山质角砾凝灰岩、安山质岩屑晶屑凝灰岩

——————— 平行不整合 ———————

红花桥组	总厚度>262.40 m
9. 灰黄、黄绿色薄层凝灰质粉砂岩夹灰绿色安山质岩屑晶屑凝灰岩、沉凝灰岩。产植物化石 *Ruffordia*? sp., *Sphenopteris* sp., *Elatocladus* sp., *Carpolithus* sp. 和昆虫 *Ephemeropsis trisetalis* 等	43.15 m
8. 淡黄色块状粗面安山岩	6.28 m
7. 浅灰绿、灰黄色薄层凝灰质砂岩，凝灰质泥岩，沉凝灰岩韵律互层。产叶肢介 *Yanjiestheria* spp. 和腹足类 *Probaicalia* sp. 等	42.80 m
6. 暗灰紫色厚—块状钙质粉砂岩	48.52 m
5. 灰色厚层石灰质砾岩	13.65 m
4. 暗紫红色粉砂岩、钙质粉砂岩	35.23 m
3. 紫红色粉砂岩夹石灰质砾岩	16.44 m
2. 灰色中厚层石灰质砾岩夹紫红色钙质粉砂岩、粉砂岩	41.36 m
1. 灰色厚层石灰质砾岩	14.97 m

~~~~~~~~~ 不 整 合 ~~~~~~~~~

下伏地层：**琅玡山组** 致密块状灰岩

【地质特征及区域变化】 红花桥组为灰、灰黄、黄绿、紫红色凝灰质砂岩、泥岩夹砾岩，常含石灰质砾岩。在滁州地区底部一般以厚层石灰质砾岩与下伏地层不整合，上被火山喷发岩平行不整合覆盖。厚170～500 m。为氧化环境冲积扇相沉积。该组产植物 *Ruffordia*, *Sphenopteris*, *Elatocladus*. *Carpolithus*；昆虫 *Ephemeropsis trisetalis*，叶肢介 *Yanjiestheria* 及腹足类 *Probaicalia* 等，为我国北方热河生物群常见分子。时代为晚侏罗世。

西横山组 J_3x (06-34-9025)

【创名及原始定义】 江苏省地质局石油普查大队苏南专题队(1960)② 于江宁县横山西北坡创名西横山组。自下而上分：1. 单村段：淡紫红色块状杂粒砂岩间含细砾；2. 天生桥段：淡紫红色砾岩、砂砾岩夹粗砂岩，砾石为石灰岩等；3. 韩府山段：褐黄、灰白色中粒砂岩，下含少量细砾，上夹粉细砂岩；4. 赵村段：灰白色厚层含砾中砂岩与泥灰岩、钙质粉砂岩互层，泥岩中含碳化植物碎片。与下伏象山组平行不整合(可能有轻微不整合)，与上覆火山岩组不

① 南京大学地质系、安徽省冶金地质勘探公司811地质队，1973，滁县琅玡山、普济山地区1:5万地质填图简报。

② 江苏省地质局石油普查大队苏南专题队，1960，苏南地区石油地质综合研究总结报告。
~~~~~~~~~

整合接触，时代为晚侏罗世。

【沿革】 由江苏省地质局石油普查大队苏南专题（1960）引入我省，本书沿用。

【现在定义】 下段紫、灰色薄—厚层石灰质砾岩、砂砾岩、长石石英砂岩，夹钙质砂岩；上段红、灰色薄—厚层含砾中粗粒长石石英砂岩、粉砂岩、泥岩、泥灰岩不等厚互层，夹砂砾岩凸镜体。含植物、孢粉及腹足类、介形虫、叶肢介、昆虫。底部以 3 m 左右 厚石灰质砾岩与下伏北象山组呈不整合接触，上被龙王山组不整合覆盖。

【层型】 正层型在江苏省江宁县。省内次层型为桐城县罗岭乡赌棋墩剖面（30°47′，117°06′），安徽区调队（1981）测制；含山县林头乡彭庄剖面（31°30′，117°45′），安徽区调队（1983）测制。桐城县罗岭乡赌棋墩剖面如下：

上覆地层：龙王山组　灰黄绿色粗安岩、含砾凝灰岩

——————— 整　合 ———————

西横山组

总厚度 1 195.51 m

27. 暗紫红色薄层状钙质粉砂岩夹中层状钙质细砂岩及薄层状钙质粉砂质页岩，三者组成明显韵律。钙质粉砂岩中含有钙质结核，本层顶部有烘烤边　132.41 m

26. 灰白色中—薄层状中粒长石砂岩，局部为含砾粗砾岩屑长石砂岩　31.27 m

25. 紫红、黄绿色薄层状钙质粉砂岩　24.29 m

24. 青灰、微带肉红色厚层状粗粒含砾岩屑砂岩　12.96 m

23. 紫红色薄层状含灰岩结核钙质粉砂岩夹中粗粒长石砂岩，本层有多条正长斑岩岩脉侵入　84.48 m

22. 黄绿色薄层状泥质粉砂岩　27.26 m

21. 青灰色中层状中细粒长石砂岩　14.25 m

20. 灰紫红色薄层状含钙质结核钙质粉砂岩　12.97 m

19. 青灰色中厚层状中粒长石砂岩　13.97 m

18. 紫红色薄层状泥质粉砂岩夹灰紫、灰黄色钙质细粒长石砂岩，顶部含钙质结核　11.22 m

17. 青灰色中层状中粗粒长石砂岩　35.28 m

16. 灰紫、灰绿色薄层状粉砂质泥岩，含泥灰岩凸镜体　4.75 m

15. 黄绿色中薄层状中粗粒岩屑长石砂岩　28.35 m

14. 紫红色薄层状含钙质结核钙质泥岩，顶部为钙质粉砂岩。富产双壳类 *Psilunio giganteus*，*P.* sp.，*Lamprotula*（*Eolamprotula*）*guangyuanensis*，*L.*（*E.*）sp.，*Cuneopsis* sp.，*Undulatula* sp.，*Pseudocardinia* cf. *sichuanensis*，*P.* sp.；腹足类 *Amnicola* cf. *zhejiangensis*，*A.* sp.，*Aphanotylus* sp.，*Bithynia*? sp.　32.17 m

13. 青灰色中厚层状中细粒含钙质长石砂岩　23.28 m

12. 紫红、黄绿色薄层状砂质泥质灰岩　24.43 m

11. 黄褐色薄层状中—细粒石英砂岩　43.93 m

10. 紫红色薄层状钙质泥岩与黄绿色薄层状粉砂岩互层，上部为厚约 6 m 的紫红色钙质粉砂岩，底部有一层灰绿色薄层状泥岩　30.11 m

9. 浅灰色中层状中粗粒含钙质长石砂岩，本层上部为细粒长石砂岩　163.28 m

8. 紫红色薄层状钙质泥岩，上部含粉砂较多，夹灰绿色薄层状细粒长石石英砂岩及泥灰岩凸镜体，泥灰岩中富产双壳类 *Psilunio* aff. *suni*，*P.* cf. *sinensis*，*P.* sp.，*Lamprotula*（*Eolamprotula*）*guangyuanensis*，*Undulatula* sp.，*Cuneopsis* sp.；腹足类 *Amnicola* cf. *zhejiangensis* 及介形类 *Darwinula* sp.　79.09 m

7. 黄褐色中薄层状中粗粒长石砂岩　17.89 m

6. 紫红色薄层状粉砂质泥岩与灰绿、黄绿色薄层状泥质粉砂岩互层　47.76 m

5. 黄褐色中薄层状中粒岩屑长石砂岩　52.06 m

4. 紫红色薄层状泥质粉砂岩　15.44 m

3. 黄褐色中薄层状细粒长石砂岩　8.76 m

2. 紫红色薄层状泥质粉砂岩　18.38 m

1. 灰白色薄层—中厚层状中粒长石砂岩，局部含砾（底部为含砾中粗粒长石石英砂岩）　165.47 m

——————— 平行不整合 ———————

下伏地层：罗岭组　灰色中厚层状泥质细砂粉砂岩，局部含有凝灰物质

含山县林头乡彭庄剖面

西横山组　总厚度>475.11 m

61. 紫红、暗紫色含粉砂质泥岩。岩石泥化，层理不清，具灰绿、灰白色斑块。（未见顶）　>7.92 m

60. 掩盖。附近见有宽约 10 m 的紫红色砂质泥岩露头　156.73 m

59. 暗紫色中薄层泥质含砂粉砂岩夹灰黄色中—细粒岩屑砂岩　11.18 m

58. 橙黄色中厚层中—细粒岩屑砂岩夹暗紫色粉砂质泥岩　2.23 m

57. 暗紫色薄层含砂粉砂质泥岩，部分风化退色呈灰白色　31.63 m

56. 灰黄色中层细—微粒岩屑砂岩，具紫色圆形泥砾　3.14 m

55. 暗紫、灰紫色中薄层含粉砂质泥岩、泥岩，风化退色后呈灰绿、灰白色　6.82 m

54. 灰黄、橙黄色厚层细—中粒岩屑石英砂岩，下部夹暗紫色粉砂质泥岩　2.63 m

53. 掩盖　8.28 m

52. 暗紫色中薄层泥质含砂粗粉砂岩　41.09 m

51. 灰黄、浅紫红色中厚层细—中粒岩屑石英砂岩　5.47 m

50. 暗紫色薄层粉砂质泥岩、泥质粉砂岩、泥质含砂粗粉砂岩（以紫红色为主的杂色层）　10.45 m

49. 紫红色厚层中—细粒长石岩屑砂岩夹少量黄灰色泥质粉砂岩　5.24 m

48. 暗紫色中层泥质粉砂岩，下部夹黄灰色泥质粉砂岩　5.17 m

47. 黄灰色厚—中厚层中—细粒岩屑长石砂岩。上部夹紫红色细粒长石石英砂岩　3.45 m

46. 掩盖　14.14 m

45. 灰黄色厚层中—细粒长石石英砂岩。上部夹紫红色中厚层泥质细粒长石石英砂岩，局部夹粉砂岩　34.85 m

44. 掩盖　65.40 m

43. 灰、紫灰、紫红色厚层中—细粒岩屑长石石英砂岩　20.99 m

42. 紫红色薄层含粉砂泥岩　6.79 m

41. 浅灰、青灰色薄层含粉砂泥岩。产植物 *Onychiopsis* cf. *elongata*, *O.* sp., cf. *Ruffordia goepperti*, *Pseudofrenelopsis* sp., cf. *P. parceramosa*, *Pajiophyllum* spp., *Coniopteris* sp., *C.* cf. *hymenophylloides*, *Brachyphyllum* cf. *obesum*, *Cladophlebis* sp., cf. *Todites princeps*, *Sphenopteris* spp., *S.* (*Coniopteris*?) *pengzhuangensis*, *Equisetites* sp., *E.* sp., cf. *E. ramosus*, *Ptilophyllum microphyllum*, *Pterophyllum* sp., *Carporithus* sp., *Podozamites* sp., *Cupressinocladus hanshanensis*, *Sphenolepis* cf. *sternbergiana*, *Thallites* sp., *Elatites* sp.；叶肢介 *Euestheria*? *chaohuensis*, *E.*? *pengzhuangensis*, *Nestoria hanshanensis*, *N.* cf. *pissovi*, *Paranestoria anhuiensis*, *P. hanshanensis*, *P.* cf. *tongshanensis*, *P. longjieensis*, *Diestheria*? sp.；鲎虫 *Triops hanshanensis*；昆虫 *Mesoblattina* sp., *Mesobaetis* sp., *Mesoblattula* sp., *M.*

kiensis, *Samaroblatta turanica*, *Orthophlebia rotundipennis*, *Blattula* sp., *Anhuistoma hyla*; 双壳类 *Pseudocardinia* sp., *P. ovalis*, *P.* cf. *angulata*, *P. sibirensis*, *Ferganoconcha* sp., *F.* ?*minor*, *F. fengmuensis*, *F.* aff. *burejensis*, *F.* cf. *estheriaeformis*, *F. sibirica*, *F. curta*, *Tutuella* sp., *Sphaerium*? sp.; 介形虫 *Darwinula* sp. 及鱼类、腹足类等 9.81 m

40. 灰黄、浅灰色薄层泥质含砂粉砂岩，微层理很发育 4.56 m

39. 灰白、灰黄色中厚层粗—中粒岩屑石英砂岩 4.85 m

38. 橙黄、灰黄色厚层含砾粗—中粒泥质长石岩屑石英砂岩，夹多层细砾岩，含硅化木 5.86 m

37. 橙黄色厚层细粒长石岩屑砂岩夹含砾中—粗粒岩屑砂岩及细砾岩，底部为细砾岩 2.83 m

36. 橙黄色厚层中—细粒长石岩屑砂岩。底部为砾岩或砂砾岩，底面为铁质砂岩 3.51 m

——————— 平行不整合 ———————

下伏地层：**钟山组** 下部为灰黄色中层微—细粒长石岩屑石英砂岩夹泥质粉砂岩。上部为橙黄、棕黄色中厚层细粒泥质石英砂岩、石英粉砂岩夹灰白色泥岩。顶部为灰白色泥岩

【地质特征及区域变化】 省内西横山组为氧化至半还原环境河湖相沉积，局部掺杂冲积扇沉积。在庐江龙门桥、怀宁江镇一带，西横山组以底部石灰质砾岩与下伏罗岭组呈平行不整合接触，厚100～1 100 m。西横山组、红花桥组同属苏皖南部中生代火山岩系底部磨拉石建造粗碎屑岩，西横山组为盆内继承式河湖相杂色沉积，红花桥组为盆缘上叠式冲积扇相红色沉积，二者为同期异相产物。西横山组与上覆龙王山组为整合接触，产双壳类、叶肢介、介形类、昆虫、腹足类及鱼类等多门类化石。时代为晚侏罗世。

龙王山组 J_3l (06-34-9026)

【创名及原始定义】 原名龙王山层，顾雄飞(1955)① 创名于马鞍山市龙王山。原始定义：指宁芜地区中生代火山岩系下部安山质火山岩、火山碎屑沉积岩，其下与象山层不整合，上覆为尖山层安山岩，厚度大于135 m。其时代归属于白垩纪。

【沿革】 刘季辰等(1927)曾将该地火山岩系引用浙西建德系一名，全国地层会议(1959)改“龙王山层”为龙王山组；周仁麟(1960)并龙王山组、尖山组为龙王山组，时代为晚侏罗世(江苏区测队，1964介绍)。安徽322地质队(1964)② 分“龙王山组”下部为鲁村亚组、上部为“濮塘亚组”。本书将滁州地区的“黄石坝组”下部、庐枞地区的“龙门院组”(安徽区调队，1981)、怀宁地区的“彭家口组”(安徽326地质队，1983)均称为龙王山组。

【现在定义】 指宁芜地区，整合或平行不整合于大王山组下部碎屑岩之下的粗安质、玄武粗安质火山碎屑岩夹熔岩。下未见底(区域上与红花桥组平行不整合接触、与西横山组整合接触)。

【层型】 正层型为当涂县鲁村剖面(31°36′，118°38′)，江苏区调队(1974)重测。

上覆地层：**大王山组** 灰黄、暗紫色凝灰质粉砂岩

——————— 整 合 ———————

龙王山组 总厚度＞593.05 m

---

① 顾雄飞，1955，安徽当涂马鞍山地区火山岩研究及其与成矿关系。南京大学毕业论文。

② 安徽地质局322地质队，1964，安徽省马鞍山市当涂地区中生代火山杂岩的认识。

32. 灰黄、灰、浅紫色、浅绿色含角砾粗面岩，顶部夹数层灰黄色凝灰质粉砂岩 84.30 m

31. 黄绿、暗紫、紫灰色含角砾凝灰岩，灰紫色凝灰角砾岩相间，后者角砾含量可达40%～50%，并含少量集块，下部见暗紫色凝灰质粉砂岩凸镜体 15.40 m

30. 紫灰色含角砾安山岩 0.85 m

29. 暗紫色凝灰质粉砂岩 2.41 m

28. 紫灰色角闪粗面岩，局部含角砾 5.31 m

27. 杂色沉凝灰砾岩，砾岩呈圆状，砾径一般为 0.7～3 cm 8.09 m

26. 紫灰、灰黄色角闪安山岩、安山岩，顶部夹暗紫色凝灰质粉砂岩凸镜体 83.27 m

25. 紫灰、暗紫凝灰角砾岩，下部含集块，其成分为粗面岩、安山岩、凝灰岩等 29.91 m

24. 紫红、浅紫灰色凝灰质粉砂岩。层理发育 0.80 m

23. 紫灰色角闪粗面岩，底部含角砾，角闪石多呈定向排列 30.21 m

22. 紫红色沉凝灰角砾岩夹同色薄层凝灰质粉砂岩。角砾以棱角状为主，角砾成分以安山岩、凝灰质砂岩、凝灰岩等为主，含量可达 50%以上 7.54 m

21. 灰紫色含集块凝灰质砾岩。上部夹有紫红色凝灰质粉砂岩凸镜体 14.31 m

20. 灰、紫灰色角闪粗面岩 41.30 m

19. 紫灰色安山岩 17.31 m

18. 灰、紫灰色角砾安山岩 28.11 m

17. 紫灰色含集块安山质凝灰角砾岩，顶部为紫红色凝灰质粉砂岩凸镜体。集块大者达 40 cm×30 cm，个别达 100 cm，含量可达 10%～20%。角砾呈圆状、棱角状，两者成分为安山岩及紫红色凝灰质粉砂岩、粗安岩 23.94 m

16. 浅紫灰色角闪粗安岩，局部钠长石化强烈，并见镜铁矿化及铜矿化，角闪石含量可达 15%以上 13.99 m

15. 浅紫灰、灰褐色含集块角砾粗安岩，集块大者为 30 cm×18 cm，局部含量可达20%～30% 16.47 m

14. 紫灰色凝灰质巨砾岩。砾石有安山岩、粗安岩，呈滚圆状。大者为 0.9～1.2 m，一般 13 cm×8 cm，小者 5 cm×3 cm，含量 60%～70% 5.34 m

13. 黄灰、灰色角砾凝灰岩与黄灰、紫灰色凝灰角砾岩互层，下部夹紫红色凝灰质粉砂岩凸镜体 37.39 m

12. 紫灰色含集块凝灰质砾岩 2.84 m

11. 紫灰色沉集块角砾岩，集块呈圆状或次棱角状，一般为 20 cm×10 cm，大者 20 cm×15 cm，一般含量不超过 20%。角砾呈棱角及次棱角状。集块成分为粗安斑岩 3.59 m

10. 紫灰色凝灰角砾岩 5.11 m

9. 紫灰色沉凝灰角砾岩、凝灰质砾岩，夹紫红色凝灰质砂岩凸镜体 16.56 m

8. 紫灰色角砾凝灰岩，上部夹二层灰紫色沉凝灰岩 10.06 m

7. 紫灰色凝灰质含砾砂岩，砾石呈圆状，砾径 1～5 cm，分布不均，沿层面可聚集成凝灰质砾岩 14.28 m

6. 紫灰色凝灰质砾岩，砾石为粗安岩、凝灰岩，砾径大者 9 cm×6 cm，一般 3 cm×2 cm，含量可达 60% 10.49 m

5. 紫灰色沉集块角砾岩，顶部夹一薄层紫红色凝灰质粉砂岩凸镜体。集块呈次棱角状，大者 56 cm×30 cm，一般 20 cm×18 cm。角砾大者 3～4 cm，一般 1 cm，分布不匀 4.98 m

4. 紫灰色沉角砾凝灰岩 17.77 m

3. 紫灰、灰紫色沉凝灰岩，上部夹一薄层紫红色凝灰质粉砂岩 16.39 m

2. 灰白、灰黄、紫色凝灰岩与黄灰、紫灰色沉凝灰岩互层，上部夹凝灰质粉砂岩条带 23.25 m

1. 暗紫色粉砂质泥岩夹中细粒砂岩 >1.48 m

═══════ 断 层 ═══════

下伏地层：罗岭组 浅红色钙质粉砂岩

【地质特征及区域变化】 龙王山组在宁芜、滁州地区为安山—粗安质火山喷发岩夹沉积岩，厚度分别为157 m和689～875 m。在红花桥水库与红花桥组平行不整合接触，在罗岭乡赌棋墩与西横山组整合接触。庐枞地区为玄武粗安质岩夹沉积岩，厚181～390 m；怀宁地区为沉积岩夹安山质角砾岩、凝灰岩，厚72～391 m。马鞍山当涂地区产植物 *Podozamites*, *Cladophlebis* cf. *browniana*；孢粉主要为 *Classopollis* 及少量的 *Cicatricosisporites*，*Schizaeosporites*；庐枞地区产植物 *Cladophlebis browniana*，*Onychiopsis* cf. *elongata*，*Podozamites lanceolatus* 及孢粉 *Classopollis annulata* 等。当涂地区同位素(K-Ar)年龄值为101.5～152 Ma；庐枞地区黑云母(K-Ar)同位素年龄值为128 Ma。龙王山组所产生物组合，反映晚中生代热河生物群面貌。本书据生物群面貌结合地层关系，暂将其时代置于晚侏罗世。

大王山组 J_3d (06-34-9027)

【创名及原始定义】 原名"大王山层"，顾雄飞(1955)[①] 创名于马鞍山市大王山。指中生代火山岩系"尖山层"安山岩与"娘娘山层"碱性火山岩间的粗面质、粗安质凝灰熔岩。

【沿革】 全国地层会议(1959)称大王山组；周仁麟(1960)称龙王山组与大王山组间的沉积岩为"云合山组"(约与赵玉琛1959的"濮塘组"相当)；江苏省第一地质队(1986)并"大王山组"、"云合山组"为大王山组。本书统称苏皖南部宁芜地区大王山组、滁州"黄石坝组"上部(安徽区调队，1977a)、庐枞"砖桥组"(安徽317地质队，1969)、怀宁"江镇组"下部(安徽311地质队区测分队，1970)为大王山组。

【现在定义】 指下部为火山碎屑沉积岩，上部为粗安质、安山质火山岩的地层。与下伏龙王山组为整合至平行不整合接触(区域上)；与上覆娘娘山组为不整合接触(在区域上与上覆姑山组呈平行不整合接触)。

【层型】 正层型为马鞍山市大王山附近的范塘乡西板桥剖面(31°40′，118°36′)，江苏区调队(1974)重测。

上覆地层：娘娘山组 灰紫、灰黄色响岩质集块岩

~~~~~~ 不 整 合 ~~~~~~

大王山组 总厚度>2 185.83 m

67. 紫灰色玻基粗面岩 99.85 m

66. 紫灰色粗面质角砾凝灰熔岩，角砾大小为0.5～3 cm，含量达30%左右，成分以熔岩为主，少量凝灰岩 18.07 m

65. 灰褐色玻基粗面岩 24.65 m

64. 灰褐色斜长粗面岩，斑晶粗大而密集 17.57 m

63. 灰、灰紫色蚀变粗安岩 24.87 m

62. 灰紫色含砾沉凝灰岩，角砾分布不均，大小一般为0.5～1 cm，个别为2～3 cm，成分以熔岩为主，含量5%～30% 9.39 m

---

① 顾雄飞，1955，安徽当涂马鞍山地区火山岩研究及其与成矿关系。南京大学毕业论文。
~~~~~~

61. 灰紫沉凝灰岩，局部为灰黄色，粗细碎屑略具分选特征 48.12 m

60. 灰紫色沉角砾凝灰岩，角砾大小不一，一般为 0.5～1.5 cm，含量 20%左右，成分为砂岩、熔岩、凝灰岩等 12.07 m

59. 灰黑色沉凝灰岩，局部见凝灰质粉砂岩砾石，砾径 1 cm 左右 7.24 m

58. 紫红色蚀变斜长粗面岩 49.80 m

57. 灰紫色斜长粗面岩，偶见熔岩角砾 123.87 m

56. 灰紫、深灰色粗安岩 140.69 m

55. 灰紫色沉凝灰岩，含有熔岩及凝灰质粉砂岩 1.48 m

54. 紫灰色凝灰质粉砂岩，含少量熔岩岩屑，底部与熔岩接触处有熔岩角砾 1.36 m

53. 灰紫、青灰色蚀变粗安岩 56.02 m

52. 灰紫色含集块角砾粗安岩，集块、角砾分布不均，角砾小者 1～2 cm，大者 5～6 cm；集块小者 10～15 cm，大者 30～40 cm，均为棱角状。集块、角砾成分为长石石英砂岩、凝灰质粉砂岩、蚀变粗安岩等。集块含量可达 30% 39.37 m

51. 灰黄、浅灰黄色蚀变粗安岩，见少量次棱角状角砾，分布不均，砾径 0.5～1 cm 72.52 m

50. 灰紫色沉凝灰岩夹一层灰紫色凝灰岩 15.97 m

49. 灰紫色粗安岩，风化蚀变后为灰白、灰黄、浅灰色，局部含少量熔岩角砾 105.65 m

48. 灰黄色石英粗安岩 10.05 m

47. 暗灰紫色蚀变粗安岩 67.39 m

46. 青灰色石英粗安岩，风化后呈灰白、灰黄色 158.27 m

45. 青灰色含角砾石英粗安岩 14.38 m

44. 灰黑色含石英粗安岩 88.93 m

43. 灰、灰黑色沉凝灰岩夹灰黄色凝灰质粉砂岩 11.55 m

42. 紫灰色蚀变粗安岩 53.98 m

41. 青灰色含石英粗安岩 17.30 m

40. 浅黄灰、紫灰色沉凝灰角砾岩夹暗灰色角砾凝灰岩，前者角砾呈次棱角状，含量约 50%，后者角砾分布不均 9.70 m

39. 浅黄灰色含砾沉凝灰岩，砾石呈圆状，层理明显 2.08 m

38. 灰紫、灰色沉凝灰岩 22.34 m

37. 灰色凝灰质粉砂岩，微层理发育 1.89 m

36. 黄灰色蚀变粗安岩 1.85 m

35. 深灰色凝灰质粉砂岩 1.11 m

34. 深灰色凝灰质砾岩，角砾呈棱角—次棱角，成分为熔岩岩屑及长石晶屑，砾径一般在 1 cm 以下，少数达 5 cm，角砾由下至上含量增加，可达 70% 20.32 m

33. 灰色粗安质凝灰角砾熔岩，角砾成分为粗安岩、凝灰岩，呈次棱角状，粗安岩角砾大小一般为 5～6 cm，个别达 10 cm，凝灰岩角砾大小在 2 cm 以下，两者分布不均匀，含量达 50%，本层局部可相变成角砾粗面岩，角砾含量相对减少 16.40 m

32. 紫灰色中厚层凝灰质粉砂岩 3.15 m

31. 黄绿色粗安角砾凝灰熔岩，角砾呈棱角状，大小在 1 cm 以下，成分为熔岩，分布不均，含量 15% 2.01 m

30. 暗灰、灰色厚层凝灰质粉砂岩 12.04 m

29. 灰绿色沉凝灰岩 5.64 m

28. 暗灰色厚层凝灰质粉砂岩 5.70 m

27. 浅灰、紫灰、黄灰色蚀变粗安岩 253.96 m

26. 浅灰色钠质安山岩 31.88 m

25. 蚀变安山岩 34.05 m

24. 浅灰色钠质安山岩 8.13 m

23. 浅灰、灰色蚀变安山岩 55.31 m

22. 浅灰、灰色电气石化安山岩 27.94 m

21. 黄灰、紫灰、灰色蚀变安山岩 152.36 m

20. 浅灰色安山岩 23.84 m

19. 黄灰色蚀变安山岩 53.26 m

18. 黄灰、灰白色安山岩，底部含角砾 6.53 m

17. 杂色凝灰质粉砂岩，岩石普遍硅化、高岭土化，见褐铁矿顺层或沿裂隙交代 3.65 m

16. 紫灰色、灰色沉凝灰岩，局部含角砾，角砾以熔岩为主 16.95 m

15. 灰白、黄灰色凝灰质粉砂岩 8.42 m

14. 浅灰、紫灰色薄层沉凝灰岩 10.62 m

13. 灰黄色及杂色凝灰质粉砂岩，岩石普遍硅化、高岭土化 22.22 m

12. 白色高岭土化沉凝灰岩 0.45 m

11. 黄灰色凝灰质粉砂岩夹杂色含角砾层凝灰岩凸镜体，凝灰质粉砂岩具微层理 0.81 m

10. 紫灰、黄灰色蚀变凝灰质砂岩 18.40 m

9. 灰白色沉凝灰岩，高岭土化、硅化，镜铁矿化普遍 9.07 m

8. 灰白色沉角砾凝灰岩 18.89 m

7. 紫灰色凝灰质砂岩 1.86 m

6. 黄灰色凝灰质粉砂岩 3.05 m

5. 黄灰、紫灰色沉凝灰岩，上部高岭土化、硅化较强，下部蚀变较弱，具粗细韵律之微层理 13.04 m

4. 黄灰色凝灰质砂岩 3.63 m

3. 杂色薄层状凝灰质粉砂岩，往上变为凝灰质粉砂泥岩 6.30 m

2. 杂色页岩与薄层凝灰质粉砂岩相间，凝灰质粉砂岩单层厚6～8 cm 3.99 m

1. 灰色凝灰质砂岩 >2.58 m

══════ 断 层 ══════

下伏地层：龙王山组 灰色安山质含角砾凝灰熔岩

【地质特征及区域变化】 大王山组下部一般为紫红、杂色凝灰质砂、泥岩；上部为安山质、粗安质、粗面质火山岩。宁芜地区下部为凝灰质砂岩，厚144 m；上部为安山质、粗安质火山岩，厚2 000 m。滁州地区为安山质岩夹英安质岩，厚1 341 m。庐枞地区下部为凝灰质粉砂岩夹玄武粗安质凝灰岩，厚60～330 m；上部为粗安岩夹凝灰质砂岩，厚193～1 973 m。马鞍山、当涂地区火山岩全岩(K－Ar)年龄值为114.7～120.2 Ma；庐枞地区黑云母(K－Ar)年龄值为127 Ma。在马鞍山地区，大王山组整合至平行不整合于晚侏罗世龙王山组之上，平行不整合于早白垩世双庙组、姑山组之下；所产生物为晚中生代热河生物群常见分子；同位素年龄为早白垩世。本书将大王山组时代暂置于晚侏罗世，但不排除属早白垩世之可能。

中分村组 J_3zf (06－34－9028)

【创名及原始定义】 安徽区调队(1974a)创名于繁昌县赤沙乡中分村。指繁昌—铜陵地区中生代火山岩系下部流纹质岩。

【沿革】 南京大学(1961)将繁昌—铜陵地区火山岩系下部称上侏罗统“龙王山组”，上部称下白垩统“建德群”。安徽区调队(1974a)自下而上分该区火山岩系为“中分村组”、“赤沙组”、“蝌蚪山组”。本书将原“中分村组”底部紫红色钙质粉砂岩及石灰质砾岩称为红花桥组，其上流纹质熔岩及流纹质火山碎屑岩称为中分村组。

【现在定义】 指繁昌—铜陵地区中生代火山岩系下部之流纹质火山岩。其下与黄马青组为不整合接触，上与赤沙组英安质火山岩为整合接触。

【层型】 正层型为繁昌县中分村剖面(30°59′,118°09′),安徽区调队(1974)测制。

上覆地层：赤沙组 浅灰色英安岩

——————— 整 合 ———————

中分村组	总厚度 351.11 m
15. 浅灰色流纹岩	62.70 m
14. 浅灰、暗紫色蚀变含角砾凝灰岩，砾石成分复杂	7.51 m
13. 灰白、桃红色流纹岩	48.50 m
12. 浅灰、紫红色流纹岩	2.05 m
11. 灰白、暗紫色流纹斑岩	13.05 m
10. 紫红色流纹质凝灰岩	11.48 m
9. 浅灰色蚀变流纹岩，有时含少量角砾	3.77 m
8. 紫红色流纹斑岩	4.01 m
7. 灰紫红色流纹质含角砾凝灰岩	7.97 m
6. 浅灰、紫红色流纹岩	10.80 m
5. 浅肉红色流纹岩，具有较好的流纹构造	8.53 m
4. 灰色流纹质角砾凝灰岩，火山角砾集块岩	10.14 m
3. 下部为蚀变角砾凝灰岩，上部为流纹斑岩	34.46 m
2. 浅灰色蚀变晶屑凝灰岩	30.04 m
1. 灰白色流纹岩	96.10 m

~~~~~~~~~ 不 整 合 ~~~~~~~~~

下伏地层：黄马青组 暗紫红色粉砂岩

【地质特征及区域变化】 中分村组仅分布于繁昌—铜陵地区，主要为浅红色流纹岩、流纹质凝灰岩、蚀变角砾凝灰岩、凝灰岩，厚351 m。繁昌县马带山一带为浅灰色流纹岩、浅肉红色角砾状流纹岩，厚86 m。与下伏地层为不整合接触，上被赤沙组英安质火山岩整合覆盖。本书将其时代暂置于晚侏罗世。

赤沙组 $J_3\hat{c}$ (06-34-9029)

【创名及原始定义】 安徽区调队(1974a)创名于繁昌县赤沙。意指分布于繁昌—铜陵地区中分村组流纹质岩与“蝌蚪山组”凝灰质砂岩间的英安质火山岩。

【沿革】 自创名始，沿用至今。

【现在定义】 指分布于繁昌—铜陵地区，整合于中分村组之上、平行不整合于浮山组之下的一套以英安质为主夹安山质火山碎屑岩、熔岩与流纹岩互层的火山岩系。

【层型】 正层型为繁昌县赤沙马人山剖面(30°59′,118°08′),安徽区调队(1974)测制。

上覆地层：浮山组 浅肉红色流纹岩
~~~~~~~~~

———————— 平行不整合 ————————

赤沙组　总厚度＞593.70 m

12. 浅灰白色英安岩　46.40 m

11. 灰色安山岩，岩层节理发育　181.20 m

10. 粉红色流纹岩，具流纹岩构造　76.90 m

9. 下部为流纹质角砾熔岩，上部为凝灰岩与凝灰质粉砂岩　12.80 m

8. 深灰色安山岩，具少量气孔状构造　82.30 m

7. 灰色流纹质角砾岩，角砾成分主要为流纹岩　4.80 m

6. 浅灰红色流纹岩，底部为一层厚几厘米的流纹质火山角砾岩及细凝灰岩　46.40 m

5. 深灰色安山质英安岩　11.70 m

4. 浅灰红色流纹岩，具流纹构造　26.80 m

3. 英安质角砾凝灰岩，角砾成分主要为英安岩、英安质凝灰岩　1.80 m

2. 安山质英安岩　62.40 m

1. 浅灰红色纹流岩，流纹构造发育。(未见底)　＞40.20 m

【地质特征及区域变化】　赤沙组仅分布于繁昌—铜陵地区。主要为浅红色英安质火山岩夹流纹质岩及少量凝灰质粉砂岩，厚 39～大于 594 m。在赤沙镇该组黑云斜长粗面岩黑云母(K - Ar)年龄值为 130 Ma,英安岩(锆石)年龄值为 116 Ma，时代暂置于晚侏罗世。

姑山组　K_1g　(06 - 34 - 9031)

【创名及原始定义】　徐克勤(1962)创名于当涂县姑山，华东冶金地勘公司 808 队(1965)① 介绍。指当涂姑山地区钻孔中“钟山组”沉积岩之上的一套火山岩，时代为早白垩世。

【沿革】　华东地质科学研究所、地质科学院地矿所联合研究队马鞍山小组 (1975)② 将徐氏的“钟山组”称为“姑山组”，而将原“姑山组”称上火山岩系。宁芜研究项目编写小组(1978)将徐氏的“钟山组”、“姑山组”合并称为姑山组(姑山旋回)。安徽 322 地质队(1985)限原“钟山组”及原“姑山组”下部中酸性火山岩为“姑山组”，原“姑山组”上部次碱性火山岩称“山边村组”。本书采用宁芜研究项目编写小组(1978)姑山组(姑山旋回)的含义，相当于徐克勤(1962)的原“钟山组”加“姑山组”。

【现在定义】　指宁芜、滁州地区分别平行不整合于大王山组之上、娘娘山组之下(区域上)的一套火山岩系，一般下部为凝灰质砂、砾岩，上部为英安质、石英安山质火山岩。

【层型】　创名时未指定正层型剖面，本书指定当涂县姑山钻 11 孔柱状剖面(姑山组下部)(31°20′,118°30′)(江苏区调队,1974)为选层型与马鞍山杨店桐子山—山边村剖面(姑山组上部)(31°40′,118°30′)(安徽 322 地质队,1985)为次层型。当涂县姑山钻 11 孔柱状剖面如下：

姑山组下段　厚度＞150.49 m

8. 砖红色凝灰质粉砂岩。(未见顶)　＞2.31 m

7. 灰白、紫红色安山质凝灰角砾岩，角砾以安山岩、粉砂质凝灰岩为主，呈棱角状，

---

① 华东冶金地质勘探公司 808 队，1965，安徽省当涂县姑山铁矿床地质勘探总结报告书（内部资料）。

② 华东地质科学研究所、地质科学院地矿所联合研究队马鞍山小组，1975，马鞍山地区围岩蚀变及其与成矿作用的关系（内部资料）。

大小不一，砾径约 0.2～1.5 cm，含量 50%左右　7.09 m

6. 紫褐、紫红色安山质凝灰角砾岩，由安山岩、凝灰岩、凝灰岩角砾及火山灰等组成，以安山岩角砾为主　15.14 m

5. 紫褐、灰绿色安山质凝灰岩　50.73 m

4. 灰褐色凝灰质粉砂岩，微层理发育。产叶肢介 *Gushania gushanensis*，*Yanjiestheria* cf. *sinensis*，*Y.* aff. *kyongsangensis*，*Y.* cf. *chekiangensis*，*Eosestheria* sp. 等以及孢粉化石　11.80 m

3. 暗褐、紫红色沉角砾凝灰岩，角砾成分以安山岩为主，少数为凝灰岩、粉砂岩，砾径为 0.2～1.5 cm，含量 20%左右　12.71 m

2. 紫红、灰紫色粉砂岩与凝灰质粉砂岩互层　33.35 m

1. 紫红色泥质粉砂岩　17.37 m

——————— 平行不整合 ———————

下伏地层：**大王山组**　紫灰色玻基粗面岩

马鞍山杨店桐子山—山边村剖面

姑山组　厚度＞145.33 m

上段下部

9. 浅灰色绿泥石化、硅化、绢云母化块状英安岩，斑晶为斜长石，板柱状，含量 40%，含少量角闪石。(未见顶)　＞37.54 m

8. 暗灰色块状英安岩，斑晶以斜长石为主，含量 25%，次为少量角闪石、黑云母　10.92 m

7. 灰色块状英安岩，斑晶为斜长石及少量角闪石　6.51 m

6. 灰色块状云辉石英安山岩，斑晶除石英、黑云母、辉石外，尚见角闪石，含量 5%　23.48 m

5. 浅褐色云闪石英安山岩，斑晶为石英、角闪石、黑云母、斜长石、角闪石呈柱状，含量 10%；黑云母含量约 8%　25.70m

4. 灰色绿泥石化块状云闪石英安山岩，角闪石呈柱状，含量 15%　18.36 m

3. 浅褐色绿泥石、褐铁矿、硅化云闪石英安山岩，暗色矿物为角闪石，多数已蚀变，含量约 5%　21.08 m

2. 浅灰色硅化、褐铁矿化块状云闪石英安山岩，角闪石呈柱状，含量约 10%　1.42 m

1. 黄绿色磁铁矿、褐铁矿化块状云闪石英安山岩，角闪石呈柱状，多已蚀变　＞0.32 m

═════ 断　层 ═════

下伏地层：**大王山组**　灰紫色块状硅化粉砂质泥岩

【地质特征及区域变化】　当涂、马鞍山地区姑山组下段为紫红色凝灰质含铁矿砾石及矿化闪长玢岩砾石的凝灰质砂、砾岩，姑山 11 孔厚度大于 150 m，下与大王山组呈平行不整合；上段为英安质、石英安山质火山岩，厚度大于 145 m；顶部为石英粗面质、碱性粗面质(局部见假白榴石)火山岩，在马鞍山娘娘山，厚 363 m，上与娘娘山组呈平行不整合接触。滁州黄石坝地区姑山组下部为凝灰质砂、砾岩，上部为气孔安山岩夹英安岩，厚 710 m。姑山 11 孔姑山组下部产叶肢介 *Gushania gushanensis*，*Yanjiestheria* cf. *sinensis*，*Y.* aff. *kyongsangensis*，*Y.* cf. *chekiangensis*，*Eosestheria*；介形类 *Eucypris*，*Damonella zhejiangensis*；植物 *Desmiophyllum*；孢粉 *Classopollis* 25%，*Cicatricosisporites* 6%，*Tugeila* 5%及轮藻 *Mesochara stiptata* 等。上述生物化石见于庐江双庙组下部，也见于霍山黑石渡组、浙江寿昌组，与热河生物群落的晚期群落相当。姑山组下段含下伏铁矿层及蚀变矿化闪长岩砾石，与下伏晚侏罗世大王山组间似有较大间断，结合生物群特征，将其时代置于早白垩世。

娘娘山组　K_1n　(06-34-9032)

【创名及原始定义】　原名娘娘山层，顾雄飞（1955）① 创名于马鞍山市娘娘山。指当涂、马鞍山地区“大王山层”粗面岩之上，以浅色碱性粗面岩、白榴石响岩为主的火山岩。其上暗色响岩质角砾岩称“鹦鹉山层”。

【沿革】　肖楠森（1962）并“娘娘山层”、“鹦鹉山层”为“娘娘山层”；王德滋等（1963）改“娘娘山层”为娘娘山组。本书采用娘娘山组。

【现在定义】　指马鞍山地区平行不整合于姑山组之上一套浅灰色碱性粗面岩及白榴石响岩、灰黑色响岩与相应的火山碎屑岩，底部为火山角砾岩。未见顶。

【层型】　正层型为马鞍山市娘娘山—荣村剖面（31°40′，118°30′），安徽 322 地质队（1985）重测。

娘娘山组

总厚度>254.92 m

9. 灰黑色霓辉黝方石响岩质熔结凝灰岩，凝灰结构，块状构造，含透长石及黑云母晶屑，局部含少量同生角砾。(未见顶)　>29.67 m

8. 肉红色黝方石响岩质熔结凝灰岩，岩石中含约 10%的透长石晶屑，浆屑少见，局部含角砾　48.19 m

7. 灰黑色响岩质熔结角砾岩，角砾成分有安山岩、粗安岩、粗面岩，大小不等，一般 1～5 cm，岩石中见约 10%左右的浆屑，大小为 5 cm×10 cm，常见黑云母　69.64 m

6. 灰白、紫灰色含集块响岩质熔结角砾岩，角砾为扁平状，一般大小为 1 cm，集块与角砾同成分，含量小于 5%，岩石中常见浆屑　22.78 m

5. 浅土黄色响岩质熔结角砾岩。角砾成分为粗安岩、粗面岩，砾径 3～5 cm，含量 10%左右，浆屑具定向排列　10.72 m

4. 灰白色含集块响岩质熔结角砾岩。角砾大小不等，一般 3～5 cm，以粗安岩、粗面岩为主。集块砾径达 40 cm，岩石中含少量浆屑　7.94 m

3. 紫灰红色响岩质熔结角砾岩。角砾大小一般 3～4 cm，角砾中常见浆屑，形态各异　37.25 m

2. 紫红色熔结凝灰岩，凝灰结构，层状构造，碎屑粒度变化显示出微细层理　8.39 m

1. 紫灰绿、灰白色含集块熔结角砾岩。角砾集块成分为粗安岩、粗面岩，砾径大小不等，一般为 2～50 mm，次棱角状　20.34 m

——————— 平行不整合 ———————

下伏地层：姑山组　紫褐色安山质凝灰岩

【地质特征及区域变化】　娘娘山组仅分布于宁芜地区。其岩性下部为浅色碱性粗面岩及白榴石响岩，厚 138～177 m；上部为暗色黝方石响岩，厚度大于 78 m。该组平行不整合于姑山组之上，未见顶。黝方石响岩全岩 K-Ar 法年龄值为 89.8～113.7 Ma，因晚白垩世地层中未见碱性火山岩活动踪迹，故将其时代置于早白垩世。

双庙组　$K_1\hat{s}$　(06-34-9033)

【创名及原始定义】　安徽 317 地质队（1969）创名于庐江县双庙。指庐江双庙“疙瘩状”粗面玄武岩、玄武粗安岩。

① 顾雄飞，1955，安徽当涂马鞍山地区火山岩研究及其与成矿关系．南京大学毕业论文。

【沿革】 从创名始，沿用至今。本书将怀宁“江镇组”中部玄武质岩、繁昌“蝌蚪山组”下部沉积岩（凝灰质砂岩）及中部玄武岩归双庙组，统称双庙组。

【现在定义】 指庐江、枞阳、怀宁、繁昌等地平行不整合于大王山组之上，平行不整合、不整合于浮山组之下的灰、灰紫、紫红、杂色凝灰角砾岩、含角砾粗面玄武岩、粗面玄武岩、粗面玄武岩；底部为泥岩，局部有底砾岩。

【层型】 创名时未指定正层型剖面，本书指定庐江县双庙附近的砖桥王家岭剖面为选层型(31°02′,117°24′)，安徽区调队(1981)测制。

双庙组	总厚度＞335.92 m
13. 紫红色疙瘩状粗面玄武质角砾熔岩，局部具有似熔结构造。(未见顶)	＞27.84 m
12. 灰色块状细微斑含角砾粗面玄武岩	77.98 m
11. 灰色块状中粗斑玄武粗安岩，顶面见凝灰质粉砂岩沉积脉	5.48 m
10. 灰、深灰紫色气孔状中斑辉石粗面玄武岩	8.13 m
9. 灰、深灰紫色杏仁状中细斑粗面玄武岩，底部含角砾	15.75 m
8. 灰色疙瘩状辉石粗面玄武岩	35.71 m
7. 灰、灰紫色块状碳酸盐化含角砾粗面玄武岩	62.19 m
6. 紫红色厚层沉凝灰角砾岩	4.20 m
5. 杂色厚层复屑凝灰角砾岩	42.43 m
4. 紫红色薄层凝灰质粉砂岩	3.91 m
3. 杂色厚层复屑凝灰角砾岩，内见黑云母粗面斑岩岩脉	39.49 m
2. 灰紫红色厚层沉凝灰角砾岩	0.72 m
1. 紫红色中厚层泥岩，下部含钙质结核，上部夹沉凝灰岩，底部含砾，局部有底砾岩	12.09 m

——————— 平行不整合 ———————

下伏地层：**大王山组**　灰紫、紫红色黑云母粗安岩

【地质特征及区域变化】 庐枞地区该组下段为凝灰质砂、砾岩，厚 103 m，底以砂岩与下伏大王山组平行不整合接触；上段为疙瘩状粗面玄武岩、玄武粗安岩夹凝灰质砂岩，厚 443 m。怀宁江镇双庙组下段厚 16 m，以凝灰质砂岩、凝灰角砾岩与下伏大王山组平行不整合接触；上段为粗面玄武岩、安山岩夹凝灰质砂岩，厚 612～1 098 m。繁昌地区下段，厚度大于 71 m，以凝灰质砂岩与下伏赤沙组平行不整合；中段为碱性玄武岩，安山岩夹流纹质凝灰岩，凝灰质砂岩、页岩，厚 46～243 m；上段为流纹岩，流纹质凝灰岩夹凝灰质砂岩，厚度大于 128 m。庐江巴家滩产植物 *Cladophlebis* cf. *browniana*，*Ptilophyllum boreale*，*Brachyphyllum* cf. *obesum*，*Pagiophyllum*，*Elatocladus*。庐江罗河井下产植物 *Podozamites lanceolatus*；孢粉 *Classopollis annulatus* 86%。繁昌蝌蚪山产植物 *Elatocladus*，*Brachyphyllum*；腹足类 *Probaicalia gerassimovi*，*P.* cf. *vitimensis*；双壳类 *Nakamuranaia chingshanensis*，*N. subrotunda*；介形类 *Cypridea* (*Cypridea*)，*Darwinula sarytirmenensis*；叶肢介 *Orthestheria*，*Nemestheria* 等。上述植物组合，反映了晚中生代面貌，与热河生物群晚期群落相当。庐江罗河井下双庙组黑云母(K－Ar)年龄值为 106.7～127.6 Ma，繁昌流纹岩(全岩)年龄值为 91～105 Ma，英安岩黑云母(K－Ar)年龄值为 115.4 Ma。双庙组底面代表较长时间的间断，可与姑山组底面对比。在枞阳龙城山、浮山等地与上覆地层浮山组为平行不整合至不整合接触。时代为早白垩世。

浮山组　K_1f　(06-34-9034)

【创名及原始定义】　安徽317地质队(1969)创名于枞阳县浮山。指浮山地区碱性粗面质岩。

【沿革】　自创名始，沿用至今。本书统称枞阳浮山组、繁昌“三梁山组”(安徽321地质队,1989)为浮山组。

【现在定义】　指庐江、枞阳、繁昌地区喷发不整合或平行不整合于双庙组之上的紫红、紫灰、灰、肉红色粗面岩、粗面质凝灰岩、粗面质凝灰角砾岩、粗面质熔结凝灰岩、安山岩，夹凝灰质粉砂岩。未见顶。

【层型】　正层型为枞阳县五里拐—胡干庄—浮山剖面(30°50′10″,117°12′20″),次层型为枞阳县官桥龙城山剖面(30°51′,117°16′),均为安徽317地质队(1969)测制。正层型剖面如下：

浮山组　　总厚度>1 011.8 m

28. 浅紫红色薄层粗面质凝灰岩。(未见顶)	>6.3 m
27. 浅红、肉红色块状粗面质凝灰角砾岩	21.5 m
26. 肉红色块状粗面质熔结凝灰岩	38.2 m
25. 浅肉红色块状粗面质熔岩角砾集块岩、粗面质凝灰熔岩	10.0 m
24. 紫红色块状碎裂粗面岩	34.8 m
23. 紫灰色厚层粗面质凝灰岩，夹紫红色薄层凝灰质粉砂岩	65.5 m
22. 紫灰色块状蚀变粗面岩	23.9 m
21. 紫灰色块状粗面岩	41.9 m
20. 掩盖	
19. 灰、紫灰色块状具流纹状构造粗面岩	8.6 m
18. 灰色块状粗面岩	32.6 m
17. 浅紫灰色块状粗面岩	11.9 m
16. 紫灰色块状粗面岩	75.9 m
15. 灰色块状含辉石粗面岩	6.1 m
14. 紫灰色块状含辉石粗面岩	43.0 m
13. 浅灰紫色块状粗面岩	57.9 m
12. 浅灰紫色厚层含砾粗面质凝灰岩	8.3 m
11. 紫灰色块状凝灰质黑云母粗面岩	30.0 m
10. 灰色厚层—块状粗面质凝灰角砾岩	15.0 m
9. 下部为紫红色凝灰质粉砂岩，上部为粗面质凝灰岩	17.5 m
8. 灰、紫灰色块状凝灰质黑云母粗面岩	89.5 m
7. 紫灰色块状凝灰质黑云母粗面岩	52.5 m
6. 灰紫色块状凝灰质黑云母粗面岩	83.7 m
5. 灰紫色厚层—块状轻微蚀变粗面质熔结凝灰岩	58.9 m
4. 灰紫色块状凝灰质黑云母粗面岩	88.7 m
3. 紫红色薄层凝灰质粉砂岩	7.1 m
2. 灰紫色块状安山岩	46.6 m
1. 上部为紫灰色厚层粗面质熔结凝灰岩，下部为蚀变粗安质凝灰岩	34.9 m

~~~~~~~~ 喷发不整合 ~~~~~~~~

下伏地层：双庙组　灰紫色块状安山岩、气孔状安山岩
~~~~~~~~

枞阳县官桥龙城山剖面

浮山组　　总厚度＞450.79 m

20. 浅紫红色粗面质熔结含砾凝灰岩。(未见顶)　＞2.11 m
19. 淡紫红色粗面质含砾凝灰熔岩　5.35 m
18. 淡紫红色粗面质角砾岩　6.30 m
17. 暗紫色粗面质含砾岩屑晶屑凝灰岩　55.49 m
16. 暗紫红色粗面质含砾岩屑凝灰岩　27.24 m
15. 紫红色粗面质含砾晶屑岩屑凝灰岩　25.30 m
14. 淡紫色粗面质凝灰角砾岩　20.41 m
13. 灰紫色粗面质熔结含砾岩屑凝灰岩　40.81 m
12. 紫色粗面质凝灰角砾岩，中上部见数条铁锰矿脉　40.55 m
11. 淡紫红色粗面质含砾晶屑凝灰岩　20.34 m
10. 紫红色粗面质含集块角砾凝灰岩　22.29 m
9. 暗紫红色粗面质含砾晶屑凝灰岩　27.72 m
8. 灰白色粗面质晶屑凝灰岩　3.87 m
7. 淡紫红色粗面质含砾岩屑晶屑凝灰岩　11.71 m
6. 灰紫红色粗面质含砾岩屑晶屑凝灰岩　9.06 m
5. 淡紫红色粗面质含砾岩屑晶屑凝灰岩　26.24 m
4. 紫红色粗面质含集块凝灰角砾岩　19.78 m
3. 淡紫红色粗面质含砾晶屑凝灰岩　36.15 m
2. 紫红色粗面质含砾岩屑晶屑凝灰岩　24.40 m
1. 紫红色粗面质含砾晶屑凝灰岩　25.67 m

——————— 平行不整合 ———————

下伏地层：双庙组　灰紫色粗面玄武岩及其角砾凝灰岩和凝灰岩

【地质特征及区域变化】　浮山组分布于庐江、枞阳及繁昌、铜陵地区。其平行不整合或喷发不整合于双庙组玄武岩之上。庐江、枞阳地区为碱性粗面岩夹粗安岩，厚 70～450 m。繁昌、铜陵地区浮山组下部为凝灰质砂岩，厚 17 m；上部为碱性黑云粗面岩、粗面质角砾岩，厚 242 m。繁昌产孢粉 *Tumoripollenites minor*, *Annulispora jiangsiensis*, *Classopollis*, *C. parvus*, *Klukisporites*, *Elytranthite*, *Pinuspollenites labacus*, *Subtriporiporllenites granulatus*, *Polypodiaceoisporites* 等。时代暂置于白垩纪，以早白垩世的可能性为大。

江镇组　K_1j　(06-34-9035)

【创名及原始定义】　安徽省冶金地质局 311 地质队区测分队 (1970) 创名于怀宁县江镇。指江镇地区流纹质火山岩系。

【沿革】　安徽 326 地质队(1983)曾将江镇组下段沉积岩称“彭家口组”，限上段流纹质火山岩为江镇组。《安徽地层志》(1988b)，《安徽省区域地质志》(1987)均采用安徽 326 地质队(1983)江镇组的含意，本书沿用。

【现在定义】　指怀宁地区分别平行不整合于双庙组之上、葛村组之下（区域上）的灰白、浅灰绿、浅紫灰色流纹岩、流纹质熔结角砾岩、流纹质火山角砾岩。

【层型】　正层型为怀宁县江镇—释家畈剖面(30°27′,116°46′)，安徽 326 地质队(1983)重测。

上覆地层：**葛村组**　砂岩、砂砾岩

═══════ 断　层 ═══════

江镇组

总厚度＞130.70 m

37. 灰白色略带肉红色流纹岩，流纹构造不明显　＞23.87 m
36. 浅紫灰色流纹质熔结角砾岩　2.56 m
35. 灰白色流纹岩　1.98 m
34. 浅紫灰色流纹质熔结角砾岩，角砾成分为紫色安山岩及深灰色安山质玄武岩，角砾由流纹质胶结　6.71 m
33. 灰白色略带肉红色流纹岩，下部流纹构造较明显　69.14 m
32. 浅灰绿色流纹质火山角砾岩，角砾成分为安山岩、杏仁状安山岩，上部角砾岩具强绿泥石化　26.44 m

——————— 平行不整合 ———————

下伏地层：**双庙组**　灰紫色杏仁状辉石玄武粗安岩

【地质特征及区域变化】　江镇组仅分布于怀宁地区，以皖河为界，东西两侧岩性变化大。西侧（香茗山）孙家王屋地区，主要为粗面岩、粗面玄武岩、粗安岩、流纹岩，厚103～716 m。东侧江镇一带下部为粗面玄武岩、杏仁状粗面玄武岩、玄武粗面岩、粗面岩夹火山角砾岩、火山集块岩、凝灰岩，厚32～612 m；上部为流纹岩夹流纹质火山角砾岩，厚104 m。其下与双庙组玄武岩为平行不整合到整合接触，在太湖孙家上与葛村组呈平行不整合接触，厚131 m。时代为早白垩世。

葛村组　$K_{1-2}g$（06－34－9036）

【创名及原始定义】　江苏地质局石油普查大队苏南专题队(1960)①依据钻孔资料创名于江苏省句容县三岔乡葛村。岩性为暗紫红、暗棕、灰绿、黑色泥岩、粉砂质泥岩、泥质粉砂岩，或为互层，其下为灰白色砂岩及砾岩。下粗上细韵律性重复出现。介于浦口组与火山岩系地层之间，呈不整合接触。根据所含化石确定为早白垩世。

【沿革】　省内曾称广德组(安徽区调队，1974a、1988c)，本书称葛村组。

【现在定义】　上部地表为紫红、棕红、灰黄色，井下为微绿、灰黑色，以泥岩、粉砂质泥岩为主，其次为泥质粉砂岩或呈互层；下部地表为紫红、灰黄、灰白色，井下为深棕、浅棕带白色，以细砂岩为主，地表夹粉砂质泥岩、砂砾岩、砾岩，井下夹粉砂质泥岩、粉砂岩或呈互层。含植物、双壳类、叶肢介、腹足类、鱼类等化石，与上覆浦口组、下伏大王山组均为不整合接触。

【层型】　正层型在江苏省句容县。省内次层型为怀宁县俞家湾剖面(34－9036－4－1；30°20′，116°30′20″)，安徽326地质队(1966)测制。

【地质特征及区域变化】　省内葛村组为盆地近中心弱还原环境河湖相沉积，岩性变化较大。广德南冲为棕黄色砂、泥岩夹凝灰质砂、砾岩，产植物 *Carpolithus*，*Manica*，*Pagiophyllum*，*Pityocladus* 等，厚度大于128 m。郎溪县白茅岭为棕黄、灰白色砂、泥岩，产植物 *Brachyphyllum*，*Manica*，*Parceramosa* 等，厚度大于49 m。南陵县绿岭为灰黄、棕红色砂、泥岩，产植物 *Manica*，*Parceramosa*，厚度大于89 m。怀宁县俞家湾葛村组为紫红、灰绿、杂色砂、泥

① 江苏省地质局石油普查队苏南专题队，1960，苏南地区石油地质综合研究总结报告（内部资料）。

岩，产植物 *Cupressinocladus gracilis*；鱼类 *Paraclupea chetungensis* 等，厚度大于 1 394 m。怀宁狮子口为凝灰质砂、砾岩夹安山质角砾岩，厚度大于 472 m。太湖县何家上门为灰绿、灰黄色凝灰质砂、砾岩，厚度大于 3 000 m。在太湖孙家该组与下伏江镇组呈平行不整合接触，未见顶。上述生物反映热河生物群晚期群落组合面貌，时代为早白垩世—晚白垩世早期。

浦口组　$K_{1-2}p$　（06－34－9037）

【创名及原始定义】　原名浦口层，刘季辰、赵汝钧（1924）创名于江苏省南京浦口。浦口层（赭色岩层或赭色砂砾岩层）为赭色砂岩、页岩、粗砾岩，下与斑岩层，上与赤山层均呈不整合，时代为白垩纪下期。厚度 550 公尺。

【沿革】　全国地层会议（1959）改称浦口组。南京大学（1961）称宣州附近“红层”下部为下白垩统“浦口组”，上部为“宣南群”。安徽区调队（1974a）对宣州、广德地区“红层”自下而上分为“广德组”、“七房村组”、“宣南组”。该队（1974b）称枞阳井下火山岩之上的红层为杨湾组。安徽地矿局（1987）、安徽区调队（1988c）自下而上分为广德组、杨湾组、七房村组、宣南组。本书将“七房村组”与“杨湾组”合并为浦口组。

【现在定义】　在山麓边缘，上部为紫红夹紫灰色岩屑砂岩，粉砂岩夹粉砂质泥岩及砂砾岩；下部为灰紫色火山岩及其角砾岩、砂岩；底部为砾岩。盆地内部自上而下为棕红色泥岩，棕、暗咖啡色粉、细砂岩或互层，膏质泥岩，泥岩与盐岩互层，灰色砂砾岩。含介形虫、轮藻、植物等化石。与下伏不同时代地层为不整合接触，与上覆赤山组为不整合接触。

【层型】　正层型在江苏省南京市浦口。省内次层型为广德县广德中学—七房村剖面（34－9037－4－1，30°54′，119°23′），安徽区调队（1974a）测制。

【地质特征及区域变化】　省内浦口组分布于盆地边缘山麓地带，属氧化环境河流—冲积扇相沉积。广德地区夹少量安山质次火山岩，厚 663 m，上被赤山组不整合覆盖。枞阳杨湾浦口组紫红色砂、泥岩，厚 1 625 m，平行不整合于双庙组和赤山组间。枞阳杨湾产轮藻 *Atopochara trivolvis*，*Euaclistochara mundula*，*Sphaerochara*，*Mesochara*，*Obtusochara* cf. *madleri*；介形类 *Cypridea*（*Pseudocypridina*），*Ziziphocypris simakovi*，*Candona*。怀宁红炉地区产介形类 *Cypridea*（*Cypridea*），*Eucypris*，*Darwinula*；轮藻 *Obtusochara cylindria*，*O.* cf. *luodianensis*；植物 *Manica* cf. *foveolata*，*Frenelopsis elegans* 等。浦口组所含生物组合面貌与热河生物群晚期群落相似，时代为早白垩世—晚白垩世早期。

【其他】　葛村组、浦口组皆位于火山岩系与赤山组间（句容葛村井下，覆于葛村组之上的“浦口组”砾岩实为赤山组底部砾岩）。葛村组为盆中弱还原环境河湖相杂色砂、泥岩，浦口组为盆缘氧化环境紫红色砂、砾岩，所含生物组合面貌相似，故二者为同期异相产物。

赤山组　$K_2\hat{c}$　（06－34－9038）

【创名及原始定义】　原名赤山层，刘季辰、赵汝钧（1924）创名于江苏省句容县三岔乡赤山。为鲜红色块状砂岩，片理几不可辨，质殊疏松，砂粒细而匀，出露约 100 公尺，层位居浦口层之上，雨花台层之下，均为不整合。时代为白垩纪上期。

【沿革】　李希霍芬（1868）首先于铜陵地区创“大通层”代表江南红层。叶良辅、李捷（1924）分江南红层下部为“祁山层”，上部为“宣南层”，时代为第三纪。李毓尧（1930）称青阳、石埭红层为“石埭系”，时代为中生代。南京大学地质系安徽宣城区测大队（1961）改“宣南层”为“宣南群”。安徽区调队（1974a）改“宣南群”为“宣南组”。同年，安徽 311 地质队称潜山-范岗盆地红层下部粗碎屑岩为晚白垩世“王河组”。安徽区调队(1974a)改“王河组”为“高河埠组”，后为“宣南组”。本书改称“宣南组”为赤山组。

【现在定义】 上部红棕、紫红色局部夹灰白色钙、泥、铁质细砂岩、粉砂岩、页岩或为互层，夹泥岩；下部紫红、砖红色细砂岩、粉砂岩、灰绿色钙质泥岩夹薄层砂砾岩、含砾砂岩。含孢粉、轮藻、介形虫等化石。在区域上与下伏浦口组呈整合接触，与上覆泰州组或阜宁组、盐城组为不整合接触。

【层型】 正层型在江苏省句容县。省内次层型为泾县琴溪桥剖面(34－9038－4－1；30°44′,118°30′),安徽区调队(1974a)测制。

【地质特征及区域变化】 省内赤山组岩性为暗紫、棕红、砖红色中厚—巨厚层砾岩、砂砾岩、含砾粗砂岩、细砂岩、粉砂岩，为氧化环境河湖相沉积，盆缘掺杂冲积扇相沉积，宣州-南陵盆地厚达 7 600 m。在南陵县烟墩铺、广德县七房村一带，该组与下伏浦口组呈不整合接触，在泾县琴溪与上覆望虎墩组为平行不整合接触。宣州晏公桥、郎溪七里店及下柱山产双壳类 *Sphaerium shantungensis*，*S. rectiglobsum*，*S. xuanchengense*；腹足类 *Truncatella maxima*，*Valvata sinensis*；介形类 *Talicypridea*，*Cypridea*，*Cyprois*，*Candona* 及恐龙蛋 *Oolithes* 等。南陵盆地亦见有恐龙蛋 *Oolithes*。上述无脊椎动物化石与淮南张桥组所产者相似，恐龙蛋 *Oolithes* 与广东南雄晚白垩世地层所产者相似。时代为晚白垩世晚期。

舜山集组 $E_1\hat{s}\hat{s}$ (06－34－9047)

【创名及原始定义】 安徽区调队(1977a)创名于来安县舜山集。指舜山集地区早第三纪地层中、下部灰、灰黄色砂、泥岩，夹泥灰岩。

【沿革】 《安徽地层志》(1988d)分原“舜山集组”上部浅灰、灰红色泥岩与泥灰岩为狗头山组，限原“舜山集组”下部为舜山集组，时代为古新世。本书采用《安徽地层志》(1988d)舜山集组的含义。

【现在定义】 指天长—来安地区，分别平行不整合于赤山组砖红色砂岩之上（区域上）、狗头山组泥灰岩之下的灰、灰黄色细砂岩、泥岩、泥质灰岩，富产介形类。

【层型】 正层型为来安县舜山集吴家圩剖面（32°31′，118°28′)，安徽区调队（1977a）测制。

上覆地层：**狗头山组** 灰黄、棕黄色鲕状泥质灰岩，其顶为含鲕泥质灰岩、生物灰岩。产介形类 *Neomonoceratina bullata*，*Ilyocypris obesa*，*Candona* sp.

——————— 平行不整合 ———————

舜山集组 总厚度＞32.52 m

18. 浅灰绿色中厚层钙质泥岩，含钙质结核及泥灰岩扁豆体。产介形类 *Candona* sp.，*Ilyocypris* sp. 0.59 m
17. 灰黄、浅灰绿色泥质灰岩，夹泥岩及少量泥炭，微层理发育。产介形类 *Sinocypris funingensis* 3.26 m
16. 浅灰、灰绿色中—薄层钙质泥岩，夹泥灰岩，微层理发育，含钙质结核。产介形类 *Candona* sp. 1.72 m
15. 灰黄、浅灰色薄—厚层泥质灰岩，夹泥砾，具鲕状构造，微层理发育 3.02 m
14. 灰黄、灰绿色薄—中层钙质泥岩，微层理发育，含钙质结核及团块。产介形类 *Sinocypris funingensis*，*Candona* sp. 0.60 m

13. 灰黄、浅灰色中—厚层泥质灰岩，夹钙质泥岩。产介形类 *Sinocypris funingensis*，*Ilyocypris xuyiensis*，*Candona* sp. 3.32 m

12. 灰、灰黄色薄层泥灰岩，夹少量钙质泥岩 1.51 m

11. 灰、灰黄色薄—中层泥质灰岩。产介形类 *Sinocypris funingensis*，*Ilyocypris xuyiensis* 1.20 m

10. 灰、灰黄色薄、中层钙质泥岩，微层理发育，含钙质结核 0.88 m

9. 灰黄、黄褐色钙质细粒岩屑长石石英砂岩。产介形类 *Sinocypris funingensis*，*Ilyocypris xuyiensis* 0.15 m

8. 浅灰色薄层钙质泥岩，含钙质结核。产介形类 *Sinocypris funingensis*，*Ilyocypris xuyiensis*，*Eucypris stagnalis* 0.73 m

7. 灰黄、浅灰绿色薄层泥质灰岩夹钙质泥岩，含钙质结核。产介形类 *Sinocypris funingensis*，*Limnocythere* sp. 0.85 m

6. 灰黄色细粒岩屑长石石英砂岩，微层理发育，产介形类 *Sinocypris funingensis*，*Ilyocypris xuyiensis* 5.22 m

5. 灰、灰黄色薄层钙质细粒岩屑长石石英砂岩，夹钙质泥岩及泥质粉砂岩。产鱼类 Percidae；介形类 *Sinocypris* sp.，*S. funingensis*，*Ilyocypris subhanjiangensis*，*I. xuyiensis*，*Caspiocypris modesta*，*Candona* sp.，*C. combibo*，*Cyprois* aff. *amygdala*，*Eucypris stagnalis*，*Limnocythere jindongensis* 3.08 m

4. 浅灰色薄—中层砂质泥灰岩。产介形类 *Sinocypris funingensis*，*Eucypris stagnalis*，*Candona* (*Pseudocandona*) *poriformis* 1.23 m

3. 灰黄色薄—中层细粒岩屑长石石英砂岩，夹薄层泥质粉砂岩 2.21 m

2. 灰、浅灰色薄层砂质钙质泥岩。产介形类 *Sinocypris funingensis*，*Eucypris stagnalis* 0.18 m

1. 紫灰色中—厚层钙质细粒长石石英砂岩，微层理发育。产介形类 *Sinocypris funingensis*，*Eucypris stagnalis*，*Candona* sp.，*Cyprois* sp.。（未见底） >2.77 m

【地质特征及区域变化】 舜山集组为灰、灰黄色泥岩、粉砂钙质泥岩，底部为泥砾岩，顶部夹泥灰岩。在滁州担子平行不整合于赤山组红砂岩之上，在来安县炮咀等地超覆于前中生代地层之上。厚 119～1 621 m。产介形类 *Sinocypris* - *Eucypris* - *Parailyocypris* - *Limnocythere* 组合；双壳类 *Eupera sinensis*，*Sphaerium* cf. *rivicolum*，*Pisidium amnicum*；叶肢介 *Perilimnadia*，*Fushunograpta changzhouensis* 等。时代为古新世。

狗头山组 E_2g (06-34-9048)

【创名及原始定义】 王建华、关克兴(1960)创名于来安县舜山集狗头山，南京大学地质系江苏地质研究队苏北地层组(1982)① 介绍。意指一套灰红色泥灰岩、泥岩，时代为新第三纪。

【沿革】 安徽区调队(1977a)将狗头山组与下伏棕红色砂、泥岩合并称舜山集组，时代归古新世。《安徽地层志》(1988d)恢复原狗头山组含义，定其时代为早始新世，沿用至今。本书沿用狗头山组。

【现在定义】 指天长—滁州地区平行不整合于舜山集组灰色砂、泥岩之上，不整合洞玄观组之下的一套紫红、灰红色砂岩、泥灰岩、泥岩、含钙质泥砾岩，富产介形类等化石。

---

① 南京大学地质系江苏地质研究队苏北地层组，1982，苏北盆地西部露头区下第三系的划分与对比研究报告（内刊）。

【层型】　正层型为来安县舜山集狗头山附近的炮咀剖面(32°33′,118°27′),安徽区调队(1977a)重测。

上覆地层：**洞玄观组**　灰白色泥质砂砾岩、含砾泥岩等

～～～～～～～～ 不 整 合 ～～～～～～～～

狗头山组　　　　总厚度 74.32 m

17. 肉红色厚层白云质泥灰岩、钙质泥岩等。产介形类 *Ilyocypris subhanjiangensis*　　5.51 m
16. 浅紫红色钙质细粒岩屑长石石英砂岩，夹三层含鲕状钙质同生砾岩凸镜体。产介形类 *Candona combibo*, *C. subcombibo*, C. sp., *Sinocypris funingensis*, *S.* cf. *triangulata*, *S.* sp., *S. arca*, *S. triangulata*, *S. multipuncta*, *S. obesus*, *S. oviformis*, *Pinnocypris postiacuta*, *Eucypris ovatiformis*, *E. jintanensis*, *Cyprois* sp., *C. decaryi*, *Ilyocypris subhanjiangensis*, *I. aspera*, *Neomonoceratina bullata*, *Eucypris versuta*, *Cyprinothus demiglobocus*, *Cypris* cf. *subtera*, *Candoniella* sp., *Limnocythere posterobicostata*, *Cyprinotus* (*Heterocypris*) *deruptus*；腹足类 *Bithynia* sp., *B. loxostoma*, *Assiminea* sp., *Dentellaria* sp., *Triochia* sp., *Strobilops multidenticulata*　　39.02 m
15. 灰红色厚层细粒岩屑长石石英砂岩，夹钙质岩屑长石石英砂岩，含钙质结核及紫红色泥砾。产介形类 *Sinocypris funingensis*, *Neomonoceratina bullata*, *Candona combibo*, *C. subcombibo*, *C. dorsiarca*, *C. condidiformis*, C. sp., *Ilyocypris obesa*, *I. hanjiangensis*, *I. subhanjiangensis*, *I. aspere*, *I. cornae*, *Limnocythere* sp., *Cyprois* sp., *C. xuyiensis*, *Cyprinotus demiglobocus*, *C. contractus*, *C.* (*Heterocypris*) *deruptus*, *C.* (*H.*) *jintanensis*, *Cypris decaryi*, *C. comcina*, *Limnocythere subexilicosta*, *L. posterobicostata*, *Homoeucypris reticularis*, *H. triangularis*, *Lineocypris symmetica*, *Typhlocypris* sp., *Turkmenella acelinia*, *Sinocypris* cf. *triangulata*, *S. arca*, *Eucypris stagnalis*, *E. doformis*　　11.09 m
14. 浅紫红色钙质细粒岩屑长石石英砂岩，下部夹含砾钙质细粒岩屑长石石英砂岩。产介形类 *Sinocypris funingensis*, *S. arca*, *Ilyocypris xuyiensis*, *Candona combibo*, *Cyprois* sp.　　18.70 m

——————— 平行不整合 ———————

下伏地层：**舜山集组**　灰、灰黄色泥岩，夹鲕状灰岩扁豆体。产介形类 *Candona* sp.

【地质特征及区域变化】　狗头山组为棕黄、浅红色泥灰岩、含鲕砾屑灰岩夹泥岩。天长刘家营井下含玄武岩砾石。厚度自西向东由 57 m 增至 683 m。来安县枣林与下伏舜山集组、天长县刘家营与上覆张山集组分别为整合接触。天长县乔田，来安县五里庙、吴家坪等地与下伏舜山集组和上覆张山集组分别呈平行不整合接触。该组所产腹足类 *Bithynia*, *Dentellaria*, *Mesoneritina* 等与双塔寺组和江苏戴南组的相似，介形类 *Sinocypris* - *Eucypris* - *Limnocythere* - *Cypris* 组合亦见于双塔寺组和苏北阜宁组顶部和戴南组。时代为始新世。

张山集组　$E_2\hat{z}$　(06-34-9049)

【创名及原始定义】　由安徽区调队(1977a)创名于来安县张山集王家港。指分布于滁州、来安、天长一带，位于狗头山组之上的一套砖红色砂、砾岩夹泥岩。

【沿革】　自创名始，沿用至今。

【现在定义】 指天长—滁州地区，平行不整合于狗头山组泥灰岩之上，不整合于洞玄观组砂砾层之下的砖红、粉红色砂砾岩、含砾砂岩、含砂砾质泥岩、含钙砂质泥岩。

【层型】 正层型为来安县张山集王家港剖面(32°31′,118°29′)，安徽区调队(1977a)测制。

上覆地层：洞玄观组 深灰色含砾泥岩，夹泥质砾岩扁豆体

~~~~~~~~~ 不 整 合 ~~~~~~~~~

张山集组 总厚度 108.61 m

11. 砖红色砂砾岩与含砾钙质细砂粉砂岩韵律互层，泥、钙、铁质胶结。砂砾成分以脉石英为主，次为变质火山岩，砾径一般在 8 cm 以下，多呈次棱角、次圆状 14.78 m

10. 砖红色砂砾岩，泥、铁质胶结。砾石成分主要为脉石英，次为变质火山岩，砾径一般在 8 cm 以下，多呈次棱角、次圆状 5.07 m

9. 砖红色厚层砂质钙质泥岩，含少量石英细砾 18.93 m

8. 粉红色含砾粗粒岩屑砂岩，微层理发育，泥、铁质胶结。砾石成分主要为脉石英，次有变质火山岩，砾径一般在 1 cm 以上，大者可达 8 cm，多呈次圆状 8.72 m

7. 砖红色厚层砂质、钙质泥岩，含脉石英 6.19 m

6. 粉红色含砾砂质、钙质泥岩，夹砂砾岩扁豆体，砾石成分主要有脉石英，次有变质火山岩等，砾径一般为 1～5 cm，多呈次棱角、次圆状 0.34 m

5. 砖红色厚层砂质、钙质泥岩，含脉石英细砾、粗砂。产哺乳动物化石 *Rhombomylus laianensis*；腹足类 *Strobilops multidenticulata* 14.42 m

4. 粉红色砂砾岩，钙、铁质胶结。砾石成分主要有脉石英，次有变质火山岩，砾径一般在 3 cm 以上，大者可达 8 cm，多呈次棱角、次圆状 2.00 m

3. 粉红色厚层含细粒含钙砂质泥岩，含钙质结核 25.74 m

2. 灰、浅灰绿色含砂砾质泥岩，微层理发育。砾石成分主要为脉石英，砾径一般小于 2 cm，多呈次棱角状 2.37 m

1. 灰粉红色砂砾岩，微层理发育。砾石成分主要有脉石英，次有变质火山岩、泥岩等，砾径一般在 3 cm 以上，最大可达 8 cm，多呈棱角、次棱角状 10.05 m

——————— 平行不整合 ———————

下伏地层：狗头山组 浅灰、棕灰色厚层钙质泥岩、砂质泥灰岩

【地质特征及区域变化】 张山集组为河湖相沉积。来安县王家港为砖红色砂、砾岩，厚 109 m，产哺乳类 *Rhombomylus laianensis*，腹足类 *Strobilops multidenticulata*。天长刘家营为浅棕、棕红色砂岩、砾岩夹泥岩，厚 556 m。天长井下孢粉组合与苏北三垛组下段相似。时代为早始新世晚期。

望虎墩组 E_1w (06-34-9051)

【创名及原始定义】 安徽省冶金地质局 311 地质队区测分队(1970)创名于潜山县望虎墩。指潜山盆地一套棕红、紫红色厚层砾岩、砂岩之下部地层。

【沿革】 自创名始，被安徽地矿局(1987)、安徽区调队(1988d)采用，本书沿用望虎墩组。

【现在定义】 指芜湖—安庆地区平行不整合于赤山组之上(区域上)、整合于痘姆组之下的紫红、砖红、灰紫色细砂岩、砂砾岩、砾岩，产哺乳类、爬行类动物化石。

【层型】 正层型为潜山县海形地—望虎墩—痘姆剖面(30°37′,116°29′)，安徽 311 地质队区测分队(1970)测制。
~~~~~~~~~

痘姆组 总厚度>560.77 m

15. 紫红色巨厚层砾岩，夹粗砂岩。（未见顶） >94.50 m

14. 灰紫色厚层砾岩，夹中、粗砂岩 71.75 m

13. 紫红色中—厚层砾岩与粗砂岩互层。产哺乳动物 *Hyracolestes ermineus*, *Archaeolambda tabiensis*, *Heomys orientalis*, *Mimotona wana*, *Hsiuannania* sp., *Sinostylops promissus*；爬行类 *Tinosaurus doumuensis*, *Anhuisaurus huainanensis* 58.50 m

12. 紫红色厚层含砾中、粗砂岩，夹少量薄层灰白色长石砂岩 102.58 m

11. 紫红色厚层中、粗砂岩与砾岩、泥岩互层。产哺乳动物 *Allictops inserrata*, *Hsiuannania tabiensis*, *Mimotona robusta*, *Obtususdon hanhuaensis*；爬行类 *Agama sinensis*, *Anhuichelys tsieshanensis* 76.12 m

10. 紫红色厚层中、细砂岩，夹暗紫色薄层泥岩及少量厚层状砾岩 157.32 m

——— 整 合 ———

望虎墩组 总厚度>1 213.54 m

9. 掩盖 120.70 m

8. 鲜紫红色厚层细砂岩，夹灰白色薄层长石砂岩 179.40 m

7. 灰紫色薄—中厚层砾岩、粗砂岩与紫红色细砂岩互层。产哺乳动物 *Anictops tabiepedis*, *A.* aff. *tabiepedis*, *Decoredon elongetus*, *Diacronus anhuiensis*, *D. wanghuensis*, *Huaiyangale chianshanensis*, *H.* sp., *Harpyodus euros*, *Mimotona wana*, *M.* sp., *Obtususdon hanhuaensis*. *Paranictops majuscula*, *P.* sp., *Pappictidops orientalis*, *Zeuctherium niteles*, *Sinostylops promissus*, *Heomys* sp., *H. orientalis*, *Archaeolambda tabiensis*, Eurymylodae.；爬行类 *Qianshanosaurus huangpuensis* 287.00 m

6. 紫红色厚层中、细砂岩与泥质细砂岩互层，夹灰白色薄层状长石砂岩及砾岩。产哺乳动物 *Bemalambda* sp., *Notodissacus orientalis*, *Lestes conexus* 205.40 m

5. 掩盖 13.60 m

4. 鲜紫红色厚层细砂岩，夹灰白色薄层长石石英砂岩。产哺乳动物 *Anictops tabiepedis*, *Paranictops* sp., *Anchilestes impolitus*, *Anaptogale wanghuensis*, *Bemalambda* sp., *Wanogale hodungensis*, *Chianshania jianghuaiensis*, *Lestes conexus*；爬行类 *Anqingosaurus brevicephalus* 256.07 m

3. 紫红色中—厚层粗砂岩与砂砾岩互层 18.00 m

2. 砖红色厚层细砂岩夹砾岩。产哺乳动物 Bemalambdidae 132.55 m

1. 紫红色厚层砾岩与含砾中、粗砂岩互层。（未见底） >0.82 m

【地质特征及区域变化】 潜山坳陷为滨湖相紫红色砂、砾岩，厚 1 214 m。望江—铜陵地区为滨湖至浅湖相杂色砂、泥岩，厚 233 m。宣州、南陵、无为等地为滨湖相杂色砂、泥岩，局部夹砾岩，含石膏细脉，厚 168 m。在无为县杨庄、南陵县水电站，该组与下伏赤山组为平行不整合接触。其下段产哺乳类 *Bemalambda*, *Lestes*, *Anchilestes* 等 5 科 9 种，上部产哺乳类 *Harpyodus* 等 11 科 19 种，沿江产介形类 *Ilyocypris hanjiangensis*, *Sinocypris*, *Candona bellula* 等，与苏北阜宁组下部及舜山集组下部相当，时代为早、中古新世。

痘姆组 E_1d （06－34－9052）

【创名及原始定义】 安徽省冶金地质局 311 地质队区测分队(1970)创名于潜山县痘姆村。指分布于潜山盆地望虎墩组之上的棕红、紫红色厚层砾岩、含砾粗砂岩、长石砂岩、泥岩。

【沿革】 自创名始，沿用至今。

【现在定义】 指芜湖—安庆地区，整合于望虎墩组之上，整合—平行不整合于双塔寺组之下（区域上）的棕红、紫红色厚层砾岩夹中粗粒砂岩、泥岩。

【地层】 正层型为潜山县海形地—望虎墩—痘姆剖面(34－9051－4－1;30°37′,116°29′),安徽311地质队区测分队(1970)测制(参见望虎墩组正层型剖面)。

【地质特征及区域变化】 潜山坳陷为河流相—冲积扇相紫红色厚层的砂砾岩、砾岩，厚度大于560 m。沿江地区为滨湖—浅湖相紫红、棕褐色砂、泥岩夹泥灰岩，厚145～404 m。该组在无为县杨庄、芜湖黄新、南陵县水电站与上覆双塔寺组为整合接触，在望江县路灌、池州梅埂、宣州晏公桥与上覆双塔寺组为平行不整合接触。潜山坳陷所产哺乳动物 *Sinostylops promissus*, *Archaeolambda* 等见于江西池江组。沿江井下产介形类 *Sinocypris*－*Eucypris*－*Parailyocypris*－*Limnocythere* 组合；轮藻 *Obtusochara subcylindrica*, *Stephanochara jiangsuensis* 等；叶肢介 *Fushunograpta changzhouensis* 等，可与来安舜山集组、苏北阜宁组对比，时代为晚古新世。

双塔寺组 $E_2\hat{s}$ (06－34－9053)

【创名及原始定义】 原名双塔群，安徽区调队(1974a)创名于宣州市双塔寺。指宣州—南陵地区"宣南组"之上的棕红、紫红色砂砾岩夹砂、泥岩。

【沿革】 叶良辅、李捷(1924)称宣州、南陵一带红层为宣南层。安徽区调队(1974a)限宣南层下部为宣南组，时代为晚白垩世；宣南层上部称下第三系双塔群。《安徽省区域地质志》(1987)、《安徽地层志》(1988d)限双塔群中、上部为双塔寺组，时代为早始新世早期；下部与望虎墩组、痘姆组对比，时代为古新世。本书采用《安徽地层志》(1988d)厘定后的双塔寺组。

【现在定义】 指整合—平行不整合于痘姆组之上，整合于照明山组之下（区域上）的浅黄、灰白、紫红色砾岩、砂岩、泥质粉砂岩、粉砂质泥岩、钙质泥岩互层的地层，产哺乳类、爬行类及腹足类化石。

【层型】 正层型为宣州市晏公桥—双塔寺—于三塘剖面(30°56′,117°45′),安徽区调队(1974a)测制。

双塔寺组　　总厚度>356.04 m

10. 灰白色中厚层—块层状砾岩与紫红色中厚层—厚层含砾、砂的钙、泥质粉砂岩互层。(未见顶)　　>62.27 m
9. 灰白、浅紫红色块层状钙质砾岩与紫红色块层状含砂、砾的粉砂及钙质泥岩互层。产哺乳动物 *Archaeolambda yangtzeensis*, *Wanotherium xuanchengensis*；爬行类 Emydidae；腹足类 *Daedalochila* sp., *Pseudaspasita* sp., *Metodontia* sp., *Bradybaena* sp.　　100.72 m
8. 掩盖　　84.43 m
7. 浅黄、灰白色中厚层钙质细砾岩与中、细粒含砾钙质岩屑石英砂岩互层，夹中薄层细砂岩，靠上部为含砂、砾粉砂质、钙质泥岩。产腹足类 *Mesoneritina* sp.　　39.69 m
6. 紫红色含钙质粉砂质泥岩　　13.43 m
5. 掩盖　　36.75 m
4. 浅黄色中厚层钙质细砾岩，含砾钙质中、细粒岩屑石英砂岩与钙质中细粒岩屑石英砂岩互层。夹中薄层含砾钙质细粒岩屑石英砂岩。产腹足类 *Lithoglyphus* sp.,

Mesoneritina sp. 18.75 m

——————— 平行不整合 ———————

下伏地层：**痘姆组** 紫红色中薄层粉砂质泥岩，夹浅灰白色中厚层粉砂岩、粉砂质泥岩及少量紫红色薄层泥岩。产介形类 *Ilyocypris subhanjiangensis* 及腹足类和轮藻

【地质特征及区域变化】 该组在宣州、铜陵、贵池为河湖混合相钙质砂、砾岩，厚度大于 200 m。贵池梅梗井下泥质增高，厚度大于 371 m。望江地区为棕红、浅红色细砂岩、粉砂岩、泥岩夹含砾细砂岩，厚 330～481 m。芜湖黄新井下夹多层中粒砂岩、含砾砂岩，厚度大于 500 m。无为盆地为粉砂质泥岩、泥岩，厚 261 m。该组在无为石涧照明山与上覆照明山组为整合接触。双塔寺组产哺乳动物 5 科 5 种，*Sinostylops progressus*，*Archaeolambda yangtzeensis*，*Dissacus magushanensis*，*Wanotherium xuanchengensis*，*Pastoralodon* 等皆为国外始新世或早始新世重要分子，介形类 *Sinocypris - Eucypris - Limnocythere - Cypris* 组合，轮藻 *Neochara huananensis*，*Obtusochara jianglingensis*，*Peckichara zhijiangensis*，*Grambastichara subcylindrica* 等可与苏北戴南组对比，时代为早始新世。

照明山组 $E_2\hat{z}m$ （06－34－9054）

【创名及原始定义】 原名“照明山群”，由安徽区调队(1978)创名于无为县石涧铺照明山。指分布于无为石涧，合肥大蜀山、小蜀山，定远练铺、三和集等地第三纪玄武岩及其上、下红色砂、砾岩地层。

【沿革】 安徽区调队（1987）曾将无为石涧“照明山群”改称“双塔寺组”。本书仍恢复“照明山群”含义，并改称照明山组。

【现在定义】 指整合于双塔寺组之上的灰、粉红色玄武岩、砾岩、含砾泥岩，产腹足类。上未见顶。

【层型】 正层型为无为县石涧乡照明山剖面(31°25′,117°50′)，安徽区调队(1978)测制。

照明山组	总厚度>191.78 m
20. 淡红色厚层砾岩。(未见顶)	>15.54 m
19. 粉红色薄—厚层含砾含砂质泥岩	2.22 m
18. 灰色气孔、杏仁状玄武岩	10.11 m
17. 浅红色厚层钙质砾岩	84.93 m
16. 粉红色薄层含砾泥质细砂岩、粉砂岩，底部含玄武岩砾石	2.02 m
15. 灰色气孔状橄榄玄武岩，夹紫红色杏仁状玄武岩	64.55 m
14. 粉红色厚层具白斑点泥岩，产腹足类 *Giffordius* sp.，*Strobilops* sp.	8.16 m
13. 灰色气孔状玄武岩	4.25 m

——————— 整　合 ———————

下伏地层：**双塔寺组** 红、粉红色厚层钙、泥质石英粉砂岩，局部含砾

【地质特征及区域变化】 无为石涧铺西照明山地区下部为气孔状玄武岩夹砖红色钙质砾岩，厚 174 m，下与双塔寺组粉红色砂岩整合接触；上部为淡红色砾岩（未见顶），厚度大于 18 m。广德附近为致密玄武岩，顶、底及厚度不明。照明山组沉积夹层中产腹足类 *Giffordius*，*Strobilops* 和龟科 Emydidae 化石。时代为始新世。

月潭组　J_1y　（06－34－9055）

【创名及原始定义】　安徽省冶金地质局332地质队区测分队(1971)创名于休宁县月潭。指分布于休宁月潭、上溪口、汪村等地灰、灰白色粉砂岩、石英砂岩夹煤线的地层。

【沿革】　李毓尧、李捷(1930)曾称东关岭系，李四光(1939)称东关岭统。第一届全国地层会议(1959)统称象山群下部。因东关岭系(统)是泛指皖南变质砂岩含煤层的地层，含义太宽，该地区岩性又与象山群下部岩性区别较大，故本书采用月潭组。

【现在定义】　指分布于皖南地区，平行不整合于中侏罗世洪琴组之下灰白色石英细砂岩、粉砂岩、千枚状粉砂质泥岩，底部为砾岩。区域上夹煤线或薄煤层。下未见底。

【层型】　正层型为休宁县月潭言田剖面(29°40′,118°02′)，安徽332地质队区测分队(1971)测制。

上覆地层：洪琴组　灰白、浅黄色厚层石英角砾岩、石英砂岩。砾石以脉石英（含金）千枚岩砾石为主

——————— 平行不整合 ———————

月潭组	总厚度＞21.08 m
7. 灰、灰白色中—厚层中细粒石英砂岩夹石英质粉砂岩。产植物 *Ptilophyllum* sp.	2.77 m
6. 灰白色中—厚层含砂粉砂岩，夹一层千枚状粉砂质泥岩	2.33 m
5. 灰白、黄色中厚层含砂粉砂岩，夹一层千枚状粉砂质泥岩	3.14 m
4. 灰白、黄色中厚层细粒石英砂岩	0.6 m
3. 灰白、灰色中—薄层粉砂岩夹含砂粉砂岩。产植物 *Pterophyllum* sp., *Ptilophyllum* sp.	4.75 m
2. 紫红色中厚层粉砂岩	7.07 m
1. 紫红色（原色为灰白色）砾岩。砾石以千枚岩为主，次为脉石英。(未见底)	＞0.42 m

【地质特征及区域变化】　月潭组零星出露于休宁县月潭、黄泥塘、上溪口、汪村等地，为弱还原环境河湖相沉积。在区域上，其下部为灰、灰白色石英砂岩夹碳质页岩，底部为石英砾岩；上部为灰绿、黄绿色砂、页岩。上、下部均夹煤线或薄煤层。月潭言田厚21 m，休宁汪村厚150 m。该组产植物 *Ptilophyllum*－*Coniopteris* 组合及双壳类 *Futuella*, *Pseudocardinia* 等。时代为早侏罗世。

洪琴组　J_2h　（06－34－9056）

【创名及原始定义】　安徽省冶金地质局332地质队区测分队(1971)创名于歙县洪琴。指分布于歙县洪琴、方村和屯溪盆地内的一套紫色、杂色厚—中厚层砾岩、砂岩及粉砂岩组成的韵律层。

【沿革】　李毓尧、李捷(1930)曾称东关岭系，李四光(1939)称东关岭统，第一届全国地层会议(1959)称象山群上部。因东关岭系(统)是泛指皖南变质砂岩含煤层的地层，含义太宽，该地区岩性又与象山群上部区别较大，故本书采用洪琴组。

【现在定义】　指分布于皖南地区，区域上平行不整合于月潭组之上、不整合于炳丘组砾岩之下的暗红、猪肝色、杂色砂岩、含砾砂岩、砾岩、泥质粉砂岩、粉砂质泥岩，中部夹安山岩，产双壳类化石。

【层型】　正层型为歙县洪琴剖面(29°56′,118°37′),安徽332地质队区测分队(1971)测制。

洪琴组　　总厚度>234.73 m

21. 灰黄色巨厚层中细粒石英长石砂岩。(未见顶)　>13.75 m

20. 暗红、猪肝色厚层含砂质泥质粉砂岩　30.55 m

19. 暗红色巨厚层细砂岩和浅灰、灰白色石英长石砂岩　22.17 m

18. 暗红、猪肝色巨厚层含云母细砂岩夹粉砂岩和黄色长石砂岩　24.86 m

17. 暗紫、黄褐色巨厚层含“姜状”钙质结核钙质泥质粉砂岩　1.39 m

16. 暗红、猪肝色厚层细砂岩　4.98 m

15. 黄色中厚层含砾粗中粒石英砂岩　5.42 m

14. 猪肝色厚层含云母细砂岩夹两层紫灰、灰色含钙质结核钙质砂质粉砂岩，上部夹两层棕灰、暗红色钙质细砂岩　19.32 m

13. 灰绿色厚层状安山岩　13.99 m

12. 暗紫色巨厚层含云母细砂岩，偏上夹两层灰黄、黄褐色厚层长石砂岩　7.94 m

11. 褐黄、浅黄色中厚—厚层中粒长石砂岩　7.53 m

10. 暗红、紫色厚层含云母细砂岩夹灰黄色长石质砂岩，顶部有一层灰绿色微波状起伏的粉砂质泥岩　13.34 m

9. 灰紫色厚层含云母钙质细砂岩，底部有一层灰黄色细砂岩　25.11 m

8. 杂色含钙质结核钙质泥质粉砂岩。产双壳类 *Lamprotula* (*Eolamprotula*) *cremeri*, *Tutuella* cf. *rotunda*, *T.* sp., *Cuneopsis* sp.　9.83 m

7. 紫灰、绿灰色巨厚层粉砂岩　0.88 m

6. 暗红色厚—中厚层粉砂质砂岩夹六层灰黄绿色中厚—薄层含长石泥质砂岩。产双壳类 *Lamprotula* (*Eolamprotula*) *cremeri*, *L.* sp.　8.24 m

5. 灰黄色巨厚层中细粒砂岩　1.05 m

4. 掩盖。沿走向向东100 m左右，为杂色含钙质细砂岩(相当掩盖层)。产双壳类 *Lamprotula* (*Eolamprotula*) *cremeri*, *Cuneopsis johannisboehmi*　5.16 m

3. 暗红、灰红色含钙质结核钙质泥质粉砂岩　10.74 m

2. 暗红色厚层含砾砂岩　3.38 m

1. 暗紫色巨厚层砾岩，砾石成分以硅质岩、变质岩为主。砾径一般为1～5 cm，大者达15 cm，小者仅0.3 cm。多呈棱角状，分选性差　5.10 m

～～～～～～ 不整合 ～～～～～～

下伏地层：**牛屋组**　千枚岩

【地质特征及区域变化】　洪琴组为弱氧化环境浅湖相沉积，边缘掺杂河流相沉积。洪琴、方村盆地下部为暗紫色厚层砾岩、含砾砂岩，厚9 m；上部为浅紫、灰绿色中厚层细砂岩、粉砂岩、局部夹安山岩，厚227 m。屯溪盆地底部为灰白色厚层石英角砾岩夹紫红色细砂岩及粉砂岩，下部为灰紫、黄绿色中厚层细砂岩、粉砂岩、粉砂质泥岩，厚1 096 m；上部为灰黄、灰紫色厚层中粗粒砂岩、细砂岩夹粉砂岩及泥岩，厚466 m。洪琴组在休宁县月潭言田与下伏月潭组为平行不整合接触，在休宁县炳丘与上覆炳丘组为不整合接触。产双壳类 *Cuneopsis johannisboehmi*, *Lamprotula* (*Eolamprotula*) *zhejiangensis*, *L.* (*Eol.*) *cremeri*, *L.* (*Eol.*) *exiqua*, *L.* (*Eol.*) *subquadrata*, *Psilunio sinensis* 等，可与安徽罗岭组双壳类 *Lamprotula* (*Eolamprotula*) *cremeri* - *Pseudocardinia kweichouensis* 组合对比，时代为中侏罗世。

炳丘组 J_3b （06－34－9057）

【创名及原始定义】 安徽省冶金地质局332地质队区测分队(1971)创名于屯溪市东南炳丘。指分布于屯溪盆地内的一套棕黄、暗紫、红色厚层粗粒岩屑砂岩、中细粒砂岩、粉砂岩、泥岩组合或韵律层，底部为砾岩。

【沿革】 该组自创名始，沿用至今。

【现在定义】 指分布于皖南屯溪地区不整合于洪琴组之上，平行不整合于石岭组火山岩系之下的棕黄、暗紫色砾岩、含砾粗砂岩，中、粗粒砂岩、长石石英砂岩，粉砂质粘土岩。

【层型】 正层型为黄山市(屯溪)炳丘剖面(29°39′,118°19′)，安徽332地质队区测分队(1971)测制。

上覆地层：**石岭组** 紫灰色流纹质晶屑玻屑凝灰岩

——————— 平行不整合 ———————

炳丘组	总厚度307.00 m
27. 鲜红色粉砂质粘土岩	42.60 m
26. 灰紫色砾岩夹鲜红色岩屑细砂岩	33.76 m
25. 暗紫色中粒长石石英砂岩	20.02 m
24. 暗紫色砾岩	6.13 m
23. 掩盖	13.98 m
22. 暗紫色千枚岩质砾岩及含砾长石石英粗砂岩	7.13 m
21. 暗紫色中粒长石石英砂岩，底部有一层厚约2 m的千枚岩质砾岩	6.33 m
20. 暗紫色千枚状砾岩	11.55 m
19. 暗紫色含砾中粒长石石英砂岩及细砂岩，砾石以千枚岩砾为主	5.42 m
18. 暗紫色砾岩，局部夹砂岩凸镜体	5.89 m
17. 棕黄色砾岩，褐黑色岩屑砂岩组成韵律层	11.30 m
16. 棕黄色砾岩夹砂岩凸镜体	5.83 m
15. 灰色厚层中细粒长石石英砂岩，具微细层理	1.48 m
14. 棕黄色砾岩，含砾粗粒岩屑砂岩组成韵律层，夹少量砾岩凸镜体	16.81 m
13. 棕黄色砾岩，含砾粗砂岩及岩屑砂岩组成韵律层	13.51 m
12. 棕黄色砾岩及岩屑砂岩组成韵律层。由下而上砾石逐渐变小，具有一定的定向排列	2.62 m
11. 灰白色细砾岩，含粗粒岩屑砂岩组成韵律层	5.95 m
10. 棕黄色砾岩，含砾粗砂岩及石英砂岩组成韵律层	9.42 m
9. 棕黄色中粗粒岩屑砂岩	1.52 m
8. 棕黄色砾岩夹岩屑砂岩	34.13 m
7. 棕黄色中粒岩屑砂岩	5.84 m
6. 灰色砾岩，顶部见有砂砾岩组成韵律层	10.66 m
5. 棕黄色含砾粗砂岩，长石石英砂岩组成韵律层	10.21 m
4. 棕灰色砾岩。砾石主要由石英砂岩、花岗岩、火山岩及硅质岩组成	5.96 m
3. 棕黄色含砾粗粒岩屑砂岩，有时夹凸镜状砾岩和砂岩	4.38 m
2. 棕黄色细粒岩屑砂岩	7.01 m
1. 棕黄色砾岩、砂砾岩、中粗粒岩屑质砂岩组成韵律层	7.01 m

～～～～～～～ 不整合 ～～～～～～～

下伏地层：**洪琴组**　暗紫红色砂质页岩

【地质特征及区域变化】　炳丘组仅分布于皖南屯溪地区，为冲积扇相沉积，下部为棕黄色厚层砾岩，夹中、粗粒砂岩，厚154 m；上部为暗紫色厚层砾岩，夹中、粗粒砂岩，厚110 m；顶部为鲜红色粉砂质粘土岩，厚43 m。由炳丘向东北至篁敦一带，以紫色巨厚至厚层砾岩为主，偶夹薄层砂岩，厚约120 m。在洪琴附近，因受断层影响仅出露石灰质砂岩。该组层位与沿江红花桥组相当，时代为晚侏罗世。

石岭组　$J_3k_1\hat{s}$　(06-34-9058)

【创名及原始定义】　安徽省冶金地质局332地质队区测分队(1971)创名于歙县岩寺石岭。指分布于屯溪市及庄屋、黄村一带，并零星出露于流塘、竹背后、善福岭等地的一套紫色安山质火山熔岩及火山碎屑岩。

【沿革】　自创名始，沿用至今。

【现在定义】　指分布于屯溪、休宁、歙县一带，不整合于牛屋组之上(区域上不整合于炳丘组之上)、平行不整合于岩塘组之下的紫灰、暗紫色安山质火山熔岩及火山碎屑岩。

【层型】　正层型为歙县岩寺石岭剖面(39°45′,118°17′),安徽332地质队区测分队(1971)测制。

上覆地层：**岩塘组**　紫色薄层含砾凝灰岩及杂色含砂砾凝灰质泥岩

－－－－－－－ 平行不整合 －－－－－－－

石岭组	总厚度 483.20 m
6. 紫灰色巨厚层流纹质熔结凝灰岩，含火山岩砾石	92.20 m
5. 紫灰色安山集块岩	8.30 m
4. 灰色厚层气孔状安山岩	17.30 m
3. 紫灰、暗紫色巨厚层气孔状安山岩，安山岩。裂隙中充填有钙质泥质团块。气孔中有孔雀石及杏仁体	205.90 m
2. 紫、暗紫色巨厚层—块状安山质火山角砾岩，火山集块岩	81.00 m
1. 暗紫色安山岩	78.50 m

～～～～～～～ 不整合 ～～～～～～～

下伏地层：**牛屋组**　千枚岩

【地质特征及区域变化】　石岭组在歙县石岭，下部为安山质岩，厚391 m；上部为流纹质岩，厚92 m。区域上岩性较稳定。盆地西部庄屋厚294 m，梅岭附近厚100 m，休宁黄村厚达620 m。该组在休宁县炳丘与下伏炳丘组为不整合接触。时代为晚侏罗世至早白垩世。

岩塘组　K_1y　(06-34-9059)

【创名及原始定义】　安徽省冶金地质局332地质队区测分队(1971)创名于歙县岩塘。指分布于歙县金坑、岩塘、小当一带，灰黄、黄绿等杂色粉砂质泥岩及含砾凝灰岩、凝灰角砾岩、泥岩、粉砂岩，与下伏石岭组为平行不整合接触，与上覆小岩组为不整合接触。

【沿革】　安徽区调队(1988c)曾将屯溪新潭等地含火山碎屑及双壳类 *Nakamuranaia chingshanensis* 化石的杂色砂、泥、砾岩称为新潭组。因该组与岩塘组层位相同，岩性相似，故本书将其统称岩塘组 。

【现在定义】 指皖南平行不整合于石岭组火山岩之上、不整合于小岩组之下的含火山碎屑杂色砂岩、泥岩，局部含砾，产介形类、叶肢介、昆虫、双壳类、腹足类、鱼类及植物等多门类化石。

【层型】 正层型为歙县岩塘剖面(29°45′,118°17′)，安徽332地质队区测分队(1971)测制。

上覆地层：小岩组 砖红色厚层岩屑砂岩

~~~~~~~~~~ 不 整 合 ~~~~~~~~~~

岩塘组	总厚度 106.80 m
22. 灰绿色晶屑凝灰岩	11.00 m
21. 暗紫色泥岩，偏下部砂质增多。产叶肢介 *Yanjiestheria kyongsanensis*, *Y.* sp., *Eosestheria qingtanensis*, *Neodiestheria* sp.	1.30 m
20. 杂色含砾细砂岩、粉砂质泥岩夹含粉砂钙质泥岩	4.20 m
19. 深灰、黄色薄层条带状页岩。产鱼类 *Paralycoptera wannanensis*, *Sinamia* sp.；昆虫 *Chironomaptera melanura*, *C.* sp.；叶肢介 *Yanjiestheria sinensis*, *Y.* sp.；植物 *Podozamites lanceolatus*, *Solenites* sp., *Cladophlebis browniana*, *Coniopteris* sp., *Pagiophyllum* sp.	0.90 m
18. 黄绿色中粒砂岩、细砂岩、粉砂岩，其上为含粉砂质钙质泥岩。产叶肢介 *Yanjiestheria kyongsangensis*；昆虫 *Chironomaptera melanura*	0.50 m
17. 灰、黄绿色含砾含粉砂钙质泥岩，条带状粉砂质钙质泥岩，底部有一层凝灰质中粗粒砂岩	4.10 m
16. 黄绿、灰黄绿色含砂粉砂钙质泥岩及泥岩，夹粗砂岩凸镜体	6.20 m
15. 黄绿色含砂砾粉砂岩、钙质泥岩、含粉砂泥岩夹不等粒砂岩及纸片状页岩。产鱼类 *Paralycoptera wannanensis*；昆虫 *Chironomaptera melanura*, *Ademosyne* sp., *Paranyssus* sp.	8.70 m
14. 灰黄、黄绿色薄层条带泥岩，含砂粉砂质泥岩、页岩夹含砾粗砂岩凸镜体。产植物 *Nilssonia* sp.；叶肢介 *Yanjiestheria sinensis*	6.70 m
13. 灰黄色粉砂质泥岩，页岩夹含砾凝灰质中细粒砂岩。产植物化石碎片	3.50 m
12. 黄绿色含砾钙质泥岩、粉砂质钙质泥岩，夹中粗粒砂岩。产双壳类 *Corbicula* (*Mesocorbicula*) *tetoriensis*, *Sphaerium* cf. *subplanum*, *Nakamuranaia* sp.	7.60 m
11. 棕、棕黄、黄色中粗粒砂岩夹细砂岩，普遍含砾石	5.20 m
10. 黄绿、灰绿色粉砂质泥岩，顶部为粉砂岩。产介形类 *Mongolianella palmas*, *Cypridea*? sp.	4.00 m
9. 黄、棕、棕黄色中细粒砂岩、粉砂质泥岩，夹含砾凝灰质粗砂岩。产叶肢介 *Yanjiestheria kyongsangensis*, *Y. chekiangensis*, *Neodiestheria*? sp.	7.20 m
8. 灰绿、灰黄色泥质粉砂岩、泥岩，其中细粒砂岩凸镜体及粗粒凝灰质砂岩，底部有一层含砾中粗粒砂岩	6.90 m
7. 浅棕色含砾中粒岩屑砂岩，偏上为中粗粒砂岩夹灰绿色泥岩及含砾粉砂质泥岩，底部为灰黄色薄层含粉砂泥岩。产叶肢介 *Neodiestheria* sp.	6.00 m
6. 灰、灰褐色粉砂质泥岩及黄绿色钙质泥岩，偏下为含砂砾粗砂岩。产鱼类 Coeluridae 及腹足类 *Probaicalia* cf. *vitimensis*, *Bellamya* cf. *tani*, *Viviparus* sp.	6.70 m
5. 灰黄、黄绿色粗、中细粒岩屑石英长石砂岩夹细砂岩，偏上夹细砂岩、粉砂质泥岩	
~~~~~~~~~~

凸镜体 3.00 m

4. 紫红、灰绿色粉砂质泥岩，含砂泥岩及含砾中细粒砂岩，上部为中细粒凝灰质砂岩夹钙质泥岩凸镜体 8.20 m

3. 紫红、绿色含粉砂质泥岩及蚀变含砂凝灰岩 2.30 m

2. 灰、灰绿色含粉砂质泥岩夹灰黄色中细粒层凝灰岩。产叶肢介 *Yanjiestheria kyongsangensis* 1.20 m

1. 紫色薄层含砾凝灰岩及杂色含砂砾凝灰质泥岩 1.40 m

——————— 平行不整合 ———————

下伏地层：**石岭组** 紫灰色巨厚层流纹熔结凝灰岩，含火山岩砾石

【地质特征及区域变化】 岩塘组主要分布于皖南金坑、岩塘、小珰一带，为滨湖相杂色含火山碎屑沉积岩、沉积岩。岩性自金坑、岩塘向西南至小珰一带普遍变细，钙质增高，厚97～122 m。产腹足类 *Probaicalia* cf. *vitimensis*，*Bellamya* cf. *tani*，*Amplovalvata*；叶肢介 *Yanjiestheria sinensis*，*Y. kyongsangensis*，*Y. chekiangensis*，*Eosestheria qingtanensis*；介形类 *Mongolianella zerussata*，*Darwinula oblonga*；双壳类 *Ferganoconcha*，*Corbicula*（*Mesocorbicula*）*tetoriensis*，*Sphaerium subplanum*，*Nakamuranaia chingshanensis*，*N. elongata*；昆虫 *Ephemeropsis trisetalis*，*Chironomaptera gregaria*；鱼类 *Sinamia huananensis*，*Paralycoptera wannanensis*；植物 *Podozamites lanceolatus*，*Onychiopsis* cf. *elongata*，*Cladophlebis browniana* 等，为热河生物群常见分子。岩塘组位于含热河生物群地层上部，时代属早白垩世。

徽州组 K_1hz （06-34-9060）

【创名及原始定义】 张文堂、陈丕基、沈炎彬(1976)创名于歙县桂林。原指位于岩塘组之上的一套棕黄、灰、紫红等色砾质岩屑砂岩、中粗粒砂岩、细砂岩、粉砂岩及钙质泥岩组成的韵律层。

【沿革】 安徽332地质队区测分队(1971)曾称桂林组。因桂林组已被广西泥盆纪地层所采用，故本书仍称徽州组。

【现在定义】 同原始定义。下与荷塘组不整合接触，上与齐云山组平行不整合接触。

【层型】 正层型为歙县桂林剖面(29°57′,118°29′)，安徽332地质队区测分队(1971)测制。

上覆地层：**齐云山组** 暗紫灰色厚层粗砂岩、紫红色中薄层钙质细砂岩、粉砂组成韵律层

——————— 平行不整合 ———————

徽州组 总厚度 2520.11 m

上段 厚度 2 037.03 m

23. 紫红色薄层钙质细砂岩、粉砂岩组成韵律层 68.89 m

22. 掩盖 20.69 m

21. 灰色厚层含钙粗砂岩、紫红色中厚层钙质细砂岩、中薄层钙质粉砂岩组成韵律层 98.42 m

20. 紫红色钙质中厚层细砂岩、粉砂岩组成韵律层，底部夹含砾粗砂岩凸镜体 133.89 m

19. 灰紫色中薄层钙质细砂岩、紫红色中薄层钙质粉砂岩与粉砂质泥岩组成韵律层 209.39 m

18. 暗灰紫色中薄层钙质细砂岩、紫红色中薄层钙质粉砂岩与粉砂质泥岩组成韵律层 149.13 m

17. 掩盖 52.21 m

16. 紫红色中薄层钙质粉砂岩、粉砂质泥岩组成韵律层，底部夹中厚层钙质细砂岩 48.96 m

15. 紫红色中薄层钙质粉砂岩、粉砂质泥岩组成韵律层，其中夹两层中厚层钙质细砂岩 69.43 m

14. 紫红色中薄层钙质细砂岩，夹绿色（杂色）中薄层钙质粉砂岩、粉砂质泥岩组成韵律层。产双壳类 *Nippononaia* sp.，*Plicatounio*（*Plicatounio*）*multiplicatus*，*P.*（*P.*）*kobayashii*，*P.*（*P.*）*naktongensis*，*Trigonioides*（*Trigonioides*）*kodairai*，*Sphaerium shantungense*；介形类 *Cypridea*（*Cypridea*）*shexianensis*，*C.*（*C.*）*subshexianensis*，*C.*（*C.*）*paranitidula*，*C.*（*C.*）*mundula*，*C.*（*C.*）*anhuiensis*，*C.*（*Bisulcocypridea*）sp.，*Monosulcocypris*?*contracta*，*M.*?*oblonga*，*M.*?*subrhombiformis*，*Mongolianella*? sp. 209.58 m

13. 掩盖 231.24 m

12. 紫灰色中厚层中细粒砂岩 51.37 m

11. 暗紫红色中厚层钙质细砂岩，紫红、灰绿色中薄层钙质粉砂岩及粉砂质泥岩组成韵律层。产叶肢介 *Nemestheria* cf. *yunnanensis*，*Sinoestheria shexianensis*，*S.* sp.，*Orthestheria* cf. *hungshuikouensis*，*Halysestheria guangtongensis* 371.91 m

10. 掩盖 23.78 m

9. 紫红色中厚—厚层钙质细砂岩，中薄层钙质粉砂岩，粉砂质泥岩组成韵律层。有时见有钙质结核和文石脉 260.18 m

8. 灰紫色薄层粗砂岩、紫红色中厚层钙质中细粒砂岩组成韵律层 37.96 m

下段 厚度 483.08 m

7. 灰紫色巨厚层钙质砂岩 28.75 m

6. 紫红色中厚层钙质中细粒砂岩与中厚层钙质粉砂岩组成韵律层，底部夹含砾粗砂岩 66.74 m

5. 紫红、灰黄色厚层细砂岩、粉砂岩 55.97 m

4. 暗紫红色薄层砾岩、粗砂岩与紫红色中厚层钙质岩屑砂岩组成韵律层 84.70 m

3. 紫红色厚层砾岩、含砾岩屑砂岩与厚层含钙质结核的粉砂岩组成韵律层 144.72 m

2. 棕黄色巨厚层砾岩，黄、紫红色厚层细砂岩，含砾粉砂岩组成韵律层，其中夹紫红色含钙质结核粉砂岩 48.61 m

1. 紫红色厚层砾岩、含砾粗砂岩夹紫红色中薄层细砂粉砂岩组成韵律层 53.59 m

~~~~~~~~~~ 不 整 合 ~~~~~~~~~~

下伏地层：荷塘组　硅质碳质页岩

【地质特征及区域变化】　徽州组主要分布于歙县桂林、休宁齐云山、祁门县城、祁门白塔一带，岩性为棕红色厚层钙质砂、泥岩，局部夹砾岩，底部为砾岩。岩性自下而上，由粗变细，韵律层发育，上部水平层理发育，为湖泊相沉积，厚 1 291～2 520 m。产双壳类 *Sphaerium shantungense*，*S. yanbianense*，*S. dayaoense*，*Nakamuranaia chingshanensis*，*Nippononaia*，*Plicatounio*（*Plicatounio*）*naktongensis*，*Trigonioides*（*Trigonioides*）*kodairai*，*T.*（*T.*）*sinensis*；叶肢介 *Sinoestheria shexianensis*，*Halysestheria guangtongensis*；介形类 *Monosulcocypris contracta*，*M. oblonga*，*Cypridea*（*Cypridea*）*shexianensis*，*C.*（*C.*）*paranitidula*，*C.*（*C.*）*anhuiensis*，*Cypridea*（*Bisulcocypridea*）；轮藻 *Atopochara trivolvis*，*Euaclistochara mundula*，*Mesochara symmetrica*，*Obtusochara cylindrica* 等。

上述双壳类 *Trigonioides* - *Plicatounio* - *Nippononaia* 组合；介形类 *Cypridea*（*Cypridea*）- *C.*（*Bisulcocypridea*）- *Monosulcocypris* 组合；叶肢介 *Sinoestheria*；轮藻植物群 *Euaclistochara mundula* - *Mesochara cymmetrica* 等，都显示了早白垩世面貌，其时代为早白垩世。
~~~~~~~~~~

齐云山组 K_2qy (06-34-9061)

【创名及原始定义】 安徽省冶金地质局332地质队区测分队(1971)创名于休宁县齐云山。指分布于休宁齐云山、铛金街一带，棕灰、紫红色厚层砾岩、钙质砂岩组成的韵律层，夹粉砂质灰岩。

【沿革】 自创名始，沿用至今。

【现在定义】 指皖南地区，分别平行不整合于徽州组之上、小岩组之下的紫、暗紫、紫灰色钙质粉砂岩、砂岩、砾岩。

【层型】 正层型为休宁县齐云山剖面（29°48′，118°01′），安徽332地质队区测分队（1971）测制。

上覆地层：小岩组 紫灰色巨厚层砾岩，偏上夹铁质粉砂岩凸镜体

——————— 平行不整合 ———————

齐云山组	总厚度 207.49 m
27. 紫灰色厚层钙质砂岩，上部为鲜红色厚层钙质粉砂岩	45.18 m
26. 灰紫色厚层砾岩夹砂岩凸镜体	7.15 m
25. 紫灰色薄层钙质粉砂岩夹厚层中粒砂岩，有方解石脉穿插	61.74 m
24. 暗紫、深红色厚层砾岩	12.69 m
23. 暗紫色厚层砾岩与紫红色厚层钙质粉砂岩呈韵律互层	56.38 m
22. 紫色厚层岩屑砂质砾岩与紫色钙质粉砂岩组成韵律层	24.35 m

——————— 平行不整合 ———————

下伏地层：徽州组 紫红色薄层钙质细砂岩与厚层钙质粉砂岩组成韵律层

【地质特征及区域变化】 齐云山组主要分布于休宁、歙县一带，区域岩性主要为巨厚层砾岩、砂岩，夹薄层粉砂质泥岩，下部层理发育，砾岩底界有冲刷面，为冲积—浅湖泊相沉积，厚207～485 m。休宁潜阜灰绿色含砾粉砂岩中产植物 *Sphenopteris*，*Cladophlebis* cf. *exliformis*；孢粉主要为 *Schizaeoisporites*，次为 *Cyathidites*，*Cicatrieosisporites*，*Inaperopollenites*，*Psophosphaera*，*Monosulcites*，*Quercoidites* 等。以 *Schizaeoisporites* 为主的孢粉组合与淮河南岸邱庄组相似，时代为晚白垩世早期。

小岩组 K_2x (06-34-9062)

【创名及原始定义】 安徽省冶金地质局332地质队区测分队(1971)创名于歙县岩寺小岩。指分布于歙县小岩一带，暗紫、紫红至砖红色厚层砾岩、岩屑砂岩组成之韵律层，局部夹安山质集块岩。

【沿革】 自创名始，沿用至今。

【现在定义】 指皖南地区，平行不整合于齐云山组砖红色砂、砾岩之上的砖红、灰紫色砂岩，下部夹砾岩，底部为砾岩的地层。上未见顶。

【层型】 正层型为歙县岩寺小岩剖面（29°47′，118°21′），安徽332地质队区测分队（1971）测制。

小岩组 总厚度>674.30 m

上段	厚度＞437.45 m
18. 砖红色厚—中厚层中细粒岩屑砂岩，夹有10 cm厚含千枚岩砾砂岩。具交错层理。（未见顶）	＞167.47 m
17. 浅砖红色巨厚层细粒岩屑砂岩，具交错层理	5.72 m
16. 灰红、砖红色巨厚层细粒岩屑砂岩	30.91 m
15. 红色、砖红色巨厚层含砾细粒岩屑砂岩，夹数层凸镜状砾岩	6.83 m
14. 砖红、浅红色巨厚层岩屑砂岩，向上变为中粒岩屑砂岩	17.98 m
13. 砖红、灰红色巨厚层岩屑砂岩，具有大型交错层	26.14 m
12. 砖红、灰红色厚层细粒岩屑砂岩，夹一层20 cm厚粉砂质泥岩，具交错层理	74.40 m
11. 砖红、浅红色厚层细粒岩屑砂岩	21.96 m
10. 灰紫色厚层砾岩夹砂砾岩	18.08 m
9. 灰紫色巨厚层砾岩与砖红色中细粒岩屑砂岩互层	67.96 m
下段	厚度236.85 m
8. 砖红色巨厚层细粒岩屑砂岩	11.15 m
7. 灰紫色厚层砾岩、砂砾岩夹砖红色岩屑砂岩	7.11 m
6. 砖红、微紫色巨厚层细粒岩屑砂岩	35.46 m
5. 灰紫色中厚层砾岩夹一层砖红色岩屑砂岩	9.00 m
4. 砖红色厚层中细粒岩屑砂岩，近底部为含砾砂岩	30.01 m
3. 砖红、灰紫色厚层中细粒岩屑砂岩，具白色斑点及水平层理	128.47 m
2. 砖红色厚层砾岩夹同色岩屑砂岩凸镜体	3.61 m
1. 砖红色厚层含砾岩屑砂岩，夹一层45 cm厚黄色细砾岩。（未见底）	＞12.04 m

【地质特征及区域变化】　小岩组分布于歙县、休宁一带，岩性主要为岩屑砂岩及砾岩，砾岩多呈凸镜状，层理不发育，具大型交错层理和斜层理，为山麓冲积平原相沉积。在休宁县齐云山与下伏齐云山组呈平行不整合接触，区域上多超覆于较老地层之上，上未见顶，厚度大于674 m。该组具大型交错层理，属河床相沉积。歙县岩寺择树下产恐龙 *Wannanosaurus yansiensis* 及蜥脚类 Sauropoda 碎片。时代为晚白垩世。

建德群　J_3K_1J　(06-34-9039)

【创名及原始定义】　原名建德系，刘季辰、赵亚曾（1927）创名于浙江省建德。原始定义：建德至寿昌一带被掩于流纹岩高山之下的紫红色砂岩、页岩、凝灰质砾岩、凝灰岩及绿色砂岩、页岩互层组成的一套岩性组合，按这一层序，建德系之上是流纹岩层。

【沿革】　本书引入我省。

【现在定义】　岩性下部为紫色碎屑岩夹火山岩；中部为巨厚层中—酸性火山岩；上部为灰绿色、紫红色细碎屑为主夹少量火山岩。自下而上划分为劳村组、黄尖组、寿昌组和横山组。省内皖南仅存劳村组、黄尖组。

劳村组　J_3l　(06-34-9040)

【创名及原始定义】　浙江区测队（1965）创名于浙江省建德市劳村。原始定义：岩性主要为一套暗紫色泥质粉砂岩，夹不稳定的流纹质凝灰岩和少量砾岩，黄绿色砂岩、粉砂岩等。局部含钙质结核及凸镜状灰岩，底部有不稳定的砾岩。时代为晚侏罗世。

【沿革】　该组由安徽332地质队区测分队（1971）引入我省，沿用至今。

【现在定义】 岩性为暗紫色泥质粉砂岩、砂岩夹不稳定的流纹质凝灰岩、流纹岩和少量砾岩、黄绿色砂岩、粉砂岩。在区域分布常以紫红色砾岩不整合于晚侏罗世之前的不同地层之上；以暗紫色粉砂岩与上覆黄尖组火山岩呈整合接触。

【层型】 正层型在浙江省建德。省内次层型为歙县小岫剖面（34－9040－4－1；30°5′，118°50′），安徽332地质队区测分队（1971）测制。

【地质特征及区域变化】 省内劳村组分布于歙县清凉峰、小岫一带。为紫红色砂砾岩夹砂岩及凝灰质砾岩，顶部为砂质页岩。下与元古代变质岩不整合接触，上被黄尖组流纹质岩覆盖，厚206 m。劳村组位于建德群底部，时代为晚侏罗世。

黄尖组 J_3K_1h （06－34－9041）

【创名及原始定义】 邹鑫祜、陈其奭（1964）[①]创名于浙江省建德市寿昌镇南黄尖山。原始定义：岩性分为上、下两部：上部为流纹质凝灰熔岩、玻屑凝灰岩、凝灰角砾岩夹紫红色流纹岩，顶部为层凝灰岩夹紫红色粉砂岩；下部为紫色、灰色流纹岩、流纹斑岩，流动构造清晰。总厚约700 m。时代为晚侏罗世。

【沿革】 安徽332地质队区测分队（1971）引入我省，沿用至今。

【现在定义】 岩性为酸性熔岩或酸性火山碎屑岩夹中性熔岩，偶夹沉积岩薄层。以中性或酸性熔岩、火山碎屑岩与下伏劳村组，以酸性火山碎屑岩与上覆寿昌组沉积岩均为整合接触。

【地质特征及区域变化】 省内黄尖组仅零星出露于皖浙交界处的宁国龙王山、螺丝尖和歙县清凉峰等地。其下部以酸性熔岩为主，中部为灰红、紫红色流纹岩；上部为流纹斑岩，柱状节理发育。因无剖面资料，厚度不详。时代为晚侏罗世至早白垩世。

---

① 邹鑫祜、陈其奭，1964，浙江省中生界火山沉积岩系之研究（未刊）。

第十二章 结语

第一节　重要地层问题的研究进展及讨论

通过地层对比研究，全省在总体上大部分纪的地层均可分为华北、华南二个一级地层大区及晋冀鲁豫、南秦岭-大别山、扬子三个二级地层区，并以纪为单位划出四个三级地层分区。在此基础上共分出207个岩石地层单位、省内不采用135个地层单位，并分别建立各区的地层系统。在地层学研究方面有新进展，对一些重大地质问题有新认识。主要进展如下。

(1) 对全省深、中、浅变质岩系，在综合1∶5万区调资料基础上，进行实地考察及专题研究。运用构造-岩石-事件法及构造-地层法重新厘定其含义。

晚太古代的五河、霍丘、阚集、大别山杂岩，以前认为是一套经区域混合岩化作用改造的低角闪岩相和高绿片岩相的中、深层次的区域变质岩系，将条带状、片麻状构造当作层理，并建立地层系统。现已基本查明，它们的主体是古老侵入体，部分由基性岩-超基性岩与表壳岩等组成，均遭受强烈变形变质作用，形成混杂岩，故上述单位均改称为杂岩。

元古代的佛子岭群、肥东群、宿松群、张八岭群等，均为中、浅变质岩系，大部分遭受中、深层的变形作用，为总体有序，局部无序的构造地层单位，它们之间的界线多为强平行化的韧性断裂。本书将有关的群改为(岩)群，将有关的组改称为(岩)组。

(2) 皖北晚前寒武纪地层，下部具有一定的共性，统称八公山群。自贾园组及其以上地层，在岩性、岩相及地层发育完整性方面均有较大差别，故分别建立淮南群（淮南小区）与宿县群（淮北小区）。原震旦纪沟后组，按其岩性特征与寒武纪猴家山组难于区分，故将其归入猴家山组，不采用沟后组一名。

(3) 对早古生代地层中一些地层单位，以往是“用时间地层单位替代岩石地层单位”，现根据岩性特征重新厘定其含义，使其利于制图与应用，例如寒武纪的崮山组、黄柏岭组、滁州地区的琅琊山组等。

用宁镇地区的层型剖面，对省内奥陶纪仑山组进行校正，纠正了过去认为仑山组是一套白云岩的认识。该组为介于白云岩与灰岩之间的一套过渡性岩石。

扬子地层区的下扬子与江南两地层分区间，过去是以江南深断裂为界划分为奥陶纪地层。现经核查，它们之间有一条宽约10 km的过渡带，大致位于六都—石台一线。为正确表示，取用了过渡带一套地层名称，即大坞阡组，里山阡组。

(4) 对晚古生代地层划分及生物地层特征方面的研究有较大进展。在扬子地层区，通过大量研究资料证实广布于长江沿岸地区的五通组上段，是一跨纪的岩石地层单位，泥盆纪与石炭纪界线位于该段的中上部。

在华北地层大区，省内的本溪组在岩性、生物特征方面，与徐州贾汪、辽宁复州湾相同；在生物地层方面仅相当于太子河地区下部䗴带。而华北地层大区未见上部䗴带。这对研究晚石炭世早期海侵方向与古地理环境提出了新的认识。

基本查清了二叠纪岩石地层与生物带之间的对应关系。武穴组与孤峰组，大隆组与龙潭组等之间的界线，为穿时线。

(5) 中新生代陆相地层，在确定各主要盆地地层层序的基础上，重新建立全省中新生代地层系统及其区域对比关系。以宁芜地区为层型区，统一全省下扬子地层分区侏罗纪、白垩纪地层名称。据分界面性质、岩性、沉积特征、生物群及同位素年龄资料，以双庙组、姑山组、响洪甸组底为界，将安徽下扬子地层分区中生代火山岩分为两大喷发旋回，时代分属侏罗纪及白垩纪。

(6) 省内华北地层大区青白口纪至震旦纪地层介于凤阳与霍丘两个不整合构造运动面之间，建立了不整合界定地层单位——淮南序。这便于大区域地层对比及区域地层格架的解释。

(7) 江南地层分区震旦纪可划分 A、B 两个 I 型层序。A 层序涉及华南基底的大地构造这一敏感问题，通过层序分析，提出了我们的初步认识，即历口群与溪口群（或休宁组与溪口群间是层序界面与构造加强不整合面的重合面。历口群断续展布于江南古陆边缘，是江南古陆形成的第一期侵蚀夷平的沉积记录——低水位体系域。在低水位体系域内部可能还存在不为我们认识的界面。B 层序是地质事件（冰川事件）为诱发因素形成的，具全球对比意义。其中作为凝缩沉积的蓝田组下段黑色岩系是寻找稀有、多金属矿产的有利部位。

(8) 寒武纪岩石地层格架的建立，对各岩石地层单位的形态、相互关系、堆积特征、时空排列顺序有了更进一步的了解。荷塘组内部的海侵体系域形成上升洋流磷矿；凝缩段是稀有、多金属矿产形成的有利部位。

(9) 下扬子区二叠纪可划分 A、B、C 三个层序，可鉴别两个（A、C）I 型层序，一个(B) Ⅱ型层序。低水位体系域是煤炭资源形成的有利部位。

第二节　存在问题及建议

(1) 本书对省内晚太古代、元古代变质岩系的划分，仅是广大变质岩区的部分段落。还不是全区调查的结果。尤其是时代归属，依据尚不充分，有待进一步工作证实。

(2) 淮北、淮南（含凤阳山区）两地的青白口纪—震旦纪地层，其地层名称先分后合，现又分开。其岩性特征及地层层序发育程度确有较大差异，二者的内在联系是什么？在稳定的华北地台上距离如此之近为何产生这么大的差别？许多地质学者认为本区是解决我国南、北震旦纪衔接的关键部位，但资料尚不充分。建议今后在开展 1：5 万区调中予以解决。

(3) 皖南地区的历口群，限定在震旦纪休宁组底砾岩之下；溪口群牛屋组千枚岩之上的一套磨拉石——火山岩建造，岩性变化较大，横向对比较困难。邓家组下新增加了葛公镇组/镇头组/西村(岩)组，是近期 1：5 万区调新成果，但西村(岩)组地层归属有待今后进一步工作解决。

(4)《中国地层指南及中国地层指南说明书》规定，岩石地层内不应有重要不整合存在，显然，随着地层中越来越多不同级别不整合面的识别，这一概念应作相应修改。建议改为，岩石地层单位内不应有重要的异岩不整合存在，组内可以存在层序级以下的不整合。

参考文献

安徽省地质局325地质队，1974，淮北地区的奥陶系及其下限。地质科技，(6)。

安徽省地质矿产局区域地质调查队，1985，安徽地层志·前寒武系分册。合肥：安徽科学技术出版社。

安徽省地质矿产局，1987，安徽省区域地质志。北京：地质出版社。

安徽省地质矿产局区域地质调查队，1987，安徽地层志·三叠系分册。合肥：安徽科学技术出版社。

安徽省地质矿产局区域地质调查队，1988a，安徽地层志·寒武系分册。合肥：安徽科学技术出版社。

安徽省地质矿产局区域地质调查队，1988b，安徽地层志·侏罗系分册。合肥：安徽科学技术出版社。

安徽省地质矿产局区域地质调查队，1988c，安徽地层志·白垩系分册。合肥：安徽科学技术出版社。

安徽省地质矿产局区域地质调查队，1988d，安徽地层志·第三系分册。合肥：安徽科学技术出版社。

安徽省地质矿产局区域地质调查队，1989a，安徽地层志·奥陶系分册。合肥：安徽科学技术出版社。

安徽省地质矿产局区域地质调查队，1989b，安徽地层志·志留系分册。合肥：安徽科学技术出版社。

安徽省地质矿产局区域地质调查队，1989c，安徽地层志·泥盆系和石炭系分册。合肥：安徽科学技术出版社。

安徽省地质矿产局区域地质调查队，1989d，安徽地层志·二叠系分册。合肥：安徽科学技术出版社。

安徽省地质矿产局区域地质调查队，1992，安徽省庐江盛桥地区1:5万岩石地层单位填图方法。合肥：安徽科学技术出版社。

安徽省区域地层表编写组，1978，华东地区区域地层表·安徽省分册。北京：地质出版社。

安徽省地质矿产局311地质队，1982，大别山东南麓宿松群的划分与对比。安徽地质科技，(2)。

安徽贵池地区地层研究队，1965，安徽贵池地区中下三叠统的划分及对比。华东地质，(7)。

白文吉等，1986，江南古陆东南缘蛇绿岩完整层序剖面的发现和基本特征。岩石矿物学杂志，5 (4)。

北京煤炭科学研究院，1959，中国主要煤田地层。北京：煤炭工业出版社。

毕德昌，1964，安徽霍邱四十里长山寒武纪地层及其划分意见。华东地质，(5)。

毕德昌，1965，淮北震旦、寒武、奥陶系的研究。地质学报，45 (1)。

毕治国、王贤方、朱鸿、王自强、丁放，1988，皖南震旦系。地层古生物论文集，19。北京：地质出版社。

边兆祥，1940，安徽宣城县水东煤田几个问题。地质论评，5 (4)。

蔡如华，1989，安徽凤台顾桥上石炭统太原组及其䗴类动物群。淮南矿业学院学报，(2)。

陈华成、王云慧、严幼因，1979，江苏及安徽南部早石炭世地层。地层学杂志，3 (4)：457—470。

陈华成、吴其切、仇洪安、焦世鼎、李汉民、张全忠，1989，长江中下游地层志（寒武—第四系）。合肥：安徽科学技术出版社。

陈均远、周志毅、邹西平、林尧坤、杨学长、李自堃、齐敦伦、王树桓、许华忠、朱训道，1980，苏鲁皖北方型奥陶纪地层及古生物特征。中国科学院南京地质古生物研究所集刊，第16号：159—195。北京：科学出版社。

陈均远、齐敦伦，1982，安徽宿县上寒武统凤山组头足类化石。古生物学报，21 (4)。

陈孟莪、郑文武，1986，先伊迪卡拉期的淮南生物群。地质科学，(3)：121—130。

陈旭，1934，中国南部之䗴科。中国古生物志，乙种4号。

陈旭，1935，湖北东南部阳新灰岩之分层。中国地质学会志，14 (1)：63—65。

陈旭、戎嘉余、汪啸风、周志毅、王志浩、陈挺恩、耿良玉、邓占球、胡兆珣、董得源、李军、李元动、詹仁斌，1993，中国奥陶纪生物地层学研究的新进展。地层学杂志，17 (2)：89—99。

程裕淇、陈恺，1935，安徽庐江矾石矿地质研究。地质汇报，第26号。

戴圣潜、徐家聪、石乾华、周存亭，1992，北淮阳东段佛子岭群新认识。中国区域地质，(4)。

丁文江，1919a，扬子江下游之地质。汪胡植译，1919。太湖流域水利季刊，1 (2)：1—36。

丁文江，1919b，芜湖以下长江流域地质。上海黄浦睿港局研究报告，第1号。

丁毅，1935，安徽铜陵、休宁县地质简报。矿测简讯。

董南庭，1949，滁县琅玡山上寒武纪等地层之发现及意义。矿测近讯，(105)。

杜森官，1981，安徽宿松、巢县一带寒武系的发现。地层学杂志，5 (3)。

杜森官、王莉莉，1980，安徽石台、六都地区的奥陶系。地层学杂志，4 (2)。

方一亭，1989，安徽宁国胡乐司中奥陶统胡乐组笔名。古生物学报，28 (6)。

方一亭、冯洪真、俞剑华，1989，安徽省宁国县胡乐地区的胡乐组。地层学杂志，13（4）。
方一亭、沈渭洲、刘燕、黄耀生，1993，安徽宿县夹沟寒武系—奥陶系界线地层的碳氧同位素研究。科学通报，38（3）：247—249。
高平、徐克勤，1940，江西西部地质志。地质专报，甲种，第16号。
葛利普（Grabau A W），1922，中国北部奥陶纪动物化石。古生物志，乙种，第1号第1册，农商部地质调查所印行。
葛梅钰，1964，浙江昌化、诸暨、绍兴等地奥陶纪笔石地层。中国科学院南京地质古生物研究所集刊，地层文集，第1号。北京：科学出版社。
谷德振、戴广秀，1951，大别山东北角。科学通报，2（12）：1256—1261。
顾知微，1962，中国的侏罗系和白垩系，全国地层会议学术报告汇编。北京：科学出版社。
韩树棻，1990，两淮地区成煤地质条件及成煤预测。北京：地质出版社。
何炎、梁希洛，1964，安徽长江沿岸古生代及三叠纪地层。中国科学院南京地质古生物研究所集刊，地层文集，第1号。北京：科学出版社。
河南省地质矿产局，1989，河南省区域地质志。北京：地质出版社。
赫德伯格 H D主编，1976，国际地层指南，张守信译，1979。北京：科学出版社。
侯鸿飞、王士涛等，1988，中国地层（7）中国的泥盆系。北京：地质出版社。
胡海涛，1951，皖南鸣山层的层位并论二叠纪间的地壳变动。地质评论，16（1）。
华保钦，1965，陕西、宁夏地区晚三叠世淡水瓣鳃类化石。古生物学报，13（3）。
华东地质科学研究所第四室，1976，安徽怀宁地区三叠系的划分及与南京附近之对比。华东地质科学研究所地质科技情报，（1）。
黄汲清，1932，中国南部二叠纪地层。前中央地质调查所，地质专报（甲种），第10号。
黄汲清、徐克勤，1936，江西萍乡煤田之中生代造山运动。中国地质学会志，第16卷（丁文江先生纪念册）：177—193。
黄汲清，1938，安徽宁国港口一带煤田地质简报。地质论评，3（1）。
黄其胜，1983，安徽省沿江一带早侏罗世象山植物群。地球科学——武汉地质学院学报，（2）。
黄其胜，1984，论安徽怀宁地区拉梨尖组的时代归属问题。地质论评，30（1）。
黄其胜，1988，长江中下游早侏罗世植物化石垂直分异及其意义。地质论评，34（3）。
计荣森，1934，浙江长兴煤田地质调查。地质学报，24。
江苏省地质矿产局，1984，江苏省及上海市区域地质志。北京：地质出版社。
焦世鼎，1980，安徽和县中奥陶统庙坡组的笔石。古生物学会笔石专业第一次学术年会，论文摘要。
金福全，1979，对皖中肥东桥头集地区前寒武纪地层的几点认识。地层文集，2。
金权、吴绍君，1988，安徽淮北地区石炭、二叠纪地层划分。地层古生物论文集，20。北京：地质出版社。
金玉玕、胡世忠，1978，安徽南部及宁镇山脉孤峰组的腕足类化石。古生物学报，17（2）。
赖才根等，1982，中国地层（5）中国的奥陶系。北京：地质出版社。
李积金，1984，皖南晚奥陶世地层及其与国内外的对比。中国科学院南京地质古生物研究所集刊，第20号。
李捷，1929，安徽和县地质摘要。前国立中央研究院地质研究所18年度报告。
李捷、李毓尧，1930，皖南地质志略及安徽青阳、太平、石台、歙县、休宁、黟县等地质柱状图。前中央研究院19年度报告。
李立新，1979，皖南奥陶系的分带、对比及一些重要笔石的记述。中国古生物学会第十届学术年会论文摘要专集。
李四光，1931，中国海中纺锤状有孔虫之种类及分布。中国地质学会志，第10卷（葛利普先生纪念册）：273—290。
李四光，1939，中国地质学（英文版伦敦），张文佑编译，1952。正风出版社。
李四光、赵亚曾，1924，长江峡东地质及峡之历史。中国地质学会志，3（3—4）：350—392
李四光、朱森，1930，栖霞灰岩及其有关地层。中国地质学会志，9（1）：37—43
李蔚秾、俞从流，1965，节头虫（*Arthricocephalus*）在浙西的发现。地质论评，23（6）。
李星学，1963，中国晚古生代陆相地层，全国地层会议学术报告汇编。北京：科学出版社。
李玉文、周本和，1986，我国古老微体双壳类的发现及其意义。地质科学，（1）。
李毓尧，1930，皖南地质志略。前中央研究院19年度报告。
李毓尧，1936，扬子江下游之震旦纪冰川现象。中国地质学会志，15（1）。
李毓尧，1958，大别山东北部白垩纪地层的探讨。

李毓尧、李捷，1930，中国扬子江下游地层比较图。前国立中央研究院地质研究所19年度报告。
李毓尧、许杰，1937，蓝田古冰碛层。中国地质学会志，第17卷。
李毓尧、许杰，1937，皖南地史及造山运动。前国立中央研究院地质研究所丛刊，第6号。
李毓尧、李捷、朱森，1930，安徽和县、含山县地质柱状图。前中央研究院19年度报告。
李毓尧、李捷、朱森，1935，宁镇山脉地质志。前中央研究院地质研究所集刊，第11号。
林宝玉等，1984，中国地层（6）中国的志留系。北京：地质出版社。
林尧坤，1980，中国寒武纪笔石和笔石序列。地层学杂志，4（2）。
刘宝珺主编，1980，沉积岩石学。北京：地质出版社。
刘鸿允、沙庆安，1963，浙江常山城郊西尖山及龙游志棠地区震旦系地层。全国地层会议学术报告汇编。北京：科学出版社。
刘鸿允、董育垲、应思淮，1959，太原西山上古生代含煤地层研究。科学通报，11。
刘季辰、赵汝钧，1919，苏北皖北矿产地质报告。地质汇报，第1号。
刘季辰、赵汝钧，1924，江苏地质志。地质专报，甲种，第4号。前农商部地质调查所，江苏实业厅。
刘季辰、赵亚曾，1927，浙江西部之地质。前中央地质调查所地质汇报，第9号。
刘文灿、马文璞、王果胜，1997，大别山北麓梅山群中韧性剪切带变形特征及形成机制。现代地质——中国地质大学研究生院学报，11（1）。
刘之远，1948a，黔北地层发育史。前中央研究院地质研究所丛刊，第7号。
刘之远，1948b，安徽宣泾煤田地质。前中央研究院地质研究所丛刊，第8号。
刘祖彝，1933，安徽和县与含山县地质。前中央研究院地质研究所丛刊，3。
卢衍豪，1956a，安徽滁县上寒武纪 *Lopnorites* 动物群。古生物学报，4（3）。
卢衍豪，1956b，汉中梁山区二叠纪并论中国南部二叠纪的分层和对比。地质学报，36（2）：159—190。
卢衍豪，1962，中国的寒武系。全国地层会议学术报告汇编。北京：科学出版社。
卢衍豪、董南庭，1953，山东寒武纪标准剖面新观察。地质学报，32（3）。
卢衍豪、林焕令，1989，浙江西部寒武纪三叶虫动物群。中国古生物志，新乙种，第25号。北京：科学出版社。
卢衍豪、朱兆玲，1980，安徽滁县和全椒寒武纪三叶虫。中国科学院南京地质古生物研究所集刊，第16号。北京：科学出版社。
卢衍豪、张日东、葛梅钰，1963，浙江西部下古生代地层。全国地层会议学术报告汇编（浙西地层现场会议）。北京：科学出版社。
卢衍豪、穆恩之、侯祐堂、张日东、刘第墉，1955，浙西古生代地层新见。地质知识，（2）。
卢衍豪、朱兆玲、钱义元、林焕令、袁金良，1982a，中国寒武纪地层对比表及说明书。中国地层对比表及说明书，中国科学院南京地质古生物研究所编著。北京：科学出版社。
卢衍豪、朱兆玲、张进林、齐纪抗、赵桂华，1982b，河北唐山晚寒武世地层的再研究。地层学杂志，6（2）。
卢衍豪、朱兆玲、钱义元、周志毅、陈均远、刘耕武、余汶、陈旭、许汉奎，1976，中国奥陶纪的生物地层和古动物地理。中国科学院南京地质古生物研究所集刊，第7号。
陆伍云、李玉发、周光新、陈才弟、姚贵和、沈炎彬、曹正尧、林启彬、黎文本，1985，安徽巢湖地区的侏罗系。地层学杂志，9（3）。
陆彦邦，1990，安徽淮北晚古生代煤系的植物化石组合。淮南矿业学院学报，10（1）。
陆彦邦、周永祥、喻根，1992，华东地区二叠纪层序地层分析。岩相古地理，（6）。
陆彦邦、周永祥、王栋、李勇、李智，1991，华北地区二叠纪岩相古地理及沉积矿产。合肥：安徽科学技术出版社。
马文璞、刘文灿、王果胜，1997，梅山群的再定位、区域对比和构造含义。现代地质——中国地质大学研究生院学报，11（1）。
孟宪民、张更，1930，安徽铜陵县叶山附近之地质概要，前国立中央研究院地质研究所19年度报告。
穆恩之，1962，中国的志留系，全国地层会议学术报告汇编。北京：科学出版社。
穆恩之、潘江、俞昌民，1955，南京汤山奥陶纪地层新知。地质知识，（1）：23—24
穆恩之、葛梅钰、陈旭、倪寓南、林尧坤，1980，安徽南部奥陶纪地层新观察。地层学杂志，4（2）。
宁芜研究项目编写小组，1978，宁芜玢岩铁矿。北京：地质出版社。
宁崇质等，1959，从鄂东大别山地质构造轮廓论述淮阳山字型的弧顶与脊柱构造。地质力学丛刊，1。北京：地质出版社。

潘江，1956，宁镇山脉古生代地层的新认识。地质学报，36（1）：1—23
潘江、薛志照，1959，淮南、冀东震旦、寒武系分界问题的商榷。地质论评，19（2）。
裴文中、周明镇、郑家坚，1964，中国的新生界，全国地层会议学术报告汇编。北京：科学出版社。
齐敦伦，1980，安徽无为奥陶纪头足类及其地质意义。古生物学报，19（4）。
齐敦伦、杜森官，1981，安徽无为、含山一带的奥陶系。地层学杂志，5（1）。
齐敦伦、杜森官，1984，安徽宿松地区的奥陶系。地层学杂志，8（2）。
全国地层委员会编，1981，中国地层指南及中国地层指南说明书。北京：科学出版社。
钱丽君、白清昭、熊存卫、吴景钧、徐茂钰、何德长，1987，中国南方中生代含煤地层。北京：煤炭工业出版社。
钱义元、李积金、李蔚秾、江纳言、毕治国、高永修，1964，安徽南部震旦系及下古生界的新认识。中国科学院南京地质古生物研究所集刊，地层文集，第1号。北京：科学出版社。
邱占祥、李传夔、黄学诗、汤英俊、徐钦琦、阎德发、张宏，1977，安徽含哺乳动物化石的古新统。古脊椎动物与古人类，15（2）：85—93。
仇洪安、应中锷、杜森官、沈先钰、李昌文，1985，安徽省泾县北贡—贵池华庙口天吴一带晚寒武世地层。地层学杂志，9（1）。
任启江、徐兆文、刘孝善、杨荣勇、孙冶东，1993，安徽庐枞地区中生代火山岩系的时代及其意义。地层学杂志，17（1）。
任润生，1982，试论“凤台砾岩”成因及时代——兼论淮南、霍邱地区寒武系底界。天津地质矿产研究所所刊，5。
山东省地质矿产局，1991，山东省区域地质志。北京：地质出版社。
盛金章，1955，长兴灰岩中的䗴科化石。古生物学报，3（4）。
盛金章，1962，中国的二叠系，全国地层会议学术报告汇编。北京：科学出版社。
盛莘夫，1974，中国奥陶系划分和对比。北京：地质出版社。
史良润，1987，两淮石炭二叠纪含煤地层的划分及其上下界线。中国石炭二叠纪含煤地层及地质学术会议论文集。北京：科学出版社。
舒文博，1930，浙江西部地质矿产。前国立中央研究院地质研究所集刊，第10号。
斯行健、周志炎，1962，中国中生代陆相地层，全国地层会议学术报告汇编。北京：科学出版社。
苏育民，1960，大别山北麓变质岩系的时代问题。地质论评，20（6）。
孙乘云，1993a，皖南前震旦纪小安里组的建立和铺岭组玄武岩的发现。地层学杂志，17（4）。
孙乘云，1993b，皖南东至地区寒武纪地层新知。中国区域地质，（1）。
孙云铸，1923，开平盆地之上寒武纪。中国地质学会志，2（1）。
孙云铸，1924，中国北部寒武纪动物化石。中国古生物志，乙种，第1号，第4册。
孙云铸，1931，中国含笔石之地层。中国地质学会志，第10卷，294—295。
谭锡畴，1923，山东中生代及旧第三纪地层。地质汇报，5（5）。
谭锡畴，1925，河南信阳、罗山、光山、商城、固始、潢川地质矿产。前河南省地质调查所地质报告书，第1号。
汤英俊、阎德发，1976，安徽潜山、宣城古新世哺乳动物化石。古脊椎动物与古人类，14（2）。
陶奎元、吴岩、黄光昭、陈捷干，1978，娘娘山古火山口的构造岩相特征。地质学报，52（1）。
王果胜、赖兴运、马文璞，1997，梅山群的变质岩石学特征及其意义。现代地质——中国地质大学研究生院学报，11（1）。
汪贵翔，1984，安徽海相三叠系。合肥：安徽科学技术出版社。
汪贵翔、张世恩，1984，苏皖北部上前寒武系研究。合肥：安徽科学技术出版社。
汪啸风，1980，中国的奥陶系。地质学报，54（1）、54（2）。
王德滋、涂绍雄，1963，宁芜地区中生代火山岩系的岩石学和岩石化学特征。南京大学学报。
王钰，1938，湖北“宜昌石灰岩”的时代问题。地质论评，3（2）：131—142。
王钰、俞昌民，1964，中国的泥盆系，全国地层会议学术报告汇编。北京：科学出版社。
王恒升、李春昱，1930，京粤铁路线地质矿产报告附宣城水东煤田报告。地质汇报，第14号。
王恒升、孙健初，1933，安徽南部九华山一带地质。中国地质学会志，第12卷。
王仁农，1981，河南永城及其相邻地区的“石千峰组”。地层学杂志，5（3）。
王乙长、刘学圭、胡福仁，1966，安徽铜陵地区下、中三叠统的划分。地质学报，46（2）。
王增吉等，1990，中国地层（8）中国的石炭系。北京：地质出版社。
王竹泉，1924，安徽怀远县西南部煤田地质。地质汇报，第6号。

魏家庸、卢重明、徐怀艾、李玉发、曹建科、贺立民、刘沛、杨永成、戚关林、潘殿军等，1991，沉积岩区 1：5 万区域地质填图方法指南。武汉：中国地质大学出版社。

翁文灏、计荣森，1932，安徽省宿县烈山及雷家沟煤田地质。地质汇报，第 18 号：27—40。

吴磊伯、宁崇质、宋世渊、黄庆华、马胜云、刘迅、李东令，1958，大别山区域地质构造并着重论述其中南北向构造带与其他构造体系的复合现象。旋转和一般扭动构造及地质构造体系问题（第二辑）。北京：科学出版社。

吴瑞棠、张守信主编，1989，现代地层学。武汉：中国地质大学出版社。

吴舜卿、吴向午，1982，中国三叠系含植物化石地层。中国地层对比表及说明书。北京：科学出版社。

夏邦栋，1959，关于宁镇山脉中石炭纪黄龙灰岩下部白云岩的几个问题。地质论评，19（5）。

夏邦栋，1962，皖南前震旦系地层及其中之变质火山岩。南京大学学报（地质版）。

项礼文、郭振明，1964，河北昌平灰岩组内的三叶虫化石及其地层意义。古生物学报，12（4）。

项礼文等，1981，中国地层（4）中国的寒武系。北京：地质出版社。

谢家荣，1928，南京钟山地质与首都之井水关系。中国地质学会志，7（2）。

谢家荣，1931，安徽南部铁矿之研究。中国地质学会志，第 10 卷：321—322。

谢家荣，1932，江苏铜山县贾汪煤田地质。地质汇报，第 18 号：1—20。

谢家荣，1947，淮南新煤田及大淮南盆地地质矿产。地质论评，12（5）。

谢家荣等，1935，扬子江下游铁矿志。地质专报甲种，第 13 号。

肖楠森，1962，宁镇、宁芜地区中生代陆相地层岩性和地质构造的特征。中国地质学会 1962 年年会论文摘要汇编。

徐嘉炜，1956，淮南寒武纪沉积。合肥矿业学院院报，（1）。

徐嘉炜，1958，华北南部寒武系下限问题。地质论评，18（1）。

徐嘉炜，1961，大别山东段前寒武纪地层。合肥工业大学学报，10。

徐嘉炜，1979，长江中下游江北地区先寒武纪地层的层序与划分问题。地层文集，2。

徐嘉炜、刘德良、柴民理、刘世宽，1965，皖中张八岭一带前寒武纪岩系纪要。华东地质，（6）。

许杰，1934，长江下游之笔石化石。前中央研究院研究所专刊，甲种第 4 号。

许杰，1936，安徽南部特马豆克层。中国地质学会志，第 15 卷。

徐学思，1982，江苏徐州及邻近地区的猴家山组。地层学杂志，6（1）：46—51。

阎永奎，1982，安徽凤阳地区震旦亚界刘老碑组的微古植物群。中国地质科学院南京地质矿产研究所所刊，3（3）：75—91。

阎永奎、蒋传仁、张世恩、杜森官、毕治国，1992，浙、赣、皖南地区震旦系研究。南京地质矿产研究所所刊，增刊第 12 号。

杨家騄，1978，湘西、黔东中、上寒武统及三叶虫动物群。地层古生物论文集，4 辑。

杨敬之、盛金章，1962，中国的石炭系，全国地层会议学术报告汇编。北京：科学出版社。

杨敬之、吴望始、张遴信、廖卓庭、阮亦萍，1979，我国石炭系分统的再认识。地层学杂志，3（3）。

杨敬之、吴望始、张遴信、王克良、陆麟黄、廖卓庭、王玉净、赵嘉明、夏凤生，1982，关于中国石炭系的划分和对比，中国石炭系对比表及说明书。北京：科学出版社。

杨清和、张友礼、郑文武、徐学思，1980，苏皖北部震旦亚界的划分和对比，中国震旦亚界。天津：天津科学技术出版社。

杨志坚，1959，合肥坳陷中新生界地层初步认识。第一届全国地层会议文件。北京：科学出版社。

杨志坚，1960a，淮南、霍邱早寒武世沉积若干问题的探讨。地质科学，（4）。

杨志坚，1960b，华北南部震旦系划分与对比问题。地质科学，（7）。

杨志坚，1964a，佛子岭群的地质时代问题。地质论评，22（5）。

杨志坚，1964b，大别山北麓侏罗—白垩纪陆相坳陷的构造发展及大地构造的隶属问题。华东地质，（2）。

杨志坚，1981，江南一条地层、岩相、古生物等突变带的性质问题。地质论评，27（2）。

杨遵仪、李子舜、曲立范、卢重明、周惠琴、周统顺、刘桂芳等，1982，中国的三叠系。中国地层（1）中国地层概论。北京：地质出版社。

姚伦淇、王新平，1978，淮北、苏北地区“三山子灰岩”的生物群及其地质时代的讨论。北京大学学报（自然科学版），（4）。

叶伯丹、简平、许俊文、崔放、李志昌、张宗恒，1993，桐柏—大别造山带北坡苏家河地体拼接带及其构造和演化。武汉：中国地质大学出版社。

叶良辅、李捷，1924，安徽泾县、宣城煤田地质。地质汇报，第 6 号。

叶连俊、沈丽琪、陈友明、杨哈莉、高文学，1956，淮南寒武纪地层岩相分异问题及寒武纪震旦纪分界问题。中国地质学会会讯，10。

尹赞勋，1949，中国南部志留纪地层之分类与对比。中国地质学会志，第29卷。

俞剑华、陈敏娟、张浅深，1962，南京幕府山区寒武纪地层的发现。南京大学学报（地质学部分），1。

俞剑华、方一亭、刘怀宝，1983，安徽省宁国县胡乐地区奥陶纪新厂期笔石动物群新材料。南京大学学报（自然科学版），(3)。

喻德渊，1936，扬子江流域之震旦纪地层。中国地质学会志，第16卷。

章森桂、孙乘云，1991，安徽巢湖地区早寒武世小壳化石。微体古生物学报，8 (1)。

张鉴模，1958，苏皖两省前震旦纪地层。科学通报，(4)。

张鸣韶、盛莘夫，1958，川黔边境的奥陶纪地层。地质学报，38 (3)。

张全忠、仇洪安、焦世鼎、徐晓梅、郭佩霞，1966，安徽省和县奥陶纪地层。地层学杂志，1 (1)。

张瑚锡、李玶、刘元常，1951，皖南青阳东南地区之中下部古生代地层。地质论评，16 (3)。

张守信，1989，理论地层学。北京：科学出版社。

张文堂，1962，中国的奥陶系，全国地层会议学术报告汇编。北京：科学出版社。

张文堂、陈丕基、沈炎彬，1976，中国的叶肢介化石，中国各门类化石。北京：科学出版社。

张文堂、李积金、钱义元、朱兆玲、陈楚震、张守信，1957，湖北峡东寒武纪奥陶纪地层。科学通报，(5)。

张文堂、朱兆玲、袁克兴、林焕令、钱逸、伍鸿基、袁金良，1979，华北南部、西南部寒武系及上前寒武系的分界。地层学杂志，3 (1)。

张文佑，1935，中国北部震旦纪与寒武纪地层之分界问题。前国立北平研究院院务汇报，6 (2)：39—50。

张文佑、陈家天，1938，广西迁江、合山大隆煤田地质。前国立中央研究院地质研究所简报，第7号。

张祖还，1957，大别山东段队综合性发言。地质部第一次区域地质测量会议文献汇编。北京：地质出版社。

张遴信，1962，安徽和县下石炭统和州段中的䗴类。古生物学报，10 (4)。

张遴信、席与华、蔡如华、方观希，1984，安徽淮南上石炭统太原组的䗴。中国科学院南京地质古生物研究所丛刊，第9号：265—283。南京：江苏科学技术出版社。

张遴信、芮琳、周建平、廖卓庭、吴秀元、王成源、王克良、赵嘉明、王玉净、夏凤生，1988，江苏地区下扬子准地台石炭纪生物地层研究。南京：南京大学出版社。

赵家骧、董南庭、高存礼、张有正、申庆荣、王万统，1959，安徽定远的可能新煤田。矿测通讯，106。

赵金科、陈楚震、梁希洛，1962，中国的三叠系，全国地层会议学术报告汇编。北京：科学出版社。

赵亚曾，1926，南满石炭纪地层之研究。地质汇报，第4号。

赵玉琛，1959，马鞍山火山岩区的几个地质问题。地质论评，(9)。

赵宗溥，1985，热河群及热河动物群的地质时代。地层学杂志，9 (2)。

浙江省地质矿产局，1989，浙江省区域地质志。北京：地质出版社。

郑文武，1964，大别山东段“佛子岭群”的划分和时代问题。地质论评，22 (5)。

郑文武，1980，皖北震旦系中 *Chuaria* 等化石的发现及其地质意义。中国地质科学院院报天津地质矿产研究所分刊，1 (1)。

中国地质学编辑委员会、中国科学院地质研究所，1956，中国区域地层表（草案）。北京：科学出版社。

周本和、肖立功，1984，安徽淮南、霍邱下寒武统雨台山组的单板类及腕足类。地层古生物论文集，13。北京：地质出版社。

周本和，1985，皖北早寒武世介形虫的发现及其意义。中国地质科学院成都地质研究所所刊，6。

周泰禧、陈江峰、季学明、彭子成，1992，安徽中生代中酸性火山岩的时代归属。安徽地质科技，(2)。

朱绍隆、朱德寿，1974，浙皖边界地区“黄龙群”下部花石山白云岩时代的探讨。地质科技，(5)。

朱绍隆、朱德寿，1975，苏、浙、皖边界早石炭世地层划分的讨论。地质科技，(6)。

朱森，1929a，江苏西南部山脉之研究。前中央研究院18年度总报告：154—158。

朱森，1929b，安徽和县、含山县地质摘要。前中央研究院18年度总报告。

朱森、刘祖彝，1930，皖南贵池地质考查记略。前中央研究院19年度总结报告：154—157。

朱兆玲，1962，古油栉虫（*Palaeolenus*）在安徽凤阳的发现。古生物学报，10 (3)。

朱兆玲、丘金玉、董得源、郑淑英、邹西平，1964，安徽淮南、定远、滁县、全椒一带震旦纪及寒武纪地层。中国科学院南京地质古生物研究所集刊，地层文集，第1号。北京：科学出版社。

朱兆玲、许汉奎、陈旭、陈均远、姜立富、吴绍君、周光新，1984，安徽滁县、全椒及南京、六合地区早古生代地层。中国科学院南京地质古生物研究所丛刊，第7号。南京：江苏科学技术出版社。

朱兆玲、林焕令、章森桂，1988，江苏地区下扬子准地台寒武纪生物地层。江苏地区下扬子准地台震旦纪—三叠纪生物地层，江苏地层学与古生物学，第1册。南京：南京大学出版社。

翁文灏、Grabau A W. 1925. Carboniferous Formation of China. Congr. Creol. Internat.，Comp. Rend.，Session，Belgigue. fasc，2.

Chang W T. 1980. A review of the Cambrian of China. J. Geol. Soc. Aust.，27：137—150.

Chang W Y. 1937. Cambrian trilobite of Anhui. Central China，Contr. Nat. Res. Inst. Geol. Acad. Sin. no.6.

Grabbau A W. 1924. Straigraphy of China. Vol. 1. Peking：Published the Geological Survey，Ministry of Agriculture and Commerce.

Lu Yanhao and Zhu Zhaoling. 1981. Summary of the Cambrian Biostratigraphy of China. Open-File Report 81—743. United States Department of the Interior Geological Survey.：121—122.

Norine E. 1922. The Late Palaeozoic and Early Mesozoic Sediments of Central shansi. Bull. Geol. Surv. China. 4：3—80.

Richthofen F V. 1912. China. Berlin.

Sun Y C. 1923. Upper Cambrian of Kaiping Basin. Bull. Geol. Soc. China，Vol. 2：93—100.

Willis B，Blackwelder E. 1907. Stratigraphy of Shantung. Descriptive topography and geology，Research in China. Vol. 1，chapter 2. Washington，D C，The Carnegie Institution of Washington.

Willis B，Blackwelder E and Sargen H. 1907. Research in China. Vol. 1，part 1，chapter 6，Washington，D. C.，The Carnegie Institution of Washington：136—152.

地质图说明书及区测(调)报告

安徽省地质局328地质队，1961，安徽省合肥坳陷石油地质普查中新生界地层层序研究报告。

安徽省地质局317地质队，1965a，1:20万旌德幅区域地质矿产调查报告书。

安徽省地质局317地质队，1965b，1:20万安庆幅区域地质测量报告。

安徽省地质局317地质队，1969，1:20万铜陵幅区域地质调查报告。

安徽省冶金地质局311地质队区测分队，1970，1:20万太湖幅区域地质矿产调查报告。

安徽省冶金地质局332地质队区测分队，1971，1:20万祁门幅、屯溪幅区域地质矿产调查报告。

安徽省地质局区域地质调查队，1974a，1:20万宣城幅、广德幅区域地质调查报告。

安徽省地质局区域地质调查队，1974b，1:20万六安幅、岳西幅区域地质调查报告。

安徽省地质局区域地质调查队，1977a，1:20万南京幅区域地质调查报告。

安徽省地质局区域地质调查队，1977b，1:20万砀山幅、宿县幅、灵璧幅区域地质调查报告。

安徽省地质局区域地质调查队，1978，1:20万合肥幅、定远幅区域地质调查报告。

安徽省地质局区域地质调查队，1979a，1:20万蚌埠幅区域地质调查报告。

安徽省地质局区域地质调查队，1979b，1:20万亳县、阜阳、蒙城、固始、寿县幅区域地质调查报告。

安徽省地质局区域地质调查队，1981，1:5万矾山镇幅、将军庙幅区域地质调查报告。

安徽省地质局区域地质调查队，1983，1:5万巢县幅区域地质调查报告。

安徽省地质矿产局区域地质调查队，1988，1:5万盛桥幅、槐林咀幅、石涧埠幅、庐江幅、开城桥幅区域地质调查报告。

安徽省地质矿产局区域地质调查队，1991，1:5万香隅坂幅、张溪镇幅、东至县幅区域地质调查报告。

安徽省地质矿产局区域地质调查队，1992b，1:5万油店幅、响洪甸幅、青山幅、诸佛庵幅区域地质调查报告。

安徽省区域地质调查所，1994，1:5万东王集幅、施家集幅区域地质调查报告。

安徽省地质局326地质队，1966，1:5万洪镇幅普查—测量报告。

安徽省地质局326地质队，1983，1:5万怀宁幅区域地质调查报告。

安徽省地质局322地质队，1985，1:5万小丹阳幅、慈湖镇幅区域地质调查报告。

安徽省地质矿产局332地质队，1989，1:5万旌德县幅、岛石坞幅、绩溪县幅、顺溪幅区域地质调查报告。

河南省地质局区域地质调查队，1980，1:20万商城、新县幅区域地质调查报告。

河南省地质矿产厅区域地质调查队，1995，1:5万商城幅区域地质调查报告。
湖北省地质局区域地质调查队，1975，1:20万蕲春幅区域地质调查报告。
江苏省地质局区域地质测量队，1964，1:20万常州市幅区域地质测量报告。
江苏省重工业局区域地质测量队，1970，1:20万扬州幅区域地质测量调查报告。
江苏省地质局区域地质调查队，1974，1:20万马鞍山幅区域地质调查报告。
江苏省地质局区域地质调查队，1978，1:20万徐州幅区域地质调查报告。
江苏地质局区域地质调查队，1979，1:20万盱眙幅区域地质调查报告。
江苏省地质局第一地质大队，1986，1:5万江宁镇幅、江宁县幅（西）、慈湖幅、柘塘幅（西）、小丹阳幅（1/3）区域地质调查报告。
南京大学地质系安徽宣城区测大队，1961，1:20万宣城幅区域地质测量报告。
南京大学地球科学系，1994，1:5万桃山集幅、夹沟幅区域地质调查报告。
浙江省地质局区域地质测量队，1965，1:20万建德幅区域地质矿产调查报告。
浙江省地质局区域地质调查队，1967，1:20万临安幅区域地质矿产调查报告。

附录Ⅰ　安徽省地层数据库的建立及其功能简介

一、前　言

地层数据库的研制和建库工作是随地矿部“八五”期间设立《全国地层多重划分对比研究》项目同时开展的，其指导思想和研究内容与全国地层清理工作的有关文件要求基本一致，建立地层数据库的目的是为全国区域地质调查和基础地质研究工作服务，巩固地层清理的成果，避免今后使用地层单位的混乱现象。使我国地层研究和管理走向科学化、信息化，并与国际地层学研究工作接轨。

省级地层数据库是地矿部专项地勘科技项目（编号：DZ1992-01）《全国地层数据库》的一个重要组成部分，它既是全国地层数据库的一个基本子库，同时又是一个独立、完整的省级地层数据库。

省级数据库按照全国地层数据库的统一要求，以岩石地层单位为基本单元建库的，以全国地层清理项目办统一制定的五张地层剖面数据卡片为数据采集源。其数据采集、数据库信息管理、检索及查询软件是以《全国地层数据库》项目组提供的软件和标准进行的。有关全国地层数据库的概况，请参见《全国地层数据库》专题报告。

二、地层数据库的建库情况

1.组织管理

负责建立本省地层数据库的单位：安徽省地矿局区域地质调查所

使用的机型：AST　PA4/33主机、CR3240彩色打印机

本省地层数据建库人员：胡海风、王徽、王文联

本省地层数据库数据卡片填写审核校对人员：李玉发、孙乘云、姜立富、齐敦伦、李朝臣、宫维莉、杨成雄、陆伍云、徐家聪、陈秀其、汤加富、侯明金、高天山、夏军

2.工程过程

数据录入于1993年12月开始。我们一边培训数据录入人员一边制定工作计划；鉴于我省岩石地层单位多，数据录入的工作量大，时间紧迫，我们又租用了一台SM386微机，用于数据录入；为确保任务按时完成，从94年4月份开始，我们分阶段进行控制，定期检查任务的完成情况；全部数据录入及第一次修改打印工作于94年7月底完成，第二次修改打印工作于94年8月中旬完成。另外，我省在数据录入过程中出现了一些新问题，如“复合层型”的处理，剖面文字描述中的“拉丁文排版”，剖面柱状图卡片中的“化石排序”及“剖面借用”等。我们将这些问题通过项目组及时反映到地层数据库软件研制单位，以便在新版本中加以考虑。

3.完成录入工作量

本省累计207个建议使用的岩石地层单位，其中：群级18个、组级181个、段级8个；其中各断代（纪）地层单位数：前寒武纪60个、寒武纪23个、奥陶纪23个、志留纪7个、泥盆纪1个、石炭纪12个、二叠纪10个、三叠纪10个、侏罗纪—第三纪61个。

本省累计633条剖面（其中122条正层型；25条次层型；10条选层型；476条参考剖面）

本省累计135个建议不采用的岩石地层单位

累计打印输出：337张封面

337张卡片Ⅰ

206张卡片Ⅱ

10张卡片Ⅲ（柱状对比图）

10张卡片Ⅲ（剖面分布图）

953张卡片Ⅳ（文字描述表格）

633张卡片Ⅳ（柱状图）

206张卡片Ⅴ

4. 提交数据磁盘清单

占用外存空间约10兆，分放8张1.2M 软盘（5.25 inch）

数据软盘清单：

盘号	地层单位起止编号
1#	0001-1114
2#	2001-2019
3#	2020-3019
4#	3020-6022
5#	7001-9009
6#	9010-9029，9051-9062
7#	9030-9049，9101-9149
8#	34r1.dbf，34r5.dbf

三、地层数据库功能介绍

地层数据库主要由三部分组成：(1) 数据采集系统：包括对原始数据的录入、编辑、查错及地层信息检索、数据库字典查询、文献检索、地层单位数据文件管理等功能；(2) 数据处理系统：包括地层卡片的输出、地层数据库各类信息的查询检索及汇总制表、岩石地层单位的监控等功能；(3) 扩充部分接口，为地层数据库以后的进一步开发留有接口。

1. 系统运行环境

(1) DOS 版本

软件支撑环境：DOS 3.30以上　　Microsoft C 6.0

PTDOS 2.0　　FoxPro 2.0

硬件运行环境：286以上主机　　VGA 显示器

LQ-1600K 或其他24针打印机

(2) Windows 版本

软件支撑环境：Windows 3.1　　Borland C++3.1

中文之星1.2　　FoxPro for Windows 2.5

MS-DOS 5.0以上

硬件运行环境：386、486主机（内存≥4M，硬盘≥100M）　　VGA 显示器

LQ-1600K 或其他24针打印机

2. 数据采集模块功能

(1) 选择“省份”、“地层单位”

(2) 地层单位数据录入情况查询

(3) 卡片Ⅰ数据录入与修改（可选择按编号、创名时间、汉语拼音等顺序）

(4) 卡片Ⅱ数据录入与修改

(5) 卡片Ⅲ数据录入与修改

(6) 卡片Ⅳ剖面信息数据录入与修改

(7) 卡片Ⅳ剖面文字描述数据录入与修改

(8) 卡片Ⅳ柱状图数据录入与修改

(9) 卡片Ⅳ化石数据录入与修改

(10) 卡片Ⅳ分布特征数据录入与修改

(11) 卡片Ⅳ数据检查整理

(12) 卡片Ⅴ数据录入与修改

(13) 地层单位数据文件备份

(14) 地层单位数据文件入库

(15) 地层单位数据文件转换

(16) 省级数据库检索

(17) 数据库字典查询

(18) 省级文献库查询与修改

3.卡片输出模块功能

(1) 选择省份

(2) 选择输出的地层单位

(3) 卡片封面输出

(4) 卡片Ⅰ输出：屏幕或打印机输出卡片Ⅰ

(5) 卡片Ⅱ输出（图形）

(6) 卡片Ⅲ柱状对比图输出（图形）

(7) 卡片Ⅲ岩石地层单位分布图输出

可选择绘制地名级别（在地理底图上将标出地名）：①省会；②地市以上；③县级以上

可选择绘制图框类型：①经纬框（地理底图上加画经纬框）；②方　框（地理底图上只画图框）；③不加框（地理底图上不画图框）

图中各剖面的分布位置采用不同的符号表示其层型：三角形代表参考剖面、方形代表新层型剖面、方形中央的"＋"代表正层型、"－"代表次层型，"×"代表选层型

(8) 卡片Ⅳ剖面文字描述表格输出

(9) 卡片Ⅳ剖面图输出（图形）

(10) 卡片Ⅴ输出

4.地层信息检索模块功能

4.1　检索条件（一级）

(1) 选择省份——选择检索的区域范围

(2) 选择大区——选择检索的区域范围

(3) 选择经纬度——选择检索的区域范围

(4) 选择断代(纪)——选择检索的时间范围

(5)地质年代数码转换——地质年代数据进行数码转换，是进行时间范围检索的必要条件

(6) 输出方式选择

①显示方式：将检索结果显示在屏幕上

②打印方式：将检索结果在打印机上输出

③文件方式：将检索结果表格文件以用户给定的文件名记盘

(7) 输出栏目选择

①地层单位表格

②地层剖面表格

③文献表格

选择以上表格的输出栏目，依使用者的要求挑选所需的制表栏目序号，及表格每页的行数。

4.2　地层单位信息检索（二级检索条件）

(1) 所有地层单位：检索出满足选定时间和区域条件的地层单位

(2) 正式地层单位：检索出满足选定时间和区域条件的正式地层单位

(3) 不采用地层单位：检索出满足选定时间和区域条件的不采用地层单位

(4) 地层单位名称：检索出与指定地层单位名称相同的地层单位

(5) 地层单位名称（拼音）：检索出与指定拼音相同的地层单位

(6) 地层单位编号：检索出与指定地层单位编号相同的地层单位

(7) 地层单位代号：检索出与指定地层单位代号相同的地层单位

(8) 同物异名：检索出与指定名称相同的同物异名地层单位

(9) 同名异物：检索出与指定名称相同的同名异物地层单位

(10) 同物异名/同名异物：检索出有同物异名或同名异物的地层单位

(11) 输出剖面分布图：输出当前检索内容的地层单位的剖面分布图

4.3 剖面信息检索（二级检索条件）

(1) 所有剖面：检索出满足选定时间和区域条件的地层剖面

(2) 所有正层型：检索出满足选定时间和区域条件的正层型

(3) 的有副层型：检索出满足选定时间和区域条件的副层型

(4) 所有选层型：检索出满足选定时间和区域条件的选层型

(5) 所有新层型：检索出满足选定时间和区域条件的新层型

(6) 所有次层型：检索出满足选定时间和区域条件的次层型

(7) 剖面名称：检索出与指定剖面名称相同的地层剖面

(8) 剖面编号：检索出与指定剖面编号相同的地层剖面

(9) 剖面化石名称（中文）：检索剖面上化石分类的中文名称

(10) 剖面其他信息：检索剖面图上已录入的下列信息：

化石（拉丁文）：检索指定化石名称所在的剖面

生物地层带：检索指定生物地层带所在的剖面

颜色：检索含有指定颜色的剖面

磁极性：检索含有磁极性内容的所有剖面

化学特征：检索含有化学特征内容的所有剖面

矿物：检索含有矿物内容的所有剖面

矿产：检索含有矿产内容的所有剖面

变质相：检索含有变质相内容的所有剖面（注意：不对文字描述的内容进行检索）

(11) 某地层单位正层型：检索出指定地层单位的正层型

(12) 输出剖面分布图：输出当前检索内容的剖面分布图

4.4 参考文献目录检索（二级检索条件）

(1) 作者：按指定作者检索文献目录

(2) 时间：按指定发表时间检索文献目录

(3) 书名(论文题目)：按指定书名检索文献目录

(4) 作者＋时间：按指定作者及发表时间检索文献目录

(5) 断代(纪)：按选定的地质年代范围，检索有关地层单位所涉及的文献目录

(6) 某地层单位文献：按地层单位检索文献目录

(7) 文献引用情况：指定某一文献所在的省码及文献库的记录号，检索该文献在本省的引用情况（创名或引用）

5.地层单位监控模块功能

对新建地层单位进行命名监控

(1) 同名的监控：检索出与指定地层单位名称相同的地层单位

(2) 同音的监控：检索出与指定地层单位名称（拼音）相同的地层单位

(3) 同编号的监控：检索出与指定地层单位名称相同的地层单位

(4) 同代号的监控：检索出与指定地层单位名称相同的地层单位

(5) 有效性的监控：检索出与新建地层单位的经纬度邻近的剖面，供科研人员进行对比研究

四、地层数据库的维护与功能扩充

1.数据库的维护

省级数据库是全国地层数据库的基础，随着地质工作的深入，必须对地层数据库进行扩充与维护，“有维护才能使用，有使用才能进一步开发”。同时及时与全国库进行信息交流，保证省库与全国库的数据一致性。

今后负责管理维护地层数据库的单位是安徽省区域地质调查所。

2.功能扩充

地层数据库的建立，为逐步实现地层学研究和地层单位划分、命名、定义、修订及不采用等管理的规范化、现代化奠定了基础。有待开发的功能：

(1) 检索结果的随意浏览

用户检索某一地层单位是否存在的同时，还希望能进一步了解其详细内容，如：该地层单位的原始定义、现在定义、分布范围、剖面条数、剖面信息等。因此，待须提供一个让用户选择用于浏览的数据项的功能。

(2) 检索结果的随机表输出功能

用户检索出一批岩石地层单位后，希望得到一份表格，这种表格的表头是系统中数据项集合的一个子集，它是由用户自己定义的，系统将检索的结果填入表中。

(3) 剖面连接功能

在数据采集过程中，我省许多长剖面被分割成多条短剖面，实际应用时，地质人员希望得到的是一条完整剖面。因此，应提供一个将几条剖面连接在一起的功能。

(4) 在绘制剖面分布图及柱状对比图时，应能让用户将一个断代的所有剖面置于同一张地理底图上，而不只是某一个地层单位的几条剖面。

(5) 在系统菜单中提供数据检查功能，便于用户使用。

该功能主要对地层单位中用于检索和定位的关键数据项进行检查。如：对时间、经度、纬度、地质年代等数据项的范围作检查；对建议使用地层单位的“现在定义”，不采用地层单位的“原始定义”数据项有无内容进行检查等。使用户在数据录入过程中就能够发现错误，以保证数据正确性。

附录Ⅱ　安徽省采用的岩石地层单位名称

附录Ⅱ-1

序号	岩石地层单位名称		编号	代号	地质时代	创名人	创名时间	所在省	在本书页数
	英文	汉文							
1	Anyuan Fm	安源组	34-8010	T_3a	T_3	黄汲清、徐克勤	1936	江西	187
2	Badaojian Fm	八道尖(岩)组	34-0007	ZDb	$Z-D$	安徽省地质矿产局区域地质调查队	1992	安徽	93
3	Bagongshan Gr	八公山群	34-1001	QnZ_1B	$Qn-Z_1$	徐嘉炜	1958	安徽	12
4	Baidafan Fm	白大畈组	34-9012	J_3bd	J_3	安徽省地质局区域地质调查队	1974	安徽	200
5	Baiyunshan Fm	白云山组	34-0022	Pt_1b	Pt_1	李四光	1939	安徽	10
6	Banqiao Fm	板桥(岩)组	34-1028	Pt_2b	Pt_2	夏邦栋	1962	安徽	104
7	Baota Fm	宝塔组	34-3015	O_2b	O_2	李四光、赵亚曾	1924	湖北	144
8	Beijiangjun Fm	北将军(岩)组	34-0013	Pt_2bj	Pt_2	安徽省地质局区域地质调查队	1977	安徽	94
9	Benxi Fm	本溪组	34-6001	C_2b	C_2	赵亚曾	1926	辽宁	59
10	Bingqiu Fm	炳丘组	34-9057	J_3b	J_3	安徽省冶金地质局332地质队区测分队	1971	安徽	235
11	Caodian Fm	曹店组	34-1002	Qnc	Qn	安徽省地质局区域地质调查队	1978	安徽	12
12	Changping Fm	昌平组	34-2004	$\in_1c$	$\in_1$	张文佑	1935	北京	35
13	Changwu Fm	长坞组	34-3024	O_3c	O_3	卢衍豪等	1963	浙江	149
14	Changxing Fm	长兴组	34-7010	P_2c	P_2	A W Grabau	1924	浙江	181
15	Chaomidian Fm	炒米店组	34-2008	$\in_3c$	$\in_3$	B Willis、E Blackwelder	1907	山东	42
16	Chisha Fm	赤沙组	34-9029	J_3c	J_3	安徽省地质局区域地质调查队	1974	安徽	217
17	Chishan Fm	赤山组	34-9038	K_2c	K_2	刘季辰、赵汝钧	1924	江苏	225
18	Chuanshan Fm	船山组	34-6009	C_2c	C_2	丁文江	1919	江苏	177
19	Dabieshan Complex	大别山杂岩	34-0026	Ar_2D	Ar_2	张祖还	1957	安徽	81
20	Dachenling Fm	大陈岭组	34-2023	$\in_1d$	$\in_1$	李蔚秾、俞从流	1965	浙江	130
21	Dalong Fm	大隆组	34-7009	P_2d	P_2	张文佑、陈家天	1938	广西	181
22	Dawan Fm	大湾组	34-3010	O_1d	O_1	张文堂等	1957	湖北	140
23	Dawangshan Fm	大王山组	34-9027	J_3d	J_3	顾雄飞	1955	安徽	214
24	Dawuqian Fm	大坞阡组	34-3009	O_1dw	O_1	杜森官、王莉莉	1980	安徽	142
25	Daxinwu Fm	大新屋(岩)组	34-0011	Pt_1d	Pt_1	安徽省地质局311地质队	1982	安徽	86
26	Dengjia Fm	邓家组	34-1035	Qnd	Qn	安徽省冶金地质局332地质队区测分队	1971	安徽	110
27	Dengying Fm	灯影组	34-1021	$Z_2\in_1d$	$Z_2-\in_1$	李四光等	1924	湖北	100
28	Dingyuan Fm	定远组	34-9044	E_1dy	E_1	华东石油勘探局108队	1961	安徽	76
29	Dongzhi Fm	东至组	34-3011	O_1dz	O_1	安徽省冶金地质局311地质队区测分队	1970	安徽	140
30	Doumu Fm	痘姆组	34-9052	E_1d	E_1	安徽省冶金地质局311地质队区测分队	1970	安徽	230
31	Fanghushan Fm	防虎山组	34-9005	J_1f	J_1	杨志坚	1959	安徽	64
32	Fanjiatang Fm	范家塘组	34-8009	T_3f	T_3	朱森	1929	江苏	187

注:创名人栏(　)内为介绍人,创建时间栏(　)内为介绍时间。

序号	岩石地层单位名称		编号	代号	地质时代	创名人	创名时间	所在省	在本书页数
	英文	汉文							
33	Feidong Gr	肥东(岩)群	34-0015	Pt_1F	Pt_1	徐嘉炜等	1965	安徽	87
34	Fenghuangtai Fm	凤凰台组	34-9010	J_3f	J_3	杨志坚	1959	安徽	199
35	Fengtai Fm	凤台组	34-2001	$\in_1f$	$\in_1$	徐嘉炜	1958	安徽	31
36	Fengyang Gr	凤阳群	34-0021	Pt_1FY	Pt_1	徐嘉炜等	1965	安徽	9
37	Fentou Fm	坟头组	34-4002	S_2f	S_2	潘江	1956	江苏	151
38	Fenxiang Fm	分乡组	34-3007	O_1f	O_1	王钰	1938	湖北	138
39	Foziling Gr	佛子岭(岩)群	34-0001	ZDF	Z—D	张祖还	1957	安徽	88
40	Fushan Fm	浮山组	34-9034	K_1f	K_1	安徽省地质局317地质队	1969	安徽	222
41	Gaojiabian Fm	高家边组	34-4001	S_1g	S_1	A W Grabau	1924	江苏	150
42	Gaolishan Fm	高骊山组	34-6005	C_1g	C_1	朱森	1929	江苏	174
43	Gecun Fm	葛村组	34-9036	$K_{1-2}g$	K_{1-2}	江苏地质局石油普查大队苏南专题队	1960	江苏	224
44	Gegongzhen Fm	葛公镇组	34-1032	Qng	Qn	安徽省地质矿产局区域地质调查队	1991	安徽	106
45	Goutoushan Fm	狗头山组	34-9048	E_2g	E_2	王建华、关克兴(南京大学地质系江苏地质研究队苏北地层组)	1960 (1982)	安徽	227
46	Guanyintai Fm	观音台组	34-2015	$\in_2O_1g$	$\in_2$—O_1	江苏省重工业局区测队	1970	江苏	127
47	Gufeng Fm	孤峰组	34-7005	P_1g	P_1	叶良辅、李捷	1924	安徽	178
48	Guniutan Fm	牯牛潭组	34-3012	O_1g	O_1	张文堂等	1957	湖北	141
49	Gushan Fm	崮山组	34-2007	$\in_3g$	$\in_3$	B Willis ,E Blackwelder	1907	山东	40
50	Gushan Fm	姑山组	34-9031	K_1g	K_1	徐克勤(华东冶金地勘公司808队)	1962 (1965)	安徽	218
51	Hanjia Mem	韩家段	34-2011	$\in_3O_1s^h$	$\in_3$—O_1	安徽省地质局区域地质调查队	1977	安徽	46
52	Heishidu Fm	黑石渡组	34-9015	K_1h	K_1	杨志坚	1959	安徽	202
53	Helixi Fm	河沥溪组	34-4005	S_1h	S_1	安徽省地质局317地质队	1965	安徽	154
54	Helongshan Mem	和龙山段	34-8005	T_1q^h	T_1	安徽贵池地区地层研究队	1965	安徽	183
55	Heshanggou Fm	和尚沟组	34-8002	T_1h	T_1	刘鸿允等	1959	山西	63
56	Hetang Fm	荷塘组	34-2016	$\in_1ht$	$\in_1$	卢衍豪、穆恩之等	1955	浙江	128
57	Hezhou Fm	和州组	34-6006	C_1h	C_1	朱森	1929	安徽	174
58	Honghuaqiao Fm	红花桥组	34-9024	J_3h	J_3	安徽省地质局区域地质调查队	1977	安徽	208
59	Honghuayuan Fm	红花园组	34-3008	O_1h	O_1	张鸣韶、盛莘夫(刘之远)	1940 (1948)	贵州	139
60	Hongqin Fm	洪琴组	34-9056	J_2h	J_2	安徽省冶金地质局332地质队区测分队	1971	安徽	233
61	Houjiashan Fm	猴家山组	34-2003	$\in_1hj$	$\in_1$	徐嘉炜	1956	安徽	34
62	Huainan Gr	淮南群	34-1039	Z_1H	Z_1	杨清和等	1980	安徽	14
63	Huangbaoling Fm	黄柏岭组	34-2017	$\in_1h$	$\in_1$	张瑞锡、李玶、刘元常	1951	安徽	129
64	Huangjian Fm	黄尖组	34-9041	J_3K_1h	J_3—K_1	邹鑫祜、陈其奭	1964	浙江	242
65	Huanglong Fm	黄龙组	34-6008	C_2h	C_2	李四光、朱森	1930	江苏	176
66	Huanglonggang Fm	黄龙岗(岩)组	34-0005	ZDh	Z—D	安徽省地质矿产局区域地质调查队	1992	安徽	91

序号	岩石地层单位名称		编号	代号	地质时代	创名人	创名时间	所在省	在本书页数
	英文	汉文							
67	Huangmaqing Fm	黄马青组	34-8008	T_2h	T_2	谢家荣	1928	江苏	186
68	Huangnigang Fm	黄泥岗组	34-3023	O_3h	O_3	卢衍豪等	1963	浙江	149
69	Huangxu Fm	黄墟组	34-1020	Z_2h	Z_2	李毓尧、李捷、朱森	1935	江苏	99
70	Huayansi Fm	华严寺组	34-2021	$\in_3h$	$\in_3$	卢衍豪、穆恩之等	1955	浙江	136
71	Huizhou Fm	徽州组	34-9060	K_1hz	K_1	张文堂、陈丕基、沈炎彬	1976	安徽	238
72	Hule Fm	胡乐组	34-3020	$O_{1-2}h$	O_{1-2}	许杰	1934	安徽	148
73	Huoqiu Complex	霍丘杂岩	34-0025	Ar_2H	Ar_2	安徽省地质局337地质队	1974	安徽	8
74	Jiande Gr	建德群	34-9039	J_3K_1J	$J_3—K_1$	刘季辰、赵亚曾	1927	浙江	241
75	Jiangzhen Fm	江镇组	34-9035	K_1j	K_1	安徽省冶金地质局311地质队区测分队	1970	安徽	223
76	Jiawang Fm	贾汪组	34-3001	O_1j	O_1	李四光 (谢家荣)	1930 (1932)	江苏	47
77	Jiayuan Fm	贾园组	34-1009	Z_1jy	Z_1	江苏区调队、安徽区调队	1977	江苏	17
78	Jieshou Fm	界首组	34-9043	E_2j	E_2	安徽省燃化局石油处地质队	1975	安徽	79
79	Jingtan Fm	井潭组	34-1037	Qnj	Qn	安徽省冶金地质局332地质队区测分队	1971	安徽	112
80	Jinling Fm	金陵组	34-6003	C_1j	C_1	李四光、朱森	1930	江苏	172
81	Jinshanzhai Fm	金山寨组	34-1017	Z_2j	Z_2	安徽区调队、江苏区调队	1977	安徽	24
82	Jiudingshan Fm	九顶山组	34-1012	Z_1jd	Z_1	安徽区调队、江苏区调队	1977	安徽	19
83	Jiuliqiao Fm	九里桥组	34-1006	Z_1j	Z_1	朱兆玲等	1964	安徽	15
84	Kangshan Fm	康山组	34-4006	S_2k	S_2	浙江省煤炭工业厅科学研究所	1961	浙江	155
85	Kanji Complex	阚集杂岩	34-0017	Ar_2K	Ar_2	安徽省地质矿产局区域地质调查队	1985	安徽	82
86	Laiyang Gr	莱阳群	34-9001	J_3L	J_3	谭锡畴	1923	山东	67
87	Langyashan Fm	琅玡山组	34-2012	$\in_3l$	$\in_3$	董南庭	1949	安徽	131
88	Lantian Fm	蓝田组	34-1024	Z_2l	Z_2	丁毅	1935	安徽	116
89	Laocun Fm	劳村组	34-9040	J_3l	J_3	浙江省地质局区域地质测量队	1965	浙江	241
90	Laohudong Fm	老虎洞组	34-6007	$C_{1-2}l$	C_{1-2}	夏邦栋	1959	江苏	176
91	Laohushan Mem	老虎山段	34-3005	O_2m^l	O_2	安徽省地质局区域地质调查队	1977	安徽	51
92	Likou Gr	历口群	34-1031	QnL	Qn	夏邦栋	1962	安徽	105
93	Lishanqian Fm	里山阡组	34-3013	O_1ls	O_1	杜森官、王莉莉	1980	安徽	143
94	Liujiagou Fm	刘家沟组	34-8001	T_1l	T_1	刘鸿允等	1959	山西	62
95	Liulaobei Fm	刘老碑组	34-1004	Qnl	Qn	谢家荣	1947	安徽	13
96	Liuping Fm	柳坪（岩）组	34-0010	Pt_1l	Pt_1	安徽省地质局311地质队	1982	安徽	86

序号	岩石地层单位名称		编号	代号	地质时代	创　名　人	创名时间	所在省	在本书页数
	英　文	汉　文							
97	Longtan Fm	龙潭组	34-7007	$P_{1-2}l$	P_{1-2}	丁文江	1919	江苏	179
98	Longwangshan Fm	龙王山组	34-9026	J_3l	J_3	顾雄飞	1955	安徽	212
99	Lunshan Fm	仑山组	34-3006	O_1l	O_1	V F Richthofen (丁文江)	1912 (1919)	江苏	139
100	Luoling Fm	罗岭组	34-9022	J_2l	J_2	安徽省地质局区域地质调查队	1981	安徽	207
101	Majiagou Fm	马家沟组	34-3002	$O_{1-2}m$	O_{1-2}	A W Grabau	1922	河北	48
102	Mantou Fm	馒头组	34-2005	$\in_{1-2}m$	$\in_{1-2}$	B Willis，E Blackwelder	1907	山东	36
103	Maoshan Fm	茅山组	34-4003	S_3m	S_3	李毓尧、李捷、朱森	1935	江苏	151
104	Maotanchang Fm	毛坦厂组	34-9011	J_3m	J_3	杨志坚	1959	安徽	200
105	Meishan Gr	梅山群	34-6011	CM	C	安徽省地质局1:100万地质图编图组	1970	安徽	63
106	Miaopo Fm	庙坡组	34-3014	O_2m	O_2	张文堂等	1957	湖北	143
107	Mufushan Fm	幕府山组	34-2013	$\in_1m$	$\in_1$	俞剑华等	1962	江苏	126
108	Mukeng Fm	木坑（岩）组	34-1029	Pt_2m	Pt_2	夏邦栋	1962	安徽	104
109	Nanlinghu Mem	南陵湖段	34-8006	T_{1q}^n	T_1	王乙长、刘学圭、胡福仁	1966	安徽	184
110	Nantuo Fm	南沱组	34-1023	Z_1n	Z_1	E Blackwelder	1907	湖北	115
111	Niangniangshan Fm	娘娘山组	34-9032	K_1n	K_1	顾雄飞	1955	安徽	220
112	Ningguo Fm	宁国组	34-3019	O_1n	O_1	许杰	1934	安徽	146
113	Niuwu Fm	牛屋组	34-1030	Pt_2n	Pt_2	安徽省冶金地质局332地质队区测分队	1971	安徽	105
114	Niyuan Fm	倪园组	34-1011	Z_1n	Z_1	江苏区调队、安徽区调队	1977	江苏	18
115	Panjialing Fm	潘家岭(岩)组	34-0008	ZDp	Z—D	安徽省地质局区域地质调查队	1974	安徽	93
116	Paotaishan Fm	炮台山组	34-2014	$\in_{1-2}p$	$\in_{1-2}$	俞剑华等	1962	江苏	127
117	Piyuancun Fm	皮园村组	34-1025	$Z_2\in_1p$	$Z_2-\in_1$	李捷、李毓尧	1930	安徽	118
118	Puhe Complex	蒲河杂岩	34-0016	Pt_1P	Pt_1	安徽省地质局311地质队	1982	安徽	85
119	Pukou Fm	浦口组	34-9037	$K_{1-2}p$	K_{1-2}	刘季辰、赵汝钧	1924	江苏	225
120	Puling Fm	铺岭组	34-1036	Qnp	Qn	夏邦栋	1962	安徽	110
121	Qijiaqiao Fm	戚家桥组	34-9013	K_2q	K_2	杨志坚	1959	安徽	206
122	Qingkeng Fm	青坑组	34-2020	$\in_3q$	$\in_3$	张瑞锡、李玶、刘元常	1951	安徽	133
123	Qinglong Fm	青龙组	34-8003	p_2T_1q	p_2-T_1	刘季辰，赵汝钧	1924	江苏	182
124	Qinglongshan Mem	青龙山段	34-3004	O_1m^q	O_1	安徽省地质局325地质队	1974	安徽	51
125	Qingshan Gr	青山群	34-9002	J_3Q	J_3	谭锡畴	1923	山东	68
126	Qingshishan Fm	青石山组	34-0023	Pt_1q	Pt_1	李四光	1939	安徽	11
127	Qiuzhuang Fm	邱庄组	34-9018	$K_{1-2}q$	K_{1-2}	安徽省地质局区域地质调查队	1979	安徽	71

序号	岩石地层单位名称		编号	代号	地质时代	创名人	创名时间	所在省	在本书页数
	英文名称	汉文							
128	Qixia Fm	栖霞组	34-7004	P_1q	P_1	V F Richthofen	1912	江苏	177
129	Qiyunshan Fm	齐云山组	34-9061	K_2qy	K_2	安徽省冶金地质局332地质队区测分队	1971	安徽	240
130	Sanjianpu Fm	三尖铺组	34-9009	J_3s	J_3	杨志坚	1959	安徽	198
131	Sanshanzi Fm	三山子组	34-2012	$\in_3O_1s$	$\in_3$-O_1	谢家荣	1932	江苏	44
132	Shangochong Fm	上欧冲组	34-3025	$O_1\dot{s}$	O_1	安徽省地质局区域地质调查队	1977	安徽	137
133	Shanxi Fm	山西组	34-7001	$P_1\dot{s}$	P_1	B Willis,E Blackwelder	1907	山西	60
134	Shihezi Fm	石盒子组	34-7002	$P_{1-2}\dot{s}$	P_{1-2}	E Norin	1922	山西	61
135	Shijia Fm	史家组	34-1015	$Z_2\dot{s}$	Z_2	安徽区调队、江苏区调队	1977	安徽	21
136	Shiling Fm	石岭组	34-9058	$J_3K_1\dot{s}$	$J_3—k_1$	安徽省冶金地质局332地质队区测分队	1971	安徽	236
137	Shiqianfeng Gr	石千峰群	34-7011	$P_2T_1\dot{S}$	P_2-T_1	Norin E	1922	山西	61
138	Shuangfu Fm	双浮组	34-9042	$E_1\dot{s}$	E_1	安徽省燃化局石油处地质队	1975	安徽	79
139	Shuangmiao Fm	双庙组	34-9033	$K_1\dot{s}$	K_1	安徽省地质局317地质队	1969	安徽	220
140	Shuangtasi Fm	双塔寺组	34-9053	$E_2\dot{s}$	E_2	安徽省地质局区域地质调查队	1974	安徽	231
141	Shunshanji Fm	舜山集组	34-9047	$E_1\dot{s}\dot{s}$	E_1	安徽省地质局区域地质调查队	1977	安徽	226
142	Sidingshan Fm	四顶山组	34-1007	Z_1sd	Z_1	徐嘉炜	1958	安徽	15
143	Sishilichangshan Fm	四十里长山组	34-1005	$Z_1s\dot{s}$	Z_1	杨志坚	1960	安徽	14
144	Songji Fm	宋集组	34-0024	Pt_1sj	Pt_1	安徽省地质局区域地质调查队	1978	安徽	11
145	Sujiawan Fm	苏家湾组	34-1019	Z_1s	Z_1	徐嘉炜等	1965	安徽	99
146	Sunjiagou Fm	孙家沟组	34-7003	P_2s	P_2	刘鸿允等	1959	山西	62
147	Susong Gr	宿松(岩)群	34-0009	Pt_1S	Pt_1	华东地质局326地质队	1955	安徽	85
148	Suxian Gr	宿县群	34-1008	ZS	Z	安徽省地质局区域地质调查队	1977	安徽	17
149	Taiyuan Fm	太原组	34-6002	C_2t	C_2	翁文灏,A W Grabau	1922	山西	59
150	Tangjiawu Fm	唐家坞组	34-4007	S_3t	S_3	舒文博	1930	浙江	156
151	Tangtou Fm	汤头组	34-3016	O_3t	O_3	穆恩之等	1955	江苏	145
152	Tuanshan Fm	团山组	34-2019	$\in_{2-3}t$	$\in_{2-3}$	钱义元等	1964	安徽	132
153	Tuba Mem	土坝段	34-2010	$\in_3O_1s^t$	$\in_3-O_1$	徐嘉炜	1956	安徽	45
154	Tujinshan Fm	土金山组	34-9045	E_2t	E_2	安徽省地质局区域地质调查队	1979	安徽	78
155	Wanghucun Fm	王胡村组	34-6004	C_1w	C_1	南京大学地质系	1961	安徽	173
156	Wanghudun Fm	望虎墩组	34-9051	E_1w	E_1	安徽省冶金地质局311地质队区测分队	1970	安徽	229
157	Wangshan Fm	望山组	34-1016	Z_2w	Z_2	安徽区调队、江苏区调队	1977	安徽	23
158	Wangshi Gr	王氏群	34-9003	$K_{1-2}W$	K_{1-2}	谭锡畴	1923	山东	69
159	Weiji Fm	魏集组	34-1014	Z_1w	Z_1	江苏区调队、安徽区调队	1977	江苏	21
160	Wufeng Fm	五峰组	34-3017	O_3w	O_3	孙云铸	1931	湖北	145
161	Wuhe Complex	五河杂岩	34-0020	Ar_2W	Ar_2	安徽省地质局区域地质调查队	1978	安徽	7
162	Wujiaping Fm	吴家坪组	34-7008	P_2w	P_2	卢衍豪	1956	陕西	180

序号	岩石地层单位名称		编号	代号	地质时代	创名人	创名时间	所在省	在本书页数
	英文名称	汉文							
163	Wushan Fm	伍山组	34-1003	Qnw	Qn	李四光	1939	安徽	12
164	Wutong Fm	五通组	34-5001	D_3C_1w	D_3-C_1	丁文江	1919	浙江	171
165	Wuxue Fm	武穴组	34-7006	P_1w	P_1	陈旭	1935	湖北	179
166	Xiafuqiao Fm	下符桥组	34-9016	$K_{1-2}xf$	K_{1-2}	安徽地矿局	1987	安徽	203
167	Xianghongdian Fm	响洪甸组	34-9014	K_1xh	K_1	安徽省地质矿产局区域地质调查队	1992	安徽	202
168	Xiangshan Gr	象山群	34-9020	$J_{1-2}X$	J_{1-2}	李毓尧、李捷、朱森	1935	江苏	206
169	Xiangyunzhai Fm.	祥云寨（岩）组	34-0004	$ZDxy$	Z—D	徐嘉炜	1961	安徽	91
170	Xianrenchong Fm	仙人冲（岩）组	34-0003	ZDx	Z—D	徐嘉炜	1961	安徽	90
171	Xiao'anli Fm	小安里组	34-1038	$Qnxa$	Qn	孙乘云	1993	安徽	111
172	Xiaotian Fm	晓天组	34-9023	$K_{1-2}x$	K_{1-2}	安徽省地质局327地质队	1973	安徽	204
173	Xiaoxian Mem	萧县段	34-3003	O_1m^x	O_1	安徽省地质局325地质队	1974	安徽	48
174	Xiaoyan Fm	小岩组	34-9062	K_2x	K_2	安徽省冶金地质局332地质队区测分队	1971	安徽	240
175	Xiaxiang Fm	霞乡组	34-4004	S_1x	S_1	安徽省地质局317地质队	1965	安徽	152
176	Xicun Fm	西村（岩）组	34-1034	Qnx	Qn	安徽省地质矿产局332地质队	1989	安徽	107
177	Xihengshan Fm	西横山组	34-9025	J_3x	J_3	江苏地质局石油普查大队苏南专题队	1960	江苏	209
178	Xikou Gr	溪口群	34-1026	Pt_2X	Pt_2	夏邦栋	1962	安徽	101
179	Xileng Fm	西冷（岩）组	34-0014	$Pt_{2-3}x$	Pt_{2-3}	安徽省地质矿产局区域地质调查队	1985	安徽	96
180	Xinzhuang Fm	新庄组	34-9017	K_1x	K_1	安徽省地质局区域地质调查队	1979	安徽	69
181	Xiuning Fm	休宁组	34-1022	Z_1x	Z_1	李毓尧	1936	安徽	113
182	Xiyangshan Fm	西阳山组	34-2022	$\in_3O_1x$	$\in_3-O_1$	卢衍豪、穆恩之等	1955	浙江	137
183	Yangliugang Fm	杨柳岗组	34-2018	$\in_{2-3}y$	$\in_{2-3}$	卢衍豪、穆恩之等	1955	浙江	130
184	Yantang Fm	岩塘组	34-9059	K_1y	K_1	安徽省冶金地质局332地质队区测分队	1971	安徽	236
185	Yanwashan Fm	砚瓦山组	34-3022	O_2y	O_2	刘季辰、赵亚曾	1927	浙江	148
186	Yinkeng Mem	殷坑段	34-8004	$P_2T_{1q}^y$	T_1	安徽贵池地区地层研究队	1965	安徽	182
187	Yinzhubu Fm	印渚埠组	34-3018	O_1y	O_1	朱庭祜	1924	浙江	146
188	Yuantongshan Fm	圆筒山组	34-9006	J_2y	J_2	安徽省地质局328地质队	1961	安徽	65
189	Yuemengou Gr	月门沟群	34-6000	C_2P_1Y	C_2-P_1	E Norin	1922	山西	58
190	Yuetan Fm	月潭组	34-9055	J_1y	J_1	安徽省冶金地质局332地质队区测分队	1971	安徽	233
191	Yutaishan Fm	雨台山组	34-2002	$\in_1y$	$\in_1$	徐嘉炜	1958	安徽	32
192	Zhangbaling Gr	张八岭（岩）群	34-0012	$Pt_{2-3}\dot{Z}$	Pt_{2-3}	张鉴模	1958	安徽	94
193	Zhangqian Fm	樟前（岩）组	34-1027	$Pt_2\dot{z}$	Pt_2	夏邦栋	1962	安徽	101
194	Zhangqiao Fm	张桥组	34-9019	$K_2\dot{z}$	K_2	地质部第一普查大队安徽地质分队	1964	安徽	73
195	Zhangqu Fm	张渠组	34-1013	$Z_1\dot{z}q$	Z_1	安徽区调队、江苏区调队	1977	安徽	20
196	Zhangshanji Fm	张山集组	34-9049	$E_2\dot{z}$	E_2	安徽省地质局区域地质调查队	1977	安徽	228

序号	岩石地层单位名称		编号	代号	地质时代	创名人	创名时间	所在省	在本书页数
	英文名称	汉文							
197	Zhangxia Fm	张夏组	34-2006	$\in_2\dot{z}w$	$\in_2$	B Willis，E Blackwelder	1907	山东	39
198	Zhaomingshan Fm	照明山组	34-9054	$E_2\dot{z}w$	E_2	安徽省地质局区域地质调查队	1978	安徽	232
199	Zhaowei Fm	赵圩组	34-1010	Z_1zw	Z_1	江苏区调队、安徽区调队	1977	江苏	18
200	Zhengtangzi Fm	郑堂子（岩）组	34-0002	$ZD\dot{z}$	Z—D	安徽省地质矿产局区域地质调查队	1992	安徽	89
201	Zhentou Fm	镇头组	34-1033	$Qn\dot{z}$	Qn	安徽省地质矿产局332地质队	1989	安徽	107
202	Zhongfencun Fm	中分村组	34-9028	$J_3\dot{z}f$	J_3	安徽省地质局区域地质调查队	1974	安徽	216
203	Zhongshan Fm	钟山组	34-9021	$J_1\dot{z}$	J_1	刘季辰，赵汝钧	1924	江苏	207
204	Zhouchongcun Fm	周冲村组	34-8007	$T_{1-2}\dot{z}$	T_{1-2}	江苏省地质局第一地质大队	1975	江苏	185
205	Zhougang Fm	周岗组	34-1018	$Z_1\dot{z}$	Z_1	徐嘉炜等	1965	安徽	98
206	Zhougongshan Fm	周公山组	34-9007	$J_3\dot{z}$	J_3	安徽省地质局328地质队	1961	安徽	66
207	Zhufoan Fm	诸佛庵（岩）组	34-0006	$ZD\dot{z}f$	Z—D	安徽省地质局区域地质调查队	1974	安徽	92

附录Ⅲ 安徽省不采用的地层单位名称

附录Ⅲ-1

序号	地层单位名称		编号	地质时代	创名人	创名时间	所在省	不采用的理由
	英文	汉文						
1	Baieshan Fm	白鹗山组	34-1101	Z_1	安徽省地质局区域地质调查队	1977	安徽	属四顶山组的一部分
2	Baiheshan Bed	白鹤山层	34-2003	$\in_1$	徐嘉炜	1958	安徽	属猴家山组的一部分
3	Baijianshan Bed	柏枧山层	34-3111	$\in$—O	黄汲清	1935	安徽	1935年命名，1938年地质论评上发表，无人使用
4	Baiyun'an Fm	白云庵组	34-9149	J_3	安徽地矿局区域地质调查队	1992	安徽	统称白大畈组
5	Bantang Fm	半汤组	34-2109	$\in_1$	安徽省地质局区域地质调查队	1978	安徽	与炮台山组为同物异名
6	Thin-bedded limestone	薄层状石灰岩	34-8102	T_1	谢家荣等	1935	安徽	与青龙组殷坑段同物异名
7	Biandanshan Fm	扁担山组	34-8105	T_1	安徽省地质局326地质队	1966	安徽	为青龙组南陵湖段同物异名
8	Biejishan Shale	别姬山页岩	34-3103	O_1	安徽省地矿局区域地质调查队	1983	安徽	与大湾组同物异名
9	Caishi Series	采石系	34-9108	J_{1-2}	谢家荣	1931	安徽	第一届全国地层会议统称象山群
10	Changaokou Fm	长凹口组	34-3109	O_1	张全忠、仇洪安等	1966	安徽	与仑山组同物异名
11	Changshan Fm	长山组	34-2103	$\in_3$	孙云铸	1923	河北	长山组与其上凤山组合称炒米店组
12	Chaoxian Fm	巢县组	34-7028	P_2	杨遵仪等	1987	安徽	与大隆组同物异名
13	Chengjiahe Fm	程家河组	34-0052	Ar_2	安徽省冶金地质局311地质队区测分队	1970	安徽	解体为表壳岩及变形变质侵入体，属大别山杂岩
14	Chenjiawu Fm	陈家屋组	34-8106	T_1	安徽省地质局326地质队	1966	安徽	为青龙组和龙山段同物异名
15	Chengxiacun Fm	陈夏村组	34-4103	S_1	江苏省地质局区域地质调查队	1974	安徽	为高家边组中段
16	Cheshuitong Fm	车水桶组	34-2107	$\in_3$	安徽省地质局区域地质调查队	1977	安徽	岩性与琅玡山组难区分，现归入琅玡山组
17	Dahao Sandstone	大浩砂岩	34-3112	$\in$—0	V F Richthofen	1912	安徽	含义不清，无人使用
18	Dahengshan Fm	大横山组	34-0043	Ar_2	徐嘉炜等	1965	安徽	主体为变形变质侵入体，归入阚集杂岩
19	Datan Fm	大滩组	34-3108	O_1	张全忠、仇洪安等	1966	安徽	该组与红花园组同物异名
20	Datong Bed	大通层	34-9101	K—E	V F Richthofen	1868	安徽	皖南红层统称，后人极少使用，归浦口组、赤山组、双塔寺组等地层单位
21	Dongguanling Series	东关岭系（东关统）	34-9104	J_{1-2}	李毓尧、李捷（李四光）	1930（1939）	安徽	第一届全国地层会议统称象山群
22	Dongyangang Series	东阳港系	34-7027	P_2	李毓尧等	1935	安徽	与大隆组为同物异名
23	Fenghuangshan Limerubble Rock	凤凰山石灰质角砾岩	34-9124	J_3	安徽省地质局区域地质调查队	1974	安徽	为红花桥组底部

序号	地层单位名称		编号	地质时代	创名人	创名时间	所在省	不采用的理由
	英文	汉文						
24	Fengshan Fm	凤山组	34-2104	$\in_3$	孙云铸	1923	河北	岩性与凤山组不同，现用炒米店组一名
25	Fengshanli Fm	峰山李组	34-0058	Ar_2	安徽省地质局区域地质调查队	1978	安徽	解体为变形变质侵入体及表壳岩，归属五河杂岩
26	Fengshuiling Fm	分水岭组	34-8113	T_1	王乙长、刘学圭、胡福仁	1966	安徽	与青龙组南陵湖段同物异名
27	Fengzhu Shale	凤竹页岩	34-4008	O_3	刘季辰、赵亚曾	1927	浙江	层序有误，相当于长坞组
28	Fuchashan Fm	浮槎山组	34-0042	Ar_2	徐嘉炜等	1965	安徽	解体为变形变质侵入体，归入阚集杂岩
29	Fuyang Gr	阜阳群	34-9141	E_1	安徽省地质局区域地质调查队	1978	安徽	统称定远组
30	Gaohebu Fm	高河埠组	34-9138	K_2	安徽省地质局区域地质调查队	1974	安徽	统称赤山组
31	Gaoting Sandstone	高亭砂岩	34-1107	Z_1	李毓尧、许杰	1937	安徽	与休宁组同物异名
32	Gouhou Fm	沟后组	34-1113	$\in_1$	安徽省区调队、江苏区调队	1977	安徽	岩性与猴家山组类似，现划归猴家山组
33	Guangde Fm	广德组	34-9135	K_{1-2}	安徽省地质局区域地质调查队	1974	安徽	统称葛村组
34	Guanjiaan Conglomeratic Limestone	官家庵砾质灰岩	34-1112	Z_2	李四光	1939	安徽	含义不清，界线不明，归入八公山群上部、宿县群中下部
35	Guanjiaying Fm	管家郢组	34-1102	Qn	安徽省地质局区域地质调查队	1977	安徽	属刘老碑组下部岩性
36	Guilin Fm	桂林组	34-9128	K_{1-2}	安徽省冶金地质局332地质队区测分队	1971	安徽	桂林组一名已被用于广西泥盆纪地层故改称徽州组
37	Gushan Bed	姑山层	34-9111	K_1	徐克勤	1962	安徽	1976年“宁芜玢岩矿研究”并“钟山层”、“姑山层”为姑山组
38	Haixingdi Fm	海形地组	34-9122	E_1	安徽省冶金地质局311地质队区测分队	1970	安徽	归望虎墩组
39	Hefei Gr	合肥群	34-9004	J—K	杨志坚	1959	安徽	含意太广，现为三尖铺组、凤凰台组及其以上的红层
40	Hongqiao Fm	红桥组	34-9114	J_3	华东石油勘探局108队	1960	安徽	统称凤凰台组
41	Huanglishu Fm	黄栗树组	34-2105	$\in_1$	朱兆玲等	1964	安徽	与黄柏岭组同物异名
42	Huangshiba Gr	黄石坝群	34-9131	J_3	南京大学、安徽省冶金地质勘探公司811地质队	1973	安徽	相当红花桥组、龙王山组及大王山组
43	Huangshitan Fm	黄石滩组	34-9148	J_3	安徽省地矿局区域地质调查队	1990	安徽	相当龙王山组、大王山组
44	Huashan Limestone	化山石灰岩	34-8103	T_1	王竹泉	1930	安徽	与青龙组和龙山段同物异名
45	Huayuan Fm	花园组	34-0053	Ar_2	安徽省地质局337地质队	1974	安徽	解体表壳岩（大理岩）与变形变质侵入体，归属霍丘杂岩
46	Hujiawu Fm	胡家屋组	34-8107	T_1	安徽省地质局综合研究队	1965	安徽	与青龙组殷坑段同物异名

序号	地层单位名称		编号	地质时代	创名人	创名时间	所在省	不采用的理由
	英文	汉文						
47	Huoshan Fm	霍山组	34-9113	K_1	安徽省地质局328地质队	1961	安徽	为黑石渡组的一部分
48	Hutashi Fm	虎踏石组	34-0046	Pt_1	安徽省地质局311地质队	1981	安徽	解体为变形变质侵入体，归宿松(岩）群
49	Jiangjiawei Fm	蒋家围组	34-3106	O_1	齐敦伦、杜森官	1984	安徽	该组与大湾组同物异名
50	Jianshan Bed	尖山层	34-9109	J_3	刘元常（顾雄飞，1955年介绍）	1955	安徽	南京大学1961年并原“龙王山组”、“尖山层”为龙王山组
51	Jitinglin Breccia	稽亭岭角砾岩	34-7022	P	边兆祥	1940	安徽	为栖霞组、孤峰组内的断层角砾岩
52	Kedoushan Fm	蝌蚪山组	34-9133	K_1	安徽省地质局区域地质调查队	1974	安徽	下段及上段下部碱性玄武岩统称双庙组；上段上部碱性粗面岩统称浮山组
53	Lalijian Fm	拉犁尖组	34-8109	T_3	安徽省地质局326地质队	1966	安徽	与范家塘组同物异名
54	Lantian tillite	蓝田冰碛层	34-1109	Z	李毓尧	1936	安徽	与南沱组同物异名
55	Leigongwu Fm	雷公坞组	34-1106	Z	刘鸿允、沙庆安	1963	浙江	与南沱组同物异名
56	Lengquanwang Fm	冷泉王组	34-2108	$\in_1$	安徽省地质局区域地质调查队	1978	安徽	与幕府山组同物异名
57	Liangyuan Gr (Fm)	梁园群（组）	34-9119	E_1	安徽省地质局328地质队	1961	安徽	与定远组同物异名
58	Liufan Fm	刘畈组	34-0051	Ar_2	安徽省冶金地质局311地质队区测分队	1970	安徽	解体为表壳岩及变形变质侵入体，归大别山杂岩
59	Longmenyuan Fm	龙门院组	34-9146	J_3	安徽省地质局区域地质调查队	1981	安徽	与宁芜火山岩为同一沉积，统称龙王山组
60	Longpan Fm	龙蟠组	34-2106	$\in_3$	安徽省地质局区域地质调查队	1977	安徽	岩性与琅玡山组不易区分，现归入琅玡山组
61	Longtoushan Fm	龙头山组	34-8112	T_2	王乙长、刘学圭、胡福仁	1966	安徽	与周冲村组同物异名
62	Luzhenguan Gr	卢镇关群	34-0040	Z—D	徐嘉炜	1962	安徽	解体为变形变质侵入体，归佛子岭（岩）群
63	Maoling series	毛岭系	34-9105	J	谢家荣	1935	安徽	第一届全国地层会议统称象山群
64	Maozhuang Fm	毛庄组	34-2101	$\in_2$	卢衍豪、董南庭	1953	山东	归入馒头组
65	Mashanqiao Fm	马山桥组	34-8108	T_2	华东地研所	1974	安徽	为黄马青组同物异名
66	Mingshan Bed	鸣山层	34-7023	P_1	胡海涛	1951	安徽	与孤峰组同物异名
67	Moshan Fm	磨山组	34-9145	J_1	安徽省地质局区域地质调查队	1981	安徽	统称钟山组
68	Nainaimiao Fm	奶奶庙组	34-1103	Z_1	陈孟莪、郑文武	1986	安徽	与四顶山组同物异名
69	Pailou Coal Series	牌楼煤系	34-7021	P_1	朱森、刘祖彝	1930	安徽	归入栖霞组底部
70	Pengjiakou Fm	彭家口组	34-9144	J_3	安徽省地质局326地质队	1983	安徽	与龙王山组同物异名
71	Qiaoling Fm	桥岭组	34-0050	Ar_2	安徽省地质局区域地质调查队	1974	安徽	解体为表壳岩及变形变质侵入体，归大别山杂岩
72	Qiaotouji Fm	桥头集组	34-0045	Ar_2	安徽省地质局区域地质调查队	1978	安徽	解体为变形变质侵入体，归入肥东（岩）群

附录Ⅲ-4

序号	地层单位名称		编号	地质时代	创名人	创名时间	所在省	不采用的理由
	英文	汉文						
73	Qifangcun Fm	七房村组	34-9136	K_{1-2}	安徽省地质局区域地质调查队	1974	安徽	统称浦口组
74	Qishan Bed	祁山层	34-9103	K	叶良辅、李捷	1924	安徽	后人极少应用，相当于浦口组、赤山组
75	Sanjianzi Fm	桑涧子组	34-9140	K_2	安徽省燃化局石油勘探处	1976	安徽	岩性同张桥组，统称张桥组
76	Sanjieshan Limestone	三姐山灰岩	34-1111	Z_1	李四光	1939	安徽	长期未被利用，相当于宿县群的倪园组和九顶山组
77	Sanyuanzhi Fm	三元支组	34-3102	O_2	安徽省地质局区域地质调查队	1977	安徽	与宝塔组同物异名
78	Shanaoding Gr	山凹丁群	34-2110	$\in_{2-3}$	安徽省地质局区域地质调查队	1978	安徽	与观音台组同物异名
79	Shangchangyuan Limestone	上长源灰岩	34-1104	Z	丁毅	1935	安徽	无人使用，相当于皮园村组
80	Shangxi Gr	上溪群	34-1027	Pt_2	李捷、李毓尧	1930	安徽	岩性不同，采用溪口群
81	Shibi Shale	石壁页岩	34-1010	S	李毓尧、李捷	1930	安徽	后人极少用，相当于高家边组下部
82	Shibata Fm	石八塔组	34-9147	K_{1-2}	安徽省地质矿产局区域地质调查队	1988	安徽	与下符桥组不易划分，故并入下符桥组
83	Shidai Series	石埭系	34-9106	J—K	李毓尧、李捷	1930	安徽	相当石台地区侏罗纪、白垩纪的红层，后人极少使用
84	Shatanhe Bed	沙滩河层	34-4009	S	李毓尧、李捷	1930	安徽	后人极少用，相当于高家边组上部和坟头组
85	Shouxian Fm	寿县组	34-1114	Z_1	安徽省区域地层表编写组	1978	安徽	与四十里长山组为同物异名
86	Shuangshan Fm	双山组	34-0044	Ar_2-Pt_1	徐嘉炜等	1965	安徽	解体为变形变质侵入体归入肥东（岩）群
87	Shuizhuhe Fm	水竹河组	34-0048	Ar_2	安徽省地质局区域地质调查队	1974	安徽	解体为表壳岩及变形变质侵入体，属大别山杂岩
88	Sixian Fm	泗县组	34-9143	J_3	安徽省地质局区域地质调查队	1979	安徽	属莱阳群上部
89	Taiping Gr	太平群	34-4102	S_3	安徽省地质局317地质队	1965	安徽	该群一、二段后改为畈村组，本书称康山组，三、四段改为举坑组，本书称唐家坞组
90	Tangcun Fm	唐村组	34-2112	$\in_3$	安徽省地质局区域地质调查队	1974	安徽	仅有少量分布极局限的页岩，余者宏观岩性与青坑组一致，故归入青坑组
91	Tanjiaqiao Fm	谭家桥组	34-3110	O_1	许杰	1934	安徽	与印渚埠组为同物异名
92	Tashan Fm	塔山组	34-8110	T_1	王乙长、刘学圭、胡福仁	1966	安徽	相当于和龙山段、殷坑段
93	Tongguanshan Bed	铜官山层	34-4104	O—D	叶良辅、李捷	1924	安徽	含义太广，相当于五峰组、高家边组、坟头组、茅山组、五通组
94	Tongling Shale	铜陵页岩	34-8101	T_1	谢家荣	1935	安徽	与青龙组殷坑段同物异名
95	Tongtoujian Fm	铜头尖组	34-8114	T_2	安徽省地质局326地质队	1966	安徽	与黄马青组同物异名

序号	地层单位名称		编号	地质时代	创名人	创名时间	所在省	不采用的理由
	英文	汉文						
96	Wanghe Fm	王河组	34-9132	K_2	安徽省地质局311地质队（介绍）	1974	安徽	统称赤山组
97	Wenjialing Fm	文家岭组	34-0049	Ar_2	安徽省地质局区域地质调查队	1974	安徽	解体为表壳岩及变形变质侵入体，归大别山杂岩
98	Wuji Fm	吴集组	34-0054	Ar_2	安徽省地质局337地质队	1974	安徽	解体表壳岩与变形变质侵入体，归属霍丘杂岩
99	Wushanmiao Fm	吴山庙组	34-9115	K_1	华东石油勘探局108队	1961	安徽	并入朱巷组，现统称黑石渡组
100	Wuxueling Fm	吴雪岭组	34-9123	E_1	安徽省冶金地质局311地质队区测分队	1970	安徽	并入痘姆组
101	Xiangdaopu Fm	响导铺组	34-9117	K_2	华东石油勘探局108队	1961	安徽	现称下符桥组
102	Xiaoliangting Fm	小凉亭组	34-8111	T_1	王乙长、刘学圭、胡福仁	1966	安徽	与青龙组殷坑段同物异名
103	Xiaotan Fm	小滩组	34-3107	O_1	张全忠、仇洪安等	1966	安徽	与牯牛潭组同物异名
104	Xiaoxihe Fm	小溪河组	34-0041	Z—D	安徽省地质局区域地质调查队	1974	安徽	解体为变形变质侵入体，归佛子岭（岩）群
105	Xiaozhangzhuan Fm	小张庄组	34-0059	Ar_2	安徽省地质局区域地质调查队	1978	安徽	解体为变形变质侵入体及表壳岩，归属五河杂岩
106	Xigudui Fm	西孤堆组	34-0056	Ar_2	安徽省地质局区域地质调查队	1978	安徽	解体为变形变质侵入体及表壳岩，归属五河杂岩
107	Xingshan Shale	杏山页岩	34-1110	Qn	李四光	1939	安徽	与刘老碑组为同物异名
108	Xinling Fm	新岭组	34-3101	O_3	钱义元等	1964	安徽	与长坞组同物异名
109	Xinyuetan Fm	新潭组	34-9130	K_1	安徽省地矿局区域地质调查队	1988	安徽	相当于岩塘组上部，现统称岩塘组
110	Xiyangshan Fm	西阳山组	34-9118	K_2	安徽省地质局328地质队	1961	安徽	因与浙西晚寒武世西阳山组同名，改为张桥组
111	Xuzhuang Fm	徐庄组	34-2102	$\in_2$	卢衍豪、董南庭	1953	山东	归入馒头组
112	Xuancheng Fm	宣城组	34-6021	C_1	陈华成等	1979	安徽	归入高骊山组、和州组
113	Xuanjin Coalseries	宣泾煤系	34-7025	P_2	叶良辅、李捷	1924	安徽	与龙潭组同物异名
114	Xuannan Bed (Fm)	宣南层(组)	34-9102	K	叶良辅、李捷	1924	安徽	相当皖南红层，"宣南"一词非具体地名不符合地层命名规定，相当于赤山组
115	Xuhuai Gr	徐淮群	34-1100	Z	江苏省地质局区域地质调查队	1978	苏皖	由两地名合称不符合命名原则改称宿县群
116	Yangwan Fm	杨湾组	34-9137	K_1	安徽省地质局区域地质调查队	1974	安徽	相当浦口组下部，统称浦口组
117	Yangzhanling Bed	羊栈岭层	34-1040	Pt_2	夏邦栋	1962	安徽	层序不清，未采用
118	Yeshanchong limestone	叶山冲石灰岩	34-6022	C_2-P_1	叶良辅、李捷	1924	安徽	包括现今的黄龙组、船山组及栖霞组
119	Yihushui Conglomerate	一壶水砾岩	34-1105	Z	钱义元等	1964	安徽	为休宁组之底砾岩，归入休宁组

序号	地层单位名称		编号	地质时代	创名人	创名时间	所在省	不采用的理由
	英文	汉文						
120	Yijing Gr	义井群	34-9142	J_3	安徽省地质局区域地质调查队	1979	安徽	无可资佐证时代之化石，岩性同莱阳群下部，统称莱阳群
121	Yingheji Fm	迎河集组	34-9120	K_2	地质部第一普查大队	1964	安徽	并入响导铺组，现称下符桥组
122	Yingshangou Fm	英山沟组	34-0047	Ar_2	安徽省地质局区域地质调查队	1974	安徽	解体为表壳岩及变形变质侵入体，属大别山杂岩
123	Yingwushan Bed	鹦鹉山层	34-9110	K_1	顾雄飞	1955	安徽	1959年全国地层会议并"娘娘山层"、"鹦鹉山层"为娘娘山组
124	Yinjiajian Fm	殷家涧组	34-0060	Ar_2	安徽省地质局区域地质调查队	1978	安徽	解体为变形变质侵入体及表壳岩，归属五河杂岩
125	Yinping Fm	银屏组	34-7024	P_1	安徽省地质矿产局	1987	安徽	归入龙潭组下部
126	Yinta Silicated Bed	银塔矽化层	34-1108	$Z_2-\epsilon_1$	李捷、李毓尧	1930	安徽	与皮园村组同物异名
127	Youzhaling Fm	油榨岭组	34-3105	O_1	齐敦伦、杜森官	1984	安徽	属牯牛潭组一部分
128	Yueshan Fm	月山组	34-8104	T_2	安徽省地质局326地质队	1966	安徽	为黄马青组下部
129	Zhengjiawu Phyllete	郑家坞千枚岩	34-1039	Pt_2	夏邦栋	1962	安徽	剖面不连续，地层不全，改用牛屋组
130	Zhongzishan Bed	钟子山层	34-9108	J	程裕淇、陈恺	1935	安徽	第一届全国地质会议统称象山群
131	Zhouji Fm	周集组	34-0055	Ar_2	安徽省地质局337地质队	1974	安徽	解体为表壳岩与变形变质侵入体，归属霍丘杂岩
132	Zhoutang series	竹塘系	34-7026	P_2	黄汲清	1932	安徽	无人使用，现为武穴组、吴家坪组
133	Zhuangzili Fm	庄子里组	34-0057	Ar_2	安徽省地质局区域地质调查队	1978	安徽	解体为变形变质侵入体及表壳岩，归属五河杂岩
134	Zhuanqiao Fm	砖桥组	34-9121	J_3	安徽地质局317地质队	1969	安徽	与宁芜火山岩属同一沉积区，统称大王山组
135	Zhuxiang Fm	朱巷组	34-9116	K_1	华东石油勘探局108队	1961	安徽	地表无露头，现统称黑石渡组